U0472147

偏见的本质

The Nature of Prejudice

戈登·奥尔波特 著
[美] Gordon W. Allport

徐健吾 译

中国人民大学出版社
· 北京 ·

没有人与人之间的尊重，社会就不可能获得长期的安定团结。今天，个人甚至在压迫之下，仍然进行着不懈的斗争，他们向往一个更为美好的社会，在那个社会中，每个人的尊严和人格的发展都将受到至高无上的重视。

——戈登·奥尔波特

目 录

1954 年版序 / i
1958 年版序 / vii

第一部分　偏向性思维 / 1
　第 1 章　问题何在？ / 3
　第 2 章　偏见的平常性 / 16
　第 3 章　内群的形成 / 27
　第 4 章　对外群的拒斥 / 45
　第 5 章　偏见的模式化与广延性 / 63

第二部分　群体差异 / 77
　第 6 章　群体差异的科学研究 / 79
　第 7 章　种族和族群差异 / 98
　第 8 章　可见性与陌生性 / 119
　第 9 章　受害后特质 / 131

第三部分　群体差异的认知 / 153
　第 10 章　认知过程 / 155
　第 11 章　语言因素 / 168
　第 12 章　我们文化中的刻板印象 / 179
　第 13 章　偏见的理论 / 196

第四部分　社会文化因素 / 209
　第 14 章　社会结构和文化模式 / 211

第 15 章　选取替罪羊　　　　　　　　　　　　/ 231
　　第 16 章　接触效应　　　　　　　　　　　　　/ 248

第五部分　偏见的获得　　　　　　　　　　　　　/ 267
　　第 17 章　遵从　　　　　　　　　　　　　　　/ 269
　　第 18 章　童年早期　　　　　　　　　　　　　/ 280
　　第 19 章　后期学习　　　　　　　　　　　　　/ 294
　　第 20 章　内心的冲突　　　　　　　　　　　　/ 307

第六部分　偏见的动力学　　　　　　　　　　　　/ 321
　　第 21 章　挫折　　　　　　　　　　　　　　　/ 323
　　第 22 章　攻击与憎恶　　　　　　　　　　　　/ 334
　　第 23 章　焦虑、性与内疚　　　　　　　　　　/ 347
　　第 24 章　投射　　　　　　　　　　　　　　　/ 361

第七部分　性格结构　　　　　　　　　　　　　　/ 373
　　第 25 章　偏见型人格　　　　　　　　　　　　/ 375
　　第 26 章　煽动　　　　　　　　　　　　　　　/ 390
　　第 27 章　包容型人格　　　　　　　　　　　　/ 404
　　第 28 章　宗教与偏见　　　　　　　　　　　　/ 421

第八部分　群际紧张的降低　　　　　　　　　　　/ 433
　　第 29 章　应该立法吗？　　　　　　　　　　　/ 435
　　第 30 章　规划项目的评估　　　　　　　　　　/ 451
　　第 31 章　不足与展望　　　　　　　　　　　　/ 470

主题索引　　　　　　　　　　　　　　　　　　　　/ 487

译后记　　　　　　　　　　　　　　　　　　　　　/ 505

1954 年版序

  文明的人类已经熟练地掌握了利用能量、物质和无生命大自然的能力，也能够迅速学到控制生理痛苦和早逝的方法。然而，一旦涉及人类关系的面向，我们就似乎还停留在石器时代的蒙昧无知当中。客观知识一次次的进步，无法掩盖我们在社会知识上的匮乏。通过应用自然科学而积攒起来的财富盈余被军备和战争消耗殆尽。医药科学的进步也抵不过战争和因恐惧、憎恶而设立的贸易壁垒所引发的贫困。

  我们的世界作为一个整体，正在饱受由东西方对立的意识形态所勾起的恐慌的折磨。地球上的每一个角落都有着自己独特的憎恶对象。犹太人刚刚逃离了中欧的屠杀，却又立即发现自己的以色列国深陷于周边反犹主义的水深火热之中。难民们在荒凉冷漠的异乡失魂游荡。而这个世界上的很多有色人种则饱受白人的侮蔑，而后者却将自己屈尊降贵的傲慢用一系列稀奇古怪的种族主义教令来予以合理化。在美国，偏见的棋局可能是这世界上最为错综复杂的了。尽管有些绵延无尽的敌意根源自真实的利益冲突，但我们依旧相信，大多数偏见是臆想出来的恐惧的产物。同样，臆想的恐惧也可以带来真实的痛苦。

  群体间的敌对和憎恶是老生常谈的话题。而如今，所不同的是，技术的发展已经将不同群体拉得越来越近，以至于越过了那个让彼此感到舒适的界限。俄国不再是遥远而广袤的大草原，而是远在天边却近在**眼前**的"洪水猛兽"（苏联）。美国也不再是远离旧世界的蛮荒之地，她就在**这里**，正在倚仗她的第四点计划、电影大片、可口可乐和政治影响力在国际舞台上扮演日益重要的角色。以山川湖海的屏障相互分隔开的国家现在又在同一片蓝天下赤膊相对。广播、飞机、电视、伞兵、国际信贷、战后移民、原子弹爆炸、电影、**旅游**——所有这些现代产物，都将人类群体置于彼此重叠、相互影响的境地之下。我们还没有学会如何适应这种心灵和道德上的前所未有的邻近性。

然而，希望还在。整体上看，人类的本性还是更倾向于友好和睦而不是残暴屠戮，这是我们无法忽略的一个最基本的事实。所有的正常人，都在原则上或偏好上拒斥战争和破坏的行径。他们更愿意生活在和平友爱的邻里之间，更愿意去爱和被爱，而非恨和被恨。残暴并不受欢迎。就连纽伦堡的纳粹最高官员平日里也装作自己对集中营的非人行径一无所知。他们退缩着不承认自己的责任，就是因为他们太想也被当作正常人来看待。尽管战争依旧肆虐，但我们渴望和平之心不灭；尽管敌意依旧蔓延，但人类眼中的重中之重仍是友爱。只要人们还有道德两难之困，就有希望解决这些争端，就有希望培养出恨意无涉的价值观。

近来，很多人都相信，科学智能可以帮助我们解决冲突，这真是一个非常鼓舞人心的事实。众所周知，宗教神学一直以来都试图见证人类的破坏性天性与理想之间，也即原罪与救赎过程之间的冲突。但近来出现了另外一种声音，认为人们能够也应该运用自己的智慧来帮助实现救赎。"让我们来对文化和工业中不同肤色、种族的群体之间的冲突做一个客观研究；让我们找出那些偏见的根源，找到能够增强人们友善价值观的具体措施。"自从第二次世界大战结束以后，很多国家的大学都开始重视这方面的学术研究，它们分列在不同学科脉络之下——**社会科学、人类发展、社会心理学、人类关系、社会关系**等等。尽管还没来得及命名，这一新兴学科依旧茁壮成长了起来。它不仅在大学中广受欢迎，而且在公立学校、教堂、企业和政府机构甚至是跨国机构中也呼声很高。

最近的一二十年里，这一领域取得了更加坚实而富有启发性的研究进展，比过去几个世纪所取得的成就加起来都要显著。的确，人类行为的伦理准则早在千年前就在大信仰体系中被申明——所有这些准则奠定了地球住民们之间兄弟友爱的需求和理性基础。但这些信仰体系毕竟形成于田园、游牧生活方式和小王国时期。要把它们应用于技术化、原子化的时代，就需要对憎恶和包容的条件因素有更深刻的理解才行。过去的人们错误地认为，科学应该只关心物质的进步，而将人类本性和社会关系留给无法控制的道德感。但我们现在知道，比起解决问题，技术进步本身就会制造更多的问题出来。

社会科学在一夜之间是无法追得上这种需求的，也无法迅速地修复那些不加引导的技术所带来的破坏。探求物质内部的秘密尚且需要花上

1954年版序

几年的劳力和几十亿的金钱，要想弄明白人类的非理性本能岂非需要更多更大的投资？况且，比起摧毁一个原子，消灭一种偏见更是难上加难。而且，有关人类关系的学科所涉及的内容也非常广泛。我们必须从多个切入点着手，并且关注人类关系的所有不同方面，包括但不只限于家庭生活、精神健康、工业关系、国际协商、公民培养等等。

本书所要解决的对象并不是作为一个学科整体的人类关系，而仅仅旨在澄清一个潜在的问题——人类偏见的本质。但这一问题是根本性的，因为如果没有关于敌意之根源的知识，我们将无法奢求能够有效运用智慧来控制敌意所带来的破坏性。

如今，当我们在谈论偏见的时候，我们很有可能想到的是"种族偏见"。这是一种不幸的观念联想。因为，纵观人类历史长河，偏见与种族毫无关联。而仅仅是在最近，种族的概念才被捏造出来，其寿命甚至不足一个世纪。大多数情况下，偏见和迫害往往建立在其他缘由之上，例如宗教。直到最近，犹太人才主要因为其宗教信仰的缘故遭到了迫害，而不是因为其种族。黑人被奴役主要因为他们被认为是经济财产，但打的却是宗教的幌子，说他们是天生的异教徒［据推测是诺亚的儿子含（Ham）的后代，并且受到诺亚的诅咒，永远做"仆人的仆人"］。谁能想到，如今种族的概念这么火热，而这实际上却是一个时代的错误。即使这一概念曾经是可用的，现在也不能再用了，因为人类广泛而连续的通婚已经在很大程度上稀释了原先的血统。

那么，为什么种族概念会这么火热？这一方面是因为，宗教失去了劝诱改宗的热情，同时也失去了其对指定所属群体身份的价值。而且，"种族"概念的简洁促使它成为一个即时可见的称谓，以便于对我们讨厌的对象进行标记。于是，凭空捏造出的种族劣等性，就似乎成了一个无法辩驳的合理化偏见的手段。它给人贴上生物性的标签，省去了人们在处理群际关系时需要费心辨别其中复杂经济、文化、政治、心理因素的麻烦。

"族群"（ethnic）这个术语在很多方面都优于"种族"（race）。"族群"所指涉的是，拥有不同比例的生理、民族、文化、语言、宗教或意识形态特征的群体。不同于"种族"，这个术语并不意味着生物统一体，而生物统一体实际上也很少能真正代表现实生活中的偏见受害者。但美中不足的是，"族群"这个术语也很难涵盖职业、阶级、种姓、政治团体乃至性别群体，而后面这些群体往往才是现实中真正的偏见受害者。

指涉人类群体的词库相当贫乏，这真是一件非常不幸的事情。直到社会科学提供了更加完善的分类法，我们才能较为精确地谈论这一主题，也更有可能去避免"种族"这个词的误用。正如阿什利·蒙塔古（Ashley Montagu）所强调的，"种族"是一个名实不副、混淆视听的词，我们应当不辞劳苦地始终以恰当而有限的方式去使用它。以不同形式的文化内聚性为特征的群体，我们应称之为"族群"（甚至鉴于该词本就含义广泛，有时仍不免有过度扩展之嫌）。

将偏见和歧视归咎于某种单一的缘由，例如经济剥削、社会结构、多数群体、恐惧、攻击性、性冲突或其他任何因素，都是严重的错误。正如我们将要看到的，偏见和歧视可以滋生于以上所有及其他条件之下。

我们所秉承的主要立场是多重因果。读者也许会有疑问：作者自己难道没有某种心理上的偏好？他是否公正而恰当地处理了其中牵涉的经济、文化、历史和情境因素？他是否由于专业习惯而倾向于强调学习过程、认知过程或人格形成在其中所扮演的角色？

毫不避讳地说，我相信，只有在人格层面我们才能找到历史、文化、经济因素的有效运作。除非这些因素以某种方式进入个体生命的内部，不然它们就是无效的。因为只有**个体**才能感受到敌意并表达出偏见和歧视。然而，"因果"是一个宽泛的术语，我们能够也应该承认，这里同时存在着长远尺度上的社会文化病因和个体态度所体现出的即时因果。因此，虽然本书对心理因素倾注了更多的关注和一致的强调，但我仍然尝试（特别是在第13章）在不同层次的因果关系中做一个平衡。如果这一结论仍旧显得片面，那么我非常欢迎你们的批评。

尽管本书的很多研究和图表都来自美国，但我仍然相信，本书对于偏见动力学的分析具有普遍的效力。诚然，偏见所体现出来的方式在不同国家千差万别：偏见的受害者就是不同的群体；针对与受侮辱群体的物理接触的态度有所不同；指责和刻板印象也是千差万别。但我们从其他国家获取的证据表明，最基本的因果和相关关系是完全相同的。加德纳·墨菲基于他对印度群际紧张的调查得出了这个结论。他的著作《在人类的心灵》(*In the Minds of Man*)就是一个很好的例证。同样，由联合国完成的一些研究也支持了这一观点。而且，人类学的文献不管是研究巫术实践、部落忠诚的还是战争的，都表明，尽管偏见的对象和表达方

1954年版序

式各有不同，但其背后的动力学机制在所有大陆上都是一致的。但话说回来，虽然这一指导性的前提预设听起来不容置疑，我们也不该不假思索地视之为金科玉律。未来的跨文化研究将会揭示不同地区因果关系的不同权重和模式，届时也许会有额外重要的发现需要被纳入我们现有的知识体系当中。

撰写这本书时我预设了两类可能对该主题感兴趣的读者。一类是世界各地的大学生们，他们越来越关注人类行为的社会和心理基础，寻找着能够改善群际关系的科学指导原则。第二类读者是那些越来越多志同道合的公民和大众，鉴于他们的兴趣整体上更缺乏理论性且更讲究即时应用性，因此，我采用了一种相当朴素的写作风格，不可避免地，对某些观点的阐述有所简化，但愿不会造成任何学术方面的误导。

该领域的研究和理论是如此蓬勃而混乱，以至于某种程度上我们的解释已经显得有些过时了。新的实验很快就取代了旧的结论，各种理论的构造也不断被翻新。但我相信，本书有着持久的生命力和价值的地方，在于它的组织原则。本书致力于给未来的研究提供一个适宜的理论框架。

尽管我的目的主要是对该领域做一个整体上的理论澄清，但我同时也努力去说明，如何应用这些日益增多的知识来降低群际紧张，特别是在第八部分。几年前，美国种族关系委员会的一项普查结果显示，有1 350个致力于改善群际关系的组织活跃于美国各州。它们的运作在何种程度上是成功的，这个问题本身需要进行科学的评估，详细措施呈现在本书第30章。我想说，仅仅采取单一的学术角度而不去考虑实践层面是不对的。而与此同时，实践中，把时间和金钱砸向没有科学支持的补救行动也是一种巨大的浪费。这门关于人类关系的学科，要想取得真正成功的进展，需要将基础研究和积极行动合理地结合起来。

本书得以成形并付梓，得益于两个团体的好心激励和帮助——一个是哈佛大学社会关系的研讨会，另一个是给予本书经济赞助的组织，包括：波士顿摩西斯·金鲍尔基金会、美国犹太国会社区相互关系委员会、基督教和犹太人全国会议、哈佛大学社会关系实验室，以及我同事索罗金（P. A. Sorokin）所带领的研究中心。这些组织的赞助让本书中所提到的很多研究得以实施，并支持我从该领域浩如烟海的研究文献中摘其精粹。在此，我深深感谢它们的慷慨和鼓励。

此外，还有我在群体冲突和偏见研讨会上的学生，正是他们满怀兴趣、不厌其烦的工作才决定了本书的阐述内容和形式。在指导该研讨会的过程中，我与我的同事塔尔科特·帕森斯、奥斯卡·汉德林（Oscar Handlin）以及丹尼尔·莱文森（Daniel J. Levinson）讨论过好几次。我相信，本书将很明显地体现出他们的影响。我也有幸得到研究助手伯纳德·克莱默（Bernard M. Kramer）、杰奎琳·萨顿（Jacqueline Y. Sutton）、赫伯特·卡伦（Herbert S. Caron）、利奥·卡明（Leon J. Kamin）和内森·阿特舒勒（Nathan Altshuler）等人的帮助。他们提供了非常有用的材料和重要的建议。我还要感谢斯图尔特·库克（Stuart W. Cook）对本书草稿的阅读和批评，以及乔治·科埃略（George V. Coelho）和休·菲尔普（Hugh W. S. Philp），他们带来了遥远国度的新颖视角。谨此对以上慷慨的帮助者们致以真诚的谢意，特别感谢埃莉诺·斯普拉格（Eleanor Sprague）女士在成书后续阶段所做的努力。

戈登·奥尔波特
1953 年 9 月

1958年版序

1954年5月，就在本书首次出版后不久，美国最高法院就出台了一个规定：在公共学校设立隔离制度是违背美国宪法精神的。紧接着，在1955年5月又说，隔离制度的废止应当"尽全力"予以实施。

这一历史性的行动受到全世界的瞩目和欢迎，却引起了美国南方腹地（Deep South）多处不满。到目前为止，至少七个州仍然滴水不进地顽抗着这一命令。1957年小石城爆发的危机戏剧化了联邦与州之间的僵持。国内和全世界对宪法危机的反应不能不引起我们的严肃担忧。

依照本书的视角，我对这一形势给出了两点评论。第16、29、31章清楚地说明，要想在美国实现种族情势的整合（雇佣、军队、学校），只有行政命令得到坚决有力的贯彻，才是最容易的。经验显示，尽管会出现少量的抗议和无序，但大部分市民倾向于直截了当地接受既成事实。这么做部分是因为整合性政策通常与他们的道德良知是一致的（即使与偏见相悖），部分是因为反对力量来不及动员和成势，改变就已经深入人心。

按照这一推理，最高法院只有坚决推行1954年的规定，才具有心理学上的合理性。而"尽全力"的说法并没有为各州设定不可推延的时限。随后的事件表明，这种推延为城市委员会的形成、煽动者的鼓吹，甚至权力金字塔上的各级执法机关（学校理事会、市长、街区法庭、立法机关、州长以及华盛顿官员）的激烈抗议留出了时间。没有确定而一致的行动计划，领导涣散，反对运动蓬勃而起。鉴于管理上的复杂性，我们很难说决议后的一到两年内在南方各州实现学校方面的整合是否可行，但至少我们可以解释因犹豫不决和推延而导致的灾难性后果。

既然目前采用的是一个渐进主义的政策，我们就要指出从小学时期开始就进行整合式教育的必要性。在本书第五部分，我们追踪了童年时期的偏见形成过程。童年时期离种族偏见的养成还很遥远，因此很早就开始进行整合式教育很有必要。将不同种族的孩子们放在一起进行教育，他们会很容易彼此适应。孩子们在上高中以前就已经形成了自己的派系圈子，排斥外来人的闯入，他们会采纳长辈们的偏见，更有甚者会唤起偏见中最顽固、最复杂的形式——通婚恐惧。因此，在渐进主义的政策下，从小学就开始整合式教育比从高中开始更加明智。

因此，当下的不良形势可以被部分地看作是心理学策略的失败，但另一部分也不可避免地反映出了重新唤起的偏见。在南部各州，隔离主义的生活方式重获新生，然而，在法律的强制贯彻下，偏见为其自身的存续展开了最后的斗争。为了避免读者误认为学校隔离制度会随着法院命令自然而然地消失，我们必须提醒大家，在过去三十年中，隔离制度的逐步废除，得益于大量宪法决议不遗余力的推动，其中涉及交通设施、选举、高等教育以及其他民权领域。法律上的激励是必要的。

有两个因素可以为当前的死局指明道路。第一，我们注意到很多边界上的州和社区已经实现了整合式教学，整个过程中很少出现无序和不便。第二，就连最为抵抗的地区也不情愿诉诸武力或公开为"白人至上"辩护。为"州权"请愿似乎比为"让黑人安归各位"请愿更能得到人们的尊敬。改变仍在持续发生。私刑现已几无可闻。近年来的研究显示，很多居住在南方腹地的人骨子里并不是偏执者。他们只是遵循既有的民俗而已。随着民俗风向的改变，他们也愿意接纳新的模式。

最近我得到了一个在南非一手研究种族问题的机会。这个国家的政府政策是支持加强隔离（apartheid）的。它的官方道德恰好与美国的官方道德相反。非洲和亚洲的人民对此了如指掌，他们热切地注视着这两种相反政策的结局。对我而言，尽管二者有着道德和法律上的差异，但本书所描绘的基本设想对两片土地同样适用。基于我在南非的经历，我将对第四部分涉及遵从和社会文化因素的内容给予格外的重视。

戈登·奥尔波特

第一部分
偏向性思维

第 1 章
问题何在？

> 我受缚于这片土地、囿于自身的活动、受限于眼中的图景，必须坦白的是，我实实在在地感受到了人类中所存在的差异，民族的或是个体的。……直白地讲，我为一大捆偏见所填充——充满了喜欢或者不喜欢。在同情、冷漠或是憎恶面前，我是一个彻头彻尾的奴隶。
>
> 查尔斯·兰姆

在罗德西亚①，一名白人卡车司机路过一群无所事事的土著居民，嘴里咕哝着："真是一群懒惰的畜生。"几个小时后，他看见土著居民一边把一个个200磅②重的装满谷子的麻袋举上卡车一边口中哼着小曲儿，于是嘴里又不住地抱怨："野蛮人啊！你们到底想望些什么？"

而在西印度的一个岛屿上，土著居民只要在大街上和美国人擦肩而过都会夸张地捂住鼻子，这一度成为习俗。在战时的英格兰有句俗话："美国佬在这里唯一的麻烦就是薪水太多、性事太多、人太多。"

波兰人常常将乌克兰人称作"爬虫"以表蔑视，因为乌克兰人常常被他们看作忘恩负义、报仇心切、诡计多端、阴险狡诈的群体。同时，德国人也称他们的邻居为"波兰牛"，波兰人则以"普鲁士猪"回敬——嘲弄德国人的粗鲁和荣耀的缺失，当然这并不是事实。

在南非，英国人与南非白人相互敌对；二者都与犹太人势不两立；以上三者又与印度人水火难容；而他们四个群体又串通一气排挤当地黑人。

在波士顿，罗马天主教会的贵人开车经过一条荒郊野道，偶遇一个黑人小孩沿途跋涉，贵人叫停司机让小男孩搭车。小男孩坐上了豪华轿车

---

① 今津巴布韦共和国。——译者注（本书所有脚注均为译者注，以下不再注明）
② 1磅约合0.45千克。

的后座，这位贵人开口搭讪："小孩，你是天主教徒吗？"小男孩警觉地大睁着眼回答说："不不，先生。作为有色人种已经够糟的了。"

在匈牙利，有一句俗语这样说道："反犹主义者对犹太人的憎恶远超其必要。"

世界上没有任何一个角落能够免于群体间的相互蔑视。我们同查尔斯·兰姆一样，都囿于各自的文化，都盛着满满一箩筐的偏见。

》 两个案例

一位人类学家在 30 多岁有了两个孩子。出于工作需要，他在美国印第安部落里一个好客的家庭中生活了一年。然而，他却坚称自己住在一个白人社区里，那里距离美国印第安人保留地有几英里① 远。他很少带两个孩子到这个部落村庄上来，尽管他们强烈恳求。就算极少的时候带他们来了，他也仍然严厉拒绝让他们同善良友好的印第安小孩一起玩耍。

有人特别是印第安人抱怨说，这位人类学家不忠于他的职业准则——因为他表现出了种族偏见。

但事实正好相反。因为这位科学家知道，在这个村庄肺结核肆虐，他住的那个家庭里四个小孩全部死于肺结核。自己的孩子一旦与他们接触太多，被感染几乎是必然的，因此理智告诉他不能冒这个险。该案例中的种族回避是基于理性而现实的考虑，并不存在敌对情绪。这位人类学家对印第安人并没有消极的态度，反而是很喜欢。

但该案例并没有告诉我们什么是种族偏见，让我们转向下一个例子。

初夏季节，两家多伦多的报纸刊登了 100 多个度假村的假日广告。加拿大社会科学家瓦克斯就此做了一个有趣的实验。[1] 他给每个旅馆和度假村都写了两封信，同时寄出，预定同一个日期的房间。不同的是，一封信署名"格林伯格"（Greenberg），另一封署名"洛克伍德"（Lockwood）。收到回复的结果如下：

- 署名"格林伯格"的信：52% 予以回复，36% 提供住宿。
- 署名"洛克伍德"的信：95% 予以回复，93% 提供住宿。

---

① 1 英里约合 1.6 千米。

几乎所有度假村都把"洛克伍德"先生当成潜在的客户来欢迎,却有将近一半的度假村对"格林伯格"先生连礼貌回复都没有,只有稍多于三分之一的度假村愿意接待。

没有任何一个度假村认识"洛克伍德"先生或是"格林伯格"先生,他们最多只是知道,"洛克伍德"可能是一位彬彬有礼的绅士,"格林伯格"可能是一位酗酒成瘾的粗人。很显然,做出这样的决定并不是根据人的真实品质,而是根据名字所猜测的群体身份。"格林伯格"先生**仅仅**因为他的名字而饱受折辱和排斥,因为名字引起了管理者对他受欢迎程度的预判。

与案例一不同,案例二包含种族偏见的两个基本成分:(1) 确切的敌意和拒斥。大部分旅馆表现得不愿与"格林伯格"先生有任何的瓜葛。(2) 这种拒斥以范畴分类为基础。"格林伯格"并没有被当作独立的个体看待,而是获罪于人们所预想的群体身份。

逻辑严密者可能会问:关于"范畴性的拒斥",上述两个例子有什么本质上的区别?人类学家难道不是因为更高的感染率才拒绝冒险让孩子们接触印第安人吗?度假村管理者难道不是因为格林伯格这个名字所暗示的种族身份有可能带来一个行为不检点的客人才拒绝他的吗?人类学家明白结核病甚为猖獗,难道度假村管理者不晓得"犹太恶习"也同样猖獗进而杜绝风险吗?

产生这种质疑是非常合理的。如果管理者的拒斥是基于事实——更准确地说,是基于犹太人有更大概率具备一些不良特质,这种举动就是理性的,同人类学家一样无可反驳。但我们可以确信地讲,情况并非如此。

有些管理者甚至从来没有跟犹太人打过交道——因为犹太人大多数情况下是被禁止住旅馆的。即使有,同那些非犹太客人相比,他们中行为不检点的讨厌鬼数量,也寥寥无几。可以肯定,他们从未科学地研究过犹太人和非犹太人中品质好坏的相对比率。一旦他们真正尝试去搜集证据,就会发现他们排斥犹太人的做法是站不住脚的,如本书第 6 章所言。

当然,也许管理者本身并没有个人偏见,而是非犹太客人有反犹主义倾向。即便如此,我们的观点也同样成立。

定义

Prejudice(偏见)一词,起源于拉丁名词 *praejudicium*,同其他成千上万的词一样，经历了古希腊罗马时代的意义流变。这一流变可分为三个阶段。[2]

1. 对先民们来说，*praejudicium* 意指 precedent（**先例**），指基于以往的决定和经验的判断。

2. 随后，该词在英语中获得了"不经过对事实的充分检视和考虑就做出判断"的意味，即不成熟的、草率的决定。

3. 最后，在"先在的未经证实的判断"之基础上，该词又获得了喜欢或厌恶的感情色彩，一直沿用至今。

偏见最简明的定义也许就是：**没有充分证据的恶劣评价**。[3] 这里包含了所有定义中的两个基本成分——没有充分根据的判断和感情色彩。但这个定义过于简化而不甚清晰。

首先，它仅仅指出了**消极**的偏见。但人们也会产生积极的、支持性的偏见，即没有充分证据的**赞赏性**评价。《新英语词典》就同时提到了积极和消极这两种偏见：

> 先于而非基于实际经验而产生、对人或物的喜爱或厌恶的一种感情。

偏向可**正**可**负**，这一点很重要。但毫无疑问，**族群**偏见大多是消极的。一群学生被要求描述对于族群的态度，没有任何暗示，以免引导他们做出消极的报告。即使这样，他们所报告的**敌对**情绪依旧是**偏爱**情绪的八倍之多。因此，本书主要讨论这种消极偏见。

"恶劣评价"这个短语明显是一种省略。我们要充分理解，就必须考虑一系列诸如蔑视、害怕、厌恶等感情，以及各式各样的反感行为：例如诽谤、歧视、暴力攻击等。

类似地，"没有充分证据"这一短语也需要扩充。没有充分证据的、站不住脚的判断也就不是基于事实的判断。因此更为精巧的定义是："对你所不熟悉的事物表示反感"（being down on something you're not up on）。

我们很难说得清究竟需要多少事实才能证明一个判断是正确的。一个偏见持有者有可能言之凿凿地声称，自己已经掌握了充分的证据。他会讲述那些与难民、天主教徒、东方人之间的痛苦经历。但大多数情况下，这些事实明显是薄弱而牵强的。他对自己仅有的记忆做了筛选，并与谣言混在一起，再笼统地概括出来。没有人了解**所有的**难民、天主教徒和东方人。因此，任何关于这些群体**整体**的消极判断，严格地讲，都是没有充分证据的恶劣评价。

有时，他们并没有一手经验来支持这些判断。几年前，美国人对土耳其人评价极其恶劣，但是几乎没有人见过真实的土耳其人，也不认识任何可能见过他们的人。他们的判断仅仅是建立在对亚美尼亚大屠杀和"十字军东征"的道听途说之上。仅仅根据这些证据，他们就谴责了对方整个民族。

通常，偏见体现于人们对待受排斥群体成员的方式。但当我们刻意避开黑人邻居、拒绝应答"格林伯格"先生的订单时，我们是基于对这个群体整体的范畴概化来指导行为的。我们对个体差异视而不见，忽视了我们的邻居黑人 X 实际上并非我们有充分理由不喜欢的"黑鬼" Y，也忽视了"格林伯格"先生并非我们有充分理由不喜欢的"布卢姆"（Bloom）先生，而也可能是一位文质彬彬的绅士。

这一过程相当常见，因此我们可以将偏见定义为：

> 仅仅因为一个人的群体归属，就预先判断其具有某些与该群体相关的不良特质，从而对其产生消极和敌意的态度。

这一定义强调：日常生活中的族群偏见不仅仅是一个如何对待个体的问题，同时也反映了对这个群体整体所产生的某种并没有充分证据的观念。

回到"充分证据"的问题上来。我们必须承认，基于绝对的确定性而建立起来的人类判断几乎是不存在的。对于诸如太阳从东方升起、死亡和税会会突然来袭等事情，也只能说是相当程度上的确信，而不是绝对。任何判断是否证据充分是一个概率问题。一般而言，对于自然现象的判断比对人类现象有着更高的确定性和正确率。但我们对于民族或种族群体的判断却很少是基于高概率而建立的。

就拿二战期间大多数美国人对纳粹所抱有的敌意为例。这是一种偏见吗？回答是否定的，因为有足够多的可用证据与"纳粹党"官方准则的政策和行为有关。诚然，"纳粹党"中可能也存在一些好人，他们确实从心底反对那些恶劣计划；然而，纳粹对世界和平和人类价值构成了实实在在的威胁，这一概率如此之高，以至于引起了实实在在的正义反抗。高概率的危险使得这种反抗从偏见升级成一种现实的社会冲突。

我们与歹徒或流氓敌对就不是偏见的问题了，因为他们反社会的行为证据是确切无疑的。但读者很快就能看到，这种界限的划分会变得很难。如果是一个有前科的人呢？世人皆知，前科犯想找到一份自食其力、能赢得自我和他人尊重的体面稳定的工作，难于上青天。雇主一旦知道了他过去的罪行，就会自然而然地产生怀疑。但这种怀疑往往会有些过分。如果愿意深究，他们也许就会发现，站在他面前的这个人确实已经浪子回头、洗心革面，甚至是最初就遭到了不公的指控。仅仅因为一个人有犯罪记录就关门谢客的确有**一定**的好处，因为很多罪犯根本就死性难改；但"没有充分证据的判断"确有其实，这多少带有一些暧昧的成分。

我们永远都无法在"足够充分"和"不够充分"之间划出一条明确的分界线。也正因如此，我们无法确定摆在面前的问题到底是不是偏见。然而，毋庸置疑的是，我们的判断实际上往往是根据一些不充分甚至是不存在的可能性做出的。

过度范畴化（overcategorization）也许是人类思维当中最常见的恶作剧了。根据一滴水，我们匆匆概化了一个池塘。如果传说中巨人的魁梧身材给孩子留下了深刻印象，他可能会一直以为挪威人都是巨人，直到很多年后遇见第一个活生生的挪威人为止。也许有人恰好认识了三个英格兰人，就进而宣称整个英格兰民族都有着如他所见一般的品质。

这种倾向是一种自然偏向。生命如此短暂，要求人们做出的调整和适应又是如此剧烈，以至于日常事务中不能有丝毫耽搁。我们不得不通过类别来判断事物的好坏。我们不可能透彻地、个别地衡量和看待世界上的每一件事。现成的衡量准则尽管既粗糙又宽泛，却不得不成为差强人意的选择。

并非所有的过度概化都是偏见。有些仅仅是**误判**，因为参考了错误的信息。孩子可能认为明尼阿波利斯市的所有居民都是垄断者，并从父亲那里得知，垄断者都是恶民。但时过境迁，当他意识到这个错误时，他对明尼阿波利斯市居民的厌恶就会自然而然地消失。

有个测试能帮我们区分一般的误判和偏见。如果人们面对新的证据，可以纠正他的误判，那么就不是偏见。**误判仅仅当其对新的知识无动于衷的时候才成为偏见**。偏见与单纯的误解不同，它通常会积极地反抗一切有可能削弱它的证据。当偏见受到反驳的威胁时，人们容易变得情绪化。因此，一般的误判与偏见之间的区别就在于，个体能否不带反抗情绪地讨论并修正自己的判断。

考虑以上各种各样的因素，我们尝试给消极的族群偏见做出最终的定义以贯穿全书的讨论。这个定义的每一个短语都浓缩了刚才的许多讨论内容：

> 族群偏见是一种厌斥（antipathy），基于错误且顽固的概化而产生。它可以被感受或被表达出来。它既有可能是针对某个群体整体的，也有可能是仅仅因为某人属于某个群体而针对这个人。

因此，偏见产生的净效应，就可以定义为，将偏见对象置于某种并非由个人错误所导致的不利地位之上。

》 偏见是一个价值概念吗？

有些学者还在偏见定义中引入了其他成分。他们声称，只有当人们的态度与文化中的重要规范或价值观相抵触的时候，这些态度才能被称为偏见。[4] 他们坚持认为，偏见就是与社会伦理相悖的误判。

一项实验发现，"偏见"一词的常规用法确实带有这样的意味。几位成年裁判者被要求根据其中所反映的偏见程度对一些九年级的孩子的言论进行分类。结果表明，不管男孩对作为群体的女孩们表达了什么样的意见，都不会被判定为偏见，因为人们通常将未成年人对异性的轻蔑当成一种正常现象。同样，对于教师群体的不利陈述也没有被当成偏见。这种对老师的厌斥情绪在他们的年纪似乎也可以理解，而且对社会也没什么重大影响。但是当孩子们对工会、社会阶级、种族或民族性表达厌憎的时候，人们更多地将其认定为是一种偏见。[5]

简而言之，不公正态度的社会重要性成为人们判断是不是偏见时需要参考的标准。例如一个已经15岁大的男孩如果表现出了对女性的反感，则会与那些反感民族性的言论一样，被认为是偏见。

我们要是真的采用这种定义的话，就不得不说印度古老的种姓制度——现已被破除——是没有偏见的。它仅仅是社会结构的一个便利性的分层，划清了劳动分工，界定了社会特权，是近乎全体公民都可以接受的一种制度。甚至对于那些"不可触及"的底层贱民，也依旧是充满效力的，因为关于轮回转世的教义让这种社会安排具有了完全的正当性。

贱民遭到排斥，是因为前世的他未能上升到一个更高的种姓。而如今，他已拥有了自己的那份餐后甜点，也拥有了一种机遇，能够从容而虔诚地为了赢得轮回时的上升而指引自己的生活。那么，这种被释为"友善祥和"的种姓制度就算的确曾经是印度社会的标记和见证，它就没有偏见了吗？

以犹太人聚居区为例。很长一段历史时期内，犹太人都被隔离在一个确定的居住区，有时甚至用一条锁链将这片地区圈绕起来。只有在这片范围内，他们才可以自由活动。这种法子的好处是，可以避免不必要的令人不快的冲突，犹太人也深知自己的处境，他们在一定的限制和舒适度之下有条不紊地安排着自己的生活。也许他们的命运会比现代世界里更为安全、更加可预测。犹太人和非犹太人就这样度过了历史上的一段时期，他们都不觉得这种制度有什么恼人之处。那么，偏见就不存在了吗？

古希腊人（或早期美国种植园农场主们）针对他们累世的奴隶有没有偏见？他们肯定看不起这些奴隶，也对奴隶们所谓与生俱来的劣等性和动物般的心智抱有一些站不住脚的错误观念；但一切看起来那么自然而适宜，以至于不会产生任何道德上的困扰。

即使在今天的某些地区，也已出现了白人和有色人种之间的权宜和妥协。一种仪式性的惯例被建立起来，大多数人不假思索地遵从着这种社会结构的实在性。由于他们仅仅是按照习俗而行事，因此会否认自己怀有偏见。黑人只了解黑人的位置，白人也只了解白人的位置。那么，偏见难道只存在于行动显得比文化所规定的**更为冲撞**、比人们所能接受的**更为消极**的时候吗？偏见应该被视为仅仅是一种对常规实践的偏离吗？[6]

在纳瓦霍印第安人中间，就像地球上的很多社会一样，存在着一种对巫术的信念。任何一个女巫都会因为散播有关黑巫术力量的错误观念而受到激烈的谴责、排挤和严惩。如前所述，这里融会了偏见定义中的所有要素。然而，几乎没人对此产生道德上的困惑和质疑。既然这种针对女巫的拒斥是广为认可的习俗，并未遭到社会的非难，那么，这称得上是偏见吗？

我们应该如何看待这些争论呢？一些评论家对之印象如此深刻，以至于认为，偏见的所有问题仅仅是由一些"自由主义知识分子"所搅起的价值判断问题。自由主义者们不支持哪种习俗，就武断地称之为偏见，他们应该做的不是去跟随自己的道德义愤，而是诉诸文化的精神气质来寻求答案。如果文化本身是冲突遍布的,那么站在高于一般人日常实践的高度上,我们可以说偏见是存在的。偏见俨然成为一种文化对其自身某些实践所施加的**道德评价**,对那些不被赞成的态度的一种命名和指派。

这些批评混淆了两个截然不同也不相干的问题。偏见仅仅是一种心理学意义上的消极感觉、一种过度概化的判定,确定无疑地存在于诸如种姓社会、奴隶社会或是对巫术抱有某种信念的社会以及一些伦理方面更加敏感的社会中间。第二个问题——偏见是否伴随着道德义愤,则是另外一个问题。

诚然,某种意义上说,有基督教和民主传统的社会,可能会比其他没有这些传统的社会更加反对族群偏见。同时,那些"自由主义知识分子"也比大多数人更容易对这个问题感到愤慨。

即便如此,我们仍然没有丝毫理由混淆偏见存在的客观事实和对该事实的文化、道德判断。这个词的消极意味并不代表着一种价值判断。例如,**流行病**这个词暗示了一些令人厌恶的东西。流行病最伟大的征服者之一、法国细菌学家巴斯德对之深恶痛绝,但价值判断没有丝毫影响到客观事实,他后来成功地征服了这一难题。**梅毒**在我们的文化中带有耻辱和咒骂之意,这些情绪无论如何都不会施加在那些肆意横行于人体中的螺旋菌之上。

一些文化会公开表示杜绝偏见,例如美国文化;而另一些则不然。但对于偏见的基本心理学分析是放之四海而皆准的,无论我们谈论的是印度人、纳瓦霍人、晚期古希腊人,还是美国一些理想的中产阶级都市。任何情况下只要有一种消极的态度伴随着过度概化而加诸人,就产生了偏见的症候。人类对于偏见症候的谴责并非必然。偏见存在于任何国家的任何年龄群。偏见议题是一个充满着善意和真诚的心理学议题,与它招来的义愤毫不相干。

功能性意义

有些对偏见的定义还包括了另一味成分,如下:

> 偏见是人际关系中的一种敌对模式,一般指向整个群体,或指向这个群体中的成员;它满足了对其对象所产生的某种特殊的不合理的功能。[7]

偏见的本质

该定义意指，一种消极态度只有当服务于使用者的某种私人性的、自我满足（self-gratifying）式的目的时才成为偏见。

很多偏见的确产生并维持于自我满足式的考虑，下一章会充分澄清这一点。多数情况下偏见对偏见持有者本身会产生一种功能性的意义（functional significance）。但并不总是如此。很多偏见只是盲从于民俗。如第17章所见，有的偏见与个体的生活经济（life economy）并没有必要关联。因此，将偏见的"功能"纳入我们的基本定义中是不明智的做法。

❯❯ 态度和信念

我们说过，偏见的恰当定义包含两种基本成分，即，必须存在一种喜欢或厌恶的**态度**及其必须关联于某种过度概化（因此错误）的**信念**。偏见性的陈述总是既表达态度，又表达信念。下例中，前半句表达了态度，后半句表达了信念：

- 我忍不了黑鬼。
  他们太味儿了。
- 我不会和犹太人住在同一栋公寓。
  当然有一些反例，但大体上所有的犹太人都一样。
- 我不想让日籍美国人留在我们镇上。
  他们奸猾、诡计多端。

区分偏见的态度和信念面向是否重要？对于一些目的而言，这并不重要，见其一必见其二。如果没有关于群体整体的概化信念，敌意的态度就不会持久。近年来研究发现，在偏见测试中表现出更多敌意的人，也同样更坚定地相信，偏见的受害者拥有许多令人讨厌的品质。[8]

但对于另外一些目的而言，区分这两者是有用的。例如，我们在第30章可以看到，某些力图降低偏见的计划成功转变了信念却无法转变态度。信念在某种程度上可以理性地加以驳斥和转变。但通常来讲，它们会很狡猾地重获新生，重新适应于消极的态度，而后者则更加顽固难改。下列对话就反映了这一点。

X：犹太人的问题在于他们过分关注自己的群体了。

Y：但是社区福利基金会的记录显示，就其人数比例而言，他们对于普遍的社区福利捐赠，比非犹太人更加慷慨。

X：这只是说明他们在收买人心，而且硬要介入基督教事务中来。他们除了钱别的什么都不考虑，这就是为什么有那么多的犹太银行家。

Y：但是最近一项研究显示，银行业中犹太从业者的比例几乎可以忽略不计，如果和那些非犹太人相比的话，简直太少了。

X：这就是了。他们不去干那些正当体面的营生，只从事电影商业或者开夜店。

可见，信念体系是如此狡猾，盘绕在更加顽固的态度周围，以提供合法性的证明。这是一种**理性化**的过程，是信念围绕态度的调适。

我们最好记住这两个面向，因为在后续的讨论中会用到二者的区别。但是，无论何时用到**偏见**一词，只要不特别区分，我们就必须将态度和信念同时考虑在内。

》将偏见诉诸行为

人们如何对待讨厌的群体，与所想所感并不完全相关。例如，两个雇主一样程度地讨厌犹太人。其中一个雇主可能只会将这种感觉留在心里，但表面上仍然像对待其他工人一样雇用犹太人——也许他想保持公司的良好声誉或者想在犹太社区开辟市场；而另一个雇主则会将这种讨厌外化为政策当中，拒绝招聘犹太工人。两个人都有偏见，但只有其中一个产生了**歧视**行为。通常说来，歧视要比偏见有着更即时、更严重的社会后果。

任何消极态度都有体现为行动的倾向，不管在何时、何地，通过何种方式。没人只把敌意掩藏在心。态度越是强烈，就越容易导致酷烈的敌对行为。

我们可以试着按照感情能量由弱到强的顺序，区分出消极行动的五个水平：

1. **毁谤**（antilocution）。大多数心怀偏见的人会跟志同道合者或陌生人谈论、自由表达敌意。但他们从未越过这个较为温和的级别。

2. **回避**（avoidance）。态度稍微强烈一点，就会让个体避免与之接触，就算造成很大不便也在所不惜。这时偏见持有者并不会对该群体造成直接伤害，必要的调适（accommodation）和退缩（withdrawal）将由他独自承担。

3. **歧视**。偏见持有者会主动做出区分，而这种区分是有害的。他把该群体的所有成员都排除在某些领域和事务之外，例如某些类型的职业、住所、政治权利、教育机会、娱乐、教会、医院或某些特权。隔离（segregation）是歧视的制度化形式，靠法律或习俗的强制而得以实施。[9]

4. **物理攻击**。更强烈的情绪可能导致暴力行为或准暴力行为。不受欢迎的黑人家庭会被邻居强行驱赶出去，或在威胁之下战战兢兢地离开。犹太人公墓的墓碑会被亵渎。北区的意大利黑帮会在暗处等着南区爱尔兰黑帮的到来。

5. **铲除**（extermination）。私刑处死、集体迫害、大屠杀以及希特勒的种族灭绝计划，都是偏见的极端暴力性表现。

这个五点量级并没有算术上的精确性，但它将促使我们对偏见性态度、信念引起的各类穷凶极恶的活动予以关注和警惕。尽管很多人并不会从毁谤升级为回避、从回避升级为主动歧视乃至更高，但可以确定的是，级别越高的行为，升级为更高级别也就越容易。正是希特勒的毁谤致使德国人开始回避他们的犹太邻居和昔日好友，而这种预备状态让《纽伦堡法令》的颁布和实施更轻而易举，继而又令随后针对犹太人的恐怖焚烧和道路袭击变得自然而然。死亡进阶的最后一步，就是令人毛骨悚然的奥斯维辛毒气室和焚尸炉。

从社会后果的角度看，很多"礼貌的偏见"还算危害比较小的——仅限于光说不做的喋喋不休。但很不幸的是，在20世纪，这一命运攸关的阶梯进程，其发生频率似乎与日俱增，使人类家园面临土崩瓦解的严峻威胁。更严重的是，由于全世界的人们彼此之间的依赖愈加紧密，他们可能更难以忍受日渐堆积的摩擦。

注释和参考文献

[1] S. L. Wax. A survey of restrictive advertising and discrimination by summer resorts in the Province of Ontario. Canadian Jewish Congress: *Information and comment*, 1948, 7, 10-13.

[2] 参照 *A New English Dictionary* (Sir James A. H. Murray, Ed.), Oxford: Clarendon

Press, 1909, Vol. III, Pt. II, 1275。

[3] 这个定义源自托马斯主义道德伦理学家，他们将偏见看作"草率的判断"。承蒙约瑟夫·费希特（Rev. J. H. Fichter）的记载，作者不胜感激和惊讶。对该定义的充分讨论见 Rev. John LaFarge, S. J., *The Race Question and the Negro,* New York: Longmans, Green, 1945, 174 ff。

[4] 参照 R. M. Williams, Jr. The reduction of intergroup tensions, New York: *Social Science Research Council*, 1947, Bulletin 57, 37。

[5] H. S. Dyer. The usability of the concept of "prejudice." *Psychometrika*, 1945, 10, 219-224.

[6] 下面这个定义改写自这种相对论的观点："偏见指的是对某一特定范畴或群体的一种概化的反对态度或反对行为，在另一些人眼中，这个群体更加不讨喜，比共同体正常的可接受水平更加令人难以忍受。" P. Black & R. D. Atkins. Conformity versus prejudice as exemplified in White-Negro relations in the South: some methodological considerations. *Journal of Psychology*, 1950, 30, 109-121.

[7] N. W. Ackerman & Marie Jahoda. *Anti-Semitism and Emotional Disorder.* New York: Harper, 1950, 4.

[8] 并非所有的偏见量表都包括同时反映态度和信念的项目。已有的研究结果显示，二者的相关性达到 0.80。参照 Babette Samelson, *The patterning of attitudes and beliefs regarding the American Negro* (unpublished), Radcliffe College Library, 1945。亦可参照 A. Rose, *Studies in reduction of prejudice* (Mimeograph), Chicago: American Council on Race Relations, 1947, 11-14。

[9] 意识到歧视问题的广泛存在，联合国人权委员会对此做了深入的分析，见 *The main types and causes of discrimination,* United Nations Publications, 1949, XIV, 3。

第2章
偏见的平常性

为何人类的族群偏见会如此轻易地产生？因为我们讨论过的两种基本成分——**错误的概化**和**敌意的态度**——是人类思维普遍自然的倾向。让我们暂时搁置敌意及其相关问题不予考虑，先来考虑那些人类生活的基本条件，看看它们如何自然而然地导致错误的、范畴性预判的形成。正是这些预判将我们置于族群对抗和群际敌意的门槛之上。

在此提醒读者，本书任何一章都无法完整讲述偏见的全部。每一章都只是针对一个面向。这是该主题的任何**分析**都不可避免的不足。偏见问题是多方面的，希望读者在跟随检视其中的一个方面时，应始终记着其他方面也同时存在。本章呈现的是预判的"认知"面向，不可避免地暂时悬置很多同时起作用的因素，例如自我卷入、情绪、文化以及个人因素。

▶ 人类群体的划分

群体间相互分离的状态无所不在。人们与同类别的人结为同伴。他们成群结队地饮食、玩耍，居住在同质化的群体中间。人们更愿意拜访那些志同道合者并与他们一起敬奉神明。很多这种自发的凝聚仅仅是因为便利。人们没有必要向外群寻求伙伴关系。既然手头有这么多人可以选择，为什么要给自己添麻烦去适应那些新的语言、新的文化、新的食物或是不同教育水平的人们呢？和有着相似预设的人们打交道需要付出的努力更少，不是吗？大学校友会之所以其乐融融，原因之一就在于，所有成员都在相同的年纪，有着相同的文化记忆（甚至对于他们喜欢的老歌），有着基本相同的教育经历。

如果我们终日和同类人黏在一起，就可以相当轻松地应付生活中的大部分琐事。外地人是一种负担。同理，社会经济地位高或低于我们自己的人，也是一种负担。我们不会找门卫来一起玩桥牌。为什么？也许他更喜欢扑克呢？几乎可以肯定，他们无法理解我们所乐在其中的笑话和逗趣。硬要将我们截然不同的行为习惯调和在一起会非常尴尬。并不是我们有阶级偏见，只是，我们在自己所属的阶级内感觉最为舒适和轻松。而且通常情况下，我们自己的阶级、种族和宗教内部有足够多的人，可以与之一起游戏、生活、吃住或是婚配。

在职业场合，我们有更多可能需要应付来自外群的成员。在一个层级化的工厂或公司内部，管理者必须处理与工人、经理、主管、门卫、销售员、办事员之间的事务。机床旁边，不同族群的工人们可能会肩并肩地一起干活，尽管消遣的时候他们更愿意待在自己感到舒适的小群体内部。然而职业上的这种接触远远不足以克服心理上的彼此分离。甚至有时这种接触太过阶层化而导致这种心理隔离感愈加紧张。墨西哥裔工人可能会嫉妒他的盎格鲁裔雇主所享受的更为舒适轻松的生活。白人工匠可能会惧怕他的黑人助理热切地想要上位而取代自己的工作。外来群体成员被招进工厂干那些卑贱的工作，却没有意料到，当他们开始在职业和社会阶梯上攀升之时却招来了畏惧和嫉妒。

这种分离状态的保持并不总是占主导地位的多数群体对孤立少数群体的强迫。他们往往更愿意保持他们自己的认同，这样就无须背上"说外语"的负担，无须时时刻刻照看自己的言谈礼仪。正如同学会上一些老校友所说，在这些有着相同背景和预设的同学面前，他们可以"放下"。

> 一个颇有启发性的研究显示，美国少数群体的高中生代表，比白人表现出更强的族群中心主义倾向。例如黑人、华裔、日裔年轻人在选择朋友、工作伙伴、约会对象时更多地坚持从自己的群体内进行选择，而不是白人学生群体。但他们不会从自己的群体内选出"领导"，而更偏爱在非犹太白人多数群体中选。然而，即便他们一致同意应当从主导群体中选择领导，却仍然会将亲密的关系限制在自己的内群中以寻求舒适感。[1]

人类群体倾向于各安一隅，这是不可否认的事实。我们不必将这种倾向归咎于一种群居本能或类别意识或是偏见。用轻松原则、最小努力、意气相投和文化自豪感就足以给出解释。

这种分离主义（separatism）的存在，为心理学的精细化提供了沃土。相互分离的人们之间缺乏沟通渠道。群体间的差异很容易被放大，这种差异的由来也很容易被误解。最重要的是，这种彼此分离可能导致真实的利益冲突和很多想象中的冲突。

举个例子。得克萨斯州的墨西哥裔工人和盎格鲁裔雇主之间被严格地分割开。他住在另一个地方，说着不同的语言，保持着迥异的传统，参加不同的教会。他的孩子极有可能不会进入和雇主的孩子一样的学校，也不会一起玩耍。雇主唯一知道的就是，这个工人来上班、拿薪水，然后离开。他注意到这个工人工作不规律，看上去懒惰而沉默寡言。对于这名雇主来说，将这种行为看作他所代表群体的整体特征，是再简单不过的事情了。于是雇主便形成了一种刻板印象：墨西哥人懒惰、目光短浅、不可信赖。如果雇主发现，这种不规律导致了经济上的损失，特别是当他把高税负和金融困难归咎于墨西哥人的时候，他便有充分的理由产生敌意。

雇主因而认为所有墨西哥人都是懒惰的，当遇到一个新的墨西哥人时，就会在脑海里将其预先定罪。这种预判是错误的，因为：（1）并非所有墨西哥人都一样；（2）这个墨西哥工人并非懒惰，而是有很多个人价值取向使他表现得貌似不规律。他喜欢和孩子在一起，希望参加宗教节日，喜欢修缮自己的房子。但雇主不了解这些，他本应该逻辑理性地说："我不知道这些原因，因为不了解他个人，也不了解他的文化。"但是他没有，他只是将一个复杂问题过度简化，归因于这个工人及其民族的"懒惰"。

雇主的刻板印象来自一个"真理"或"事实"，即这名工人是一个墨西哥人并且工作不规律，也可能他和其他墨西哥工人之间有类似的经历。

有充分根据的概化和错误的概化之间很难划清界限，尤其对于概化者本身来讲更是如此。让我们进一步来看。

》范畴化过程

人类心智必须借助范畴（categories）来思考（范畴这个词在这里等同于**概化**）。范畴一旦形成，就作为平常预判的基础。该过程无法避免，秩序化的生存正依赖于此。

范畴化（categorization）过程有五个重要的特征。

1. **范畴化形成了引导日常的行为调适的分类和"集群"**。我们每天都要花上很长时间求助于这些预先形成的范畴。当天空变暗、气压计示数下降时，我们就判断说，要下雨了，于是带上一把伞以防不测。当一条狗气势汹汹地冲出来时，我们便将它纳入"疯狗"的范畴，然后避开。当我们看病时，我们期待着医生以某种特定的专业方式来应对自己的病情。在无数场合下，我们将单个事件分类并纳入一个熟悉的类目里，并据此展开相应的行动。有时真实的事件与我们纳入的范畴并不相符，例如天没有下雨，狗并不疯，医生并不专业。但我们的行为仍然是理性的，因为这种判断是基于高概率事件而做出的。我们虽然用错了范畴，但仍然竭尽所能做到最好。

这意味着我们的生活经验倾向于形成"集群"（clusters，概念、范畴等），尽管可能在正确的时间用了错误的"集群"，或是在错误的时间用了正确的"集群"，这样的过程依旧支配着整个精神生活。每天有成千上万的事情发生，我们根本处理不了这么多，分类是最好的选择。

思想开明、不带偏见是一种美德。但严格地说，这是不可能的。新的经历**必须**被编织进旧的范畴当中。我们无法以全新独特的方式来处理每个事件本身。这样的话，要经验干什么用？英国哲学家罗素曾用一句话做了总结："一种永恒开放的心智就是一种永恒空茫的心智。"

2. **范畴化过程会将尽可能多的东西吸收进这些"集群"**。我们的思维有一种古怪的惯性，喜欢用简单的方式解决问题。而做到这一点最好的办法就是，迅速将问题契合进一个合意的范畴，并把这一范畴当作对问题的预判。例如一名海军药剂师只需将他碰见的每一个病例划入两个范畴：**看得见的**，就涂上碘酒；**看不见的**，就给病人一剂量的盐，他只需借助两个范畴来组织职业生活。

换言之，心智倾向于以一种与行动需求相兼容的、极其粗糙的方式将周围的事情范畴化。如果药剂师的助理质疑这一过分粗糙的给药方式，他可能会做出调整而采用更有区分性的范畴。但只要这种过分粗糙的概化方式能让我们侥幸逃脱日常事务的纠缠，我们就会这么做。（为什么？这么做无须太多努力，人们都不喜欢努力，除非是特别有热情、感兴趣的领域。）

这种倾向在我们的讨论当中非常明显。盎格鲁裔雇主概括性地得出

"墨西哥人是懒惰的"只需付出很少的努力以指导他的日常行为，这比个别化地了解每个工人要容易得多，也比理解这个工人的真实原因要容易得多。如果能用一个简单的公式来划分这个城市的 1 300 万同胞，例如"黑人是愚蠢的、肮脏的、劣等的"，我们将大大简化自己的生活，只需避开所有的黑人就足够了。

3. 范畴使我们能够很快地辨认出相关对象。任何事物都有某种特征，能够作为线索将预判的范畴转化为行动。看见胸前有着红色羽毛的鸟，我们会说"这是知更鸟"。看到汽车在马路上横冲直撞、摇摆不停，我们会想"这个司机喝醉了"，并据此采取相应的行动。棕色皮肤的人会激起我们脑海中任何关于"黑人"的主导性范畴，如果该范畴又包含了消极的态度和信念，我们就会主动避开他，或是采取任何可行的排斥行为（第 1 章）。

因此，范畴与我们所见、所判、所做有着密切而直接的联系。事实上，它的一切目的就是辅助感知和行动，也即，帮助我们能够更加迅速、顺利、前后一致地调适自己。即便因此经常犯错或惹来麻烦，这一原则也始终占据着主导。

4. 范畴把同样的观念意味和情绪色彩都渗透到包含在内的所有对象之上。纯粹智识上的范畴称为概念。**树**就是一个概念，包含了我们关于树的成千上万种经验，但只有一个最本质的意义。但很多概念（即使是**树**）除了有"意义"以外，还包括了"感觉"。我们不单知道**树**是什么，还**喜欢**它们。对于族群范畴也是如此。我们不仅知道中国人、墨西哥人、伦敦人是什么意思，还伴随着这些概念而有一种喜欢或不喜欢的感情色调。

5. 范畴可能或多或少是理性的。通常情况下，范畴是基于"真理"或"事实"而产生的。理性的范畴正是如此，并随着相关经验的增加而得以扩充和巩固。科学定律就是理性范畴之一。它们被经验所证实，与之关联的所有事件都呈现为某种确定的形式，即使并非百分之百完美，它们也有很高的正确率做出预测，因而是理性的。

有些族群范畴也是理性的。例如黑人有黑皮肤（即使也有例外），法国人说法语比德国人说得好（同样也存在例外），这都是极有可能的事情。但像"黑人都迷信""法国人都道德松懈"这样的陈述是理性的吗？可能性很低，甚至当真的去对比不同族群时也会发现可能性为零。然而，我们的心智似乎并没有对二者加以区分：非理性范畴和理性范畴的形成一样容易。

对群体成员做出理性的预判需要大量相关的知识。任何人都没有可靠的证据证明，苏格兰人比挪威人更加吝啬，东方人比白种人更加狡猾，然而这些观念的形成和理性观念一样轻而易举。

危地马拉某个社区的人们对犹太人有一种强烈的厌恶。但其实谁都没见过犹太人。那么这种范畴是如何形成的呢？首先，这个社区的居民都是坚定的天主教徒，老师们说犹太人是杀基督者（Christ-killer），刚巧当地文化有一则关于弑神魔鬼的古老异教迷信。于是，这两个强有力的感性观念就融会在一起，导致对犹太人充满敌意的预判。

非理性范畴的形成甚至比理性范畴还**更**容易一些，因为强烈的情感会像海绵一样吸附和膨胀。被强烈的情感所淹没的观念，会更容易倒向这种情感，而不是客观证据。

非理性范畴是在没有足够证据的情况下形成的。也许人们对这些证据仅仅是**无知**，这就产生了第1章所定义的"误解"。很多概念得自道听途说、二手信息，因此信息错误的范畴是无法避免的。学校里的学生要形成对于"中国西藏人"的大体概念只能诉诸老师和课本告诉他的内容，这可能是错的，但学生已然尽力。

无视既有的证据而造成的非理性预判，更加根深蒂固、令人困惑。牛津有名学生曾说："我从来没有遇见过任何我不喜欢的美国人，但还是鄙视他们。"这种范畴化甚至与他的一手经验相悖。偏见最吊诡的特征之一就是，已知更好、更全面的信息却仍然固守原有的预判。神学家告诉我们，无知者无罪，但刻意无视则有罪。

》 当范畴与证据冲突时

当范畴与证据冲突时会如何？这个问题很重要。多数情况下，范畴是顽固不化、抗拒改变的，这是不争的事实。毕竟这些概化都非常管用，何必要为每一点新的证据去费力调整呢？如果我们习惯了一类汽车而且很满意，何必要去承认其他汽车的优点？这样做只会干扰我们对习惯的满意度。

我们会有选择地添加新的证据到某个范畴里，前提是它确证了先前的观点。发现一个吝啬的苏格兰人是很有快感的，因为它证实了我们的预判："我说过，事实就是这样。"但若发现证据与观念相反，我们就会产生抵触。

无视很多反对的证据而维持先前的预判，是很常见的思维模式。我们可以通过承认例外的存在来消除戒备和敌意。"确实有一些好的黑人，但是……"，或者"我有一些很好的犹太朋友，但是……"。好的个例被排除在外，这些消极范畴依旧会原封不动地适用于其他情况。总之，反对的证据与其说是不被认可而无法对概化的范畴做出调整，不如说是却被敷衍地当作例外而排除。

我们称之为"修篱"（re-fencing）。无法契合进思想田园的事实被当作例外，而篱笆照旧修补，不再冒着风险开放。

很多关于黑人的讨论中都存在这种"修篱"现象。激烈的反黑人者每每遇到对黑人有利的证据就会使出臭名昭著的撒手锏——婚姻选择问题："你愿意让你的妹妹嫁给黑人吗？"这样的"修篱"机敏而干脆。对方一旦回答"不会"或表现出犹豫，他就会立刻得逞："看，这就是区别，我说对了吧，黑人都是天生的讨厌鬼。"

两种情况下人们不会使用"修篱"来维持这种概化。一种情况是**习惯性的思想开明**，但很少见。这类人生活中很少有标签化的倾向。他们质疑一切标签、范畴和概化。他们习惯性地坚持为每一件事、每一个类别寻找充分的证据。他们充分意识到了人性的复杂和多样化，因此对族群概化尤为谨慎。一旦持有某种观点，那么一定是高概率的事实，而且任何相反的经验都会考虑进来，以对既有的概念做出调整。

另一种情况纯粹是因为**个人利益**。人们会从过去的痛苦和失败中获得教训，承认范畴是错的而不得不修正。例如，不能正确区分可食用蘑菇的人会中毒，为了避免犯同样的错误，他会做出修正。有的人会认为意大利人守旧、无知、说话大声粗鲁，直到他爱上一个来自书香门第的意大利女孩才会发现，为了个人利益必须修正先前的观念以指导行为。

但通常情况下，我们总是有理由维持预判。这不需要付出额外的努力，更重要的是，身边的亲朋好友都会对此表示支持。不顾邻居反对就让犹太人进入当地的俱乐部，会被认为是不礼貌的行为。和邻居持有相似的范畴会让人感到舒服，因为我们的地位感就建立在邻居的好意的基础之上。构成生活基础的原则，既然已经满足了自己和邻居，何必去费力重新构建呢？

作为范畴的个人价值观

分类和标签对我们的精神生活而言相当重要，其结果就是不可避免地产生预判，渐渐成为偏见。

人最重要的范畴就是个人价值观。人依照这些价值观而活，也为了这些价值观而活。人很少会去考虑、衡量这些价值观，而往往是去感受、确认和捍卫。因其不可替代的重要性，所有的证据和推理都必须无条件地遵从。沙尘暴地区的农民听到游客抱怨风沙侵蚀严重时会站在自己深爱的土地上说，"我就喜欢沙尘，可以净化空气"，以此来回避这种攻击。尽管是无稽之谈，但足以捍卫其自身。

为了捍卫自己的生活方式，我们表现得像个党派人士。很少有推理是心理学所谓的"目标指向性思维"（directed thinking），即只受外界证据的专一控制、聚焦于解决客观问题的思维。而当感觉、情绪、价值观介入的时候，我们倾向于进行"自由的""一厢情愿的"或"空想式的"思考。[2]这种捍卫性思维是完全自发而自然的，因为我们作为价值的追求者，目的就是在这个世界上活得完整。预判正诞生于这些价值之中。

个人价值观和偏见

显然，对自我生活方式的确证将我们推向了偏见的断崖。斯宾诺莎将这种"过当的爱"称为"爱的偏见"（love-prejudice）。爱者过度概化了所爱之物的美德。爱者眼里的那个"她"所做的任何事情都是完美的。教会、俱乐部、民族的捍卫者都会表现出这种"过当的爱"。

我们有充分的理由认为，"爱的偏见"与其对立面"恨的偏见"相比，对人类生活来说有着更为本质的重要性（斯宾诺莎称后者为"过当的恨"）。人们必须先高估其所爱，才能低估其所爱事物的对立面。篱笆正是为了保护那些我们所珍爱之物才修建起来的。

积极的依恋对于生命来说有着本质的重要性。婴幼儿的生存离不开与其抚养者之间的依赖关系。在学会恨之前，他必须先学会爱，学会认同某些人或某些物；在学会定义那些可能是威胁的"外群"之前，他必须首先有一个家庭和朋友的圈子。[3]

为何我们对于这种将依恋和感情过度概化的"爱的偏见"所闻甚少？原因之一可能是，它不会带来任何社会问题。没有人会对母亲保护自己的孩子表示异议——除非她对其他小孩产生不合理的敌意。捍卫自己的价值观有时会以侵犯他人的利益和安全为代价。如此一来，"恨的偏见"就引起了注意，但很少有人意识到，它实际上源自背后的"爱的偏见"。

以反美偏见为例，这在很多文雅的欧洲人中间都持久存在。在久远的1854年，他们中的一员把美国轻蔑地描述为"一座巨大的疯人院、欧洲流氓和懒汉的集结地"。[4]当1869年詹姆士·拉塞尔·洛威尔在文章《外国人的倨傲》中斥责这类言论时，类似的辱骂已经变得十分普遍，至今仍在不断涌现。

背后到底是什么原因？首先可以确定的是，在这种侮蔑出现之前存在着自爱——一种爱国主义、一种对于祖先和文化的自豪感，代表着欧洲评论家们赖以生存的积极价值观。一个新的国家让他们隐约感到了威胁，而诋毁会让人感到更加安全。他们并非内在地憎恶美国，而是内在地爱着自己。该准则也同样适用于美国人。

马萨诸塞州的一名学生公然宣称自己是一位包容派的信徒——至少他自认为如此。他写道："除非那些装聋作哑的南方白人能从黑人们的森森白骨中看出点什么来，否则黑人问题永远都得不到解决。"这种积极的价值观显然是一种理想主义。但讽刺的是，这种激进好斗的"包容"使他产生了另外一种偏见，怪罪于那些他认为是对该价值观产生威胁的人群。

下面的话也是类似："我当然没有偏见。我有一位可爱的保姆，她是有色人种。我在南方长大，在这里度过了一生，我知道。让黑人们安分守己、待在自己的位置上，他们也很乐意。北方在惹麻烦，他们根本不理解黑人。"这名女士在话中捍卫了自己的特权、地位和奢华铺张的生活方式，与其说是讨厌黑人或北方人，不如说是安于现状。

相信一个范畴是好的而另一个是坏的是非常便利的做法。一名在工厂中人缘很好的工人接到了办公室的职位邀请，但上级对他说："别去，否则你会被当成一个乞丐，成为边缘人物。"看来这名上级的脑袋里只有两类人，"工人"和"乞丐"。

这些例子说明了，消极偏见是人们自我价值体系的反映。我们赞赏自己的生存模式，相应地批判或攻击那些可能产生威胁的其他模式。弗洛伊德将之表述为："从人们对待陌生人不加掩饰的敌意和憎恶中，我们看到了自爱和自我陶醉，人们是迫不得已这么做。"

战时这一现象尤其明显。一旦敌人威胁到我们几乎所有的积极价值观，我们就不得不加剧反抗，并格外夸大自己的美德。由此，我们会有一种"自己完全正确"之感，这也是一种过度概化，否则就无法统御自己的力量。既然我们自己完全正确，那么敌人就是完全错误的，他们就应该被毫不犹豫地消灭。但即使在这种暴力的情境下，"爱的偏见"依然是基础，"恨的偏见"只是衍生品。

在有些类似于战争的情况下，存在着对价值观的真实威胁，因此必须予以反抗。战争让一定程度的偏见有了存在的必要。严峻的威胁会让人们把整个敌国视为彻头彻尾的恶魔，对方每个公民都是鬼怪。平衡和辨别根本无从谈起。[5]

总结

本章要论证的观点是，人都有一种偏见的习性。这种习性来自一种自然而正常的倾向：对事物加以概括以形成概念和范畴。这些内容代表了对经验世界的过度简化。理性范畴与一手经验紧密相连，但非理性范畴也同样容易形成，甚至不需要"事实"或"真相"，因为它们完全可以由道听途说、流言蜚语、情感投射和幻想而形成。

个人价值观是范畴，会让我们做出没有充分根据的预判。价值观对人类生存来讲至关重要，因此容易导致爱的偏见。而恨的偏见是一种次级衍生，但却往往反映了那些积极的价值观。

"爱的偏见"实际上对"恨的偏见"负有不可推卸的责任。为了更好地理解其本质，我们将注意力转向内群忠诚的形成。

注释和参考文献

[1] A. Lundberg & Leanore Dickson. Selective association among ethnic groups in a high school population. *American Sociological Review*, 1952, 17, 23-34.

[2] 过去，在心理学中，"目标指向性思维"和"自在思维"（free thinking）一直是两个分离的过程。传统的"实验心理学家"研究的是前者，而"心理动力学家"（例如弗洛伊德）研究的是后者。关于前者可见 George Humphrey, *Directed Thinking*, New York: Dodd, Mead, 1948; 关于后者可见 Sigmund Freud, *The Psychopathology of Everyday Life*, New York: Macmillan, transl, 1914。

近几年，不管在研究上还是理论上都有一种"实验心理学家"和"心理动力学家"相互合作的倾向（参见本书第 10 章）。这是个好的开端，毕竟偏见性思维并不是反常、无序的，目标指向性思维和自在思维皆熔铸其中。

[3] 参见 G. W. Allport, A psychological approach to love and hate, Chapter 5 in P. A. Sorokin (Ed.), *Explorations in Altruistic Love and Behavior*, Boston: Beacon Press, 1950。另见 M. F. Ashley-Montagu, *On Being Human*, New York: Henry Schumann, 1950。

[4] Merle Curti. The reputation of America overseas (1776–1860). *American Quarterly*, 1949, 1, 58-82.

[5] 对战争和偏见之间的重要关联的讨论见 H. Cantril (Eds.), *Tensions That Cause Wars*, Urbana: Univ. of Illinois Press, 1950。

第3章
内群的形成

亲不尊，熟生蔑（familiarity breeds contempt），这句谚语有着相当的欺骗性。尽管我们有时确实会对日常生活和同伴感到厌倦，但那些有力支撑着我们生活的价值观的确取决于熟悉感。更重要的是，熟悉的也容易**变成**有价值的。我们爱着那些陪伴我们长大的烹饪风格、习俗和人们。

在心理学意义上，问题的关键在于，我们所熟悉的东西是生存必不可少的基础。既然这一存在是好的、令人满意的，那么它所伴随的基础也是好的、令人满意的。一个孩子一出生就被给定了父母、邻居、地区、国家，还有宗教、种族和社会传统。对他而言，这些归属关系是理所当然的。既然他是其中的一员，那它们也是他生命的一部分，是**好的**、是**令人满意的**。

早在5岁时，孩子就能够理解自身从属于很多群体。比如，他会产生一种族群认同感。但直到9岁或10岁时，他才开始理解这一族群资格意味着什么，像犹太人和异教徒有什么不同，贵格会和卫理公会有什么不同。但他会先于这些理解而发展出强烈的内群忠诚。

有些心理学家认为，孩子会因归属于这些群体而获得"奖赏"，这种"奖赏"促成了忠诚。换言之，家庭的哺育和照顾、邻居和国族同胞们的礼物和关注，让他学会去爱，他的忠诚建立在这些"奖赏"的基础上。这种解释的充分性值得怀疑。黑人儿童极少甚至从来不会因身份受到奖赏，事实恰恰相反；但他依然对自己的种族保持忠诚。一个来自印第安纳州的人每当想起家乡就会心潮澎湃，不一定是因为他在那里度过了快乐的童年，而是仅仅因为他**来自**那里。这是他存在的根基。

当然，奖赏能促进这一过程。孩子若是在家族聚会中有过愉快的体验，此后就会更加依恋其家族。但一般无论如何他都会依恋自己的家乡，只因为这是他生命中无法割舍的一部分。

那么，快乐或者说奖赏便不是忠诚的唯一理由。我们的群体归属很少是被快乐所维系的——娱乐性的群体除外。而且，忠诚一旦形成，再要改变将会经历剧烈、长久而痛苦的过程。有时甚至再大的惩罚都无法让我们割舍这种忠诚。

人类学习过程中这种**根基**原则相当重要。我们无须假定一种"群居本能"来解释人们为何喜欢待在一起：人们只是彼此连锁交织成他们自己的关系网。既然自身存在是令人满意的，那么社会生活也同样令人满意。我们也无须假定一种"类别意识"来解释人们为何拥护他们自己的家庭、部落和族群。脱离了这些，自我将无法成为其自身。

任何人都不愿成为别人。无论对自己感到多么不开心、多么受阻碍，他都不会想和其他人互换位置。他抱怨自己的不幸、祈祷自己命运的改善，但这总归是关乎**他自己**，他想要提升的是**他自己**。这种对自身的依附是人类生活的根基。我可以说我嫉妒你。但我不想**成为**你，我只是想让自己也拥有你所拥有的特质或财产。人类所有基本的关系都遵从、伴随着这种自爱而产生。既然无法改变家族、血统、传统、民族或母语，便予以承认和接受。方言和口音不仅萦绕于舌尖，也扎根在心中。

奇妙的是，和自己所有的内群都有直接接触并非必需。诚然，他了解他的家庭成员。（然而一个孤儿也可能热切地依恋于他未曾谋面的双亲。）他也通过人与人之间的真实联系来了解俱乐部、学校、街区这些群体。但是对其他的群体，则很大程度上依赖于象征符号和谣言传闻。任何人不可能直接接触到他所在的整个种族群体、所有社团成员以及全部同教派教徒。当听到曾祖父们作为船长、拓荒者或贵族的丰功伟绩时，年少的儿童往往会被深深地吸引，正是在他们脚下，才形成了这个孩子赖以认同其自身的传统。那些他所听闻的事情，和他所经历的事情一样，为他的生存提供了真切而坚固的根基。通过符号，一个人习得了家庭传统、爱国主义和种族自豪感。这些内群，尽管只是口头上的定义，却依旧被真切而密实地编织起来。

》 何为内群？

在一个稳固的社会，预测个体会形成何种忠诚——对哪些地区、哪些氏族或是社会阶级——是相当容易的。在这种稳固的社会中，亲属关系、地位甚至居住地都被严格地规定着。

> 在古代中国的首都，居住安排曾一度与社会距离保持一致。一个人的生活地点表明了这个人所有的关系归属。最里边的一圈是皇宫大院，只允许政府办公人员居住。第二圈住着达官显贵。在这之外的设防区，以和平任期（Peaceful Tenures）著称，住着文官大臣和名门望族。位于更偏远的地方就是禁区，被划分给外国人和在押罪犯。最远的就是蛮夷之地，那里只住着野蛮人和流放犯。[1]

而在更加流动的、技术性的社会（例如美国社会），不存在这种严格的规定。

普遍存在于所有人类社会中的定律有助于我们做出有用的预测。即，**每个社会中，孩子都被看作本质上属于其父母所在的群体**。他有着同样的种族、血统、家庭传统、宗教、种姓、职业地位。诚然，在我们自己的社会，他长大以后可能会脱离某些群体，但不会是全部。一般情况下，人们期待他会怀有和父母一样的忠诚和偏见，并且如果父母因其群体身份成为某种偏见的受害者，那么孩子也自然成为受害者。

这一定律也存在于美国社会，但在另外一些有着"家族主义"传统的地区，这一定律更为坚固。当美国儿童发展出一种强烈的家庭感，对其父母所在国家的起源、种族、宗教产生某种忠诚之后，他便获得了与之相应的活动范围。每个个体是独一无二的。对于父母的身份，美国儿童可以自由选择其中一些而拒绝另一些。

我们很难精确地定义内群。最好的方法就是，内群成员都可以在同等重要的本质意义上来使用**我们**这个指代词。家庭成员之间可如此，同学、会社、工会、俱乐部、城市、国家、民族亦可如此。从更模糊的意义上讲，世界上的公民皆可如此称呼。而在"我们"群体中，有一些是短暂的（例如夜晚派对），有一些则是永久的（例如家庭和氏族）。

山姆，一个一般交际水平的中年男子，列出了他的如下内群身份：

- 父系亲戚
- 母系亲戚
- 原生家庭（family of orientation，出生成长的家庭）

- 再生家庭（family of procreation，妻子和儿女）
- 少年玩伴（记忆已经模糊）
- 文法学校（只记得一点儿）
- 大学校园（有时重访）
- 大学同学（时而聚会巩固关系）
- 现今所在教会成员（20岁时便至此）
- 专业行业（具有高度的组织性、确定性）
- 公司同事（但主要是所在部门同事）
- 小圈子（时常在一起消遣的四对夫妻）
- 一战步兵连幸存者（日渐模糊）
- 出生所在地（相当微不足道）
- 居住城市（鲜活的公民精神）
- 新英格兰（地区忠诚）
- 美利坚合众国（爱国主义处于平均水平）
- 联合国（原则上很确信，但心理上的联系很松弛，因为这里对"我们"的使用很模糊）
- 苏格兰-爱尔兰血统（与同一脉络的人之间有着模糊的亲属感）
- 共和党（只在初选时投了共和党，几乎没有更多的归属感）

列表也许并不完整，但从中我们已经可以相当清晰地重构出他赖以生存的成员关系的基础。

这里他提到了一个少年玩伴。他回忆说，这个内群身份一度对他来说极其重要。10岁时他移居到一个新的街区，没有同龄人可以一起玩耍，他非常渴望找到同伴。其他的男孩们看起来很挑剔也很怀疑。他们会接纳他吗？他能否与这些帮派们相容？在这些帮派里，稍有借口就拳打脚踢是很常见的事。这种仪式，作为帮派的一种习俗，是为考核陌生者的礼貌和士气提供一种快捷而可接受的方式。他能否在帮派所设的限制下，展示出足够的勇敢、顽强和自我控制以适应这些男孩们呢？所幸在这一系列折磨和考验下，山姆很快获得了他梦寐以求的接纳和认可，成为这一内群的一员。也许他应该庆幸不存在其他涉及种族、宗教和地位的障碍。否则这一试验期会更久，考核也会更严苛，甚至帮派会将其永久排除在外不予接纳。

可见，有一些内群资格必须为之奋斗才能获得，但很多都是出生和传统所授。用现代社会科学的术语来说，前者称为**自致**地位（achieved status），后者称为**先赋**地位（ascribed status）。

》作为内群的性别

这里，山姆没有提到性别这一先赋的身份。性别也许一度有着较为显著的意义，现在可能也是如此。

性别内群是个有趣的例子。正常情况下，2岁的孩子无法对玩伴做出区分：一个小男孩还是小女孩于他而言没什么不同；甚至在一年级，这种性别意识也是相当微弱的。一年级的小孩会在四分之一的时间里选异性小朋友作为玩伴。但到了四年级，这种性别交叉的选择几乎消失：只有2%的小朋友会选择异性。到了八年级，男孩女孩之间的友谊开始重现，但只有2%会做出跨性别的选择。[2]

对于厌恶女性的人来说，性别的群体分界相当重要，贯穿着整个生活。女性被视为和男性完全不同的物种，并且通常是劣等的物种。第一性征和第二性征的差异会被明显夸大乃至膨胀成想象中的区隔，从而为歧视的产生提供了合法性。男性会对自己的同性别人群产生内群的团结感，而与剩下一半人类，则可能势不两立，冲突频发。

> 查斯特菲尔德勋爵时常告诫儿子，要用理性而不是偏见来指导生活。尽管如此，他在谈及女性时也说：
> "女人都只是年长的孩子。她们闲谈只是为了消遣，偶尔有些智慧；但严谨的推理、良好的理智，我在生活中从未遇见过……"
> "理智的男人仅仅同她们开些玩笑、做些游戏、玩些幽默、讲些奉承话而已，就像同一个活泼的孩子那样，但却从来不会在一些重要的问题上咨询或信任她们，尽管他常常使她们相信自己两样都做到了，而这也是世界上最为自豪的事情……"[3]
> "女人们之间比男人们之间更相似，她们只有两种激情，即虚荣心和爱，这是她们共同的特征。"[4]

叔本华的观点和查斯特菲尔德的很接近。他写道，女人终其一生都是儿童，女性最基本的缺点就是没有正义感。叔本华坚持认为，女人们在推理和慎思上有天生的不足。[5]

这种反女性主义反映了偏见的两种基本成分——诋毁和粗略概化。两位智者都没有考虑到女性中的个体差异，也没有细究他们所声称的特质到底是不是在女性比在男性中更为普遍。

颇有启发的是，它反映出人们对自身性别的安全感和满意度。对于叔本华和查斯特菲尔德来说，男女两性之间的分歧，同样也是接受的内群与拒斥的外群之间的分歧。但对很多人来说，两性之间的"战争"是虚构的，因为不存在偏见的根由。

≫ 内群的易变性

虽然每个人都有其个人关于重要内群的概念，但也会受时间的影响。过去的一个世纪中，民族和种族成员资格的重要性日益突出，与之相对的是，家庭和宗教成员资格则日渐式微（尽管仍旧极其显著）。苏格兰部族之间激烈的忠诚和对立似乎已成为明日黄花——但"优等种族"（master race）的概念日益成为人们的威胁。西方国家的女性如今已经承担了曾经只为男性保留的角色，这样的事实让叔本华和查斯特菲尔德的反女性主义论调显得陈旧而过时。

从美国人对移民的态度转变中，我们可以看到关于国家这个内群概念的变迁。美国土著居民如今很少对移民抱有理想主义的看法，他们不再觉得给受压迫的人民提供住房——将他们纳入自己的内群——是一项义务或特权。八十年过去了，镌刻在自由女神像上的铭文仿佛已然成为隔年黄历：

> 交给我！那疲惫的、贫乏的你们，
> 那成群结队拥挤一隅、渴望自由呼吸的你们，
> 那在大洋彼岸饱受遗弃和压迫的可怜人们，
> 那无家可归、饱经风霜、坎坷飘零的人们，
> 送来吧，全都交由我！
> 我将伫立于金门之侧，高举火炬，照亮你们的灿烂新生！

1918年到1924年间，反移民法案通过，火炬几乎熄灭。残喘萦绕的愁绪不足以强到使这一屏障产生明显的松动，紧接着的第二次世界大战，

又造成了更多人流离失所、风雨飘摇，惨况空前绝后，他们哭着喊着央求被准入。是松动还是严格限制，在经济学和人道主义的立场之间展开了激烈的争执。但是人们开始变得惶恐。保守派害怕激进思想的渗入，新教徒担心自身岌岌可危的主导地位被进一步削弱，反犹分子拒绝犹太人，一些工会成员则担心工作岗位的大量开放将威胁到自身职业的安全和稳定。

在有数据可考的这一百二十四年间，大约有 40 000 000 移民移居美国，平均每年多达 1 000 000 人。其中 85% 来自欧洲。一代以前，反对和拒斥的声音从未听闻。但时至今日，几乎所有的请求都被拒之门外，"无家可归的难民"的拥护者也寥寥无几。时代变迁，但无论何时向着坏的方向发展，内群的边界都在收紧。外来人被怀疑、被排斥在外。

不仅仅内群的定义和强度在特定文化中会随时间流逝而改变，单个的个体也可能在一种场合下持有一种群体忠诚而在另一场合下持有另一种。下面这则有趣的段落摘自赫伯特·乔治·威尔斯的《现代乌托邦》，它生动地展现了这种灵活性。该段落说的是一个自命不凡的势利之人——有着狭窄的群体忠诚。但就算是个势利之人，也有一定的灵活性，因为他发现在一些时候认同一个内群而在另一些时候认同另一个会带来很多的便利。

这个段落说明了很重要的一点：内群身份并不是永固不变的。出于某种目的，个体选择其一种范畴资格；出于其他目的，个体会选择稍大一点的其他范畴。这取决于他自我满足（self-enhancement）的需要。

威尔斯这样描述一个植物学家的忠诚：

> 他对系统生物学家有着强烈的爱意，而对植物生理学家则相反，这时他认为后者都是猥亵、罪恶的无赖；但他又对所有的植物学家和生物学家有着强烈的爱意，而对物理学家和那些从事精密科学的人则相反，这时他认为后者都是迟钝、呆板、思想丑陋的无赖；但是他又对所有从事科学事业的人有着强烈的爱意，而对心理学家、社会学家、哲学家和文学家则相反，这时他认为后者都是野蛮、愚蠢、不道德的无赖；但是他又对所有受过教育的人有着强烈的爱意，对工人则相反，这时他认为后者都是谎话连篇、游手好闲、酗酒成瘾、偷盗成性、肮脏不堪的无赖；但是当工人被囊括进其他所有人当中，作为**英**

国人，他又认为其有着欧洲人所无可比拟的优越性，这时他认为后者都是……[6]

因此，归属感是高度个人化的问题。即使两名来自同一内群的成员看待这个内群的方式也存在很大的分歧。图3-1给出了两名美国人对自己国族内群的定义。

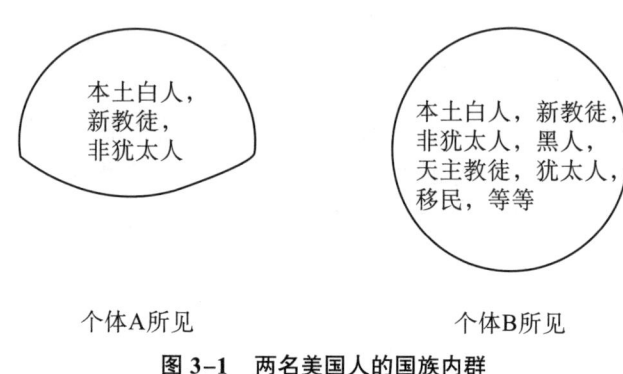

个体A所见：本土白人，新教徒，非犹太人

个体B所见：本土白人，新教徒，非犹太人，黑人，天主教徒，犹太人，移民，等等

图 3-1　两名美国人的国族内群

个体 A 相对狭窄的看法是武断范畴化的产物，因为这样很方便（在功能性意义上）；个体 B 相对宽泛的看法，形成了迥然不同的国族内群概念。在心理学意义上，他们是不属于同一个内群的。

每个个体都会在其内群中找到自身所需的安全感的精准模式。南卡罗来纳州民主党大会上的最近一项决议为我们提供了一个富有启示意义的例子。对组成这个大会的绅士们来说，这是一个内群。但是他们对党的定义却无法接受。因此，为了重新修订这个内群以让每个成员感到安全，"民主"被重新定义为"包括所有相信区域自治而反对集中式、家长式专断统治的人，同时不包括那些观点或领导被国外势力、纳粹主义、法西斯主义、极权主义或公正就业实施委员会所激发的人"。

内群常常被重塑以适应个体的需要。一旦这种需要带有强烈的侵犯性——如本例——内群的重新定义就会主要表现为对外群的厌憎。

▶ 内群与参照群

我们已经宽泛地将内群定义为，可以在同等意义上使用"我们"的一群人。但读者也注意到，个体可能对他们的成员归属持有各种各样的看法。第一代意大利裔美国人可能比第二代意大利裔美国人更为看重其意大利的背景文化。少年可能将其街区团伙看得比学校更为重要。有时，个体可能会主动否认某一内群，即使他无法逃脱。

为了澄清这一情况，现代社会科学引入了参照群（reference group）的概念。谢里夫夫妇将参照群定义为"个体把自己关联（relate）为其中的一员，或在心理学意义上渴望把自己关联其中的群体"。[7]因此，参照群就是被接受的或个体渴望被接受的群体。

通常情况下，内群也是参照群，但事实并不总是如此。黑人可能会希望把自己关联于所在社区的白人群体。他想要拥有后者所享有的特权，想被承认为其中的一员。他可能会否定原先的内群，同时也因此感到紧张和不适。他可能会发展出一种被库尔特·勒温称为"自厌"（即，厌憎自身内群）的状态。但社区的习俗会迫使他与被划入的黑人群体一起生活、一起工作。这里，内群不同于参照群。

让我们来看下一个例子。在新英格兰一个小镇上有一位亚美尼亚血统的牧师，他有个外国名字，小镇上的人们就将他划入亚美尼亚人。虽然他对自己的背景并不排斥，但他自己从未想过祖先是谁。他的参照群（他的主要兴趣）就是他的教会、他的家人和他生活的社区。不幸的是，镇上的人们仍旧固执地认为他是亚美尼亚人。和他自己相比，同镇居民们把这一种族内群看得更为重要。

黑人和亚美尼亚人都在社区中处于**边缘**角色。将自身关联于参照群对他们来说困难重重，因为来自社区的压力会迫使他们绑缚于内群，即使这些内群对他们来说心理学意义更加微茫。

在很大程度上，所有的少数群体都饱受边缘状态的折磨，由此带来的像缺乏安全感、冲突不断、愤怒等后果阴魂不散。每个少数群体都会发现自己处在一个众多习俗、价值观和行为方式都被规定了的社会之中。因此，关乎语言、习惯、道德、法律等面向，少数群体在某种程度上会被迫将占主导地位的多数群体当作参照群。他可能一边对内群保持完全的忠诚，一边又不得不将自己关联于多数群体的标准和期待之上。这种情况在黑人中更为明显。黑人文化几乎跟美国白人文化完全相同。黑人必须将自己关联于此。然而，不管他做出何种努力，都有可能遭到粗暴的拒绝。这样，在他生物学定义的内群和文化定义的参照群之间，就不可避免地产生了冲突。顺着这条逻辑线，我们就会明白，为何少数群体在一定程度上总是处在边缘地位，并总是伴随着忧惧和怨恨等不愉快的后果。

内群和参照群这两个概念帮助我们区分了两种水平的从属关系。前者是纯粹的成员身份，而后者则告诉了我们，个体是否对这一成员身份心怀感恩和褒奖，以及个体是否追求将自己关联于另一群体之上。很多情况下这两类群体有着实质上的同一性；但事实并不总是如此。一些个体，或是出于选择，或是出于被迫，都需要不断地参照非内群的群体。

社会距离

内群和参照群之间的区分在有关社会距离的研究中被揭示出来：被试需要在鲍格达斯社会距离量表上标出自己在何种程度上愿意接纳各种族群。

1. 与之联姻
2. 成为俱乐部密友
3. 成为街坊邻居
4. 与之同业受雇
5. 同为国家公民
6. 仅为领地访客
7. 应被驱逐出境

最惊人的发现是，不同的国家存在相似的偏好模式，无论收入、地区、教育、职业，甚至族群，其间差别甚微。不管是谁，大多数人会接纳英国人或加拿大人为公民、邻居、密友或是亲戚。这类族群血统的社会距离最小。处在另一个极端的就是印度人、土耳其人、黑人。除了一些小的差别以外，这个顺序大体上保持恒定。[8]

虽然那些不受喜爱的群体倾向于将内群标得更高，但在其他方面，他们采用的皆是大众所流行的可接受性顺序。例如在关于犹太儿童的研究中，除了大多数犹太儿童会把犹太人排在更高的可接受水平以外，社会距离的标准模式依然存在。[9] 类似的调查中，平均来看，黑人对犹太人可接纳程度的排位，同非犹太白人对犹太人可接纳程度的排位是相同的；犹太人对黑人的社会距离可接纳程度也很低。

这样的结果让我们不得不承认，少数族群的成员倾向于将态度塑造得和占主导地位的多数群体一样。换言之，这个占主导地位的多数群体是其**参照群**，并对其施以强力，迫使态度的遵从。然而这种遵从却极少延伸为对少数族群自身内群的否定。一般来讲，黑人、犹太人、墨西哥人都会强调自己内群的可接纳程度，而他们在其他方面做出的选择都和更大的参照群是相同的。因此，内群和参照群在态度的形成中都很重要。

》 偏见的社会规范论

现在我们来理解有关偏见的一个主要理论。该理论认为，所有的群体（不管是内群还是参照群）都会发展出独特的准则、观念、标准和"敌人"来满足自己的适应性需求，同时存在着总体化和精细化的规范性压力，迫使其成员保持一致。群体的偏好必须是其成员的偏好，群体的敌人也必须是其成员的敌人。其创立者谢里夫夫妇写道：

> 一般情况下，引导个体形成偏见性态度的因素不是零碎的。它们的形成，功能性地服务于使个体成为群体一员的过程，即，将目标群体及其价值规范作为调控经验和行为的主要锚定点。[10]

一个强有力的论据支持了这一观点，即，通过个人的影响力来改变态度的尝试，其效果都不理想。假设一个儿童参加了跨文化教育的课程。家庭、帮派或邻里的规范都有可能会抵消这门课程的效果。要想改变这个儿童的态度，则必须首先打破这些群体文化之间的平衡和稳固，因为这些群体对他来说更为重要。在他作为个体参与种族包容性的实践之前，他的家庭、帮派和邻里必须事先对这种包容予以承认和允许。

这印证了一句格言："改变群体的态度，易于改变个体。"最近也有研究支持了这种观点。当把整个社区、整个贫民住宅区、整个工厂或整个学校当作改变态度的对象时，通过一定的领导、政策制定、晋升和文件颁布，群体会建立起新的规范。而一旦新的群体规范被确立，其中个体的态度就会遵照这些新的群体规范而发生改变。[11]

虽然我们无法怀疑其结果，但该理论中有些并不一定是"集体性"的。偏见绝不单单是一种大众现象。读者试问一下，自己的社会态度是否严格地遵从着家庭、社会阶级、职业群体或教会伙伴。回答也许是肯定的，但更有可能是，不同参照群的偏见是相互矛盾的，自己无法全部共享。你们可能会说，我有独特的偏见模式，不同于任何参照群。

鉴于意识到了态度所具有的个体性，该理论的支持者提出了"可容忍行为域"的概念，承认在任何群体规范系统中只能达到一种近似的遵从，人们的态度可能存在一定程度的偏离，但不会很多。

然而，如果接受"可容忍行为域"的概念，我们就转向了态度更加个体化的面向。强调个体独特的组织方式没必要否定群体规范和群体压力的存在。一些人是群体热切的追随者，另一些人则是被动的遵从者，还有一些根本不是。如我们所见，这种遵从只是个体学习、需求、生活风格的结果。

有关态度形成，我们很难在集体性路径和个体性路径之间保持适当的平衡。本书主要持有的看法是，偏见在根本上是一个有关人格形成和发展的问题；没有任何两例偏见是完全相同的。个体的态度并不反映其所在群体的态度，除非有某种个人需求、个人习惯来促使他这样做。同样，本书主要认为，偏见的来源之一，也许是最常见的来源之一，就潜藏于某种需求和习惯之中，而这种需求和习惯则反映了内群身份对个体人格发展的影响。在持有这种个体性理论的同时，本书并不否认施加于个体身上的主要影响可能是集体性的。

》内群可以脱离外群而存在吗？

每一条界线、藩篱都标出了界内，与界外相对立。因此，严格地讲，一个内群意味着存在相应的外群。但这种说法本身是没有意义的。我们真正想要弄清楚的是，对内群的忠诚，是否自然意味着对相应的外群会发展出不忠、敌意等消极的看法。

法国生物学家菲利克斯·唐泰克（Felix le Dantec）认为，从家庭到国家，任何社会单位都有赖于"共同天敌"而存在。家庭会与威胁成员的各种力量做斗争。排他性的俱乐部、美国退伍军人协会、国家本身，都是为了抵抗其共同敌人而存在。著名的马基雅维利式权谋也支持了这一观点，即为了巩固内群纽带而杜撰一个共同的敌人。希特勒杜撰了犹太人威胁，与其说是意图铲除犹太人，不如说是为了巩固"纳粹党"对德国的统治。在世纪之交，加利福尼亚工党煽动了反东方情绪，以此来巩固自己的社会地位,而在没有共同敌人时,其成员是冷漠而摇摆的。举办体育竞赛,面对强敌,学校精神会空前高涨。类似的事例数不胜数,以至于人们不禁认可了这一信条。苏珊·艾萨克斯研究了陌生人的进入会对幼儿园孩子们产生怎样的影响,她报告说:"外人的出现首先是群体内产生凝聚和温暖的基本条件。"[12]

社会凝聚需要共同敌人这一事实给威廉·詹姆斯留下了深刻的印象,他为此写了一篇著名的文章来讨论这一话题。在《战争的道义等价物》(The Moral Equivalent of War)中,他描述了人类关系的几种特质,特别是军龄年轻人中较为突出的特质,如爱冒险、富于攻击性和好斗性等。他劝说年轻人应该去找一些对人性忠诚感不会构成威胁的对手,以维护生活的和平。因此他的建议是,与自然斗争、与疾病斗争、与贫穷斗争。

这里并不是要否定这样的事实:一个危险的共同敌人的出现,可以加强人们的内群感。家庭在灾难面前会更加团结(只要它此前并没有彻底坍塌),国家在战争面前也会呈现出前所未有的凝聚力。但从心理学意义上必须强调,这背后,首先是对于安全感的渴求,而并非敌对本身。

自己的家庭是一个内群,根据定义,则其他家庭都是外群;但他们彼此很少发生摩擦。一百多个族群组成了美国,但冲突时不时地发生,大多数族群还勉强能够和平共处。人们知道自己所在的社区独一无二,但不一定会因此仇视其他社区。

这种情形最好可以表述为:我们除了通过对立的外群来辨认和感知自己的内群以外别无他法,但在心理学意义上,内群始终是首要的。我们生活于其中,依靠着它,甚至有时会奉献于它。对外群的敌意固然能够加强我们对内群的归属感,但并非必需。

内群对我们的生存和自尊而言有着基本的重要性,因此,我们倾向于对内群产生忠诚感和族群中心主义。当7岁的男孩被问到"你自己镇上的孩子好,还是邻镇上的孩子好"时,他多数会回答"自己镇上"。问他为什么,他通常会说"我不认识邻镇的孩子"。该例有助于我们正确看待内群和外群。熟悉即**被偏爱**。陌生的事物不知为何就被当作是恶劣的、不好的,而这种敌意却并非必然存在的。

因此,虽然在所有情况下人们对内群都不可避免地存在一定程度的偏爱,但是对外群的态度却变化较大。一个极端,外群可能被当作共同敌人,以保护内群并强化对内忠诚;而另一个极端,外群可能会受到理解、包容，甚至因多样性而受到欢迎。教皇皮乌斯十二世在他的通谕《人民的团结》（Unity of the People）中指出了文化多样性族群的存在价值。他呼吁，保留多样性，但勿使之沾染上敌意。他说，人民的团结，是态度的团结——包容和爱——而非建立在统一（uniformity）之上的团结。

人类可否构成一个内群？

家庭通常是最小、最坚固的内群。可能正因如此，我们通常会认为，随着可容纳范围的逐渐变广，内群会变得越来越弱。随着与个人接触距离的逐渐拉大，群体成员身份的效力会逐渐变弱，图3-2正反映了这种普遍感受。为了简化，这里只列出了部分身份。

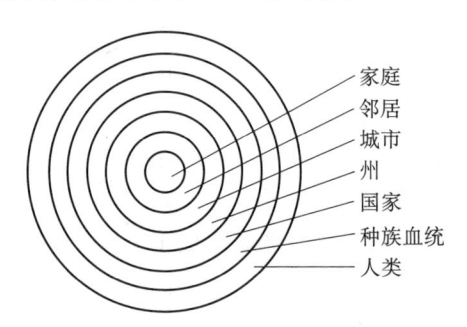

家庭
邻居
城市
州
国家
种族血统
人类

图 3-2　随着身份范围的扩大内群的力度会变弱的假设

该图似乎意味着，世界性忠诚是最难以形成和维持的。某种程度上讲，这是对的。脱离实体来构造一个内群，特别是像人类这种包罗万象的概念，看起来似乎尤其困难。即使是"同一个世界"（One World）观念的热情倡导者，对此也深感棘手。假设一个外交官坐在会议桌前应付来自各国的代表，这些人说着各不相同的语言、遵照着各不相同的举止礼仪、怀抱着各不相同的意识形态，那么即使这个外交官热切坚信"同一个世界"，他仍然无法逃脱这种萍水相逢的陌生感。他的举止礼仪和公正感都源自他自己的文化，其他语言和风俗不可避免地有种奇异古怪的意味，即使不能说是次等的，那也是有点可笑而无所谓的。

假设这名思想开明的代表能发现自身民族的很多不足之处，假设他足够真诚地想要构建一个理想社会，以便各国文化的菁华能够相互融合，甚至这种极端的理想主义有可能只是存在于微末的妥协中，但尽管怀着满心赤诚，他依然发现自己总是在为自己的语言、宗教、意识形态、法律、礼仪而战。毕竟，**他的**生活方式，就是他整个民族的生活方式，他无法轻易地剔除这一生存的根基。

这种对于熟悉事物的反射性偏爱钳制着我们所有人。诚然，一个游历广泛或是一个被赋予了世界大同精神的人，会对其他国族的人更加友善。他意识到，文化之间的差异并不一定意味着劣等性。但对于那些缺乏想象力和见识短浅的人来说，给予一些人为的支持是必需的。他们需要**符号**（symbols），以使人类内群看起来更加真实，而这样的符号现在几乎没有。国家会有旗帜、主题公园、学校、国会大厦、货币、报纸、假日、军队和历史档案，即使国家尺度上的团结符号会有极少一部分延伸至国际尺度，这一过程也是非常缓慢的，而且缺少公共宣传而鲜为人知。发展世界性的忠诚需要围绕一个精神锚定点，而这样的精神锚定点亟待大量类似的国际性符号来提供。

为什么最外圈的成员资格是最弱的，这个问题并没有本质答案。实际上，种族本身在很多人心中成为主导性的忠诚类别，特别是那些雅利安主义的狂热支持者和受压迫种族的某些成员。似乎在今天，种族观念和"同一个世界"观念之间的碰撞已然成为人类历史上最具决定性意义的问题。重点在于，种族间战争爆发之前，一种对全人类的忠诚感，能否被建立起来？

理论上是可以的。我们可以援引一个简约的心理学原则来了解如何才能做到这一点。这个原则说，**同心圆一般的忠诚不必产生冲突**（concentric loyalties need not clash）。献身于一个大的圈子并不意味着毁掉一个人对小圈子的依恋。[13] **发生冲突的忠诚几乎总是那些有着同样范围的忠诚**（The loyalties that clash are almost invariably those of identical scope）。建立了两个再生家庭的重婚者会给自己和社会添很多麻烦。侍奉两个国家（一个名义上，一个实际上）的叛徒是精神错乱者和社会的罪人。几乎没有人会把两个以上的学校认作母校，宗教和互助会也是如此。而反过来，世界大同主义者同时也可以是倾于奉献的好男人、热心捐赠的校友、诚挚的爱国者。那些试图挑战世界性忠诚和爱国主义之间兼容性的民族主义狂热分子是无法撼动这一心理学定律的。温德尔·威尔基和富兰克林·罗斯福依旧是爱国者，他们共同描绘了"同一个世界"下建立联合国的愿景。

偏见的本质

培养同心忠诚（concentric loyalty）需要时间，当然也常常实现不了。在有关瑞士儿童的有趣研究中，皮亚杰和威尔发现，儿童抗拒着一种忠诚可以包容另一种的观念。下面的记录来自一个7岁的儿童，他的反应在这个年龄段很典型：

你听说过瑞士吗？**听过。**那是什么？**一个州。**日内瓦呢？**一个镇。**日内瓦在哪儿？**在瑞士。**（但孩子却画出两个肩并肩分离的圆。）你是瑞士人吗？**不，我是日内瓦人。**

更大一点的孩子（8~10岁）就懂得了日内瓦包含于瑞士之中的道理并用一个圆包含另一个来表示二者的关系，但似乎还无法理解同心忠诚的观念。

你的国籍是什么？**我是瑞士人。**为什么？**因为我住在瑞士。**你是日内瓦人吗？**不，我不能是。**为什么不能？**我是瑞士人，就不能同时再是日内瓦人了。**

到了10岁或11岁，这个孩子就完全懂得了。

你的国籍是什么？**我是瑞士人。**为什么？**因为我的父母是瑞士人。**你是日内瓦人吗？**那是自然，因为日内瓦就在瑞士。**

10岁或11岁的孩子们对国族产生了情感上的评价。

- 我喜欢瑞士因为她是个自由的国度。
- 我喜欢瑞士因为她是红十字会国。
- 在瑞士，中立使我们仁慈。

显然，这些情感评价是从老师和父母那里现学现用的。我们的教育一般会停在此处，不再继续深入。因为越过了本土界限就是"外国人"的领地了，将不再有同胞。一个9岁半的儿童在受访时说：

你听说过哪些外国人？**听过，法国人、美国人、苏联人、英国人。**没错，这些人之间有区别吗？**哦有，他们不会说同一种语言。**还有呢？试着告诉我更多。**法国人不严肃，他们不关心任何事，而且很脏。**你认为美国人怎样？**他们很有钱也很聪敏，他们发明了原子弹。**你认为苏联人怎样？**他们很糟，总想着打仗。**那么，你从哪儿知道这些的？**不知道……我听说的……人们都这么说。**

大多数儿童从未将归属感延伸出家庭、城市和国家的边界。原因在于，和儿童生活在一起的那些人也从未这样做过——儿童的态度也镜映了那些人的判断和观点。皮亚杰和威尔写道："所有证据都表明，当孩子们发现了其直接所属的圈子所持有的价值观时，他们就必然会局限于这一圈子对任何民族群体的观念。"[14]

虽然很多儿童学到的最大范围的忠诚对象就是民族，但我们完全没必要停止不前。研究者在十二三岁的学生身上发现了一种高度的"互惠感"（reciprocity），即愿意承认所有人都有同样的价值和美德，即使他们钟爱自己的生活模式。这种互惠感一旦确立下来，就为越来越大的人类整合性概念奠定了基础，人们可以忠诚于这种整合性的人类单元而不用丢失原先的内群依恋。只要他习得了这种互惠态度，就能将其他国家纳入自己的忠诚关系圈。

总之，内群身份对于个体生存极其重要。这些身份组成了一张习惯之网。我们如果遇到习俗相异的外人，会无意识地想："他打破了我的习惯。"这是令人不悦的。我们偏爱那些熟悉的东西。因此当他人威胁或质疑我们的习惯时，我们就会情不自禁地产生戒备和警惕感。态度可以偏好内群，也可以偏好参照群，但同时可以不必对外群产生敌意——即使敌意往往会巩固内群的凝聚力。小的忠诚圈可以被大的忠诚圈包含在内而不引起冲突。这种好事并不常见，但基于心理学的观点是有望达成的。

注释和参考文献

[1] W. G. Old. *The Shu King, or the Chinese Historical Classic.* New York: J. Lane, 1904, 50-51. 另见 J. Jegge (Transl.), Texts of Confucianism, in *The Sacred Books of the East*, Oxford: Clarendon Press, 1879, Vol. III, 75-76。

[2] J. L. Moreno. *Who shall survive?* Washington: Nervous & Mental Disease Pub. Co., 1934, 24. 这些数据有些陈旧。我们有理由相信，现在的孩子们异性之间的界限已没有前述那么明显了。

[3] C. Sterachey (Ed.). *The Letters of the Earl of Chesterfield to his Son.* New York: G. P.

Putnam's Sons, 1925, Vol. I, 261.

[4] *Ibid.*, Vol. II, 5.

[5] E. B. Bax (Ed.). *Selected Essays of Schopenhauer*. London: G. Bell & Sons, 1914, 340.

[6] Chapman & Hall, Ltd., from *A modern Utopia.* London, 1905, 322.

[7] M. & Carolyn W. Sherif. *Groups in Harmony and Tension.* New York: Harper, 1953, 161.

[8] 这个顺序在 1928 年被鲍格达斯发现，见 E. S. Bogardus, *Immigration and Race Attitudes,* Boston: D. C. Heath, 1928。其后两次调查都没有发生太大改动，见 E. L. Hartley, *Problems in Prejudice,* New York: Kings Crown Press, 1946; Dorothy T. Spoerl, Some aspects of prejudice as affected by religion and education, *Journal of Social Psychology,* 1951, 33, 69-76。

[9] Rose Zeligs. Racial attitudes of Jewish children. *Jewish Education,* 1937, 9, 148-152.

[10] M. & Carolyn W. Sherif. *Op. cit.,* 218.

[11] 这类的研究还有：A Morrow & J. French, Changing a stereotype in industry, *Journal of Social Issues,* 1945, 1, 33-37; R. Lippitt, *Training in Community Relations,* New York: Harper, 1949; Margot H. Wormser & Claire Selltiz, *How to Conduct a Community Self-survey of Civil Rights,* New York: Association Press, 1951; K. Lewin, Group decision and social change, in T. M. Newcomb & E. L. Hartley (Eds.), *Readings in Social Psychology,* New York: Holt, 1947。

[12] Susan Isaacs. *Social Development in Young Children.* New York: Harcourt, Brace, 1933, 250.

[13] 这个空间隐喻有其局限性。读者可能会问：处于最里圈的忠诚是什么？答案绝不总如图 3-2 一样是家庭。难道这个中心不可以是我们在第 2 章讨论过的自爱本能吗？如果将自我看作处于最核心的一圈，那么逐渐拓宽的忠诚，从心理学意义上讲，就仅仅是自我的延伸。但是作为自我的延展，它们有可能会对自身进行**重新定焦**（re-center），从而由最初的一个外圈转变成新的心理学焦点。例如，一个虔诚的宗教徒，有可能相信人是由上帝创造的，这样他对上帝的爱将位于最里圈。忠诚和偏见都是人格结构的特征，且最近的研究发现，人格结构是独一无二的。虽然这种批评是完全有效的，但为了我们当前的目的，图 3-2 仍然可以作为一种对事实的近似表征，这一事实就是，对很多人来说，社会系统越大，就越难将其纳入人们自身的理解和情感跨度内。

[14] J. Piaget & Anne-Marie Weil. The development in children of the idea of the homeland and of relations with other countries. *International Social Science Bulletin,* 1951, 3, 570.

第 4 章
对外群的拒斥

我们已经看到，内群忠诚并不一定意味着外群敌意，甚至并不意味着相应外群的存在。

在一项未发表的研究中，我们访谈了大量成年人，请他们说出所能想到的所有归属群体。每个受访者都列出一长串。其中，家庭不管在频率还是强度上都高居首位。紧随其后的是地域、职业、社交（俱乐部或友谊）、宗教、族群和意识形态群体。

随后，受访者被要求说出任何与自己所属内群相对的或构成威胁的群体。只有21%的受访者答出了一些相应的外群，余下的79%没有提到任何外群。这些被提到的外群主要集中在族群、宗教和意识形态方面。

提到的形式多种多样。一名来自美国南部的女性提到了新英格兰人、非大学毕业人士、有色人种、外国人、美国中西部居民、天主教徒等不友好的外群。一名图书馆总馆长声称专业图书馆员是一个外群。一名营养实验室的雇员对楼上实验室的血液学家感到陌生和讨厌。

很明显，内群忠诚有可能但不一定会引起外群敌意。第2章曾讲到，"爱的偏见"为相应的"恨的偏见"做了铺垫。但即使这一推理是可靠的，积极的从属显然并不一定就滋养出消极的偏见。

不过很多人确实是通过篱外的"他们"来定义自己的忠诚。关于外群，他们思虑过重、忧心忡忡、紧张而惶恐。拒斥外群是一种显著的心理需求。族群中心主义的定位对他们而言是很重要的。

人们对外群的态度会有不同程度的表达。第1章列出了由紧张程度不同而导致的五种不同类型的拒斥行为：

1. 毁谤
2. 回避
3. 歧视
4. 物理攻击
5. 铲除

本章将详细检视不同级别的拒斥行为，我们将这五个级别简化为三级：

1. 言语拒斥（毁谤）
2. 歧视（包含隔离）
3. 物理攻击（包含所有的强度）

我们删去了回避，因为这种行为对受害者的伤害最小。我们也合并了零星的物理恐吓、有组织的暴力攻击和铲除这三种行为，因为正如第1章所指出的，大部分人只限于口头上表达不满，并不会走得更远。但也有一些会变成主动歧视，还有少量打砸抢、暴乱和私刑。[1]

言语拒斥

恶语易言。

两名教养良好的中年太太在一起讨论插花技艺成本高昂的问题。其中一个在提到一名犹太人婚礼上的奢侈花展时说："我不明白他们怎么付得起那么多钱，他们肯定是逃税了。"另一个附和道："那是肯定的。"

这段闲话揭示出三个重要的心理学事实：（1）前一位对话者在对话中不经意地谈到了犹太人，这并不是由对话主题所必然引起的。她的偏见已经显著到一定程度，能够自动地挤进当前的讨论当中。对这一外群的厌恶已经强烈到迫切需要表露和释放。通过把所思所想说出口，她也许能获得几分愉悦的宣泄感。（2）在这一对话中，维持双方的友好关系是首要的，而对话的内容是次要的。她们都尽量保持友好的交往，因此希望在每一个话题上都达成一致。共同诋毁一个外群有助于巩固这个二人内群的团结。正如我们所见，对外群的敌意有助于加强内群的团结，虽然并不是必需的。(3)两位对话者都反映了她们所处的社会阶级，并体现出一定的阶级团结。她们似乎在告诫彼此要做一个品行优良的上等中产阶级非犹太人，坚守自己的人生观和生活方式。毋庸赘言，这三项心理功能都是无意识的，并没有明显地出现在思维当中。而且，两位对话者都不是激进的反犹主义者，各自都有犹太朋友。两位对话者都不会支持直接针对犹太人的主动歧视，更不会支持暴力行为，她们处在偏见的最低水平（毁谤）。但即使最低水平也体现出问题的复杂性。

这种玩笑式的毁谤和嘲弄潜藏着温和的怨恨。有些甚至融入了幽默当中而不被发觉。有关攥紧拳头的苏格兰人的笑话并不一定表达了对苏格兰人的仇视（就连他们自己也喜欢这种故事）。但即使是看起来友好的笑话，有时也标志着真实存在的敌意，为贬抑外群、褒奖内群卸下了戒备。人们大笑着谈论故事里黑人奴仆的愚拙、犹太人的机敏狡诈、爱尔兰人的争强好胜。这些故事本身很好笑，但它们是标签化、典型化的（被认为是典型的黑人、犹太人和爱尔兰人天性），确证了外群的劣等地位，这是它的附加功能之所在。

谩骂（name-calling）反映了更加强烈的敌意。诸如"犹太佬"（kike）、"黑鬼"（nigger）、"意佬"（wop）等绰号都源自更深更久的敌对情绪。这里有两个明显的例外。小孩在使用这些词语时通常很天真，他们对其中蕴含的"力量"通常只有很模糊的概念，但并不清楚究竟意味着什么。而且，"低"阶级的人在使用这些词时，比"高"阶级的人带有更少也更为简单的意味，因为对于"高"阶层的人而言，只要他们愿意，总有足够多、足够灵活的词来避开使用这些绰号。

如前所述，这种毁谤越是发生于自发不经意之间，越是与话题不相关，其背后的敌意就越是强烈。

> 一位缅因州的游客在跟理发师闲聊当地的畜牧业，他希望了解更多关于这类养殖的信息，于是天真地问："农民平均会养一只母鸡多久用来下蛋？"理发师回答："直到犹太人带走为止。"

这个理发师的情绪爆发是突然的、不相关的、强烈的。其中唯一有效的关联，就是每隔一段时间就会有一些犹太商人来到附近的市场里买鸡。

农民卖不卖给犹太商人全凭自愿。显然这是答非所问。

下例也类似地表达了高强度的敌意。

> 马萨诸塞州一名虔诚的天主教徒在发放传单，传单呼吁选民反对放宽生育限制的提议。一个路人接过一页，扔在地上，说："我才不会投票反对生育限制，那只会意味着要出现越来越多的犹太佬医生。"

在无关的语境中，偏见突然闯入，反映出敌意的强烈程度和显著程度。这些例子似乎表明，一种对抗外群的情结（complex）正在给个体的精神层面施压。他甚至等不及相关联的语境出现再来表达敌意。这种态度强烈而充沛、蠢蠢欲动，一丝微茫的关联就能够触发。

当毁谤逐渐积累到一个较高的紧张度时，它有很大概率会转变为公开而主动的歧视，甚至是暴力行为。某议员在国会上反对午餐补助的联邦法案时激动地讲："还没等拆除黑人和白人之间的障碍，我们就已经饿死了。"[2] 这种强有力的毁谤必然会成为歧视行为的言论支撑。

》 歧视

我们常常将自己同那些与我们志趣相悖的人划分开。只要远离的行动主题是自己，就不是歧视。**只有当我们拒绝给某些个体或群体提供他们所希望的同等对待时，歧视才会发生。**[3] 当我们以某种方式将外群成员从街区、学校、职业、国家中排除出去的时候，歧视就发生了。限制性条款、联合抵制、街区施压、一些国家的隔离法案、"君子协定"都是歧视的技术手段。

我们必须进一步详述歧视的定义。罪犯、精神病患者、猥亵之徒也会要求"同等对待"，但理应毫不犹豫地拒绝。基于**个体**真实特征的区别对待不是歧视。我们感兴趣的只是基于族群身份的区别对待。联合国的一条官方注解如此定义这个议题："歧视包括任何基于自然或社会范畴的区分性行动，跟个体能力和德行无关，也跟个体具体的行为无关。"[4] 这种区分不考虑个体本身的特质，是一种有害的区分。

联合国列出了以下在世界范围内的**官方**歧视行为：

- 法律面前的不平等承认（普遍拒绝某一群体的权利）

- 个人安全的不平等（因群体资格而干涉、逮捕、诽谤）
- 活动和居住自由的不平等（犹太人聚居区、禁止旅游区、禁止航行区、宵禁令等）
- 思想、道德和宗教自由的保护不平等
- 享有自由交流之权利的不平等
- 和平结社权利的不平等
- 非婚生子女的不平等对待
- 享有婚姻和组建家庭之权利的不平等
- 享有自由择业之权利的不平等
- 所有权规定和处理办法的不平等
- 著作权保护的不平等
- 教育或能力与天赋发展机会的不平等
- 未来利益分享机会的不平等
- 服务设施提供的不平等（健康保障、娱乐设施、住房保障）
- 享有国籍之权利的不平等
- 参政权的不平等
- 参任公职的不平等
- 强制劳动，奴役，特种营业税，强制区分性标记，节制法令，公开文字诽谤

除了列出的这些官方举动，私人的歧视行为也五花八门。就业、晋升或信贷机会都可能充满了歧视。拒绝入住或住房设施不平等更是司空见惯，类似的还有酒店、咖啡厅、电影院等娱乐场所的禁入规定。媒体新闻对某些群体的区别对待也时有发生。拒绝提供公平的教育机会，拒绝外群成员加入教会、俱乐部等社会组织也同样常见。类似的例子比比皆是。[5]

隔离是一种形式的歧视，指的是，为了加剧这些外群成员的不利地位，而为他们设立空间上的界限。

一名黑人女孩申请了华盛顿联邦办公室的一个职位。几乎在应聘的每一步都会遭遇针对她的歧视性对待：一个官员告诉她办公室已经满了；另一个官员说在白人办公室里她是不会感到快乐的。但凭借着不屈的毅力，她最终得到了那个职位。当她走入办公室时，主管却将

她安排在一个角落里,并且在她四周设置了隔板。她成功地打败了各种**歧视性**企图,却输给了**隔离**。[6]

住房方面的歧视尤其广泛。黑人居住在隔离区,这已成为美国城市的规定。这并不是因为他们愿意住在那儿,也不是因为租金便宜。实际上,白人们往往能用更少的租金租到同等或更好条件的房子。限制性条款反映了这种防止黑人扩散的社会压力。条款中通常带有这样的字眼:

- 另外,任何地段不得售卖给、出租给除白人以外的任何人。
- 除了黑人家政工以外,被授权方不得售卖给黑人或准予黑人使用、占有。
- 不得允许黑人、印度人、叙利亚人、希腊人或其下辖公司所占有。
- 任何地段不得被任何黑人或有着至少四分之一闪米特血统的人所拥有或使用……包括亚美尼亚人、犹太人、希伯来人、土耳其人、波斯人、叙利亚人、阿拉伯人……[7]

在1948年一个历史性的决议中,美国最高法院规定,地方法院不得强制实施类似条款。但这无法阻止它们继续坚持履行"君子协定"。事实上,它们经常这么做。各种公共民意调查都表明,大约四分之三的白人会拒绝黑人邻居。公众的同意成就了普遍的歧视。

教育中的歧视同其他形式一样通常是秘而不宣的。在某些南部州,很多(尽管数量在减少)学校和大学会实行百分之百的隔离政策。在北部州,这一过程则更加微妙不易察觉,也更加形式多样。很多公立机构,招生不分种族、肤色、宗教或国籍。而另外一些则会限制某些群体的录取率,还有一些则完全不予录取。这方面的统计数据很难获得,但我们可以引用一项研究来说明。

美国康涅狄格州1 300名高中毕业生返还了问卷并讲述了他们入学申请的经历。

这里我们只考虑那些高中成绩排名在班级前30%的上等生。

私人赞助的大学(不限宗教)接收了超过70%的新教和天主教申请者(意大利人除外)。在犹太人申请者中,他们只接收了其中的41%。在意大利申请者中,只有30%。(黑人和意大利以外的移民没有数据,因为事例太少。)

被拒的申请者会怎么做？(1) 同时申请**很多**机构提高录取概率，一般总会被什么地方录取。意大利人似乎对此不太懂，但犹太人懂得这么做。后者平均申请 2.8 个机构，而天主教和新教申请者的平均数量为 1.8 个。意大利人仅满足于申请 1.5 个，因此有很多人落榜。(2) 转向公立机构，这些机构内几乎看不到歧视。为什么在城市和州立大学中有这么多犹太和移民学生，原因之一就是他们没有被私立学校按照公平的比例录取。[8]

职业歧视同样不易察觉。研究方法之一就是计算报纸招聘广告上排斥外群的字眼的出现频次，例如"只限非犹太人""新教徒优先""只对基督教徒开放""有色人种除外"等。研究显示，在过去的六十五年中，随着少数群体在总人口中所占比例的上升，歧视性广告的数量呈逐年上涨趋势。有研究还发现该指数作为灵敏的时代晴雨表，在普遍恐惧外来者的沮丧年代呈上升趋势，而在紧张普遍消减的年代则呈下降趋势。[9] 但这一独创的晴雨表无法用于科学的社会分析，因为有些报社自愿杜绝这种歧视性广告，还有些州已经通过了禁止歧视的法案。

我们无须在此总结美国的职业歧视现状。冈纳·缪尔达尔等已经做了这样的工作。[10] 歧视带来不经济和低效浪费已经被前人揭示过很多次。例如，南方铁路曾专为一名黑人旅客增设一节卧铺车厢，以避免白人旅客在几小时内不得不接近黑人。如果一个岗位的最合适人选恰好是黑人或犹太人、天主教徒、外国人，很多公司就不会雇用，即使他比白人竞争者效率更高。在一套学校、候诊室、医院就能满足需求的情况下，分设两套是一种资源浪费。不能自由买卖、不能刺激生产，这对所有群体来说都是不经济的。在歧视情况最为严重的州，人们的生活水平往往最低，而在最有包容性的州，人们的生活水平往往最高，这恐怕不是巧合。[11]

歧视导致了各种各样的古怪现象。我如果是游客，可能更愿意坐在犹太人旁边，而如果是北方人，则更愿意坐在黑人旁边；但不管是谁，我都会在中间划出一条界线。如果是雇主，可能更愿意要犹太人而不是黑人留在办公室；但回到家里，我更愿意让黑人在厨房干活，而不是犹太人；但客厅里可能坐着一位犹太人，而不是黑人。在学校，我会欢迎所有的群体，却会拒绝某些人参加学校舞会。

红十字会是借助科学知识来提供人道主义服务的机构。但二战期间很多地方，红十字会都把黑人献的血和白人的分开，这当然不能用科学知识来解释，而是社会迷思。不管正确与否，红十字会的某些管理员认为，战时最好还是尊重这一传统的迷思，科学和效率由此而让位于偏见。[12]

歧视行为有很多种形式，这很常见，但毁谤（antilocution）并非如此。有两个例子说明了人们的毁谤通常比实际的歧视行为更加尖锐。一个常见的情况是，雇主因为雇员的强烈抗议而不敢把黑人或其他少数群体成员引入自己的工厂、商店或办公室，但他可能会在立法需要时（例如公平就业运动立法）这么做。很多人都预测，禁止歧视将会带来严重的后果，或是袭击或是暴乱，但事实上它们极少发生。言语上的抗议需求要比歧视的实际行动更为强烈。

一个低歧视、高言语拒斥的事例来自拉·皮埃尔所构筑的精巧研究。他陪伴一对中国夫妇旅行了美国很多地方。他们一起在66个旅店和184个餐馆做了停留，只有一次遭到了拒绝。随后，这些地方的经营者各自收到一份问卷，提问他们是否愿意招待中国人。93%的餐馆和92%的旅店回答不愿意。控制组是一些没去过的地方，问卷也得到了同样的结果。两种行为到底哪一个反映的是真实态度？这种问题是愚蠢的。这个实验最有价值的贡献就在于，二者都是真实的态度，分别适用于不同的情境。与行动情境相比，言语情境则引来了更多的敌意。那些口口声声威胁着要歧视外群的人们，有可能实际上并不会如此。[13]

拉·皮埃尔的发现被库特纳等证实。[14] 他们在纽约一个时髦郊区的11个餐馆和客栈中做了停留。两名白人女孩先进去，订了一张三人桌，随后一名有色人种的女孩走了进来。这样的举动在11个地点中没有一次遭到拒绝或引来不满。后来老板们各自收到一份晚餐预订信："其中一位客人是有色人种，不知道你们会不会反对。"结果没有一位老板给予回复。后续的电话调查中有八位老板否认曾收到预订信，所有的人都在以某种方式拖延，以逃避做出决定。

这是相当常见的现象。研究者总结道："在面对面的直接挑战下，歧视性对待的可能性被降至最低。"显然，老板们不会在一个直接的挑战面前表现出歧视行为，但如果可以，在没有面对面互动的场景下，他们可能会这么做。我们注意到，这两个实验的地点是美国的北部和西部，在这些地方歧视行为是违法的。因此，我们可以大胆地概括：当法律和良知与习俗和偏见产生了明显冲突时,歧视会主要以一种隐蔽而间接的方式存在,而不会体现于面对面互动的情境中,以此避免尴尬。

物理攻击的条件

暴力总是野蛮思维的副产物。虽然大多数狂吠(毁谤)不会导致撕咬(歧视),但没有一种撕咬不是以狂吠为前奏的。在希特勒政权通过歧视性的《纽伦堡法令》之前,有整整七十年都充斥着反犹的政治论调。这些法案通过之后不久,铲除犹太人的暴力程序就被启动。[15]我们看到了常见的递进过程:毁谤—歧视—物理攻击。在俾斯麦时期的言语攻击还相当温和,而在希特勒当权时就变得惊人地残忍:犹太人以任何可以想象得到的罪名被公开、大肆地谴责,从性倒错,到世界性阴谋。

但就连言语攻击者也明显地被这场战役的最终结局所震撼。在纽伦堡审判中,阿尔弗雷德·罗森堡和尤利乌斯·施特莱彻拒绝为杀害了250万犹太人的奥斯维辛集中营负责,因为他们"不知道"自己的长篇大论最终会导致这样的悲剧。然而奥斯维辛集中营里负责屠杀事务的官员胡斯(Rudolf Hoess)却说得很清楚,正是这种没完没了的言论灌输,让他和其他刽子手们确信,犹太人在任何方面都应该受到谴责并予以铲除。[16]很明显,在特定环境下存在一种阶梯式的递进过程,从语言侵犯到暴力行动,从谣言到暴乱,从小道传闻到种族灭绝。

我们可以相当确定地说,暴力是由以下几步层层推进而发生的:

1. 与范畴相关的偏见存在已久。受害群体被类别化、典型化,人们开始丧失将外群成员当作个体来思考的能力。

2. 针对受害群体言语上的抱怨存在已久。怀疑和谴责的习惯已经根深蒂固。

3. 渐渐出现歧视(例如《纽伦堡法令》)。

4. 内群成员可能正饱受某种外部压力的折磨,如经济匮乏、低社会地位感、对政治发展的不满和恼火(战时管制)或失业的恐惧。

5. 人们对这种压抑已经厌烦到将要爆发的状态。他们感到自己再也无法忍受或不应该忍受诸如失业、涨价、屈辱、惶惑的痛苦。恼火的情绪带有很强的感染力和扩散性。人们开始不相信科学、民主和自由的价值,转而认同"科学的积累等于痛苦的积累",在心里一遍又一遍地喊着:"打倒知识分子!""打倒少数群体!"

6. 有组织的运动吸引了这些不满的群众。他们纷纷加入"纳粹党""三K党""黑衫党",或是加入非正规组织——一群暴民——来服务于他们的目的。

7. 个体从这种正规或非正规的社会组织中获得了勇气和支持。他感到自己的恼怒和激愤正在被社会所认可。群体的标准将其暴力的冲动正当化——至少他自己认为如此。

8. 一系列诱导性事件发生。过去常常被忽略的一些微不足道的诱因,如今成为爆炸的导火索。事件有可能完全是虚构的,或是经过谣传而放大的。(1943年底特律种族暴乱的导火索貌似就是一则疯狂散播的谣言,说一名黑人抢了一名白人妇女的孩子并将其投入底特律河中。)

9. 暴力事件爆发后,"社会促进"(social facilitation)在持续的破坏性活动中扮演了重要的角色。在一群狂怒的暴民中,个体看到其他人和自己一样兴奋,会反过来增强自己的兴奋感和行为的破坏性。这时,人们通常会发现感到冲动变强、私人顾忌变少。

这些就是将言语侵犯和公然的暴力行动之间的闸门一一移除所需要的条件。那些尖锐对立的群体有机会近距离接触的地区,例如日光浴场、公园、聚居区边界地带等,这些条件都有可能满足,诱发性事件最容易发生。

天气炎热会加剧暴力,一方面因为它本身会加剧身体不适和恼火情绪,另一方面因为它会促使人们走向户外,增大了接触和冲突发生的概率。再加上礼拜天的闲散,暴力的舞台就已经搭好了。灾难性的暴乱的确最常发生在炎热的礼拜天下午。私刑的高发期也是在夏季。[17]

言语敌意可能导致暴力事件,这一事实引出了对言论自由的争论。在言论自由被高度崇尚的国家,如美国,权威机构一般会一致认为,试图控制针对外群的言论和文字毁谤是不明智也是不现实的,这么做等于是限制了人们自由批评的权利。美国的原则是允许充分的自由讨论,除非到了真实的暴力煽动"清晰而现实"地威胁到了公共安全的程度。但这条法律界限很难划分。一旦条件成熟,即使相当温和的言语攻击也有可能毫无阻拦地导向暴力。正常时期可以容忍大量的毁谤,因为它的侵略性会遭遇很多反对意见或因自我抑制而被弱化,此时人们几乎不会把注意力放在那些诽谤性的言辞之上,即使是那些毁谤者也常常会止步于此,很少表现出主动的歧视，更别说暴力了。但是在紧张的氛围下，歧视层层递进的原则开始占据主导。据此，有些州（例如新泽西州和马萨诸塞州）通过了反"种族毁谤"法案，但至今依然很难实践，也很难界定这些法案是否符合宪法精神。[18]

人们注意到，争斗、帮派群架、打砸抢行为、暴乱、私刑、屠杀的参与者大部分是年轻人。[19] 年轻人似乎不会像老人们一样容易对生活感到沮丧，但是可以想象，他们那层隔在冲动和释放之间的社会化的习惯比老人们更为薄弱。年轻人缺乏多年的社会抑制，极易退行出婴儿式的暴躁脾气，从而释放情绪以获得激烈的快感。他们也有着与暴力行为相匹配的敏捷、能量和冒险倾向。

在美国，暴乱和私刑是族群冲突最为严重的两种形式。二者的主要区别就在于，在暴乱中，受害者能够反抗，而在私刑中则不能。

暴乱和私刑

大多数暴乱发生在社会环境急遽变化的时期：或是黑人"入侵"居住区，或是某一族群进入一个工业动荡地区并充当破坏罢工者，或是本就不稳定的区域又迎来移民人口的迅速上涨。这些情形中没有一个是能够独立引起暴乱的，必然伴随着根深蒂固的敌意和精巧建构的、关于特定群体的"威胁论"。而且，持久而激烈的言语侵犯总是先于暴乱而发生。

暴乱者通常来自社会经济地位较低的阶级和年轻人。这某种程度上可以归咎于这些阶级的家庭对自我规训（自我控制）的教化不够深厚，也可以归咎于较低的受教育水平妨碍了人们正确认识艰难处境的真实原因，而拥挤、不安全感、剥夺感无疑都成为情绪上的直接刺激。总的来说，暴乱者都是边缘人。

和任何形式的族群冲突一样，暴乱可能建立在真实的利益摩擦之上。当大量的贫困黑人和同样贫困的白人竞争有限的工作岗位时，人们很容易看到这种对立是真实存在的。不安全感和恐惧感让个体变得敏感而易怒。但即便在如此现实的情境下，我们依然能够注意到，只将**其他**种族的成员看作威胁，这本质上是没有逻辑的。一名白人完全可能从另一名白人手中抢过一份工作，这种事发生的概率和黑人一样。因此，某种程度上，族群之间的利益冲突可能并不完全是现实的。必然事先存在着内群感和外群敌对情绪，使双方的竞争被感知为族群间而非个体间的敌对。

因此，暴乱的真正缘由在于，先存的偏见得以加强和释放。[20] 暴乱发生后，引来的骚动也同样没有逻辑。1943 年的哈莱姆暴乱，诱发事件是一名白人警察不公正地逮捕了一名黑人。然而，种族抗议采取了一种非种族的形式。头脑发热、神经紧绷的黑人们难以控制地疯狂游走。不管是黑人还是白人，他们一概上前抢劫、焚烧、破坏店铺、损毁财物。在所有形式的物理攻击中，暴乱是最没有方向性、最没有一致性因而也是最没有逻辑的。它只能用愤怒的小孩盲目地发脾气来形容。

暴乱主要发生在美国北部和西部地区，而私刑则主要发生在南部各州。这一事实有着重要意义。它意味着，南部的黑人通常不会反抗。当麻烦降临的时候，他们只能去寻求庇护直到风浪过去。这种模式无疑是对"白人至上"的恪守所造成的。人们期待着黑人接受并承认自己的劣等性，受到再大的侮辱都不要反抗。无论是由于他自身已接受了设定，还是由于他活得战战兢兢，黑人在挑衅面前永远不会反击。因此，无论南部的情形多么压抑，都不会发生暴乱。

相反，我们来看几家伦敦报纸对 1943 年 10 月一起事件的报道。

> 在康沃尔的一个小镇里，一群美国黑人士兵来到酒吧。白人宪兵以一种蛮横的方式限制了他们的活动。这些黑人回到营地，取了枪，又返回小镇，质问这些宪兵，为何自己没有和白人士兵同样的权限。经过激烈的争论和枪战，他们被白人宪兵制服，其中两个受了伤。

这起相当特别的暴乱事件被称作**反抗**可能更好。其中我们注意到了以下几个步骤。(1) 黑人们对歧视很敏锐，尤其在英国这个据他们所知平等的准则广为流传的地方。(2) 和其他种族暴乱不同，这次是少数群体自己发动了暴乱。(3) 比之于歧视和不公正对待的大背景而言，这次暴乱的诱发事件相当微不足道，却最终成为暴乱的焦点。(4) 在部队当兵的身份增强了黑人们关于公正待遇的权利意识。(5) 白人士兵的反应是基于久已形成的预判——黑人就算在国外也注定得不到公平对待——而做出的。(6) 黑人的军队信条让他们变得无畏、鲁莽，让他们相信武力是解决争端的最好办法。这里，我们再一次看到，任何一次暴乱的发生都只能从双方的背景来理解。

私刑主要发生在歧视和隔离根深蒂固并靠习俗上的严厉恐吓来强制实施的时间和空间里。此外，还有一个基本条件，就是社区的法治水平很低。私刑从来不会遭到阻止，私刑的实施者即使人尽皆知也很少会遭到逮捕，更别说是受到惩罚了。这反映了警方和法院的默许。因此，"社会规范"也参与其中，私刑实施者的心理状态并不能完全解释这一过程。

我们需要区分私刑的两种类型。第一种是所谓的波旁（Bourbon）或**义务警员**（vigilante）私刑。为数不多但颇具影响力的一支秩序井然的市民队伍可能会逮捕一个黑人罪犯或嫌疑人，并悄然处以私刑。这种类型的私刑是对黑人和白人之间固有屏障的再确认，以提醒黑人们必须保持顺从听话、好好表现、对白人"长官"们怀着绝对的敬畏。据发现，这种"礼貌的私刑"主要发生在设立已久的黑人聚居区里，这些地方有着根深蒂固的阶级区分。

与之相对的是**暴徒私刑**（mob lynching），这一类更多地发生在社会结构不稳定的地区，这些地区更容易发生诸如白人和黑人竞争同一个就业岗位之类的事情。两个群体有可能同为佃农、租户，并且同样都饱受生存威胁和不安定的折磨。他们不会联合起来共同解决问题，相反，眼前的境况被看作一场激烈而痛苦的角逐，黑人莫名其妙地被认为应当为地位低下的白人承担罪过和谴责。这样一种敌对的观点，再加上较弱的法律强制力，我们就不难理解为什么即使最微不足道的借口也足以导致私刑的发生。对白人女性的性犯罪或诬告常常被认为是私刑的借口，但一项跨越了六十五年的研究指出，南部地区的所有私刑中涉嫌这类指控的只占四分之一。[21] 暴徒私刑通常以极其凶残的兽行作为标志。如果很多私刑的实施者围聚在一起，每人都想着分一口肉，那么最终对受害者的折磨和肉体上的摧残将是极端过分而令人作呕的。

正如我们所说，这一整套可怖的死亡操演在很大程度上依赖于文化习俗。在当地未受教育的边缘人群中间存在着一种猎"人"的传统（和猎"熊"的传统没有什么不同）。"抓住你的黑鬼"在当地成为一项获准许的运动，实际上是一种义务。面对这种传统，具有法律强制力的当局有时会采取一种格外的"宽大仁慈"或消极无为的态度。当私刑进行到高潮、实施者们处于高度兴奋之中时，洗劫和摧毁黑人的家园和生意就被视作理所当然。黑人的家具被用作柴火来焚烧他们的身体，这种事情并不少见。与此同时，这也能给**所有**黑人们一个教训。

私刑的发生频率已显著下降。从 1890 到 1900 这十年间，平均每年发生 154 起私刑；从 1920 到 1930 的十年间，平均每年发生 31 起；而从 1940 到 1950 的十年间，每年只有两到三起。[22] 这种下降部分是由于公众意见的力量给具有法律强制力的当局施加了新的压力。过去三十年间，国会一直在为一项反私刑法案的通过做出持续不懈的努力。南部的国会议员一直抗议该项立法，认为这是北方人对南方事务的无理干涉。他们争辩说，自治州当局自身完全可以处理好这个问题，并且一直很有成效。除此以外，这种下降还可以被看作是历史的变迁。在早期的美国殖民地中，地方法院极为稀少，往往是靠义务警员对罪犯的追捕和立即惩罚来确保社会的稳定。法官林奇就是弗吉尼亚的一位贵格会教徒。在独立战争期间，几名托利党人因偷窃马匹被抓。作为地方法官的他在自己家里组建了法庭，并迅速判决这些窃贼每人被鞭打四十下。在美国历史上，被处以私刑的白人比黑人多，但近几年，令整个民族骇然作呕的都是有关黑人的私刑案件。

谣言的重要角色

没有谣言的推波助澜，暴乱和私刑就不会发生。这已成为颠扑不破的规律。据发现，谣言在暴力形成的四个阶段中至少参与了其中之一，甚至是全部。[23]

1. 敌意的渐渐积累往往通向暴力，而对外群某些罪行的谣传会让这个过程变本加厉。人们会听到少数群体在密谋、储备枪支和弹药，而且这些族群谣言通常会以迅雷不及掩耳之势散播出去，反映了不断加剧的紧张情绪。对族群谣言的收集和分析，可以作为一个社区紧张情绪的最佳晴雨表之一。

2. 在最开始的谣言完成了它的使命之后，新的谣言就会成为暴乱和私刑的集结令。它们如同军号一样将力量凝聚起来。"今晚河边有事要发生。""他们今晚就要抓了那个黑人并要了他的命。"如果警察足够警觉，则可能会以"煽动性谣言"为由预先阻止这种暴乱的发生。1943 年夏天，在华盛顿有谣言说，大批的黑人正在计划于阅兵行军期间的某一天组织一场运动。这一谣言让充满敌意的白人们立刻组建起对立的武装力量。但警察在事前坚定地站在公众立场，给黑人队伍提供了足够的保护，成功地阻止了暴乱的发生。

3. 谣言常常作为炸药桶的导火索。煽动性的传闻飞遍大街小巷，在每一次转述中都变得更加尖锐和扭曲。哈莱姆暴乱就是通过一则被放大的故事来扩散的，故事从一个相当温和的片段发展成一个白人警察枪击了一名黑人的背部。而传播在底特律的大量谣言也成为暴乱的直接导火索，点燃了熊熊漫溢的激情。在这个灾难性的周日到来之前的几个月，底特律就已经充斥着各种种族谣言。其中有一条，最后发展成，数辆卡车正满载全副武装的黑人从芝加哥前往底特律，这些谣言通过广播散布了出去。[24]

4. 谣言通过暴乱的热度来维持持续的振奋。故事完全基于错觉，这可能多少令人困惑。李和汉弗莱讲述了这样一个故事：在底特律暴乱的高潮期，警察接到了来自一名女子的电话，说她目睹了一群黑人暴民杀害了一名白人。而当警车赶到现场时，他们只看到一群小女孩在玩跳房子，没有发生过暴力行为的任何迹象。而其他市民都和该女子一样振奋，坚信冲突是真的并一再传播。

让我们回到这一观点：谣言可以为群体紧张度提供最佳的晴雨表。谣言本身当然仅仅是一种毁谤，表达了言语上的敌意。这些谣言可能直接针对天主教徒、黑人、难民、政府官员、大公司、工会、陆海空三军、犹太人、激进分子、各国政府以及其他外群。它们无一例外地表达着敌意，并且通过捏造一些令人讨厌的特质将敌意合理化了。下面是一个典型的例子：

> 自助餐厅里，有名顾客在柜台前点了一份炖牛肉和一杯咖啡。服务员将炖牛肉放入托盘后转身去取咖啡。而当她再次返回时就看见牛肉里有一只死老鼠。顾客也看到了，并引来了一阵骚动。他转身离去，很快便起诉了这家餐馆。但法院给出的判定是，老鼠并不是食物里的，而是另一名顾客趁服务员不注意从口袋里掏出来的。这个故事结束了："当然这人是个犹太人。"

类似的反犹主义谣言在战时多如牛毛。很多都是以下这种形式：

- 西海岸征兵局已经拒绝征募更多的人，除非在纽约、费城和华盛顿的那些被犹太征兵局推迟征募的犹太男孩能被征募入伍。

- 威斯多佛的所有官员都是犹太人。非犹太人几乎不可能在这种地方取得任何高位。
- 美联社和合众社都被犹太人控制了，因此我们不能相信任何关于德国或希特勒的报道，希特勒才是那个真正明白应该如何对待犹太人的人。

针对黑人的谣言相对而言没有那么多。在战时的1942年收集和分析到的1 000条谣言中，10%是反犹太人的，3%是反黑人的，7%是反英国人的，还有2%是反商业和反劳动的。武装部队占20%，政府机构占20%。大约三分之二是直接针对某一外群的，剩下的大多表达了对战争起因的深层次恐惧。[25]

因此，谣言似乎是群体敌对状态的一个灵敏指标。辟谣也可能是控制群体敌意的一种方法——尽管可能是次要的方法。战争期间报纸上的"谣言诊断室"就做了这样的尝试，也成功地让人们意识到了"谣言兜售"所造成的一些危险。然而，谣言的曝光和破除能否改变深层次的偏见，还值得我们怀疑。它最多就是告诫那些怀有温和偏见的人，战时或和平时期充斥的各种谣言并非这个国家的福祉之所在。

注释和参考文献

[1] 毫无疑问，根据哥特曼态度量表规则，这个简化的三点测度具有很高的"可再现性系数"（coefficient of reproducibility）。一个参与了物理攻击的人绝不会没有外现出歧视和言语拒斥的行为。量表中，级别高的行为以级别低的行为为先决条件，并预设地将其包含在内。参照 S. A. Stouffer, Scaling concepts and scaling theory, Chapter 21 in Marie Jahoda, M. Deutsch, & S. W. Cook (Eds.), *Research Methods in Social Relations*, New York: Dryden, 1951, Vol. 2。

[2] 引自1946年3月4日《新共和》报道的国会记录。

[3] *The main types and causes of discrimination*. United Nations Publication, 1949, XIV, 3, 2.

[4] *Ibid.*, 9.

[5] *Ibid.*, 28-42.

[6] 这则故事见于 J. D. Lohman, *Segregation in the Nation's Capital*, Chicago: National Committee on Segregation in the Nation's Capital, 1949。这份报告是对华盛顿在有

关住房、工作、健康服务、教育、公职准入等方面所存在的隔离状况的完备记录。

[7] Elmer Gertz. American Ghettos. *Jewish Affairs*, 1947, Vol. II, No. 1.

[8] H. G. Stetler. *Summary and Conclusions of College Admission Practices with Respect to Race, Religion and National Origin of Connecticut High School Graduates*. Hartford: Connecticut State Interracial Commission, 1949.

[9] A. L. Severson, Nationality and religious preferences as reflected in newspaper advertisements, *American Journal of Sociology*, 1939, 44, 540-545; J. X. Cohen, *Toward Fair Play for Jewish Workers*, New York: American Jewish Confress, 1938; D. Strong, *Organized Anti-Semitism in America: the Rise of Group Prejudice During the Decade 1930-40*, Washington: American Council on Public Affairs, 1941.

[10] 尤其参见 G. Myrdal, *An American Dilemma: the Negro Problem and Modern Democracy*, New York: Harper, 1944, 2 vols.; M. R. Davie, *Negroes in American Society*, New York: McGraw-Hill, 1949; G. Saenger, *The Social Psychology of Prejudice*, New York: Harper, 1953。

[11] 关于偏见的经济代价的讨论，可参见 Felix S. Cohen, The people *vs.* discrimination, *Commentary*, 1946, 1, 17-22。在经济景气的1940年，职业歧视最为严重的州其人均收入为300美元（包括密西西比州、阿肯色州、亚拉巴马州、路易斯安那州、佐治亚州、田纳西州和卡罗来纳州）。而包容度最高的州——根据吸引不同种族和信仰的移民的程度和立法、国会记录而判定——人均收入则达到了800美元（包括罗得岛州、康涅狄格州、纽约州、新泽西州、特拉华州、伊利诺伊州、犹他州、华盛顿州）。

到底是歧视的非经济举措导致了人均低收入，还是有其他原因使相对贫困的州采取了歧视来作为沮丧情绪的发泄途径，在这份统计报告中呈现得并不清楚。还有第三种可能，就是职业歧视和贫困二者均源于某些更深层次的原因。

[12] Actions lie louder than words—Red-Cross's policy in regard to the blood bank. *Commonweal*, 1942, 35, 404-450.

[13] R. T. La Piere. Attitudes versus actions. *Social Forces*, 1934, 13, 230-237.

[14] B. Kutner, Carol Wilkins, & Penny R. Yarrow. Verbal attitudes and overt behavior involving racial prejudice. *Journal of Abnormal and Social Psychology*, 1952, 47, 649-652.

[15] P. E. Massing. *Rehearsal for Destruction: a Study of Political Anti-Semitism in Imperial Germany*. New York: Harper, 1949.

[16] G. M. Gilbert. *Nüremberg Diary*. New York: Parrar, Straus, 1947, 72, 259, 305.

[17] *Lynchings and What They Mean*. Atlanta: Southern Commission on the Study of Lynching, 1931. 另见 M. R. Davie, *Op. cit.*, 334。

[18] 民权问题总统委员会认为这一补救方法实施起来太过危险，因为审查制度一旦开启就会威胁到所有批评性的意见表达。参见委员会报告：*To secure these rights*, Washington: Govt. Printing Office, 1947。

[19] 参见 L. W. Doob, *Social Psychology*, New York: Henry Holt, 1952, 266, 291。

[20] 可以用另一个更加强调历史和社会因素的事件链条作为比较，见 O. H. Dahlke, Race and minority riots—a study in the typology of violence, *Social Forces*, 1952, 30, 419-425。

[21] M. R. Davie. *Op. cit.*, 346.

[22] 关于私刑的一则简明总结，可参见 B. Berry, *Race Relations: the Interaction of Ethnic and Racial Groups,* Boston: Houghton Mifflin, 1951, 166-171。

[23] 这部分内容浓缩自 G. W. Allport & L. Postman, *The Psychology of Rumor*, New York: Henry Holt, 1947, 193-198。

[24] A. M. Lee & N. D. Humphrey. *Race Riot*. New York: Dryden, 1943, 38.

[25] G. W. Allport & L. Postman. *Op. cit.*, 12.

第5章
偏见的模式化与广延性

我们最确定的事实之一就是,拒斥某一外群的人也会倾向于拒斥其他的外群。如果一个人是反犹主义者,那么他很有可能同时也反天主教、反黑人、反其他外群。

❯❯ 作为一种普遍化态度的偏见

一个精巧的例证就是哈特利的大学生调查。[1]他利用第3章所介绍的鲍格达斯社会距离量表,探明了大学生们对于32个民族和种族的态度。除了熟悉的32个群体之外,他还杜撰了三个群体——"达内利人""皮立人"和"瓦隆人"。学生们被迷惑了,以为这三个虚构的群体是真的。结果发现,那些对熟悉的族群心怀偏见的学生,对这些虚构的群体同样心怀偏见。他们在32个真实群体上的社会距离分数与这三个虚构群体上的社会距离分数之间的相关达到+0.80,这已经非常之高了。[2]

一名对很多真实群体都怀有偏见的学生,在被问及这几个虚构群体时答道:"我一点都不了解他们,所以我会把他们排除在我的国家以外。"而另一名很少带有偏见的学生答道:"我不了解他们,所以我对他们没有偏见。"

这两名学生的评论很有启发。对前者而言,任何陌生的群体都代表了模糊的威胁,因此他会先于任何经验或证据而采取拒斥的态度。对于后者,大约天生没有忧虑感,因而了解一些信息之前他会悬置判断。比如,他会把"达内利人"当成善类并予以欢迎,直到有事实证明他们有罪。显然,存在一种普遍的心智品质,决定了他们是怀有偏见的还是包容的。

这项研究的更多结果发现，对不同群体的消极态度之间也存在着相关关系，如下：

黑人-犹太人	0.68
黑人-天主教徒	0.53
天主教徒-犹太人	0.52
虚构群体-犹太人	0.63
虚构群体-工会成员	0.58

至于讨厌工会的人，为什么也讨厌"皮立人"，这的确是一个心理难题。

在煽动者的长篇演说中，也可以发现类似的倾向。他会滔滔不绝地掷出这样一段话："淳朴而真诚、像绵羊一样温顺的美国人民，何时才能觉醒，何时才能意识到他们所有的公共事务都是受控制于那些外来者、疯子、叛徒、难民、寄生虫呢？"[3]

另一个类似的例子就是众所周知的1952年德国选举。德国法西斯政党印发了宣传册要求选民拒绝投票，他们宣称：

犹太人是民主的独裁者，连同布尔什维克主义、罗马教皇，共同统治着你们所有人。你们意识到了吗？站稳了，你们是德国人。不要投票，等待就好。我们必将扭转局面。

对于这些狂热的德国人来说，所有的外群共同构成了统一而无差别的威胁。

那些同时厌恶黑人和联邦政府的人，将这两种态度浓缩成了对"黑人友好官僚"的敌意。类似的表达"犹太国际银行家"也融合了两种消极态度，既忽视了"几乎没有犹太人是国际银行家"的事实，也看不到"几乎没有银行家是犹太人"的事实。在天主教占主导的拉丁美洲，人们害怕"犹太-新教联盟"的威胁。而在反天主教和反犹主义非常盛行的地区，就变成了对"罗马教皇和犹太人"的大谴责。不同品种的"替罪羊"被拴在一起的现象说明了，重要的是偏见的**总体性**，而不是针对单个群体的指控。

还有很多研究都表明，偏见很大程度上是个体人格的一种普遍特质。[4]这里我们要引用的是加利福尼亚大学的一些研究，数据来源既包括了在校大学生，也包括了非大学阶段的成年人。[5]

被试被要求在一份涵盖面很广的问卷中，用 6 点量表对每一项陈述标出自己同意或不同意的程度：-3，强烈反对；-2，中度反对；-1，轻微反对；+1，轻微赞同；+2，中度赞同；+3，强烈赞同。

问卷上的题目如下。

族群中心主义量表

（稍微改编自 *The Authoritarian Personality*, p.142）

A. 犹太人

1. 犹太商人的问题在于，他们经常扎堆、黏在一起，导致其他竞争者没有公平的机会。
2. 我几乎不能想象嫁（或娶）一个犹太人。
3. 可能存在少量例外，但总的来说，犹太人都差不多。
4. 让犹太人住进街区的问题在于他们会渐渐搞出很典型的犹太氛围。
5. 要停止对犹太人的偏见，首要的就是让他们改掉那些有害、惹人愤怒的缺点。
6. 犹太人总有什么地方很怪异；很难说他们在想、在计划些什么，不知道是什么让他们变成现在这个样子。

B. 黑人

1. 黑人们是有自己的权利；但最好让他们待在自己的地盘、学校，避免与白人有更多的接触。
2. 让黑人当领班或领导来指导白人，一直都是一个错误。
3. 黑人乐手有时和白人乐手弹得一样好，但不应该把黑人和白人混起来组建乐队。
4. 和那些更有技术含量和更需要责任心的工作相比，体力劳动和非技术工种更适合黑人。
5. 那些提议把黑人置于和白人同等水平来对待的人士，大多是想搅起冲突的激进煽动者。
6. 大部分黑人如果不待在自己的地盘，会变得霸道傲慢、讨人厌恶。

C. 其他少数群体

1. 佐特装爱好者（zootsuiters）一旦有了很多钱和自由，就变得爱占便宜、惹是生非。

2. 某些拒绝向国旗致敬的宗教派别应该被强制进行爱国行动教育，否则当被革除。
3. 菲律宾人在自己的地盘还好，但他们如果衣着奢华地跟白人女孩四处逛就太过分了。
4. 认为自己的家好过别人是每个人的天性和权利。

D. 爱国主义

1. 过去的五十年间美国精神面临的最大危险，就是来自外国的思想和煽动者。
2. 既然一个新的世界组织今已建立，美国必须确保其作为一个主权国家的独立和绝对权力不受丝毫侵犯与损耗。
3. 美国不是完美的，但是美国方式（American Way）可以带领人类走向完美社会。
4. 对美国来说，民族安全的最佳保障就是拥有世界上最强大的武装力量和航海力量，以及制造原子弹的秘密。

加利福尼亚族群中心主义量表有四个子量表。对我们的目的而言，重要的是不同群体的态度之间的相关性。结果近似如表 5-1 所示。[6]

表 5-1　　　　　　　　子量表之间及其与总体量表之间的相关性

	黑人	其他少数群体	爱国主义	总体E
犹太人	0.74	0.76	0.69	0.80
黑人		0.74	0.76	0.90
其他少数群体			0.83	0.91
爱国主义				0.92

资料来源：*The Authoritarian Personality*, pp. 113, 122.

上表中首先令人震惊的一点就是外群拒斥的普遍性。那些认为佐特装爱好者"常惹麻烦"的人 (C1) 通常也认为犹太人很"怪异"(A6)，或认为黑人不应该做领导 (B2)，这一现象多少有些吊诡。

更为吊诡也更有启发性的是，爱国主义与外群拒斥之间高度相关。例如，认为黑人主要适合干体力活儿的人 (B4)，更可能认为美国应该拥有最强大的武装和航海力量并保守原子弹的秘密 (D4)。

第5章 | 偏见的模式化与广延性

这些高相关的态度,特别是爱国主义和外群拒斥之间,似乎并没有多少逻辑可言。但一定存在着某种心理单元,可以解释这些模块之间的"纽带"(bonds)。提问"爱国主义"的几项条目很明显并没有涉及对美利坚信条的忠诚,反而带有"孤立主义"(isolationism)的意味。那些拒斥外群的人对于自己的民族内群有着非常狭窄的概念(图3-1,第34页),"安全岛屿"的思维状态开始占主导,需要建立防卫以抵御威胁。"安全岛屿者"感知到来自各个方向的威胁,有外地人、犹太人、黑人、菲律宾人、佐特装爱好者、"某些宗教派别";在家庭关系中,他坚持认为"自己的家庭好过别人是每个人的天性和权利"(C4)。

这个加利福尼亚研究还发现,这些"安全岛屿者"更倾向于强烈地忠诚于自己的教会、联谊会、家庭和其他内群。在安全圈以外的所有人都被他们认为是可疑的。族群中心主义和社会、政治"保守主义"之间也能发现同样的限制性(restrictiveness),二者相关系数接近于+0.50。作者更愿意将这种政治观定义为"伪保守主义"(pseudo-conservatism),因为外群拒斥者并没有能够继承美利坚传统的相应的性情基础。他们是有选择的传统主义者。

> 价值观方面,他们强调竞争性,但他们又赞成在大企业财团内部经济权力的集中——这是目前对个体商人竞争者最大的单一威胁。他们强调经济流动性,相信"白手起家"的迷思,但他们却赞成数不胜数、各种各样的歧视限制了绝大多数人的流动性。他们也可能相信政府经济功能的延伸,不是为了人道主义的原因,而是为了限制劳动人民和其他群体的权力。[7]

另外一些研究发现了"互惠"的倾向:自由主义者们——那些对现状不满的人——通常都是包容的。[8] 二战期间的一个调查报告总结道:"越是对工会抱有支持性的态度,越是对黑人、宗教、苏联抱有包容、自由主义的态度。"[9]

以上所有证据都强有力地表明:偏见本质上是**一种人格特质**。它在生命中扎根后,就会像一个独立的心理单元一样生长。偏见的特定对象或多或少是无关紧要的。重要的是,整个内心生活都会受到影响;敌意和恐惧是系统性的。虽然本书中很多章节都持有这一观点(尤其是第25章和第27章),但如果认为深层次的性格结构是唯一需要考虑的因素就大错特错了。

不完全相关意味着什么

让我们来看反面证据。表 5-1 显示反犹太人和反黑人之间的一致性为 +0.74，这一系数虽然很高，但仍为这两种形式的偏见留出了相当可观的独立变化的空间。至少有人在反犹太人的同时并不反对黑人，反之亦然。[10]

因此，我们绝不能仅仅依赖于偏见的一个普遍的、心理动力学的特质来解释这个现象的全部，即使已经解释了很大一部分。在特定的地点，特定形式的族群中心主义背后可能存在特定的原因。

普洛斯罗基于路易斯安那州的大约 400 名成人做了一项研究，研究报告了对黑人和对犹太人态度之间的相关性，相关系数为 +0.49。[11]正如我们所见，加利福尼亚研究获得的相关性为 +0.74，南部以外的很多其他研究中，这一相关系数也同样很高。

因此，在路易斯安那的样本中，只有部分的反黑人情绪可以被归为总括性的族群中心主义特质（对少数群体的普遍厌恶）。还有三分之一的人对犹太人持积极的态度而对黑人持消极的态度。我们必须说明，这种情况下普遍化的人格结构和动力学并不能完全解释这一偏见，而情境性的、历史性的、文化性的因素都很重要。

族群敌意因此变得更加复杂了。如果所有的偏见都完全相关（系数为 +1.00），我们就没必要寻找其他特定的因素，这意味着在个体人格中存在同质性的偏见矩阵，人们对所有的外群都一致地怀有相同程度的包容或偏见，人格的结构和功能是唯一的解释。

但此时，人格以外的另一个因素登场了。即使是一个高度的偏见者，也可能对犹太人比对贵格会教徒表现出更多的敌意——虽然二者都是少数群体，都格外地影响了市场和政府。偏执者不会同等程度地憎恶所有的外群，他有可能对北边的加拿大邻居比对南边的墨西哥邻居抱有更少的偏见，这种有选择的偏见无法仅仅用人格的动力学来解释。

虽然我们讨论的核心是个体的心理构造，但要想获得全面的理解，必须进行社会层面的分析——第 6 ~ 9 章将会讨论这个问题。

第5章 | 偏见的模式化与广延性

》 偏见有多广泛？

这个问题当然并不存在绝对的答案，但仍然有很多富有启发性的证据摆在我们面前。

问题是，偏见与无偏见之间的界线到底应该划在哪里。根据第2章，我们固然可以认为，所有人都不可避免地带有偏见，我们都倾向于偏爱自己的生活方式，从某种深层意义上说，我们**就是**自身所持有价值观的集合，因而不得不倾注自豪和情感来捍卫它们，不得不拒斥每一个与之作对的外群。

但"人人都有偏见"的结论没有丝毫意义。那些将范畴化的拒斥置于生命中的重要地位的人有多少，我们数也数不出来。

一种程序是去梳理公共的民意调查结果。人们大多对偏见的话题感到尴尬，但民意调查依旧成功地收集到了极富启示意义的数据。[12]

提问的方式有很多，举个例子：

你认为犹太人在美国的权力和影响力太大了吗？

这个问题被反复用于美国人口中的一个代表性的横截面样本中，并得到了50%相当一致的肯定回答。那么，我们能说有一半的人都是反犹主义的吗？

这是一个带有明显倾向性的问题，给受访者注入了先前所没有的想法。人们也有可能被问到下面这个暗示性相对较低的问题：

在你看来，有哪些宗教、民族或种族群体对美国构成了威胁？

这个问题中的"威胁"一词感情强烈而令人生畏，与此同时并没有直接提到犹太人。此时，只有10%的受访者自发地提到了犹太人。那么，我们能将其延伸为，反犹主义者占总体人口的10%吗？

试一下第三种方法。给受访者呈现三张分别写着几个群体名字的卡片：新教徒、天主教徒、犹太人和黑人，然后问：

你认为其中哪些群体对美国经济产生了过多的影响？

这一次我们发现，有35%的受访者选择了犹太人，大约12%选择了天主教徒。

再一次运用卡片方法，并做如下提问：

> 你认为其中哪些群体对美国政治产生了过多的影响？

这一次大约20%的受访者选出了犹太人。

可以估计出来，反犹主义者大约占10%到50%。如果提问的暗示性更强，这个范围可能会更大。

由此我们看到，当一条关于犹太人的负面陈述**被暗示**给人们的时候——就像第一个问题那样——大量的人都会表示赞同；而当犹太人仅仅作为提到的几个群体之一时，消极的回答就少得多；而如果仅仅靠个体自己去想，则很少有人会主动提起。这很少的一部分人，我们可以确定地说，敌意占据着他们情感生活中的重要地位。这种敌意是动态的，迫切地想要表达出来。这种**自发**的恶毒的反犹情绪大约占据总人口的10%，这一估计在其他研究中得到了支持。在战时有相同比例的人支持希特勒对待犹太人的做法。二战期间驻德国的美国士兵中大约有22%的人认为德国有"仇视犹太人"的充分理由，其中这多出来的10个百分点来源未定。[13]

对于民众反黑人情绪的估计随着提问类型的不同和访谈地区的不同也会发生改变。在大多数民意测验结果中，支持某种形式的隔离占据了很高的比例。二战时美国部队中大约五分之四的白人士兵认为，黑人士兵和白人士兵的便利店应该分开，俱乐部、兵团也应如此。[14]

平民百姓对此的态度也有着相似的类型和程度。[15]

> 1942年：你认为城镇里是否应该为黑人单独设立居住地区？是，占84%。
>
> 1944年：如果一个黑人家庭住在你隔壁会有影响吗？有，69%。

对职业歧视的支持态度则相对较温和一些：

> 1942年：你认为你的雇主是否应该雇用黑人？不应该，31%。
>
> 1946年：在找任何工作方面，你认为黑人是否应该和白人有同样的机会？或者白人优先？白人优先，46%。

而涉及教育机会时，态度就格外友好：

1944年：在获得良好的教育方面，你认为黑人是否应该和白人有同样的机会？是，89%。

从态度转向观念、从成人转向高中生，表5-2显示，大约三分之一的高中生带有明显的恶意。[16]

虽然这些数据很有启发，但我们仍可以清晰地看到，结果会随具体的问题而改变。

表5-2　　　来自美国所有地区的3 300名高中生百分比

"黑人是劣等种族吗？"

	是	不是
男生	31	69
女生	27	73

"你认为黑人对社会做出的贡献和其他群体一样吗？"

	是	不是
男生	65	35
女生	72	28

对偏见的广延性更具启示意义的证据来自贝特尔海姆和贾诺维茨对住在芝加哥的150名退伍老兵的细致研究。他们对受访者做了深度访谈，在直接探知这些退伍老兵的族群态度之前，研究者还提供了大量的机会让他们自主地表达观点，这能够帮助研究者对敌意的强度做出更加谨慎的推断。表5-3列出了对犹太人和黑人的态度结果。[17]

表5-3　　　对两个少数群体的态度类型

态度类型	受访者百分比（$N = 150$）	
	对犹太人	对黑人
强烈的反对态度（自主提到）	4	16
坦率直言的反对态度（当被问到时）	27	49
刻板化的消极态度	28	27
包容	41	8
总计	100	100

显然，对黑人的敌意要比对犹太人更为强烈。表中区分了四个级别的

敌对态度。**强烈**一级指的是那些对外群主动表达拒斥态度的人。访谈中他们主动提起了"犹太人问题"或"黑人问题",同时支持严厉的敌对行动("将他们逐出这个国家"或"用希特勒的办法")。我们注意到,按照这个标准,该研究并没有像其他研究一样发现那么多恶意的反犹主义者。

这里列出的**坦率直言**的偏见,指的是当受访者被直接问到关于这个少数群体的问题时,表达出真实的敌意,同时支持严厉的敌对行动。而**刻板化**的消极态度,指的是当受访者被问到或有合适机会谈论时,对少数群体表达的一般性观念(预判)。尽管不会直接表达敌意,但他们会说,犹太人是排外的、利欲熏心的,黑人是肮脏的、迷信的,但不会建议对之采取严厉的敌对行动。**包容**的个体在访谈的过程中并没有表现出丝毫刻板化或敌意的观点。

证据只涉及了黑人和犹太人。前面我们曾证明,对这些群体怀有偏见的人更有可能对其他群体同样怀有偏见,反之亦然。但也许有些人的偏见根本不会从答案中反映出来。为了将他们包括在我们的"偏见普查"的范围内,我们应当询问有关天主教徒、波兰人、英国人、政党、劳工、资本家等问题。这些附加的问题将会提高我们对偏见人群数量的估计。

在一项未发表的研究中,在校大学生们以"关于少数群体的经历和态度"为题,写了几百篇文章,经分析后发现,80%的个案中都包含了清晰的群体偏见。

另一项研究与之类似,超过400名大学生被要求写下他们认为"性情不相投"的群体名称。只有22%没有写出任何群体。被提到的群体包括:华尔街金融人士、劳工、农民、资本家、黑人、犹太人、爱尔兰人、墨西哥人、二代日裔美国人、意大利人、天主教徒、新教徒、基督教科学家、共产主义者、罗斯福新政拥护者、陆军军官、保守主义者、激进主义者、瑞典人、印度人、格林威治村村民、南方人、北方人、教授和得克萨斯人。虽然"性情不相投"并不等于偏见,但可以算是"兄弟"。由此,大约78%的被试流露出拒斥态度。[18]

根据这些研究,约五分之四的美国人对少数群体怀有足够多的敌意,以至于影响了他们的日常行为。这一估计与本章前面所报告的"支持对黑人予以隔离"的比例很接近。

偏见对象的多样性有着重要的社会意涵。可想而知,敌意的广泛分散会使得"联手对付"某一特定少数群体的可能性大为降低。本章证明了偏见的普遍性（generality），即那些对一个群体抱有敌意的人可能对其他群体同样抱有敌意。即便如此，在很多利益关系的相互牵扯下，似乎不可能进行针对单个少数群体的**有组织的**迫害。例如，反天主教徒的黑人和同样反天主教徒的"三K党"不可能联合起来，因为后者同时**也是**反黑人的。有着盎格鲁-撒克逊血统的郊区人会包容意大利人做邻居，否则的话，犹太人就会取而代之。因此，总体上看，群体间维持着一种暂时性的休战状态。

毫无疑问，美国对于平等的总体信条和文化大熔炉的传统，遏制了很多排斥性的消极态度（参照第20章）。敌意之间的矛盾和对立在一定程度上彼此中和；而对民主信条的根本性遵从，最终成为更深层次的约束。

》偏见的人口统计学变异

目前的讨论都是平均意义上的讨论，而在偏见的地域、教育水平、宗教、年龄和社会阶级方面还没有进行任何分析。

大量的研究都关注了这个问题，但它们有时相互矛盾。一个确证了女性比男性更容易持有偏见，另一个却以不同的样本、同样充分地证明男性比女性更容易持有偏见。一个发现天主教徒比新教徒更容易持有偏见，另一个却发现了相反的规律。目前似乎最可靠的结论就是，尽管单个研究都是有效的，但尚未形成一个坚实的概括的基础。

基于最广泛的证据，我们也许可以尝试概括出以下三点。首先，平均来看，美国南部对于黑人的态度，要比北部和西部更不友好，而北部的反犹主义似乎比南部和西部更为强烈。

教育方面，接受过高等教育的人们通常比只接受过中学或小学教育的人们更容易持有偏见（至少后者回答问题的方式显得更为包容），但并不总是如此。

最后，平均来看，社会经济地位较低的白人要比地位高的白人有更强烈的反黑人情绪，这一趋势似乎相当确定。反犹主义的情况正好相反，地位高的人似乎比地位低的人表现出更多的反犹情绪。

除了这些试探性的结论以外，我们并没有把握进一步估计偏见与宗教、性别、年龄、地域或社会地位之间的关系。后面几章将会看到，在特定条件下，每个变量都会伴随着更高或更低的偏见。但目前最可靠的结论就是，在美国，并没有确凿证据能说明偏见与人口统计学变量之间存在稳定的关联。

注释和参考文献

[1] E. L. Hartley. *Problems in Prejudice.* New York: Kings Crown Press, 1946.

[2] 本书中我们有时会借助相关系数来表示二者之间的关系。系数取值范围在 -1.00 到 +1.00 之间。+1.00 代表完全正相关，-1.00 代表完全负相关。系数越接近这两端，表明二者关系越显著。系数为 0 代表二者不存在显著的相关关系。

[3] 这位煽动者的言论引自 Leo Lowenthal & Norman Guterman, *Prophets if Deceit,* New York: Harper, 1949, 1。

[4] 得出偏见之间存在正相关结果的研究还有 G. W. Allport & B. M. Kramer, Some roots of prejudice, *Journal of Psychology,* 1946, 22, 9-39; E. L. Thorndike, On the strength of certain beliefs & the nature of credulity, *Character and Personality,* 1943, 12, 1-14; G. Murphy & R. Likert, *Public Opinion and the Individual,* New York: Harper, 1938; G. Razran, Ethnic dislikes and stereotypes: a laboratory study, *Journal of Abnormal and Social Psychology,* 1950, 45, 7-27。

[5] T. W. Adorno, E. Frenker-Brunswik, D. J. Levinson, & R. N. Sanford. *The Authoritarian Personality.* New York: Harper, 1950.

[6] 结果是"近似"的是因为，该数据是基于族群中心主义和反犹量表的原先形式而得到的。这里列出的几项数据是研究者所谓的"半成品"，但组间关联（intercorrelation）无从知晓。它们与先前的相关结果不会有太大差别。

[7] *Ibid.*, 128.

[8] G. Murphy & R. Likert. *Public Opinion and the Individual.* New York: Harper, 1938.

[9] F. L. Marcuse. Attitudes and their relationships—a demonstrational technique.*Journal of Abnormal and Social Psychology,* 1945, 40, 408-410.

[10] 例如一些证据表明那些本身就反犹的犹太人（这也是常见的现象），竟极少表现出对其他群体的偏见。这一心理学问题只特定地针对他们自己所属的群体。参照 N. Ackerman & M. Jahoda, *Anti-Semitism and Emotional Disorder,* New York: Harper, 1950。

[11] E. T. Prothro. Ethnocentrism and anti-Negro attitudes in the deep south. *Journal of*

Abnormal and Social Psychology, 1952, 47, 105-108.

[12] 这里引用的民意测验数据可以追溯至罗珀（E. Roper）于 1946 年 2 月、1947 年 10 月，以及 1949 年 9 月（增补）发表在《财富》上的研究；另见 B. M. Kramer, Dimensions of prejudice, *Journal of Psychology,* 1949, 27, 389-451; G. Saenger, *Social Psychology of Prejudice*, New York: Harper, 1953。

[13] S. A. Srouffer *et al. The American Soldier.* Princeton: Princeton Univ. Press, Vol. II, 571.

[14] *Ibid.*, Vol. I, 566.

[15] 民意结果采自 H. Cantril (Eds.), *Public Opinion, 1935–1946.* Princeton: Princeton Univ. Press, 1951。

[16] World Opinion. *International Journal of Opinion and Attitude Research,* 1950, 4, 462.

[17] B. Bettelheim & M. Janowitz. *Dynamics of Prejudice.* New York: Harper, 1950, 16, 26.

[18] G. W. Allport & B. M. Kramer. *Op. cit.,* 9-39.

第二部分
群体差异

第 6 章
群体差异的科学研究

> 先生：……我比任何人都更希望看到你提出的这些证据，大自然赐予黑人同胞们的天赋，与其他肤色人种的一样多；无论是在非洲，还是在美国，他们贫困匮乏的表象，只跟生存条件的恶劣有关。……
>
> 1791 年 8 月，托马斯·杰斐逊致本杰明·班纳克的信件

心怀偏见的人，总是用受辱群体的某些令人不快的品质来解释他的消极态度。群体作为一个整体，被断然说得带有腐败的味道，劣等的大脑、狡诈、虚伪、刻薄、蛮横或懒惰的天性。相反，心怀包容的人（例如托马斯·杰斐逊）希望看到证据能够证明群体差异可以忽略或完全不存在。如果偏执的人和随和的人都能够在真正学到有效可用的科学事实之前悬置判断、搁置欲求，那么事情就好办得多。

即使是研究民族和种族差异的学者，也很难做到绝对严格的客观性。他必须同自己的偏见做斗争，这种偏见可能是支持性的，也可能是敌对性的。他同样不知道，这些偏见能在多大程度上影响自己对证据的理解和判断。而如今值得庆幸的是，社会科学家们已经比过去更为清醒地意识到了这一危险。

就在几年以前，即使是一位学术声望颇高的社会学家，也会不谨慎地得出充满粗糙武断的概括、隐蔽未知的偏见的结论，却不会为此受到惩罚。有人在 1898 年的一本专著中这样描写波士顿的黑人民众：

> 他们中间不乏一些天生的绅士。……但是大部分展现出了黑人种族的一般特征：大声喧哗、粗俗鲁莽，展现出更多的动物性，而不是灵性。即使他们温和敦厚、乐于助人，那种粗糙的方式也常常带着宗教般的色彩。[1]

虽然意识到有例外的存在，但这位作者依然武断而自负地谈论着"黑人种族的一般特征"，这是今日的社会学家们所万万不敢的。

同样，在世纪之交，杰出的政治科学家詹姆斯·布莱斯在牛津举办了一场讲座，名为《人类进步与落后种族之间的关系》(The Relations of the Advanced and Backward of Mankind)。其中，他引用了达尔文进化论来论述"适者"的侵犯和强大种族进攻弱小种族的正当性。他斥责了美国印第安人拒绝遵从白人标准的顽固，认为种族屠杀是不可避免的结果（也是正当的结果）。他很高兴地看到，黑人都是内在的顺从者。黑人"因屈从而幸存"，知道自己作为劣等种族的位置。他们的确应该获得良好的工作和教育机会，但仅限于那些匹配他们"弱等智力"的机会。卑微的工作适合黑人来干。大多数黑人不适合参加选举，不仅仅因为他们的无知和郁闷，更是由于他们"突然而无理的冲动"使其心智更容易受到贿赂的影响。异族联姻在他看来是极其可怖的。除了对这种做法的固有厌恶以外，他还找到了强有力的辩驳，认为种族混血儿即使不在体格上，也至少在人格上是赢弱的，而这一说法实际上并无根据。

在人类的"优等"和"劣等"种族之间寻求更好的适应和调和，布莱斯是足够真诚的。但他对现状做出的诊断，对结果没有丝毫贡献。这一诊断是基于他自身的预判，却没有任何已经证实了的事实，尽管他并未意识到这一点。[2]

我们没有必要回溯到半个世纪以前去看科学在偏见影响下是如何解体、变质和腐坏的。希特勒主义笼罩下的德国心理学家和社会学家们提出的各种"发现"和"定律"就是年代最近的例子。他们十分严肃地声称"每一项人类发现都是基于种族的"。举例来说，研究发现1940年德国校园里的14岁儿童比1926年的身体更好。他们将其完全归为"贯彻了元首的指示和原则"。实际上在所有走近现代文明的国家里，营养条件和卫生标准都有了很大改善，儿童的身体状况也有相应的提升，这并不是元首的功劳，但他们对此视而不见。同样的所谓"科学家"将违法犯罪归为种族遗传，宣称"生性有犯罪倾向的居民导致了贫民窟，而不是相反"。[3] 而大部分非种族主义的社会科学家确信，事实恰恰相反。

相比之下，我们发现一些社会科学家过于草率地拒绝考虑明显而基本的种族、民族或群体差异，他们可能部分地出于仁慈宽容的动机，但他们提供的证据通常很碎片化。

》 有差异就应该排斥吗？

这个问题的答案是：**不一定**。家庭成员往往在外表、天赋、脾气方面有明显的差异。泰德活泼开朗又英俊帅气，他的哥哥吉姆却古板迟钝又相貌平平，他的姐姐梅性格外向但生性懒散，他的妹妹德博拉却古灵精怪。尽管血亲之间风格各异，他们却能够接受差异、爱护彼此。差异本身并不能造成敌意。

然而心怀偏见的人总是**声称**某些差异才是罪魁祸首。或许他对这些（他所认为的）迟钝、狡诈、莽撞，也许还有体臭的外群人从来没有考虑过包容的可能性，更不要说爱护了——但他对同样其貌不扬的亲友们却怀着深厚的感情。

同时也存在着现实利益的冲突。某个群体可能确实在密谋攻击或超越别人、限制别人的自由或干一些伤天害理的事。而且可以想象，这个群体可能拥有某些攻击特长或危险特质，以至于所有人都会觉得，避免这类事情发生并予以谴责是正当而必要的，除非是道德崇高的圣人才会容忍。更准确地说，某个群体可能拥有某些攻击特长或危险特质，以至于该群体的任何一个成员都**在很大概率上**拥有这些特质。

》 "罪有应得"论

当被问到持消极态度的理由时，怀有偏见的人一般会这么回答："你**看**！他们的行事方式那么讨厌，和正常人不一样，难道你**看**不见吗？我这不是偏见，他们是**罪有应得**。"[4]

虽然"罪有应得"论（"well-deserved reputation" theory）在想象中可能是正确的，但它的缺点在于，无法解释以下两个问题：（1）这一"应得之名"是否基于无可辩驳的事实（或至少是大概率事件）？（2）如果是，这种特征为何唤起的一定是敌意和厌恶感，而不是冷漠、同情或善意？除非这两个问题得到了令人满意的理性解答，否则我们就不能确定"罪有应得"论能够解释实际的偏见。

以反犹主义为例。反犹主义者总会声称犹太人是因为具有某些特质才顺理成章地招致了敌意。要验证这一论断，必须证实这一特质在犹太人和非犹太人之间存在显著的差异，并且这一特质为拒斥犹太人提供了充分的理由。

倘若确实存在充分的证据,我们必须得出结论说,反犹主义代表着现实的社会冲突,与偏见定义不符。第1章已经论述过,对德国"纳粹党"、帮派团伙、犯罪分子的敌意不应该被视作偏见,而是现实的价值观冲突。我们也指出了那些处于"罪有应得"和偏见之间灰色地带的案例,例如对前科犯、很多战时的特殊情况等。虽然现实的价值观冲突可能会凝聚、累积而引发战争,但其所伴随的大量谣言、杀戮传闻、对整个敌国的暴力性厌憎、对其后裔的报复性行为,所有这一切都显示了偏见如何被附加在民族性的现实核心之上。

当今的世界图景就是一个很好的例子。毋庸置疑,很多国家之间都存在现实的价值观对立。如何解决这些冲突是我们这个时代最严重的问题。然而层层包裹缠绕在这些现实核心周围的,是大量的偏见。诸如美国是一个富有侵略性的民族,美国专家整天都在参加华尔街为之准备的讲座。而在美国,人们普遍相信自由主义者和知识分子,特别是那些为跨民族理解或种族平等而日夜奔走的人,都是叛国者。这种非理性的观念,玷污、阻碍了我们整个思维进程,致使我们很难抓住亟待解决的问题的核心。

群体差异的研究方法

既然人们总是以群体差异为由来解释他们的敌意并予以正当化,那么弄清楚哪些差异是**真实的**、哪些是**想象的**,就变得至关重要了。更加技术性地说,除非我们知晓了刺激场(stimulus field,即群体特质)的性质,否则将无法估计这些非理性歪曲(distortion)的性质或程度。[5]

现在我们可以坦诚地开始了。社会心理学学科分化严重、发展迟缓,目前无法很好地解答我们的问题。当然,就文献而言,有成千上万的研究都是处理群体差异的,但其结果极不完善,有待精进。[6] 困难之一在于,参与比较的群体数量极大,以至于很多研究都捉襟见肘;另一个困难在于,现有的研究方法并不令人满意。很多情况下,不同的研究者对同一批人群得出相反的结果。最终,理解他们手头报告就变得异常困难,因为根本无从辨认,这些差异究竟是与生俱来的因素,是早期的训练,还是文化的压力,或者以上皆有之。

一种方法就是在开始之前找出哪些群体之间的比较会更有成效。这似乎有无数种可能性。但检视那些遭受偏见的群体类型,我们发现至少可以划分出十来种:

种族,性别,年龄层,文化族群,语言族群,地区,宗教,国家,意识形态,种姓,社会阶级,职业,教育水平,各种各样的利益群体(如矿工联合会、美国医学会、扶轮社、兄弟会等)。

每一项都进行过大量的比较研究:法学生和医学生有何不同?佛教徒和基督教徒有何不同?说法语的人和说芬兰语的人有何不同?

仅仅这样划分是不够的。我们注意到,那些直接遭受偏见的人往往有着重叠的身份。比如,犹太人可以被当作文化族群、语言族群或宗教群体,黑人在种族、种姓、阶级和职业上都有明显的特异性。

任何一个群体作为偏见的对象,都无法单用种族、族群、意识形态或其他维度来标定。"种族偏见"(race prejudice)的说法很常见,但我们很快就会意识到,犹太人并不是一个种族(race),白黑混血的穆拉托人与高加索白人其实同样接近,种族这种说法实则已经在科学界臭名昭著。"族群"(ethnic)是一个更宽泛的词——涵括了所有在文化、语言、习俗传统方面的差异,但涉及性别、职业和利益群体时仍被滥用。

让我们暂且悬置这些麻烦,找出到底哪些**方法**在研究群体差异时行之有效。显然,必须首先是具有**可比性的**方法,问题性质决定了我们必须用同一种方法来研究至少两种群体。以下几种方法是有效的:

旅行报告

旅行报告(travelers' reports,包括人类学家、新闻工作者、传教士的日志)是历史上最常见的信息来源。旅行者**在脱离自身文化背景下感**知、理解并报告异国土地上那些震撼的、值得记录的人或事。观察者可能经过了良好的训练,精明而聪慧,机智而敏锐;或者也可以是一个天真淳朴、轻信易受骗、惯于想象的人。优良的报告将会成为有关外群的很多知识的来源。虽然很多这种类型的工作刻意且慎重地带上了可比性[7],但大多情况下比较只是基于旅行者以其头脑中自身文化作为内隐参考框架而进行的。依赖于旅行者的印象导致的一个很明显的缺点就是:所报告的差异无法量化,也不一定具有代表性。旅行者自身的兴趣点、道德标准和训练经验都影响着这一结果。他所认为重要的东西,在别人眼里可能是次要的,甚至根本无足轻重。

人口统计或其他统计方法

近几年,国际组织(诸如国际联盟、国际劳工局、联合国及其特殊机构)从其成员中收集了大量数据,但缺少关于民族智力、种族性情或与国民性问题直接相关的数据。一些数据汇编对我们的问题来说用途很有限。例如,我们需要知道瑞典、荷兰、意大利这些国家的平均受教育水平很有用,而不只是去**想象**哪个国家的教育水平最高。联合国教科文组织的服务之一就是呈现各民族生活方式的事实依据。这方面联合国的比较性统计能有所帮助。[8] 有关民族的资源也可以派上用场。美国人口普查局和税务局都做了很多有用的分析工作。对医生平均收入怀有偏见的人,可能会在看过官方报告之后在头脑中建立起一些有益的印象。

测验

美国学生人人熟悉智力测验。理论上它们可以用来解决很多令人困惑的问题,比如用来比较原始部落和文明部落的感官敏锐度,比较所有群体的智力水平,比较不同职业人们的抽象思维能力。虽然我们有时必须借助于这些对不同人群的测验,但在工作伊始就注意到其局限性,无疑是很重要的。

1. 有些人是测验通(如大学生),其他人可能从没见过什么是测验。他们的表现会根据对测验的熟悉度而大有不同。

2. 测验通常需要一个竞争性的脑力状态。有些文化从来不知道竞争性是什么意思。参加测验的人可能无法理解他的亲友为什么不能一起合作帮他完成,或者无法理解测验对于速度的要求。

3. 在有些群体中,激发他们努力完成测验是很容易的,但在其他群体中,兴趣会很快消退。

4. 测验环境条件经常没有可比性。纳瓦霍村庄儿童的骚乱,比起其他文化中能够确保儿童保持安静的环境下,测验结果也会大有不同。

5. 不同人群的文化水平很少具有相当的可比性。他们难以读懂题目。

6. 测验题目往往受缚于文化。即使是农村儿童也可能无法回答那些适合城市儿童经验的题目。

7. 大多数测验是由美国心理学家设计并标准化的。美国文化的整个模式都渗透在测验的字里行间。对一个有着不同的文化背景预设的人而言，测验的任何一项都有可能是陌生、不公平或误导的。如果让心理学家自己去完成由班图人设计的智力、人格或态度测验，他们也会抱怨的。

所幸社会科学家们已经充分意识到了这些局限性，近年来在理解不同群体的测验结果时都会保持极大的谨慎——我们可能要说，如此谨慎的话，谁都无法确定那些结果意味着什么。也许关于智力测验的最主要发现就是：**越是不受文化限制的测验，得到的群体差异就越小**。比如，在跨文化比较中，一个简单的画人测验就远比直接的语言智力测验更加公平，而且，画人像测验结果在白人、印第安儿童之间往往呈现出相当微小的差异，甚至偏向印第安儿童群体。[9] 这一发现并非证明了人类群体在智力能力上没有差异，而是意味着要发现这种真实差异需要的是**绝对**文化无涉（culture-free）的测验。

意见和态度研究

近几年，民意调查已经跨越了国界。通过这种理性化的精确技术，我们可以对不同国家的代表性人群样本进行一系列问题的比较研究：政治议题、宗教观念、和平道路等。[10]

当然，这一方法仅限于那些有可靠调查机构的国家，并且需要这些机构之间的通力合作。和测验一样，它也具有同样的危险——不同文化背景的人们对问卷的理解程度不同。从一种语言翻译到另一种语言，往往会改变一些细微的语意，因此也就改变了回答的意义。

吉莱斯皮的研究中阐述了这种方法的一个更自由的变式。[11]

> 研究者在10个民族的年轻人的大样本中收集了两类数据档案。一类是未来的自传："我的人生：从今到公元2000年"。另一类是至少包含50道题目的统一问卷。
>
> 结果显示民族之间存在着明显差异。美国年轻人比其他国家更多地专注于自己的个人生活，更少对政治和社会发展感兴趣。离美国人最近的是新西兰人，但和美国人不同的是，新西兰年轻人将自己的命运视为与公民服务息息相关，如同国家的雇员。总体上讲，美国年轻人似乎意识不到他们对于国家命运的依赖和义务。他们对公共和国际事务的关心相当少。

美国年轻人的这种"利己主义"（privatism）特征除非运用跨国比较研究，否则是很难发现的。应该如何解释呢？美国的少年成长在个人主义传统的环境中，人人为己。国家的辽阔、富饶和强大让每一位年轻人把未来的安全视为理所当然。对物质利益的强调使得他们竞争性地规划自己的事业，以求生活标准的最大化，而不是为公共利益而牺牲。因此，一种超然的漠视或"利己主义"主导了他们未来的人生观。

然而我们不能就此认为，美国年轻人在民族危难时刻缺乏爱国心或不愿牺牲个人利益。在民族危难时刻，这些资料所呈现的自我中心主义将会被一直深藏心底的意识形态信念所抵消，这些信念同样标志着美国人的"国民性"。

官方意识形态的比较研究

从马克思、列宁的文字中，斯大林提炼出了共产主义的原则性精神要义，它们跟美国的纲领性文献（如美国宪法、《独立宣言》、累积下来的国家文件等）相冲突。我们可能会总结说：

- **共产主义者**，相信一个自然主义的世界建立在物质的基础上；相信历史是在矛盾不断对立统一的过程中呈螺旋式演进（辩证唯物主义）；崇尚政府采取上下一致的统一行动；相信结果为手段证明了正当性；不推崇个人的自发道德；认为生产和实践本身就等同于理论。

- **美国人**，相信犹太-基督教共同精神传统和英国律法中所阐述的基本价值；相信历史在社会共同理想的指引下非线性演进；崇尚理性的力量（因而真理终将胜出）；在多党选举制度中，欢迎各方观点的激烈碰撞和自由表达；相信政府是利益分歧的仲裁者；坚持捍卫个人的自发道德。

意识形态可能在比较宗教学领域能得到更加明晰的研究，因为这里有大量的权威文献和神圣文学，它们接受信徒们的敬畏，同时对他们施以约束。

不要忘了，**官方的纲领和教义**并不总是与其倡导者的实际观点或实践保持一致，意识到这一点，和这个方法本身一样有用。它们通常表达理想，而非教导技能。然而它们在心理学意义上依旧很重要，因为它们的存在必然为其成员的心智指明了共同的方向,为他们的行为提供规范,这种规范从它们童年时期就在脑海中留下了深刻的印象。

内容分析

随着现代社会科学对精确性的追求,内容分析这种新的定量技术被发展出来。它不仅适用于一切官方文件,而且适用于社会上任何沟通文本。例如可以将广播节目录音,分析其中传达了哪些信息。电影、报纸、杂志、戏剧、广告、笑话、小说都可以用同样的方式来研究。这种方法会记录某一给定主题的重复频次。其他研究者的独立分析可以帮助核对记录的准确性,并建立单个研究者工作的可信度。这种方法最主要的困难就在于起始时的决定:计数单位该如何选择?是要将讨论的主题分类,还是仅仅记录那些处理特定主题时使用的情感性语气词?是要采用文本的字面效价,还是寻找言外的意图和动机?是将整个沟通看作一个单元,还是以每个短语、句子、意群为单元?各种各样的可能性选择催生了内容分析的不同形式。[12] 它们各自服务于不同的用处。本书第108页就用了其中一种方法来分析国民性的问题。

其他方法

这六类方法远不能穷尽用来获取群体差异可靠信息的所有途径,只是一个大致的说明。特殊的问题需要特殊的技术手段。例如,体质人类学家在实验室里可能需要比对不同种族人类的骨骼,生理学家需要研究血型,精神病理学家可能需要为各种形式的精神障碍分类,它们在不同种族、血统、民族或社会经济地位的人身上有不同的发病率。

≫ 差异的类型和程度

有成千上万的文献研究各种各样的群体差异。这些发现按照研究计划或可划分为以下几种类型:

- 解剖学差异
- 生理学差异
- 能力差异
- 给定群体成员的"基本人格"差异

偏见的本质

■ 文化实践与信仰差异

这种分类不是很有意义,它提供的是毫不相关的碎片化信息,没有遵循一个理论框架以便理解群体差异问题。

在这里我们介绍另外一种研究模式。这一框架将迄今确定的各类群体差异划分为四种类型,并掌握其中的基本逻辑。四种类型如下:

1. J形服从曲线
2. 稀-无差别
3. 交叠"正态"分布曲线
4. 范畴性差别

对每种类型的解释如下。

J形服从曲线

很多群体都有一种基本的规定性(prescription),即每位成员(因为属于这一群体)都或多或少地从事某种特定的行为、具备某种特征。例如,美国的规定性语言是英语,几乎每个美国人都予以认可,但极少人不接受,他们可能更愿意坚持自己的世代语言。遵从某一群体的特异性特征的人群分布如图6-1所示。其中,每一条块的百分比只是估计,但足以阐明大致趋势。将这一柱状直方图的顶点连成一条频率曲线的话,其形状接近于大写字母"J"。

我们立刻就能想到,很多群体特征都遵循这一曲线。大部分天主教徒每周日会做弥撒,极少除外。大部分摩托车遇到红灯时会停下来,少量会减速,极个别的会置之不理。如果施以压力(例如在红灯之外加一个停止标志或十字路口处站着一位交警),那么遵从率会更高,J形曲线会更陡。我们的文化提倡雇员们准时到达公司,因此"严正守时"成为美国人的特质。我们来看相关实例。[13]

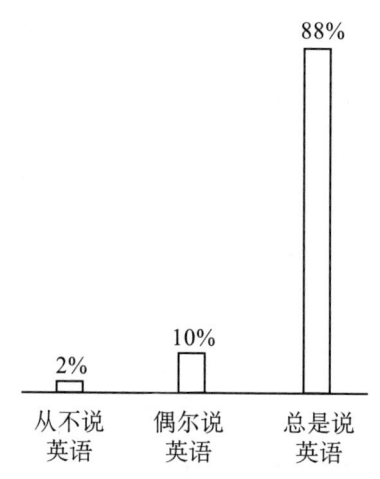

图6-1 美国人说英语的假百分比——一个遵从性特质

美国被公认是一个守时的民族，这意味着比起其他民族，美国人在这方面会更多遵从职业所需的 J 形曲线。

> 一位德国访客到美国被问起哪种美式生活特征最令人印象深刻，他回答说："如果女主人邀请了十二个客人在 7 点钟参加晚宴，所有人都会在前后 5 分钟内到达。"

电影和音乐会总会准时开始，火车和航班总会严格遵守时刻表，牙医总会按时赴约。对守时性的强调恐怕在其他任何一个国家（即使是西欧）都达不到这种程度。

图 6-2 不仅展示出对守时性的遵从，也展示出"过从"——很多人会提前到达。但众数或曲线峰值依旧出现在文化所规定的时间点上（即准时到达）。

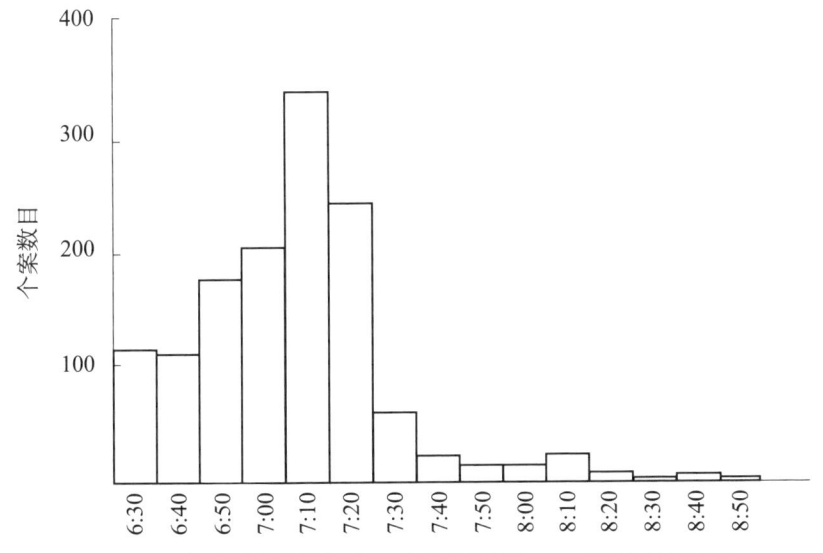

图 6-2 雇员到达时间（以 10 分钟为间隔）——J 形曲线的变体

资料来源：改编自 F. H. Allport, *Journal of Social Psychology*, 1934, 5, 141-183。

只有某一特定群体的成员才符合 J 形曲线的特征，非成员并不适用。工厂的雇员会遵从这一群体特定的行为方式，但雇员的妻子则不会，因为她们并不属于工厂。参加弥撒的天主教徒会呈 J 形分布，但非天主教徒则不会。在美国，大部分绅士经过一道门时会让女士优先，但在其他一些文化中则不会。

J形曲线的逻辑可以陈述为：当群体对其成员行为有强规定性时，成员因其所属，都会倾向于遵从。

区分群体差异的最明显的特征就来自此。荷兰人说荷兰语；男人穿长裤，女人穿裙子，个别除外；犹太人大多庆祝犹太节日，别人不会这么干；小学生几乎每天都要上学。类似的例子不胜枚举。总结其定律为：**一个群体的本质特征，即定义了这个群体的特征，倾向于服从J形分布**。

有些差异可能大体上符合J形曲线，但是没有上面的例子这么明显。所有美国人都应该遵守每一条律法，但很多人不会。他们对这种遵从规定视而不见，这是个不好的兆头。如果一个群体的成员正在脱离这些基本的遵从规定，那么这个群体正在变弱或解体。犹太人应该每周都去教堂礼拜，但现今很多人已经不会再去了，甚至有些人成为叛教者，这个群体的团结性正在削弱，至少性质在发生变化。J形服从会**衰退**（decay）。当越来越少的成员不再按照规定来行动时，这个群体的特异性特征就会渐渐消失。

稀–无差别

群体内有一些特质实际上很稀少，但从来没有在其他群体中出现过。我们常说土耳其人认可一夫多妻制，但即使在古老的土耳其其实也很少有男人超过一个妻子。然而在欧洲其他地方**根本不**存在法定的一夫多妻制。有一种叫"下缅因"语的方言只有**一小部分**缅因本地人会使用，但是其他地方都不会使用（除非是缅因移民）。一些贵格会教徒在相互通信时会用"thee"来代替"you"，但其他任何群体都不会这样干，所以这一习惯依然被称为一种"贵格会特质"。美国人很少是亿万富翁，但其他国家的人们有时会误称"美国就是亿万富翁的家园"，因为在其他国家一个都没有。

很明显稀-无差别容易被误解的地方就在于，这种稀少的特征可能会被看成是群体内普遍的。很少荷兰儿童会穿木屐，很少苏格兰高地人会穿苏格兰短裙，很少印第安人会用弓箭射猎，很少因纽特人会租老婆，很少匈牙利农民会穿艳丽的套装。每一例都是真实的群体特征，但它们很**稀少**。

有一些情况实际上是衰退了的J形曲线。可能过去曾有一段时间，制度和文化都会强有力地规定苏格兰人穿短裙,然而在现在,这些特征的分布就可能呈现出图6-3的样子。但我们不能就此认为所有的情况都是衰退的J形特征,有些确实不是,例如"下缅因"口音、土耳其一夫多妻制等,这些并不是群体普遍特质的残留。

交叠正态曲线

有些群体差异可以形象地表示为两条钟形曲线的交叠,这就是我们所熟悉的某一特质在两个群体内呈现差异化分布的情况。以智力测量为例。赫希在马萨诸塞州外裔家庭的学生和田纳西州黑人学生之间实施了等同的智力测验。[14] 三个群体的成绩分布如图6-4所示。我们看到,在这个研究中,俄裔犹太人后代的成绩平均比爱尔兰裔后代的成绩稍微高一点,他们都比田纳西黑人后代的成绩更高,其均值分别为:

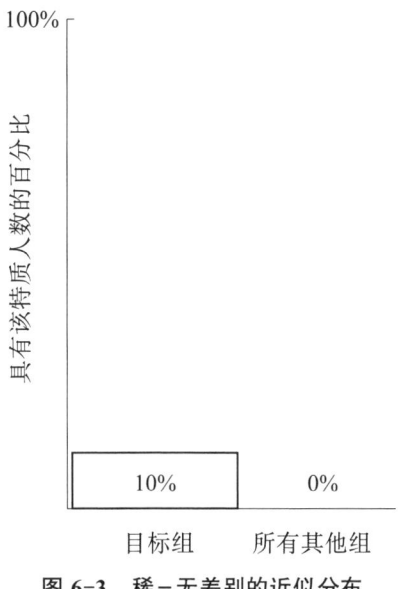

俄裔犹太人	99.5
爱尔兰人	95.9
黑人	84.6

图6-3 稀—无差别的近似分布

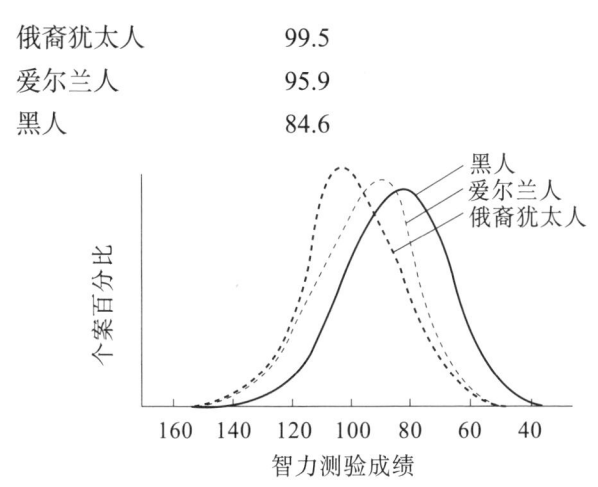

图6-4 俄裔犹太、爱尔兰、黑人儿童的智力测验成绩分布

资料来源:N. D. M. Hirsch, *Genetic Psychological Monographs*, 1926, 1, 231-406.

那么问题来了，这种成绩差异是由什么因素造成的呢？是天资，还是学习能力，抑或是完成测验的动机不同？本章在前文中已经指出了用测验来确认群体差异时可能存在的风险，虽然这种风险在跨民族、语言时尤其突出，但在同一国家的不同亚群体之间也一样存在。

我们暂先不考虑这些差异的意义，至少可以说，这一方法揭示出了群体间的平均差异。交叠正态曲线适用于任何可以从低到高连续测量的特征，并比较其在两个或以上群体之间的分布差异。

说这一曲线是"正态"的是因为，大量的人类特征都遵循这种对称性分布。极少人处于极低或极高的位置上，大部分人集中在中间。这种钟形分布尤其常见于生物学特征（例如身高、体重、力量等）以及很多能力（如智力、学习能力、音乐能力等）的测量。对人格特质也适用。在一个群体中，极少人具有格外的优势，极少人具有格外的劣势，大部分人处于中等或平均水平。[15]

交叠正态曲线可以呈现很多种形式。图 6-5 示例了其中三种。交叠部分可能很大（如 A），可能很小（如 B），也可能中等（如 C）。A 就像是很多研究者所发现的智力在两个种族或文化群体之间的差别情况；B 表示这一特质有着明显的群体相关性，例如侏儒与英国人的身高差异；C 则有可能是黑人和白人的鼻孔宽度分布曲线。

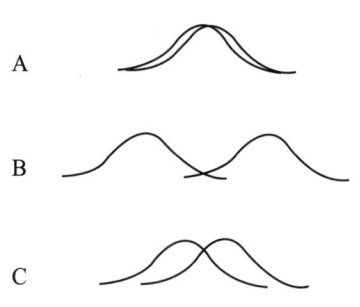

图 6-5　交叠程度不同的正态曲线

如果交叠曲线落在同一个分布中，就得到一个双峰曲线。无论何时某一特质的分布一旦呈双峰曲线，那一定意味着群体差异的存在。例如，图 6-6 所示的智力测验成绩分布有两个峰形，一度令人困惑不已，后来我们才知道是因为同时测量了两个完全不同的群体。[16]

图 6-5 中的 A，表示两个群体之间只有细微的差别，图 6-4 中俄裔犹太人和爱尔兰人的智力成绩就属于这种情况。

图 6-5 中的 C 显示出更大的差别，即便如此，我们也能注意到一条几乎放之四海而皆准的普遍规律：**群体内差异（即曲线宽度）大于群体间平均差异**。如图 6-4 所示，我们可以看到仍然有很多犹太儿童的成绩在黑人儿童的平均成绩以下，一些黑人儿童的成绩居于犹太儿童平均成绩

以上，我们不能得出结论，说所有犹太人都聪敏、所有黑人都愚钝，说"作为一个群体"的犹太人聪敏、"作为一个群体"的黑人愚钝，更是大错特错。

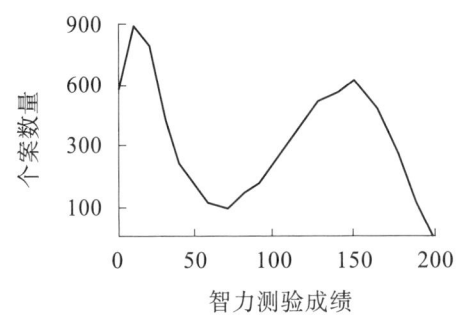

图 6-6　混合了两个群体的双峰分布曲线

注：测验对象为约 2 770 名平均教育水平相当于四年级的士兵和约 4 000 名接受了四年大学教育的军官。

资料来源：改编自 Anne Anastasi & J. P. Foley, *Differential Psychology*, p. 69。

范畴性差别

最后一种量化差异是指某一项特质在不同的群体中会存在不同的出现频次。以酗酒为例。据了解，酗酒在爱尔兰裔美国人中更为普遍，远远超过犹太裔美国人。这仍然是真实的群体差异，即使它并不意味着爱尔兰裔美国人作为一个整体是嗜酒如命的。类似于稀-无差别，这种特性在两个群体内都不算常见，但不同的是，两个群体内都存在，只是程度不同而已。

有关二战期间拒服兵役的研究显示，神经官能症在犹太士兵中发病率相当高，而在黑人士兵中相当低。7% 的黑人士兵填写了神经官能症作为退伍理由，而白人士兵中，这个比例是 22%。[17]

霍曼和沙夫纳[18]在关于 21~28 岁未婚男子童贞度的研究中报告了各人群比例如下：

新教徒中	27%
天主教徒中	19%
犹太人中	16%
黑人中	1%

自杀率也是一个离散变量[19]，不能用交叠正态曲线来呈现。1930 年，每 10 万死亡人口中自杀人数分别为：

在日本	21.6
在美国	15.6
在爱尔兰	2.8

只考虑美国的死亡人口，相应群体中的自杀人数分别为：

白人	15.0
日本人	27.2
黑人	4.1

在这种情况下，我们考察的特质在群体内都是非常罕见的，但并不能用稀 - 无差别来表示，因为在所有的群体中都有一定比例的自杀存在。

最后再举一个民族性研究的例子。[20] 一些来自美国和英国的保险职员被要求补全句子："我最欣赏的个人特质是……"答案是各色各样的，而且很多没有表现出丝毫的民族差异，比如幽默，在两国被提到的频率完全相同。但有关控制或利用环境的特质（例如"雄心勃勃"）在美国人中出现的频率为 31%，在英国人中只有 7%。而与此同时，有关控制个人冲动的特质在英国人中出现的频率为 30%，在美国人中只有 8%。因此，我们似乎有理由说美国人**独断专行**、英国人**沉默是金**。同时我们也应该看到，这一差别小于 25 个百分点，因此应当警惕，不能过度推断。绝不是所有的英国人都崇尚沉默是金，也绝不是所有的美国人都欣赏独断专行。

》 对差异的解释

群体差异需要多大，才算得上是**真正的**差异？所有的例子呈现出的差异总体而言都相当小。**也许并不存在任何群体差异能够将每一个成员从非成员中区别出来。**即使"白人是白皮肤，黑人是黑皮肤"这么显而易见的事情，这种概化也是错误的。很多高加索白人甚至比一些所谓的黑人肤色更暗，另外黑人也有**患白化病的**，他们完全没有色素沉积。你也许会说："天主教徒都有同样的信仰。"情况不单是如此，我们发现有些非天主教徒同样赞成天主教神论。你也许会说："那至少基本的性功能可以毫无疑问地区别男性和女性。"但这种非黑即白的说法也并不一定成立：因为有双性人。并不存在群体的每一位成员都有这个群体的所有特性这种情况，也并不存在一种特性只在一个群体内是典型的而在另一个群体内丝毫没有。

在 J 形曲线中，我们面对的是**高概率的**差异。在交叠正态曲线中，规律上讲，这种差异就稍小一些。稀-无差别和范畴性差别都可以被觉察到，但它们量级都不算大。因此，严格地说，任何有关"群体差异"的描述都是一种夸大（除了某些资格群体）。

日常讨论中最主要的偏差来源就是，人们倾向于认为所有的群体差异都遵循 J 形曲线。人们会说，美国人莽撞冒犯、争强好胜、物质至上、腰缠万贯以及过分推崇浪漫热烈的爱情。有些特质完全是臆想出来的（即在美国并不比其他地方更为常见），有些特质实际上属于稀-无之别或范畴之别。但错就错在，这种话暗示了它们都呈现出 J 形曲线的样子。这些特质被当作美国精神的实质，具有整个群体的特异性。对任何人的任何刻板印象通常都被认为是整个群体的特征，甚至呈现出 J 形曲线的普遍特征，但这种归因无疑是夸大的，甚至可能是完全错误的。

事实是一回事，人们加诸其上的意义又是另一回事。支持文化多元主义的人通常会欢迎群体之间的差异，将其看作生活的调味品。而不信任外群的人通常会将这种差异看成威胁。在 1890 年普鲁士联合议会的一次会议中，一位成员过分渲染了如下的事实：普鲁士 1.29% 的男子是犹太人，而犹太人在大学里却占到了 9.58%。[21] 群体差异是真实的，但意义却完全在于你如何理解。

读者可能注意到，我们讨论的实际差异中很少有涉及残暴的特质（通常成为敌意的正当化依据）。原因在于这方面的数据不可用。判断人格和道德方面的差异比判断其他方面的差异更为困难。有关这些差异的研究也应该再接再厉，因为我们需要一切可用的事实，以评价一种言论是否"名副其实"，从而确定一个被憎恶的民族是不是活该遭受敌意、是不是"罪有应得"。

我们的学科需要继续深入探索群体差异的真谛，这是非常重要的。只有我们知道了真正的事实，才能正确地区分出错误的概化和理性的判断、区分出"罪有应得"和偏见。本章提出的几条原则应该会对从事这项任务有所助益。

注释和参考文献

[1] R. A. Wood. *The City Wilderness*. Boston: Houghton Mifflin, 1898, 44 ff.

[2] *The Relations of the Advanced and Backward Races of Mankind*. Oxford: Clarendon Press, 1903.

[3] E. Lerner. Pathological Nazi stereotypes found in recent German Technical Journals. *Journal of Psychology*, 1942, 13, 179-192.

[4] 参照 B. Zawadski, Limitations of the scapegoat theory of prejudice, *Journal of Abnormal and Social Psychology*, 1948, 43, 127-141。

[5] 一些心理学家不情愿说感知（perception）或信念（belief）的歪曲（distortion）这个词。也同样不情愿说错觉（illusions）这个词。他们会说，一个人觉察到了某件事情就意味着这个人感知（perceive）到了这件事情；如果他犯错了，就说他是误判（misperceive），也即没有在真假之间做判断。

然而，至少在两个大的应用心理学领域，判断人的观点是正确还是错误对心理学家来说很重要。比如，在精神病理学中，判断病人是真的听到了邻居谈话还是产生了幻觉，对病情确诊来说非常关键。所以，在群体偏见领域，判断一个人对群体的敌意到底是由于群体真的"罪有应得"还是由于某些这个人自身未能理解的功能性的微妙原因，也是同样关键而首要的。

[6] 以下研究对群体差异的处理做了简要回顾：L. E. Tyler, *The Psychology of Human Differences*, New York: D. Appleton-Century, 1947; Anne Anastasi & J. P. Foley, *Differential Psychology*, New York: Macmillan, 1949; T. R. Carth, *Race Psychology*, New York: McGraw-Hill, 1931; O. Klineberg, *Race Differences*, New York: Harper, 1935; G. Murphy, Lois Murphy, & T. Newcomb, *Experimental Social Psychology*, New York: Harper, 1937。

[7] 参照 A. Inkeles & D. J. Levinson, National character: a study of modal personality and sociocultural systems, In G. Lindzey (Ed.), *Handbook of Social Psychology*, Cambridge: Addison-Wesley, 1954。

[8] *Preliminary report on the world situation*. New York: United Nations, Department of Social Affairs, 1952.

[9] 参照 C. Kluckhohn & Dorothea Leighton, *Children of the People*, Cambridge: Harvard Univ. Press, 1947。

[10] 参见 H. Cantril (Ed.), *Public Opinion 1935-1946*, Princeton: Princeton Univ. Press, 1951。

[11] J. M. Gillespie, unpublished investigation.

[12] 参照 B. Berelson, *Content analysis,* In G. Lindzey (Ed.), *Op. cit*。

[13] F. H. Allport. The *J*-curve hypothesis of conforming behavior. *Journal of Social Psychology*, 1934, 5, 141-183.

[14] N. D. M. Hirsch. A study of natio-racial mental differences. *Genetic Psychological Monographs*, 1926, 1, 231-406.

[15] 参照 G. W. Allport, *Personality: A Psychological Interpretation*, New York: Henry Holt, 1937, 332-337。

[16] Anne Anastasi & J. P. Foley. *Op. cit.*, 69.

[17] W. A. Hunt. The relative incidence of psychoneuroses among Negroes. *Journal of Consulting Psychology*, 1947, 11, 133-136.

[18] L. B. Hohman & B. Schaffner. The sex lives of unmarried men. *American Journal of Sociology*, 1947, 52, 501-507.

[19] L. I. Dublin & B. Bunzel. *To Be or Not to Be——A Study of Suicide*. New York: Harrison Smith & Robert Haas, 1933.

[20] M. L. Farber. English and Americans: a study in national character. *Journal of Psychology*, 1951, 32, 241-249.

[21] P. W. Massing. *Rehearsal for Destruction*. New York: Harper, 1949, 293.

第 7 章
种族和族群差异

人类学家克莱德·克拉克洪（Clyde Kluckhohn）写道：

> 虽然种族这个概念足够真实，但受过教育的人们对它的误解如此频繁而严重，恐怕没有任何一个科学领域能比得过了。

种族（race）和**族群**（ethnic）这两个概念的混淆，就是其误解之一。前者关系到遗传纽带，而后者则关系到社会和文化纽带。

这种混淆为什么会带来严重的后果？因为"种族"这个词有着"一切已成定局"的终结意味。人们往往认为遗传是不可更改、无法阻挡的，赋予一个群体某种本质上的特殊性，令人无法回避。这种想法导致了一系列歪曲事实的观点，例如：东方种族骨子里就是腼腆的，犹太人作为一个种族从始至终都带有一种犹太人特质，黑人种族在势不可挡的进化洪流中依然固守着猿类祖先的种种旧习。这些种族的后裔即使血统杂糅也不容置疑地带有某些种族本性。一个即使只有一丁点黑人血脉的男子与白人女子结婚，他们生养的孩子一旦皮肤是煤黑色的，就仿佛拥有了黑人的心智。所有这些误解都直接源自混淆了种族和族群两个概念。

❯❯ 为什么强调种族

为什么在过去——尤其是最近一百年中——"种族"这个概念成为人类差异的核心范畴，以下几个原因可以解释。

1. 达尔文进化论为我们描绘出一副物种可以进一步划分为各种类别和种族的图像。虽然存在着杂种动物和混血儿，但纯一的种族是最好的

第7章 种族和族群差异

这一观念仍然极富吸引力，主宰着众多的流行观念和想象。

一些作家声称在达尔文进化论中发现了一种神赐般的宇宙定律，一种对种族敌意的终极认可。阿瑟·基思爵士[①]曾言，对我属的偏爱是天生的，归根结底继承自"娘胎里的部族精神"，大自然不遗余力地阻止种族混融，为了"确保人们能按照她的意图来完成生命的游戏……她将它们[种族]分成了不同的颜色"。基思继续写道：

> 大自然在部族心灵中同时培育了爱和恨。为什么？假设她只赋予一个部族爱的能力，会发生什么呢？世界上所有的人都亲如手足，不分你我，彼此贴近而融合，就不会有相互隔离的人类部落，而隔离才是大自然物种进化的摇篮……没有进化的阶梯，就没有人类的进步可言。[1]

这种说法显示了达尔文进化论是如何被当成种族主义和偏见的辩护者的。虽然对于基思的推理，大多数社会科学家不赞成，但也吸引了一小部分人的眼球。

2. 家族遗传的观念根深蒂固，令人印象深刻。既然身体的、生理的、精神的、性情的特质在家族中能够遗传，那么为什么不能在同样以共同血统来定义的种族群体中遗传呢？这种思考方式忽视了一个事实，那就是家族成员之间彼此类似不仅是遗传的结果，而且是后天学习的结果。它同样忽视了，虽然在一个生物学意义上的家族中，基因在代代通婚的重组过程中具有直接的连续性，而种族却由很多家族复合而成，基因组成上远没有家族那样统一。

3. 有证据表明，血统上某些基本特征一致的成员同属于一个亚族，例如黑人、蒙古人、高加索白人。教科书里按照白人、棕色亚种、黄色亚种、红色亚种和黑人来划分种族并不奇怪。肤色**似乎**是最基本的因素。

然而科学家认为，只有极少一部分基因会伴随着皮肤色素共同传递，虽然肤色和一些其他身体上的特征确实能在一个种族血统内遗传下去，但这并不意味着某个个体能够继承全部的遗传特性。据研究，在决定人体遗传特性的基因中只有不到1%的基因跟种族相关联。[2]肤色确实跟种族相关联，但并没有证据表明决定肤色的基因与决定心智能力或道德品

---

① 阿瑟·基思爵士（Sir Arthur Keith，1866—1955），苏格兰解剖学家和人类学家。

质的基因之间有任何连锁遗传的迹象。

4. 任何一个可见的细微信息都会让人们倾向于认为所有的特征都与该信息有关。一个人的性格被认为与其眼睛的歪斜度有关，或某种危险的攻击性被认为与黝黯的肤色有关。将引起注意的某些特征锐化或放大，将尽可能多的差异化特征纳入借以形成的视觉范畴（第2章），这是人类的共同倾向。

在性别的范畴化情形中也存在同样的倾向。只有很少一部分人类天性是随性别分化的。当然，这其中包括男女的第一、第二性征。但人类有关身体、生理、心理的绝大多数特质和性别没有关联。尽管如此，很多文化对于女性地位的界定仍然与男性截然不同。她们被视为低人一等，禁锢在家里，变着花样地打扮，男人们能够享受到的各种权利和特许她们都享受不到。这种专门的角色划分远远超出了性别基因所决定的分化程度。对于种族也是同样的道理。少量基因上的差别是存在的，但社会上的差别却远远超过了这个度。身体上的可见差异仿佛磁石一般，吸引着人们在想象中把各个方面的差别都归因于此。

5. 很多人不了解种族与群族之间、种族和种姓之间、后天养育和先天遗传之间的差异。将外表、习俗、价值观等所有特性都归因于种族是非常便利的想法。将差异归为遗传显然比探寻其复杂的社会缘由更为简便。

以此来考虑美国黑人的时候，错误就很明显了。他是黑人种族的一员，这似乎是再稀松平常不过的事实。但据人类学家估计，在美国只有约少于四分之一的黑人属于纯种，而在所谓的黑人身体特征方面，美国黑人与纯种黑人之间的差距与他们同白人之间的差距是相当的。[3] 总的来说，美国黑人在多大程度上算作黑人就应该在多大程度上算作白人。我们赋予他们的标签至少一半都是社会的发明。我们频繁用来称呼的是实际上更大程度上属于白人的人。

犹太人的情况也类似。用一个"种族"的标签来简化事实上格外复杂的族群、宗教、历史、心理影响是非常便利但错误的做法。人类学家已经发现，犹太人并不是一个种族。

6. "血统"总是包裹着些许微妙而诱人的神秘感。这一陈旧口号周围总是徘徊着某种确定性、亲密感和象征意义。家族自信和种族自信都集中在"血统"上。而这种象征性并无科学依据。严格地说，所有血统类型在所有种族中都存在。然而那些颂扬"血统"的人并没有意识到这本来是一种引喻,以为是科学事实。瑞典经济学家冈纳·缪尔达尔在讨论美国的黑人-白人关系时就明智地意识到,这一迷信的象征符号产生了持久的恶性后果。[4]

7. 对于危言耸听的煽动家或政客而言,种族话语仿佛已经成为一种时尚。这些人或是想要达到某种目的,或是自身正经受着某种难以名状的恐惧的折磨,于是就把种族这个怪物当作宠儿。出于他们自身的焦虑,种族主义者一手创造出"种族"这个恶魔。想想戈比诺①、张伯伦②、格兰特③和洛斯罗普④,这些作家在人们心中拉响警报,成功地把注意力吸引到了关于世界病症的幻想性诊断之上。还有一些人发现,种族主义能够卓有成效地使人们在生活的困厄中分心,并提供一个便利的替罪羊去发泄情绪,希特勒正是如此。那些渴望其追随者团结起来的煽动家,一般会捏造一个"共同敌人"(参照本书第 38 页)。"种族敌人"无论其概念有多么模糊而荒诞都是个行之有效的标签。

一个富于想象的人可以任意扭曲"种族"这个概念,以此来编织、粉饰他的偏见,使其变得看上去更合理。美国南北战争中,一名肯塔基州编辑热情澎湃地写道:"纯洁、理性的盎格鲁人(北方人)将与堕落、浪荡的诺曼人(南方人)势不两立、斗争到底!"

---

① 阿蒂尔·戈比诺(Arthur de Gobineau,1816—1882),法国贵族,小说家,种族主义理论家,在《人类种族不平等论》(*Essay on the Inequality of the Human Races*,1853)中发展了所谓的雅利安优等人种理论,是"科学种族主义"思想的早期鼓吹者之一。

② 豪斯顿·斯蒂华·张伯伦(Houston Stewart Chamberlain,1855—1927),早期纳粹主义者,鼓吹日耳曼人是世界的主宰种族,是人类的未来希望,被"纳粹党"奉为"先知"、"第三帝国"的"精神创建人"。

③ 麦迪逊·格兰特(Madison Grant,1865—1937),美国种族主义作家,律师,自然资源保护论者,种族优生论者,美国移民限制法和反异族通婚法的制定倡导者。格兰特在 20 世纪初出版了《伟大种族的没落》(*The Passing of the Great Race*,1916)和《一个大陆的征服》(*The Conquest of a Continent*,1933),宣称美洲最早的居民是纯血统的北欧日耳曼新教徒,这个"优秀"种族本可以使美洲发展到顶峰,但不幸被潮涌般的移民"异族"所败坏,他还认为黑人是最低等的种族。

④ 洛斯罗普·斯托达德(Lothrop Stoddard,1883—1950),美国历史学者,记者,优生论者,政治理论家,"三 K 党"成员,著有《挑衅白人至尊的有色人种浪潮》(*The Rising Tide of Color Against White World-Supremacy*,1920)和《文明的反叛:劣等人的威胁》(*The Revolt Against Civilization: The Menace of the Under-man*,1922)等,纳粹思想领袖阿尔弗雷德·罗森堡借用了其"劣等人"(德语:Untermensch)概念。

» 真正的种族差异

当然,强调种族概念被滥用和夸大并不是要否定那些真实存在的种族差异。然而科学研究在向我们揭示其确切面貌方面显得步履维艰。调查和阐释的困难是巨大的。前面我们已经看到,心智测验解决不了种族遗传特性的问题,除非被试能够满足下列的条件:社会和经济上机会平等,语言差异得以克服,种族隔离制度得以废除,教育水平相等,社会关系融洽,具有同样的动力在测验中好好表现,对测验者的恐惧得以消除,以及其他变量均为常数。因此,测验在目前看来并没有多少价值。

也许最好的方法就是**实验**。假设有10个刚出生的婴儿(父母都具有纯一的蒙古血统)被装在恒温箱里空运到美国,再将其安顿到10个准备周全的美国家庭中,以尽可能等同于美国白人孩子一般的方式抚养他们长大,这样我们才能够获得真正有价值的种族差异。或者将10个来自挪威的地道"北欧人"同10个纯种的非洲班图人在出生时相互交换,使种族血统暴露在不同的族群养育环境中。最后,心理测量可以告诉我们,种族特质是否留下了不可根除的坚实痕迹,这些移居者的心智能力是否显著地高于或低于寄养环境下其他同龄人的平均水平。不过,这种实验仍然不够完美,因为只要外表看上去是"异族人",人们就不会像"本地人"一样对待这些孩子。但尽管如此,它仍然能使我们获知匪浅。

我们只有对人类种族的数量和同一性有了一致的看法,才能期待去确定种族间的差异。不幸的是,没有一个人类学家关心这件事。他们给出的分类从两种到两百种不等。一般至少有三种:蒙古黄种人、高加索白人和黑人。库恩等称之为"基本血统",视其与不同的气候条件有关。蒙古黄种人的体格适合生活在极寒地带,黑人适合于极热地带,而高加索白人则适合于非极端温度下的气候。[5]

随后这些作者又添加了三种古老而相当特别的血统:澳大利亚棕色人种、美洲印第安人和波利尼西亚人。他们接着猜想,基于地区隔离,又有大约30个"种族"被创造出来,他们的身体特征呈现出看得见的区别。在这种定义下,他们列出了阿尔卑斯人、地中海人、印度人、北美有色人种、南非有色人种、中国北方人、印度尼西亚裔蒙古人种、拉丁诺人(一个正在形成中的拉美-北美混合人种)。然而我们留意到,就连这一逐渐细化的种族概念里仍然不包括犹太人。他们几乎存在于所有已知的种族类别中。

拉尔夫·林顿更愿意将这种血统亚种称为"类型"（types）而不是"种族"（races）。在高加索白人血统中，人们可以按照惯例进一步区分出北欧白人、阿尔卑斯人、地中海人等等，取决于这种区分需要满足的精细程度。林顿又提出了第三种遗传群体——比其他分类方式更为纯粹的"种类"（breed），指的是"同质化的人类群体，通常较小，成员彼此接近、相似，并且有着共同的、较近的祖先"[6]。关于"种类"的研究要远少于"血统"或"类型"。它所要求的血统纯净度只在一些孤立地区才有望满足。比如某支因纽特人的部落才有可能构成一个"种类"。

现在，人类学家用来区分血统、类型、种族甚至种类的全都是身体特征，比如肤色、发质、胫骨的平整度等等。无论人们如何定义"种族"概念，有关性情、心智和道德的特质从来就不是其中固有的内容。

> 在一项关于美国大学男生的研究中，人类学家通过测量将学生们划分为以下几种"类型"（types）：北欧人、阿尔卑斯人、地中海人、凯尔特人、迪纳拉人。紧接着，研究者以一连串的测验和量表来研究他们的能力和人格特征，发现几乎全部的差异都呈阴性。不同"类型"的男生有着同样的能力和特质。极少数琐碎的统计学差异既没有表现出数据的一致性又无法用事实来理解。[7]

人类学家发现，并不存在任何决定性的事实可以证明白人的"进化"程度比其他人种更高。如果脑容量可以算作"脑力"的一个指标（实际上不可以），包括日本人、波利尼西亚人甚至穴居的尼安德特人在内的几种群体在这方面都超过了白人。[8]虽然黑人的面部特征第一眼看上去与猿类相似，但实际上白人嘴唇更薄，体毛更盛，在这些方面比黑人更接近猿类。大多数猴子毛发下面是白色的皮肤，甚至巨型猿类的肤色都比黑人要浅，而更接近于白人。[9]

一些研究者尝试通过新生儿之间的比较来解决种族间内生差异的问题，从中剔除环境和文化的影响。

> 帕萨马尼克将"耶鲁发展计划"（Yale Developmental Schedule）应用于纽黑文市的 50 个黑人婴儿和同等数量的白人婴儿身上。他发现："平均来看，研究中纽黑文市的黑人婴儿在行为的发展上与白人

婴儿完全相同。"如果一定要说存在某种差异是显著的（值得怀疑），那么黑人儿童在大肌肉运动表现上比白人儿童更为超前。[10]

研究者在稍微年长一些的学龄前儿童身上发现了一个有趣的现象：居住在隔离区的黑人儿童在语言能力的发展方面比白人儿童更为迟缓，但居住在混合街区的黑人儿童则与白人儿童几乎持平。古迪纳夫画人测验（Goodenough Draw-a-Man Test）显示，黑人儿童的IQ值与白人相当。显然，学龄前儿童的非语言能力并无差异，但语言能力会受到社会因素的影响：居住在隔离区的黑人儿童可能家庭受教育程度更低，或是他们相对更缺乏社会交往的自由感，导致语言无法得到灵活而完全的发展。[11]

在黑人与白人混合的护理学校中，古德曼发现，黑人儿童一般活动的平均水平比白人儿童更高。同时，黑人儿童有着更为普遍的种族意识。这种对于不利地位的意识会对他们造成隐约的困扰。尽管他们太小，不理解这种困扰的本质，但有些儿童还是已经对此表现出了防御性、过度反应和紧张。[12]

无论如何，很明显年轻黑人并不是冷漠、迟钝或懒惰的。如果年长的黑人在比例上表现得比白人更为冷漠，其原因也并不在于种族，而更有可能在于健康水平较差、受挫后气馁或是遭受歧视时的消极防御。

混淆了种族特质和族群特质，就等于混淆了天赋所获和后天习得。这种混淆会带来严重的后果，它将导致人们夸大人类个性特征的固定不变性。遗传的品质会随时间渐变，而后天习得的品质在理论上最短经过一代人就可以被完全转变。

有关种族的人类学研究中，有两点格外值得注意：(1) 除了极端偏远的地区以外几乎没有任何人是纯净血统的；从种族的意义上讲，大多数人是混血儿；这一概念没有多大用处。(2) 大多数被归因于种族的人类个性特征毋庸置疑地源于文化的多样性，因此它们应该被看作族群的特征，而不是种族的特征。

黑人尽管没有遗传上的混合，但仍然属于很多不同的族群。波兰人和捷克人拥有同样的血统（stock）和类型（type），但他们分属截然对立的两个族群（包括语言）。与此同时，同一族群（例如瑞士）中也可能存在不同的类型，不同的族群也可能属于同一民族（例如美国）。

族群特质通常是后天习得的，童年时期习得的特质会非常坚固以至于终其一生都能保持不变（例如，母语口音会阻碍后来的外语学习）。习得者又会不自主地将这一特质延续下去，以自身所习得的方式教给他的下一代。

现在，一些人类学家（尤其是那些受弗洛伊德影响的人类学家）提出"基本人格结构"论来解释族群差异。[13] 这一理论对于幼儿满足基本生活需求的方式给予了很多关注和强调。婴儿时期的襁褓裹得太严实，将永久地影响到日后的心智习惯。童年时期如果对如厕训练过分看重，将使这个孩子最终成长为一个讲究而挑剔、苛求完美甚至严酷的人。一个人如果经常受到母亲的嘲笑、对弟弟妹妹心生嫉妒，则会发展出更高水平的"挫败容忍度"（frustration tolerance），却学不会如何表达愤怒或真实感受。尽管美国社会与英国有着相当高的族群相似度，但有一种差异十分引人注目。据说，美国人热衷于夸夸其谈，与之相反，英国人则以低调含蓄而著称。根据基本人格理论，这种差异可以追溯到幼年时期。美国儿童被鼓励大胆说话，因畅所欲言而受到褒奖，因自我表达而受到父母的表扬；与之相反，英国家庭则压抑孩子的表达自由，强调儿童应该被照看而不是被倾听，应该谦卑低调而不是浮夸张扬。

同一个族群儿童抚养习惯大致统一，因此"基本人格"被认为是族群的共同点，这是这一概念难以否定的价值。唯一的危险在于高估这种共同点在特定群体中的普遍性，并过分强调它对儿童终生的影响。

很多族群特质都具有惊人的灵活性。到国外旅游的人们可以迅速学会那里的风俗习惯并在很多方面改变自己的行为习惯以适应新的族群规定。一项关于族群手势的著名研究揭示了这种习惯性特质的易变性：

> 埃夫隆研究了纽约市地区的意大利人和犹太人。他发现，当这些族群的成员聚居生活在一起时，他们谈话时的肢体动作表现出惊人的一致性。但当这些成员搬出同质化地区，和其他美国人混合居住时，这种手势习惯便消失了，反而采取了一种与周围的美国人难分彼此的方式。[14]

偏见的本质

族群的风俗习惯和价值观模式，无论是固定不变的还是灵活多变的，往往都太过微妙而难以用任何定量的方式来研究。

在美国，社会工作者经常遭遇类似的族群价值观问题。例如，在与希腊客户打交道时，希腊文化中的"爱之荣誉"①就变成了一个无法回避的沉重概念——这个概念关系到个人的完整性，阻碍了希腊人向自己所属群体以外的其他人寻求帮助。新墨西哥州那些说西班牙语的人更倾向于关心现实、当下的利益，而不是未来的利益。在法定教育要求满足之后，西南地区的墨西哥年轻人更难被劝服继续留在学校读书。"为未来做准备"对他来说并没有多少价值。一些人拒绝在儿童表现好的时候给予嘉奖，对他们来说——尤其东欧犹太人——这种行为好比行贿。美德的培养应当为了美德本身。善，自有善报。[15]

》文化相对性

族群间的差异太多、太复杂，于是有人便说，文化之间并没有一致性。"文化相对性"的概念将这种观点发扬光大。俗语"存在即合理，多样即正确"（mores making anything right）意思就是，所有的行为标准本质上完全是一种习惯问题。你学到的是什么，什么就是正确的。良知只是黎民百姓的声音。在一种文化中，杀死自己的祖母并没有什么不妥；在另一种文化中，你也许能随心所欲地虐待动物。然而人类学家警告我们，应当警惕这种对群体差异的宽泛理解。实际上所有的人类群体都发展出了一些"功能等同"的活动。尽管细节上可能有所不同，但在目的和实践方面，所有社会都是一致的。

默多克认为，根据已知的历史和民族志，每种文化中都存在一些共同的实践活动。他将这种通用性（universality）罗列如下。

年龄辈分排位，体育运动，身体修饰，历法，清洁训练，共同体组织，烹饪，合作劳动，宇宙论，求偶，舞蹈，装饰工艺，占卜语

---

① 希腊名词 *philotimo*，指希腊文化中的最高美德，目前还没有较为准确的统一译法，大意是"love of honor"，是一种集慷慨、博爱、尊敬、奉献、追求完美、荣誉、雄心、自豪等于一体的复合情结，基于强烈的情感附着和某种程度的亲密关系而产生，是社会生活的道德标准，有点类似于儒家所倡导的"忠恕之道""克己复礼为仁"。

言，解梦，教育，末世论，伦理观，民族植物学，礼仪规范，信仰疗法，家庭宴会，取火，民间传说，食物禁忌，葬礼，游戏，手势，政府治理，问候招呼，发型，殷勤待客，住房，卫生，乱伦禁忌，继承规则，笑话，亲族，亲属制度，命名法，语言，法律，关于运气的迷信，魔法，婚姻，用餐时间，医药，在自然力面前的谦卑，哀悼服丧，音乐，神话，计数，分娩，刑罚制裁，姓名，人口政策，产后护理，孕期药食用法用量，财产权，抚慰以祈求超自然神力的饶恕、青睐和好感，青春期习俗，宗教仪式，居住规则，性别限制，心灵、精神概念，地位分化，外科手术，制造工具，贸易，出访旅游，断奶，天气控制。[16]

这种罗列太过混杂而没有多大用处，但却足以表明，在当下这个历史节点，社会科学家对族群间统一性的研究会和差异性的研究做得一样出色。对于差异性的强调，人们各持己见、无法统一；而对于相似性的强调却能够将人们的注意力引向人类家族不同分支之间合作共赢的共同基础上来。

国民性

国族与族群，其概念的内涵与外延绝不相同，尽管在某些情况下（芬兰、希腊、法国）二者相当一致。通常，一种语言（定义了一类族群）在好几个国家中都有使用；而很多国家内部（苏联、瑞士），都不只使用一种语言。

虽然国族与族群并非一一对应，但和族群一样，我们同样可以按照国族来划分人群，并探询他们之间的差异。"国民性"（national character）这一概念指的就是，尽管存在着族群、种族、宗教或个体差异，但相较于其他国家或民族，同一国族的成员之间仍然在观念和行为的某些基本模式上彼此更为相似。

> 以对美国人的国民性为例。按照理斯曼的说法，国外看客们一致认为美国人友好而慷慨、肤浅而狂妄，同时价值观上的不确定性导致美国人更热衷于向别人寻求认可。[17]

偏见的本质

无论正确与否，这都是非常典型的关于国民性的印象。特别是在最近几年世界范围内民族主义热情高涨的环境下，一个民族对另一个民族形成了更加确定的印象，与此同时社会科学家们对这个问题的兴趣也愈加浓厚。[18]

上一章讲过的方法都可以用来研究国民性。这里引用一则采用了内容分析法（本书第 94 页）的启发性研究。

麦格拉纳汉和韦恩分析了国民艺术产出的一个面向，即 20 世纪 20 年代中期登上德国和美国艺术舞台的成功戏剧作品。[19] 结果显示，典型的德国戏剧的主人公（往往是男性，很少女性）是处在大众社会之外或之上的人，往往目标远大、眼光洞彻、孜孜以求某种事业或理想，或者是亲王贵族的一员，比臣民更富有远见卓识，胸怀更为宽广而自由，也许是游离世外的某个浪子。相较之下，美国的主人公（也经常会有女性）往往是社会中间的普通人。

德国戏剧讨论哲学、意识形态和历史等主题比美国更多更频繁，美国更偏爱私人生活上的问题（主要是爱情）。

德国戏剧中的悲剧结尾是美国戏剧中的三倍之多。在美国戏剧中，善良和正义最终得以胜出往往是由于某个关键角色突然改变了主意或立场，或是经历了某种心灵上的转变，或是突然醒悟、恢复了某种理性。往往一件稀松平常之事就改变了整个情节的走向，例如一记耳光、妻子突然离家出走、新生儿的到来、偶然降临的运气等等。美国人崇尚个人的努力奋斗，相信性格的可塑性、相信运气。与之相反，德国戏剧往往预设人们的角色是固化的，立场坚定而不妥协，不会中途改变主意，唯一可用来达成目的的只有权力，甚至不乏一些残酷的手段。

两国戏剧都会涉及对社会的背离和反叛。但美国式反叛富于个人主义色彩，往往以个人有权追求幸福的名义来从事越轨行为。相比之下，德国式反叛并非自利主义的（大概如此），而是献身于某项事业或理想，这种事业和理想往往会遭到权威当局的强烈压制和反对。由于仅凭个人的力量无法在这种环境下取得胜利，而且个体表现得坚强不屈，德国主人公最后的归宿往往是希望落空、理想成为泡影、惨败乃至灭亡。而在美国式反叛中，某些观念的转变、境况的转折通常会挽救整个故事走向，最终以圆满的结局落幕。

尽管只是用了有限的材料，但这一研究仍然意义深远。它告诉我们，对报纸、广播、笑话、广告以及其他一切沟通媒介做深入细致的分析，是一种能够带来丰硕成果的技术手段，能够以更宽广的尺度来揭示国民性的深层差异。

国民性应该运用一些客观的技术手段来衡量（包括内容分析、公共民意调查、谨慎使用的测验等）。其展现的差异类型将符合上一章所讲的类型框架。有的会呈现 J 形曲线差异（对帝王、旗帜或某种传统的忠诚），有的会呈现稀-无差别（王室头衔、农民服饰、一夫多妻的惯例），在测量足够充分的条件下有很多特质会呈现出交叠正态分布的特征（竞争性、音乐兴趣、某种道德品行），也会存在范畴性的差别（自杀率、公共民意调查中对同一问题的不同回答的比例、选择继续深造的学生比例等）。

客观的结论是一回事，人们对国民性的印象（image）则完全是另一回事。

二战期间，人们注意到，美国士兵**喜欢**英国人的友善、好客、礼貌和"逆来顺受的能力"（ability to take it），但**不喜欢**其缄默寡言、狂妄自负、生活标准的朴素落后、道德礼俗的不检点和他们所遵奉的等级制度。

第一需要注意的是，这种对英国人品性的判断很明显是建立在士兵自己的参考框架之上，很大程度上是以美国的标准作为"有色眼镜"透视所得。比方说，习惯了独立卫浴和中央空调的美国人，就会认为英国是一片"落后"的土地。意大利和中国士兵可能就不会这么认为。

众所周知，日本人经常认为美国人是伪君子（夸夸其谈却名不副实），既唯利是图又鄙陋粗俗，既任性放纵又浪漫奢靡。这些难听的论断必须以日本文化自身所高度重视的"真诚"价值观为出发点来理解——将自我完全承诺并奉献于唯一的事业，必要时甚至可以付出生命。而生活可能会充满矛盾和冲突（因此人不得不表现得"虚伪"一点）这一观念，对于日本的文化训诫和思维模式来说却非常陌生。因此，美国人在礼节上相对的随意性和自发性在日本人看来既粗俗又放纵，因为日本社会强调形式主义、低调谦卑、奉献义务，并对"耻"（shamed）表现得格外敏感和担忧。

119　　概括来说，近来人们对国民性问题的兴趣逐渐浓厚。这种划分与族群的划分常有重叠但并不完全等同。二者均适合用同样的技术手段来研究，所呈现的群体差异也可以用同样的框架来分类。迄今为止对国民性的客观研究并不多见，但未来有可能会迅速增多。需要注意的是，不能把真实的国民性与人们对它的印象混淆起来，这一点很关键。这种印象同所有的感知和记忆现象一样，是将事实和先前所持的价值观参考框架相混合才形成的。研究这种印象也很重要，因为人们实际上是根据它来指导行为的。当务之急是要寻找到能够更正错误印象的方法。因为就算没有额外的误解和夸大，国民性的真实差异也已经导致了相当多的冲突和摩擦。

犹太人到底是谁？

很多遭受偏见的群体并不能被确切地划分为某一种族、族群、民族、宗教或其他任何单一的社会类型。犹太人就是极好的例子。世界上共有1 100万犹太人。尽管每一片大陆上几乎都能发现他们的踪影，但其中70%还是聚居在苏联、以色列和美国。虽然他们是一个高度顽固的古老群体，但定义他们的本质还是非常困难。伊希泽就做了如下的尝试。

> 大体上说，犹太人能够以某些身体或类身体的特征（体态、手势、言谈、举止、面部表情等）辨认出来（也不乏很多例外）；生于犹太家庭，带有一种独特的"犹太人气质"；最终，在大多数情况下，他们拥有某种独特甚至往往令人不明所以的情感和心智特征；他们被周围人当作"犹太人"而看待，这种看待方式反过来显著地形塑了他们自己的人格；奇怪的是，他们自己并不清楚作为犹太人是否意味着是某种宗教、民族、种族或文化的类型。[20]

这似乎是对"犹太性"（Jewishness）更偏向**社会性**（social）的一种复杂定义。某些身体或类身体的特质作为其中微小的核心成分，存在于**某些**个体或家族中间；满足这些条件或其中之一的人就**被称为**犹太人，而且，正是这个**标签**进一步形塑了群体特征并赋予其一致的认同（identity）。一旦人们被称为犹太人或是被当作犹太人而看待，他们就会培养出某些附

第7章 | 种族和族群差异

加的品性和特质，根据伊希泽的观点，这是区别对待的结果。

从历史的角度可以下一个更为简洁的定义：犹太人是信仰犹太教的人的后裔。这原本是一个宗教群体，但鉴于人们以一种牢固的田园般的生活方式相互交织起来，便具有了文化（族群）上的同质性。把犹太人当作一个种族显然是错误的。他们体格上的可辨性则源自犹太教地区所共有的亚美尼亚人种。但这一人种不光包括了犹太人，也有非犹太人。早期的基督教徒（由犹太教徒转变而来）显然和犹太人一样有着亚美尼亚人种的外表。甚至在今天，如果忽略了行为举止和衣饰穿着也很难仅凭体格外表将亚美尼亚人种同犹太人区别开来。

包括黑人在内的其他体型的人种也会拥护犹太教，而且几个世纪以来犹太人和非犹太人之间的通婚也相当常见。这种广泛而深入的混合使得我们很难仅凭外表将犹太人准确地辨认出来。在很多情况下碰巧辨认了出来（见第8章），那也是因为如今带有亚美尼亚人特征的犹太人群内通婚越来越常见。当人们看到一张带有这些特征的面容并猜测对方是"犹太人"，而对方恰好不是亚美尼亚人或叙利亚人的时候，这种猜想就很可能是正确的。

犹太人除了拥有共同的宗教起源、与宗教有关的族群传统以及体格外表上或多或少的倾向性特征以外，在某种程度上还是一个语言群体。希伯来语曾经是他们的语言，现在也是，但现代社会中知道这种语言的犹太人相对较少，而只用这一种语言的犹太人可能几乎没有。希伯来语的一种衍生——意第绪语已经同德语混合，只有一小部分犹太人会使用。

最后，犹太人曾经是，某种程度上现在也是一个民族群体。民族需要一个祖国。失去自己的祖国是犹太人历史上最大的悲剧——"巴比伦囚禁"之后犹太人流亡到世界的各个角落，乃至出现了所谓"永世流浪的犹太人"（wandering Jew）在每一片大陆上漂泊谋生。一些反犹主义理论认为既然犹太民族已经有数个世纪无家可归，那么在任何国家他们都会被当作"外来人"。锡安主义者（犹太复国运动者）热切地渴求重建真正属于他们自己的国家和独立的政府，终于在盼望了几个世纪之后于最近几年在他们的故土巴勒斯坦地区上实现了这一梦想。但并不是世界上所有的犹太人都希望移居以色列。大部分犹太人更愿意将自己看作是居住地国家的公民，而不是一个民族。

从心理学上讲，这些历史性因素几乎全都无法成为大多数犹太人生活中的强制性力量。宗教纽带已经弱化,除了少量的正统犹太人以外,说他们的认同**主要**在于宗教仪式的话则十分可疑。锡安主义运动虽然原则上受到了支持,但在实践上却对大多数犹太人来说并没有什么吸引力。除此之外,语言上的统一也不复存在了。

同犹太教内核的弱化一样,犹太人是上帝的"选民"这一《圣经》传统也渐渐消退。一种反犹主义理论认为这一历史上著名的断言构成了犹太人内群团结的基础,并必然导致排他性的小团体自豪感,随之还会产生一种"宠坏了的孩子"的情结。将自己看作全能上帝的宠儿会滋养出其他群体的怨恨。其中一种有代表性的说法是:"那些一开始认为自己高人一等、拒绝与其他人发生联系的孩子,最终将被排斥在友好的社会交往之外,因为他让自己变得令人讨厌。"[21] 这种理论虽然有一定的应用,但有两个缺点:(1) 它忽略了很多群体都会认为自己是"受选"的、认为自己是某种宗教真谛的唯一拥有者这一常见的事实。没必要对他们产生偏见。(2) 它忽略了在现代已经很少有犹太人会相信这种神赐的偏好断言这一事实。

以上是对犹太人群体本质所做的简短而并不充分的讨论,现在我们转向首要问题——犹太人特质的本质。对此,同样有纷繁多样而令人困惑的证据和观点相互交织盛行着。

据称有很多品质能在某种程度上区分出犹太人和非犹太人。我们的目的在于尽可能完善而准确地指出对于这些所谓的群体差异有哪些**证据**是切实可用的。为了简化的考虑和数据可获得性的考虑,我们将讨论限制在美国犹太人的范围之内。

1. **犹太人是城市人**。这一命题很容易用范畴性差别的方法(本书第 93 页)予以证实。犹太人约占美国总人口的 3.5%,却大约占了所居住城市 8.5% 的人口。美国 40% 的犹太人都住在纽约市,其余大多数分布在其他各大城市。[22] 很多因素导致了这种趋势,举例来说:(a) 大部分中欧和东欧移民在工厂干活并住在城里,不过犹太人的这种城市集中趋向同其他群体相比更为明显。(b) 他们之前所在的国家极少允许他们拥有土地,因此他们的技能和传统往往和农业无关。(c) 正统的犹太移民受宗教的禁令所限不能在安息日出行,因此不得不住在犹太教堂附近。

2. **犹太人倾向集中于某一类职位**。范畴性差别的方法同样适用。在 1900 年,60% 的犹太人从事手工制造业(大部分是工厂工人——主要在服装贸易领域），但到了 1934 年这个比例只剩下 12%。与此同时，商贸从业者（包括开零售店）的比例从 20% 涨到了 43%。很多之前在工厂干活的家庭后来开起了自己的公司（往往是裁缝业或服装零售）。[23]

就目前的情况而论，犹太人作为商贸和办公职员的数量被过度渲染，而在手工业、交通运输业和通信业的就职分布却被过分低估。从事专业性岗位的比例在犹太人中是 14%，而在总人口中是 6%。在纽约市，占据总人口 28% 的犹太人，却构成了内科医生人数的 56%、牙医人数的 64% 和律师人数的 66%。但有别于一般看法的是，犹太人在金融业的就职情况被大大地高估了。尽管犹太人在美国人口中约占 3.5%，但只有六十分之一的银行从业人员是犹太人。犹太人对于金融命脉的操控是相当微不足道的，他们遍布华尔街和房地产交易市场的传闻、"国际银行家"的称谓都纯属子虚乌有。

犹太人的职业分布也在不断变迁，更新太快难以一一尽述。但最近几年，似乎他们从事政府服务的数量有所上涨（这一部分是由于他们在私人企业中受到了歧视），而从事各种娱乐性服务业的数量也与日俱增（电影、剧院、广播等）。

犹太人从事私人的风险性投资行业（商贸、娱乐、专业性岗位）的比例高于人口比例，这一现象有时很引人注目，也往往将他们推向舆论的风口浪尖。低于人口比例的则是那些相对比较默默无闻、沉闷单调、落后保守的职位（农业、金融）。

有种反犹主义理论的出发点在于，犹太人大量集中于向上流动显著的职位上，并认为，这些职位处于"保守价值观的边缘"。谨慎稳重的人不会热衷于这些有风险尤其是新兴的企业。这种"价值观边缘"论还进一步说，犹太人在整个历史进程中都始终占据着这样的职位：他们曾经一度被迫成为放贷人，鉴于基督教文化认为放高利贷是一种罪恶，他们因此总是处在宗教价值的边缘；而如今仍然公然背离保守的理性原则，因此不值得信任。

3. 犹太人野心勃勃、工作勤恳努力。 这一关联并没有直接的测量方法予以证明。我们缺乏事业野心的总体性测验量表，证明每位犹太人在每个小时、每份工作上都比非犹太人更加勤奋无疑是非常困难的。同样也没有确切的证据能够证明犹太人的成就比非犹太人更加杰出，即使我们能毫不费力地列出一长串犹太裔天才的名字。

4. **犹太人智商高**。运用心智测验的标准尺度，我们发现有些犹太人**确实智商高**，但也有一些犹太人**并非如此**。同时也发现，犹太儿童的**平均分数**往往比非犹太儿童的稍微高一些（参照本书第91页）。然而这些结果既不够显著也不够一致，因此并不能得出二者在能力上存在天生的差异这一结论。这种微小的差异可以用环境的激励和犹太文化传统对学习和良好表现的重视来解释。

5. **犹太人崇尚学习**。日常观察到的现象似乎可以证实这一命题，不过很多其他族群的移民家庭也同样对子女的教育非常上心。在这个方面最有相关性的统计来自大学入学人数。就算某些私人机构有针对犹太学生的歧视政策，但犹太人的录取率走势依然很高。[24]本书第95页谈到1890年的普鲁士也存在类似的走势。了解犹太文化的人都知道，几个世纪以来学习和研究一直是犹太儿童的训练过程中受到高度重视的面向。

6. **犹太人强调家庭奉献**。有少量的证据表明犹太家庭的团结性要比其他家庭更高，尽管当下犹太人和非犹太人的家庭纽带整体上都呈现出弱化的趋势。[25]据说，去诊所咨询婴幼儿的喂养问题在犹太人家庭中更为常见。这是犹太人母亲对孩子高度关切的表现，也是家庭奉献的一种形式。

7. 与之相关联的另一个命题是，**犹太人有些小团体主义**（clannish）。这一指控有歧义。如果它指的是犹太慈善团体组织化程度较高，且犹太人无论国内还是国外只要有需要都可以获得慷慨的资助，这确实是可以被数据证实的；但如果它指的是犹太人不与非犹太人交往的倾向的话，证据并不充分。[26]

> 在一所著名的预科学校做的一项社会计量研究中，研究者让男生选择他们的室友。结果发现，相比非犹太人，犹太男生更偏爱一个人住。他们不会选择其他犹太人作为室友，尽管这种可能性是开放的。就研究而言，这一发现并不能说明犹太人中存在小团体主义，反而表明犹太人害怕遭到非犹太人的拒绝，因为后者通常预先认为："犹太人是小团体主义的。"[27]

8. **犹太人对受压迫者抱有同情**。偏见性态度量表中犹太人和非犹太人的交叠分布反映了包容度方面的群体差异。约有400个大学生完成了一项针对黑人的偏见性态度量表，其中有 63 位犹太学生。在偏见分数**更高的**一端，犹太学生占了 22%；而在偏见分数**更低**的一端，犹太学生占了 78%。[28] 另外一些研究结果与之类似，犹太人的包容度显著高于新教或天主教背景的学生。

9. **犹太人财迷心窍**。这一说法很难验证，尤其是在一个大多数人很看重竞争和金钱的国家里。但有研究说犹太学生并不比新教或天主教背景的学生表现出更强的金钱价值观。[29] 当然，仅有一项研究并不能证明什么。

10. **其他差异**。所谓的犹太特质可以列出很多，但客观证据却可能很少。[30] 不过总的来说我们有理由对更多所谓的犹太特质进行直接而深入的验证和探究，比如下面这几种常见的说法：

- 犹太人容易情绪化、容易冲动。
- 他们在消费上过于炫耀和张扬。
- 他们对歧视过于敏感且易怒。
- 他们从事钻营投机的商业活动，往往不诚实、不值得信任。

要注意，在我们收集到切实可用的证据之前，只能认为这些指控都是未经证实、没有效力的。

至此，我们已经深入讨论了犹太人定义和客观特征中的复杂性（人们对其产生的印象除外）。之所以选择犹太人群体，是因为他们在整个人类历史中都是敌意和偏见的受害者。迄今，我们还远远没有发现足够多客观而坚实的事实来证明这些敌意的合理性。即使在某些特质上存在细微的族群差异，也没有大到足以认为任何一个犹太人都拥有这些所谓特质。

结论

正如第 6 章和第 7 章中所讲，我们能够也应该对群体差异进行更加深入而透彻的研究。目前的研究结果只能提供很少量的例证。我们的感知和思维确实能够捕捉到一点真实的差异。简单地说，有关群体的范畴化观念确实会以某种事实为核心来构建。

但与此同时，除了少数一些呈 J 形分布的差异以外，我们绝对没有把握来断定所有的群体成员都具有某些所谓定义性的特质。同样，我们也

偏见的本质

发现，包括 J 形曲线在内的所有类型的差异化特质都不是本质上就令人讨厌的特质。

道德品质和个性特征最难以测量，但就目前所知，就算有证据证明我们所讨厌的那些品质确实存在于所有（或大部分）群体成员身上，而且确实是他们有别于其他群体的地方，那也完全没有理由对他们整体产生如此密集而强烈的敌意。

换言之，迄今为止关于群体的研究告诉我们，敌意绝不是"罪有应得"的。否则，就像第 1 章中所讲，我们面对的就是一种真实的价值观冲突。目前掌握的大部分群体差异无法解释偏见的产生。我们的印象和感受远远超越了经验证据。

下一步我们必须开始评价可见性（visibility）和陌生性（strangeness）对感知者造成的心理效应。因为我们已经看到，偏见是一种复杂的主观心理状态，其中，对差异的**感受**扮演了主导性的角色，即使这种差异纯属臆想。

接着，我们将以全新的方式看来群体差异的问题。偏见的受害者也是社会行动者；他们也有思想、感受和反应。所有的人类关系都是相互的。哪里有侵略者，哪里就有委屈而怨恨的民众；哪里有势利小人，哪里就有对媚上欺下之态的厌恶；哪里有压迫，哪里就有反抗。因此，我们有理由相信，某些特质实际上正产生于对侵害和歧视的反应。

注释和参考文献

[1] Sir Arthur Keith. *The Place of Prejudice in Modern Civilization*. New York: John Day, 1931, 41.

无论如基思一般的彬彬有礼，还是如希特勒一般的粗暴激进，这种肤浅的种族主义观点都会带来巨大危害，有鉴于此，联合国教科文组织召集了一批有才干的人类学家组成国际小组来研讨这一问题。他们的研讨结果——种族主义的论断并无科学依据——已经广泛发表，参照 A. M. Rose, *Race Prejudice and Discrimination*, New York: Knopf, 1951, Chapter 41 (Race: What it is and what it is not). 更为通俗的分析见于联合国教科文组织引发的手册：*What is race? Evidence from scientists*, Paris: UNESCO House, 1952.

[2] C. M. Kluckhohn. *Mirror for Man*. New York: McGraw-Hill, 1949, 122 and 125.

[3] M. J. Herskovitz. *Anthropometry of the American Negro.* New York: Columbia Univ. Press, 1930.

[4] G. Myrdal. *An American Dilemma.* New York: Harper, 1944, vol. I, Chapter 4.

[5] C. S. Coon, S. M. Garn, & J. B. Birdsell. *Races: A Study of the Problems of Race Formation in Man.* Springfield, Ill. : Charles C. Thomas, 1950.

[6] R. Linton. The personality of peoples. *Scientific American*, 1949, 181, 11.

[7] C. C. Seltzer. Phenotype patterns of racial reference and outstanding personality traits. *Journal of Genetic Psychology*, 1948, 72, 221-245.

[8] M. F. Ashley-Montagu. *Race: Man's Most Dangerous Myth.* New York: Columbia Univ. Press, 1942.

[9] 有关不同血统相对原始性的讨论见 O. Klineberg, *Race Differences*, New York: Harper, 1935, 32-36。

[10] B. Pasamanick. A comparative study of the behavioral development of Negro infants. *Journal of Genetic Psychology*, 1946, 69, 3-44.

[11] Anne Anastasi & Rita D'Angelo. A comparison of Negro and white preschool children in language development and Goodenough Graw-a-man IQ. *Journal of Genetic Psychology*, 1952, 81, 147-165.

[12] Mary E. Goodman. Race Awareness in Young Children. Cambridge: Addison-Wesley, 1952.

[13] A. Kardiner. The concept of basic personality structure as an operational tool in the social science. In R. Linton (Ed.), *The Science of Man in the World Crisis.* New York: Columbia Univ. Press. 1945. 另见 A. Inkeles & D. J. Levinson, National character, in G. Lindzey (Ed.), *Handbook of Social Psychology*, Cambridge: Addison-Wesley, 1954。

[14] D. Efron. *Gesture and Environment.* New York: Kings Crown Press, 1941.

[15] Dorothy Lee. Some implications of culture for interpersonal relations. *Social Casework*, 1950, 31, 355-360.

[16] G. P. Murdock. The common denominator of cultures. In R. Linton (Ed.), *Op. cit.*, 124. 关于文化通用性问题更有价值的讨论参见 C. M. Kluckhohn, Universal categories of culture, in A. L. Kroeber (Ed.), *Anthropology Today*, Chicago: Chicago Univ. Press, 1953, 507-523。

[17] D. Riesman. *The Lonely Crowd.* New Haven: Yale Univ. Press, 1950, 19.

[18] 参见 O. Klineberg, *Tensions affecting international understanding*, Social Science Research Council, Bulletin No. 62, 1950; 另见 W. Buchanan & H. Cantril, *How Nations*

See Each Other, Urbana: University Press, 1953。

[19] D. V. McGranahan & I. Wayne. German and American traits reflected in popular drama. *Human Relations*, 1948, 1, 429-455.

[20] G. Ichheiser. Diagnosis of anti-Semitism: two essays. *Sociometry Monographs*, 1946, 8, 21.

[21] A. A. Brill. The adjustment of the Jew to the American environment. *Mental Hygiene*, 1918, 8, 219-231.

  某些罗马天主教学者持有这种反犹主义来源的理论的一种变体，他们同意《圣经》上所写明的认为犹太人是上帝的选民这一观点，正因如此，他们对反对弥赛亚现身的惩罚格外严厉。他们注定彼此争斗、注定承受内心痛苦，直到接受了上帝关于以色列王国的新启示。神学家又说，这种阐释并不能为反犹主义的行为提供正当化的理由。

[22] F. J. Brown & J. S. Roucek. *One America*. New York: Prentice-Hall, rev. ed., 1945, 282.

[23] N. Goldberg. Economic trends among American Jews. *Jewish Affairs*, 1946, 1, No. 9. 另见 W. M. Kephart, What is known about the occupations of Jews, Chapter 13 in A. M. Rose (Ed.), *Race Prejudice and Discrimination*, New York: A. A. Knopf, 1951。

[24] 参照 E. C. McDonagh & E. S. Richards, *Ethnic Relations in the United States*, New York: Appleton-Century-Crofts, 1953, 162-167。

[25] 参照 G. E. Simpson & J. M. Yinger, *Racial and Cultural Minorities: An Analysis of Prejudice and Discrimination*, New York: Harper, 1953, 478ff。

[26] A Harris & G. Watson. Are Jewish or gentile children more clannish? *Journal of Social Psychology*, 1946, 24, 71-76.

[27] R. E. Goodnow & R. Tagiuri. Religious ethnocentrism and its recognition among adolescent boys. *Journal of Abnormal and Social Psychology*, 1952, 47, 316-320.

[28] G. W. Allport & B. M. Kramer. Some roots of prejudice. *Journal of Psychology*, 1946, 22, 9-39.

[29] Dorothy T. Spoerl. The Jewish stereotype, the Jewish personality, and Jewish prejudice. *Yivo Annual of Jewish Social Science*, 1952, 7, 268-276. 这项研究同时涉及其他所谓的犹太特质。

[30] 一项关于所谓犹太特质的文献调查见 H. Orlansky, Jewish personality traits, *Commentary*, 1946, 2, 377-383。由于这方面清晰有力的证据太少，作者总结说："犹太性格可能并不是一个概念清晰的实体，不能一下子就能和非犹太人尤其是其他城市居民明确地区别开来。"

第8章
可见性与陌生性

我们考虑过了真实的群体差异——种族的、民族的或是族群的，现在转而考虑另外一个问题，即这些差异是如何被感知、如何被聚焦的。我们已经注意到，人们对族群差异的印象很少与真实的差异完全一致。

原因之一在于，一些群体差异（不是很多）具有非常显著的可见性（visibility）。黑人、东方人、女人、穿制服的警察，都很容易在预判时被纳入某个范畴，因为某些可见的特征激活了相应的范畴。

换一种说法：除非有可见而显著的特征伴随群体而出现，否则我们很难形成相关范畴，也很难在遇见新成员的时候激活这一范畴。可见性和可辨认性有助于范畴化。

第一次遇见一个陌生人的时候我们并不晓得应该把他划入哪个范畴，除非他碰巧表现出了某些可见的标志才可以。因此，我们往往心怀戒备、踌躇不决。

一群农夫围在一家小店，突然有个年轻的陌生人走了进来，和蔼地试探着开口道："好像要下小雨的样子！"没有人说话。过了一会儿有个农夫问："你叫什么名？""吉姆·古德温，我爷爷过去住在离这儿1英里的地方。""哦，我叫艾思拉·古德温。……是啊，看起来的确要下小雨了！"某种程度上，陌生性（strangeness）本身就是一种可见的标志，意思是说："慢着，等这个陌生的家伙能划入一个范畴再说！"

在接纳陌生人上似乎有一条普遍的定律：他的待遇将取决于他在何种程度上有利或不利于内群价值观的实现。[1]有时其作用仅仅在于筛选一个好的伙伴。田纳西州的一座山上有一套对陌生人行为的规定。客人应该在到达住处之前大声喊叫，应该把枪放在门廊。如果照做，就会受到友好的款待，因为山里的居民都很欢迎有人能帮他们打发生活的无聊。

如果新成员正是内群想要的人，或有着某些必不可少的宝贵品质，就会受到热烈欢迎。但一段时期的考察和适应通常是必需的，在有些紧密团结的共同体内部，后来者要想被完全接纳，这个过程可能要好几年，甚至一代人或更久。

孩童期

如果说群体偏见有什么天性基础的话，那就是人类在陌生事物面前表现出的犹豫。婴儿面对陌生人常常表现得很惊恐。在6~8个月大的时候，每每有陌生人靠近或抱起他来，他往往会哭着找妈妈。就连一个2岁或3岁大的孩子如果遇到一个和善的陌生人突然走近也会退缩甚至哭出声来。在陌生人面前会害羞这种反应会一直持续到青春期。某种意义上这种反应再大也不为过。正是因为我们的安全感有赖于密切关注环境条件中的一些微改变，我们对陌生人的出现才非常敏感。我们甚至注意不到家人回家，但一旦有陌生人出现，就会变得非常警觉、敏感、心怀戒备。

这正是我们对陌生性的恐惧和怀疑的"天性"基础，但不会持续很久，通常情况下是非常短暂的。

> 实验人员将11~21个月大的婴儿带离日常看护的熟悉环境，让他们各自单独处在一个陌生的房间，然后通过一面单向镜观察他们的反应。结果，尽管有很多玩具都触手可及，但所有的婴儿一开始都会大声哭喊，显然是由于环境的陌生而害怕。就这样单独待了五分钟然后被送回监护室。隔天再将他们放置在另一个陌生的房间里。这一次他们较快地停止了哭喊。几次重复试验以后，这种陌生性完全被抹去，所有的婴儿都心满意足、安静听话地玩着玩具。[2]

第3章曾讲到，熟悉感会带来"好感"。如果熟悉的是好的，那么陌生的就是坏的。然而随着时间的推移陌生的会自动变成熟悉的。因此，陌生事物随着出现次数的增多，会从"坏的"变成"好的"。正因如此，我们不能太过依赖于这种"恐惧陌生者"的天性来解释偏见的形成。短短几分钟的适应就会培养出熟悉感，让孩童放下恐惧和戒备。

第8章 | 可见性与陌生性

》 可见的差异暗含着真实的差异

回到可见性的问题,我们注意到,所有的个人经验都告诉我们,看起来有区别的事物通常是真的有区别。乌云密布和蓝天白云截然不同,黄鼠狼和猫绝非同类。我们的舒适感,有时甚至是整个生命都有赖于学会以不同的方式来面对不同的客观事实。

人类外表各不相同。人们可以区分出小孩和大人、男人和女人、外地人和本地人。黑人与白人、眼角倾斜的黄色人种与眼角水平的白色人种显然不同,这种单纯的**期待**(expectation)是很正常的现象,并没有偏见。[3]

> 二战期间,黑人部队会时不时抱怨美国白人部队宣传了针对他们的反黑人思想。当被问为什么会这么想时,他们回答说登上欧洲大陆的时候欧洲人个个都盯着他们看个不停,眼神、招呼都很奇怪。真相很有可能是,这些欧洲白种人几乎从来没见过黑人,所以在仔细地辨认他们的肤色是不是真的和自己不一样。

虽然很多可见的差异都是个人的、独特的(每张脸都有独一无二的轮廓和表情),但很多可以分类。性别和年龄就是明显的例子。我们列出了一些区别内外群的可见性差异,如下:

> 肤色,脸型,手势,面部表情,口音,衣着,举止习惯,宗教实践,饮食习惯,名字,居住地,徽章(例如制服或西服纽扣上用于表明成员身份的图案等)。

一部分是身体上的天生的,但多数是在某一类群体成员资格的影响下后天习得的。西服上的老兵徽章、兄弟会胸针或戒指都是可戴可不戴的东西。群体成员有时会试图掩盖自己身份的"可见性"(例如黑人经常借助于面霜、粉底、直发器来修饰外表),但有时也会予以强调(例如通过特殊的着装、佩戴徽章)。无论如何,重要的是,那些看起来(或听起来)不一样的群体似乎**真的变得**不一样了,而且往往比实际更甚。

这个定律必然导致一个奇怪的现象:人们倾向于把看起来有差别的群体区分得差别更大。在纳粹德国,犹太人身份的可见性并不能很好地辨认出来,于是要求犹太人都佩戴黄色的臂带。教皇英诺森三世[①]发现自己很难将基督教徒和异教徒区别开来,于是命令所有的异教徒都要穿方便辨认的奇装异服。类似地,很多白人声称,黑人有特别的体味和外表以增强他们的可见性。

总的说来,可感知的差异在区分内群和外群时具有本质上的重要性。区分类别或范畴需要能看得见的线索。这种需要如此强烈,以至于有时在缺乏实际可见性的情况下也要创造、构想出来。很多东方人用肤色来区分白种人的同时还会用体味作为另外的线索。美国人曾连续好多年以为布尔什维克党人都长着大胡子。但最近几年,对于美国人来说,共产主义者缺少明显的可见性线索,这一问题深深地困扰着美国的一些机构,以至于大笔的财富都花在把他们"侦察出来"的任务上,即,通过命名来让他们变得更有可见性。

如果外群缺乏可见的表面线索,人们总会认为这种区分和深层次的特质有关,但实际上并非如此。

》 可见性程度

人类学家基思提出了一个可见性程度的分类框架,适用于种族(races)、血统(stocks)、类型(types)或种类(breeds),分类依据是可辨认的人数比例。[4]

- 全部可见(pandiacritic):每个个体都可被辨认
- 多数可见(macrodiacritic):80%以上的个体可被辨认
- 中度可见(mesodiacritic):30%~80%的个体可被辨认
- 少数可见(microdiacritic):30%以下的个体可被辨认

按照这一框架,犹太人就是一种中度可见的类型。实验(用照相的方法)显示仅凭人脸可以辨认出约55%的犹太人。[5]辨认者根据类亚美尼亚血统的可见线索或面部表情的族群习惯能很准确地区别出犹太人和非犹太人。但如果要区别犹太人和叙利亚人的话,成功率无疑就没那么高了。

---

① 英诺森三世在位的时候,中世纪的教廷权威与影响到达登峰造极的状态。

令人震惊的是，有偏见的人在辨认他们不喜欢的外群成员时，比没有偏见的人做得更好。前述引用的研究证实了这一点。从心理学上讲，这一现象并不难解释。对于有偏见的人来说，掌握线索以辨认"敌人"**非常重要**。他往往观察机警、疑心重重，因为遇到的每个犹太人都可能是潜在的威胁，因此对那些可能跟犹太人有关的线索会变得异常敏感。相反，没有偏见的人并不太关心群体认同的问题。如果有人问某个朋友是不是犹太人时，他可能会一脸真诚地说："什么？我不知道啊，从来没想过。"他可能不会去寻找什么区别性的线索，除非他真的在乎这种问题。

尽管东方人或黑人一般很容易辨认，但并不是所有情况下都可以。因此这些血统可以算作"多数可见"，而不是"全部可见"。肤色偏白的黑人给那些带有反黑人偏见的人带来了不小的困扰——因为这很成问题。他们可能被当成西班牙人或意大利人，甚至是深肤色的盎格鲁-撒克逊人，也可能失去黑人群体的认同资格。据估计，每年约有2 000到30 000的黑人失去其原本的黑人身份被当成白人。[6]前一个数字可能更准确一些。

尽管能借助经验和熟识度，但区别两个同样血统的外群仍然是相当困难的。一项实验要求斯坦福大学和芝加哥大学的白人来辨别中国学生和日本学生的照片，结果只比随机分配稍微好一点点，不过对东方人更为熟悉的斯坦福大学生的分数要稍微高一些。[7]

肤色对感知的影响太过强烈，以至于我们往往停留在面孔的简单判断上而无法更进一步。东方人就是东方人，是中国人还是日本人就分不清了。我们同样无法感知到每张面孔的**个别性**（individuality）。我们一面坦率地承认所有的东方人看起来都差不多，一面在听到东方人同样抱怨"所有的美国人长得都一样"时感到恼怒。一项关于黑人和白人面孔记忆的研究表明，即使是有着强烈反黑人偏见的人，也无法辨认出他见过的很多黑人的面孔，就像他无法一一辨认出他见过的很多白人面孔一样。[8]

虽然大多数情况下我们对个体差异的感知不会渗透到肤色或族群类型的粗略判断下，但如果目标足够**靠近**、在可见范围以内，这一倾向可能会发生转变。白人可能无法在外貌上区分中国人和日本人，但这两个群体的成员不用说也肯定知道彼此的区别在哪里。弗洛伊德谈到了"微小差异的自恋"（narcissism of small differences）。我们会小心而仔细地和那些同自己类似，但某些方面略有不同的人进行比较。根据弗洛伊德的观点，这种微小的差异是对自我的一种"隐含"（implied）或"潜在"（potential）的批评。因此，我们格外留意这种差异的内涵（如两位同样来自市郊的女士在宴会上彼此留意对方的装束），并通常会以有利于自己的方式来评价眼前的情境。我们会想，这个表面上的"同胞"毕竟比不上自己这么精巧圆熟。教会内部的分裂正体现了这种"微小差异的自恋"。对于外人来说，路德教会就是路德教会，但在其内部成员眼里，究竟属于路德教会的哪一个派别，其意义大不相同。

一名印度女性在游览南部各州时因为她的肤色问题而遭到旅店职员的拒绝。她旋即摘掉了头巾，露出了满头直发，然后顺利地申请到了住宿。对职员来说，肤色的线索诱导了他最开始的行为反应。这名印度女性以更为敏锐的"微小差异"之感，迫使对方改变其感知，对她重新做了分类。

当然，肤色、发质结构、面部特征只是很多可见性中的寥寥几种形式。犹太人偶尔会有其他可见性的特征——加入犹太教会、庆祝犹太节假日、遵守饮食教规、施行割礼、沿袭姓氏等。第 1 章指出，单单一个犹太名字也可能成为引发一系列后果的可见线索。无论线索是多还是少、可信还是不可信，它们都会锚定（rivet）人的注意力，进而引起绝对范畴化的判断倾向。

美国的清教徒移民对"教皇主义"（popery）的可见符号（signs）尤其苦恼不堪。他们对弥撒、对教堂尖顶上的十字架感到紧张，仿佛受到了冒犯。即便是最近几年，一些严苛的清教徒也反对在圣诞树上点蜡烛，因为看起来很"天主教"。这些例子中，可见符号与事物本身混淆起来。也就是说，如果这些符号能够激活以它为线索的整个范畴的话，那么这些符号切不可再使用。这实际上就是清教徒们所憎恶的权威型教会主义（authoritarian ecclesiasticism），因为仅仅一个小的标志就能够引发他们的愤怒和回避。

》 围绕可见线索发生的态度凝缩

将一种象征性符号（symbol）同它所代表的事物混为一体的倾向可以被称为**凝缩**（condensation）。凝缩有很多种形式和后果。以肤色为例。尤其是最近几个世纪不断出现关于使用"黄祸"（yellow peril）一词的警告。同时,"白人责任论"① 也引起了郑重反思。有一种说法认为,欧洲企业家和政府官员在中国、印度、马来西亚、非洲的残酷剥削和频繁压榨让白种人给其他民族留下了不好的印象,也使自己的良心受到玷污和谴责。由于担心来自深肤色人种理所当然的报复,现在的白人有些恐惧,这种恐惧让人不堪重负。

不管原因为何,肤色在白人看来是一项显著的特征,仿若流星一般明亮可见,具有象征意义上的重要性。大体上看,有色人种则更少存在这种问题,肤色对他们来说或多或少都和基本生活问题无关。一名黑人女性作为原告指控一项限制性条款,当被辩护人律师问"你是什么种族",她答道,"人类种族",被问"你是什么肤色",她答道,"自然肤色"。

肤色深本身并不令人讨厌。很多白人对深色素十分青睐。所有的正常人类表皮下层都含有黑色素(melanin),它在希腊语中意为**黑色**(black)。凭借假期和日光浴,北部国家里成千上万的居民倾尽全力充分利用他们仅有的黑色素。"坚果棕""印度红""黑人炭"因此也成为夏日完美假期的勋章。日光浴爱好者多么真诚地渴望成为一名"类黑人"!

那么,为什么大自然所青睐的深肤色人种不被羡慕反而被讨厌呢?不是因为色素,而是因为他们社会地位较低。他们的肤色不仅仅代表了色素,还代表了在这个社会上处于次等地位。有些黑人意识到了这一事实,于是努力采取一些表面上的纠正措施,他们以为用些美白的化妆品就可以避免污名带来的实际威胁和不利影响。他们拒绝的不是自己的肤色,而是肤色所引发的社会贬抑(social abasement)。他们同样是凝缩效应(将线索符号与其所代表事物混同)的受害者。因此,不管对于内群还是外群,在这一围篱的两侧,可见性都是非常重要的象征符号,会激活跟自身毫不相关的范畴。

感官厌恶

视觉线索因而成为各种联系(association)都关联其上的锚定点

---

① 白人责任论(white man's burden)亦译"白种人的负担",源自英国帝国主义的歌颂者、诗人吉卜林(Rudyard Kipling,1865—1936)1899年写的一首诗的题目,是帝国主义用来为其殖民政策进行狡辩的一种理论,认为白种人即殖民主义者是世界文明的缔造者,其他人种都是野蛮、蒙昧、落后的民族,有待白种人承担起对之进行教化的责任,包括使用武力镇压。

（anchorage point）。我们会从视觉感知迅速滑向如下的想法：肤色不同的人一定有着不同的"血液"、不同的气味和冲动。由此，我们的消极态度便有了感官的（sensory）、直觉上的（instinctive）、动物学（zoological）的解释做支撑。

这一过程的发生如此自然，因为感官上的厌恶和恼怒早已司空见惯。每个人都有过厌恶的感受——蒜味、粉笔与黑板的摩擦声、头发油腻、口臭、肮脏的碗碟等等。一项实验要求超过一千个被试列出他们反感的东西，结果平均每人提到了21种感官（或伪感官）上的厌恶类别，而且约五分之二的厌恶都和身体特质、言行风格和衣着有关。[9]

有少量的感官厌恶是天生的，但大部分是后天习得的。一旦产生，就会引起一阵战栗，驱使我们远远避开或自我保护以免受刺激。它们本身并不是偏见，却为偏见提供了完美的合理化（rationalization）。这里将再次导致象征符号和态度之间的**凝缩**。虽然我们实际上是因为其他原因才厌恶某个外群的，但嘴上还是会**说**，是因为感官的原因。

多数人厌恶汗味。假定有人**听说**黑人有种特殊的气味。这种字面"信息"（几乎可以肯定，他从来没去证实过）将感官上的厌恶与偏见联系在一起。一想到汗味就想到黑人，一想到黑人就想到汗味。这种关联的想法构成了一个范畴。于是，他马上可以得出结论说，不喜欢黑人是因为他们有体味——这种厌恶是人类自然的本能，因此任何措施都无法解决黑人问题除非实施强制性隔离。

这种"气味论证"非常之普遍，需要进一步检视。[10]心理学家告诉我们三点关于嗅觉的重要事实。

1. 嗅觉是高度情感性的——气味很少是中性的。污秽的气味会引起人的厌恶和反感。香水卖得很火是因为它可以让人联想到浪漫的爱情。因此某个人群拥有的某种独特的体味极有可能会引起别人的好感或厌恶。东方人常说白人体臭就是因为吃了太多的肉。

在接受这种偏见的气味论证之前，我们必须首先证明，这种污秽的气味是真实存在而非臆想的，同时也是**独特的**，即在外群（我们所厌恶）中表现得比在内群（我们所喜爱）中更加明显。对于体味的研究做起来很困难，但一项初步的尝试很有启发，下文会讲到。

2. 气味的联想力（associative power）很强——某种香味会让我们立刻想起小时候到过的一个花园。一阵麝香会让人回忆起奶奶的客厅。与此类似，如果我们曾把大蒜味和意大利人、廉价香水和移民、腐臭味和拥挤不堪的廉租房联系在一起，那么下次再闻到这些气味就会让我们想起意大利人、移民和廉租客。而遇见意大利人也会让我们回忆起大蒜味，甚至真的能"闻到"。（这种联想引起的）嗅错觉（olfactory hallucination）相当常见。正因如此，有这种嗅觉联想的人会言之凿凿地说所有黑人或所有移民都闻起来有味儿。

3. 对气味的适应（accommodation）很快。即使强烈的气味确实存在（例如在健身房、廉租房、化工厂），人们对它的适应也是非常迅速的，往往几分钟之内就闻不到了。这一事实本身极大地削弱了人们因为气味而厌恶外群这种说法的效力。就像婴儿对陌生人的恐惧情形一样，这种调适的过程太短暂，不能成为偏见产生的坚实基础。然而，如果形成了持久的气味**联想**，这种强大的力量会抵消这一气味调适过程的短暂。

那么现在看来，事实是怎样的呢？黑人到底有没有所谓的特殊气味呢？恐怕我们已不能给出确定的回答。

> 在一项实验中，莫兰让50多名被试在完全不知道对方身份的情况下辨别两个白人男生、两个黑人男生的体味。该实验的前半部分，四名男生刚冲了淋浴出来；后半部分则是在他们每人都做了15分钟剧烈运动、大量出汗的情况下进行的。绝大多数被试辨别不出来或判断错误，正确率与纯随机情况不相上下。[11]

这种实验对参与者可以说非常不友好，但却发现，厌恶汗味的程度在两个种族之间**没有什么不同**。

气味是一种古怪的心理信号。它承载了亲密的主观感受（或偏见），但却为那些自我无法理解和分析的极其个人化和私人性的情感状态提供了一种基础而"客观"的合理化借口。

》讨论

我们看到为何"可见性"（有时是真实存在的，例如肤色；有时是想象中的，例如气味及其他"感官"特征）会成为一个核心象征符号。某个群体成员一旦被认为具有某种独特的感官上的特征，这些特征就会成为所有相关感受和想法的"凝聚杆"（condensing pod）。而正是这种"凝聚杆"的存在让我们倾向于把外群看作一个坚固的同质化实体。正如第 2 章所指出的，范畴一旦形成，会尽可能地吸收并同化一切可能相关的线索。

再来谈一下性别问题。性别差异很显然具有高度的可见性。但在有些文化中，这些差异导致了人们性别观念的扭曲。女性不仅在外表上有别于男性，而且相应地被认为天生就智力低下、不理性、不诚实、不够有创造力，甚至在某些文化中没有灵魂。普通的身体差异被当成一种总体性的**类别化**（范畴）差异。因此，人们不仅认为黑人肤色是黑的，也认为他们心是黑的、地位低下、发育迟缓——尽管这些特征全都和肤色没有遗传上的关联。

总而言之，可见性差异大大有助于族群中心主义的养成。但这仅仅是**有助于**，而并非能够完全解释。我们的厌恶之情只与这些可见性差异有着微末的关联，相反，厌恶更多地源于我们的合理化过程。

这种可见性尤其在灾难时期显得至关重要。一次经济萧条就把波兰人赶到了贫民聚居区，因而转去攻击视野范围内的犹太"敌人"。在种族动荡期间，任何黑人都有可能一言不合就成为暴虐的对象。1923 年关东大地震期间，狂躁而恐惧的日本人歇斯底里地攻击了手无寸铁的朝鲜人。

群体冲突中有必要进行清晰的区分。只有辨认出哪些是敌人，我们才能进攻。可见性较低会导致混乱。这里又要提到美国近几年因共产主义者的不可见性而陷入内讧的事实。因为缺乏清晰的辨认标准，国会和州立法机关花了大量的时间和金钱来排查共产主义者。教授、牧师、政府雇员、自由主义者、艺术家无一不被卷入麦卡锡主义[①]的巨大旋涡之中。

可见性的一种微妙的心理学后果值得引起注意。下面这段话来自一个敏锐的自我观察者。

> 最近我在纽约市街上走着走着碰到了一个有色人种的老妇。她脸上布满了痘印，还吐痰。其实我也见过白人有类似的病症，因为我自己也遭受过几年严重的痤疮，所以对他们只怀有同情和遗憾的心情。但看到一个**有色人种的**女性也长满了痘痘，不知怎么的我就很反感，

---

① 麦卡锡主义（McCarthyism），美国 1950—1954 年间肇始于参议员约瑟夫·麦卡锡的反共、极右的代表性政治浪潮，它恶意诽谤、肆意迫害疑似共产党和民主进步人士甚至有不同意见的人，其影响范围之广涉及政治、教育、文化等多个领域。

觉得有点恶心。……如果一个黑人或犹太人犯了和白人一样的罪,他马上就会受到严酷的责难和惩罚,远远甚过其他类似处境但不显得那么独特的少数群体。

从这个例子中我们看到,即便是心怀包容的人也会微妙地倾向于将厌恶的**真实**诱因和**不相关**的可见特征混合起来。通常在内群成员身上可以忽略的轻微冒犯性举动如果发生在外群成员身上则会变得难以忍受。这也是一种**凝缩**。真实的挑衅被关联在不相关的视觉线索之上,这两股力量混合而增强。

如果可见性总是与真实的威胁相关,那倒是幸事一件。社会上总有些人是寄生虫、吸血鬼、危险分子,但事实上他们都隐藏得很好。单凭外貌根本无法辨认哪些是社会的敌人。要是他们都绿皮肤、红眼睛、扁鼻子的话就方便多了。这时我们的厌憎情绪就与视觉线索合理地挂上了钩。然而事实并非如此。

注释和参考文献

[1] Margaret M. Wood, *The Stranger: A Study in Social Relationships*, New York: Columbia Univ. Press, 1934.

[2] Jean M. Arsenian. Young children in an insecure situation. *Journal of Abnormal and Social Psychology*, 1943, 38, 225-249.

[3] G. Ichheiser. Sociopsychological and cultural factors in race relations. *American Journal of Sociology*, 1949, 54, 395-401.

[4] A. Keith. The evolution of the human races. *Journal of the Royal Anthropological Institute*, 1928, 58, 305-321.

[5] G. W. Allport & B. M. Kraner. Some roots of prejudice. *Journal of Psychology*, 1946, 22, 16 ff.

鉴于人脸辨识的实验结果很大程度上依赖于犹太人面孔的数量和种类,因此有必要同时参考不同的实验序列。文章中的结果遭到卡特尔的质疑,见 L. F. Carter, The identification of "racial" membership, *Journal of Abnormal and Social Psychology*, 1948, 43, 279-286;但这一结果却在另一篇研究中获得证实,见 G. Lindzey & S. Rogolsky, Prejudice and identification of minority group membership, *Journal of Abnormal and Social Psychology*, 1950, 45, 37-

53。后来的实验可能无法恰好证实文中给出的数字55%，但总归是落在基思框架中"中度可见"一类。

[6] J. H. Burma. The measurement of Negro "passing." *American Journal of Sociology*, 1946-47, 52, 18-22; E. W. Eckard. How many Negroes "pass"? *American Journal of Sociology*, 1946-47, 52, 498-500.

[7] P. R. Farnsworth. Attempts to distinguish Chinese from Japanese college students through observations of face-photographs. *Journal of Psychology*, 1943, 16, 99-106.

[8] V. Seeleman. The influence of attitude upon the remembering of pictorial material. *Archives of Psychology*, 1940, No. 258.

[9] C. Alexander. Antipathy and social behavior. *American Journal of Sociology*, 1946, 51, 288-298.

[10] 两个世纪以前，托马斯·布朗认为有必要与犹太人体味特别这一流行观念做斗争。他明智地警告我们，"给任何民族附加一种顽固的性质"都是不合适的做法。参见 Thomas Browne, *Pseudoxia Epidemica*, Book IV, Chapter 10。

[11] G. K. Morlan. An experiment on the identification of body odor. *Journal of Genetic Psychology*, 1950, 77, 257-265.

第 9 章
受害后特质

> 自然、机遇、命运降临到我们身上的苦难,远远比不上他人的专断所强迫我们承受的那般痛苦。
>
> 叔本华

假设有个声音在你耳边一遍又一遍地说,你是个懒惰、幼稚的小孩,生性好偷盗,血统低贱,你会成长为一个什么样的人?这种声音是你大部分市民同胞们强加给你的,而你根本无力改变他们的观念——因为你碰巧是个黑人。

再假设你每天都听到这种期待,说你有精明而敏锐的经商头脑,在市场的洪流中往往立于不败之地;俱乐部和酒店都不愿意接待你;人们指着你只跟犹太人来往,你要是照做了,又会反过来受到严厉的指责,说你小团体主义。而你根本无力改变他们的观念——因为你碰巧是个犹太人。

别人的评价无论正确与否,如果总是没完没了地在耳边重复、不停地在脑海里打下烙印,就不能不对一个人的个性产生影响。

一个在所有方面都屡遭拒斥和攻击的孩子是无法发展出镇静而有尊严的个性来的。相反,他会变得具有防御性。就像一个侏儒行走在充满危险的巨人世界中,他无法跟别人平起平坐,不得不听任他们的嘲笑,屈从他们的虐待。

这时,"侏儒"一样的孩子会发展出很多种自我防御机制和行为。他会退缩,在"巨人"面前寡言少语,从不能坦诚地敞开心扉。他会和其他侏儒们结成一伙,彼此紧密相依以寻求舒适和自尊;他可能一有机会就骗那些巨人们,并在这种温和的报复中尝到一种甜蜜的快感;他可能时不时会发泄般地将巨人们推下人行道,或偶尔朝他们扔个石头,如果这么做足够安全的话；他也有可能绝望地发现自己的行事方式正符合巨人们恶意的期待，渐渐变得和巨人们一样对自己的群体和地位充满了贬低和厌恶。在侮辱的持续击打下，他天性中的自爱渐渐畏缩，转而变成了自恨。

▶ 自我防御

心地包容的人，经常怀着一腔公正的激情声称少数群体并不具备任何区分性的特质，说他们和所有人都"一样"。从宽泛的意义上讲，这种说法是站得住脚的：正如我们所见，群体间的实际差异往往比人们一般认为的要小得多，也往往比群体内部的差异要小得多。

但任何人都无法漠视他人对自己的**暴虐**和**预期**，因此我们必须想到，自我防御将是那些受尽愚弄、侮辱和歧视的群体成员身上常见的特质。除此之外，不可能有别的结果。

但是关于迫害引发的特质（persecution-produced traits），有两点非常重要的考虑必须记在心里。(1) 这种特质并不总是消极的、不受欢迎的——有些特质是建设性的（constructive），被社会所赞许。(2) 发展出何种自我防御在很大程度上是一个个体性的问题。每个受迫害群体中都会出现各种形式的自我防御。有些人能从容地处理自己的少数身份，在他们的个性中你看不到一丁点挣扎的痕迹，仿佛这种身份对他来说一点都不重要；另一些人则会表现出积极（desirable）和消极（undesirable）的心理补偿（compensations）效应；还有些人对自己的缺陷异常敏感而抗拒，会采取非常糟糕的自我防御行为，尽管他们从来都不愿被人冷眼相看，但如果不幸采取了这些消极的做法，将会持续招致别人的冷落。

个体如何对待其成员身份取决于自身的生活环境，包括文化训练的方式、受迫害的严重程度、生活哲学的超脱感等等。我们只能在很轻微的程度上说，某种类型的自我防御会在某个特定受害群体中更为常见。下面我们来说明这一点。

▶ 强迫性关注

在美国，没有任何一个地方可以让黑人丝毫不用担心被辱骂就走进一家商店、饭馆、影院、旅馆、公园、学校、车站、机场、码头，更别说白人的家里了。这种挥之不去的焦虑在走在一个陌生的街头时尤其强烈。关于种族的思想从早到晚都萦绕脑海，无从逃避。

种族思想如何时时刻刻占据黑人的脑海，这一点在二战期间陆军研究所对黑人和白人的提问中体现得很明显。当被问到"如果有机会跟总统说话，你会问哪些有关战争和自身的问题？"时，一半的黑人谈到了种族歧视的问题，但白人却没有一个会想到这里。黑人给出的提问形式多样但主题不变："作为黑人我能否享受到所谓的战后民主？""为什么黑人部队不能和白人部队一样参战？""既然黑人和白人都为了同样的目标战斗、牺牲，为什么不能在一起训练呢？"[1]

不安全感（insecurity），是偏见受害者的基本感受。下面三个犹太学生的说法不同，但意思都一样。

- 我很怕听到反犹言论，肯定会有一种心理干扰：你会一直有种无助感，很焦虑也很担心。
- 反犹主义一直都是犹太人生活中挥之不去的阴霾。……
- 我很少遇见人们明着表达的反犹倾向，但我知道背地里肯定会有，而且我不知道它什么时候就会冒出来。这种隐约的不祥预感让我一刻都不能放松。

在一所东部大学里犹太学生的个人陈述中有一半会提到这种"隐约的不祥预感"，因为特殊的族群身份而萦绕不去。

因此，警觉性就成了自我防御的第一步。这种情况下必须有所防备。但有时这种敏感会变成莫须有的怀疑，即使是最微小的线索也能附带一系列的感受。比如犹太人经常提到他们对"U"的发音特别敏感。

20世纪30年代末一对难民夫妇走进新英格兰的一家杂货店，男人说要一些橘子。

"果汁（for juice）吗？"服务员问。

"你听到没？"女人悄悄对男人说，"给犹太人的（for Jews），你看，这里也开始了。"

少数群体的成员对他们的地位和处境进行心理调适的次数要比多数

群体成员多上好几倍。比如，墨西哥裔美国人占某城市人口的二十分之一，那么他们在日常生活中碰见"盎格鲁人"的次数就是"盎格鲁人"碰见他们的次数的二十倍。当然，如果他更愿意和同类人待在一起，这个比率就会发生较大的改变。但基本的现象仍然存在，那就是：这种种族意识（awareness）、紧张感和心理调适在少数群体成员身上都更加频繁和严重。

对种族问题投入过多的强迫性关注（obsessive concern）会使得每一次跟主导群体成员接触时都变得疑心过重。结果就是"矛头向外"[1]。他可能会想："我们被伤害了这么多次，所以必须学会事先保护自己，不能相信他们任何人。"因此，警惕心和过分的敏感成为少数群体自我防御的方式。

》对身份的否认

否认自己的身份可能是受辱群体的成员最简单的回应。对那些没有特殊肤色、外貌或口音的人，或那些对内群没有任何忠诚与依恋的人来说，这种做法非常容易。他们可能只继承了自己身份群体的一半、四分之一或八分之一甚至更少的血统。黑人的肤色有可能会浅到被当成白人而"放过"。既然他的白人血统多于黑人血统，那么逻辑上讲，他完全有理由否认自己的黑人身份。否认自己身份的人有可能会成为信誓旦旦的"同化主义者"，认为所有的少数群体都应该像他一样尽快放弃自己的认同。但大多数情况下，那些不再效忠于本来群体的人往往会承受巨大的内心冲突，他会感到自己像一个叛徒。

> 一名犹太学生满心懊悔地承认，为了不让别人把自己当成犹太人，他有时会在对话中夹杂一两句俏皮话，虽然并没有恶意，但却完完全全表达了非犹太人对自己群体的不友好态度。

另一名学生写道：

> 我一和非犹太人在一起就不会再开口说话了，我会尽快离开，因为没有勇气以犹太人的身份面对他们，为此我常常感到内疚。

---

[1] Chip on the shoulder，19世纪在北美兴起的一句俚语，带有"心怀怨恨地挑衅和威胁"的意味。

如果信仰发生了彻底的转变，或是成功地混入了主导群体并成为其中的一员，这种对原来身份的否认可能是永久性的。但是在另一些情况下，比如对于承认自己是基督教徒会带来心理压力的彼得来说，对身份的否认就是暂时的、情境性的。这种否认也可能是部分的，比如有些移民发现给自己取一个英文名字会更方便一些。黑人会试着拉直自己的头发，并非因为他真的想这么干——而是因为对受损身份特征的象征性逃避能够带来心理上的满足。

对身份的刻意否认并不总能轻易地与对主导群体的正常适应区别开来。学习英语的波兰移民不一定要否认他的波兰人身份，但这种身份在生活中的重要性一定会有所下降。他正处在从一个群体迈向另一个群体的过程当中。即使并非有意丢弃掉自己的原初身份和归属承诺，但走在被同化道路上的每一步实际上都是某种形式的"否认"。

》 退缩与被动

在历史上很长一段时间里，奴隶、犯人、流放者都把他们的真实感受隐藏在被动默许（passive acquiescence）的表面之下。他们将自己的愤怒隐藏得这么天衣无缝，以至于从外表看上去他们仿佛对自己的命运心满意足。满意的面具就是他们的生存之道。

> 二战期间陆军研究所访谈了很多白人士兵，面对"你认为咱们国家大多数黑人对生活的态度是满意还是不满意？"的问题，只有十分之一的南方人和七分之一的北方人回答"不满意"。[2]

这一发现成为黑人用保护性面具掩藏自我的最佳颂词，也淋漓尽致地揭露了占主导地位的白人群体的自鸣得意。真相其实是，大多数黑人心存不满。整整四分之三的人都确信，"白人试图镇压黑人"。[3]

有时，被动默许是受到严重威胁的少数群体唯一的生存道路。反抗和攻击必定会惹来更加酷烈的惩罚，个体自身则会被持续不断的焦虑和愤怒所引起的精神疾病压垮。在不利地位面前妥协，个体能够避免让自己成为"出头鸟"，于是没有理由恐惧什么，能在两个世界里平静地生活——一个是更加主动的个人世界，另一个是更加被动的外部世界。尽管内心存在着冲突，但大多数黑人精神上还是非常健康的——可能因为消极默许是一种有益的自我防御模式。退缩（withdrawl）和无为事实上是某种程度上的自我保护。

被动和退缩有不同的级别。沉默寡言和自尊矜持往往给人留下镇定沉静的印象，在黑人和东方人中比较常见，很多人都羡慕这种品质。

另外也有一种退缩类型叫白日梦（fantasy）。受辱者在现实世界中无法获得地位上的满足，但他可以在想象中享受一切更好的生活条件。就像瘸腿的残疾人把自己构想得健全强壮、没有丝毫身体缺陷一样，他在想象中拥有充沛的力量、俊美的外表、丰足的财富、靓丽的衣服、受人尊敬的社会地位和举足轻重的影响力。白日梦是剥夺（deprivation）的常见回应。

退缩还有一种不那么讨喜的表现——谄媚和奉承。主导群体成员出现时，偏见的受害者会努力抹杀他的自我。就好像，主人讲了笑话，奴隶们也跟着开怀大笑；主人发了脾气，奴隶们就畏缩得战战兢兢；主人想要听好话，奴隶们就满脸堆笑地满足他这个需求。

》 插科打诨

要是主人想听笑话，奴隶们有时又会体贴地扮演起小丑的角色（clowning）来。犹太人、黑人、苏格兰人喜剧演员在舞台上会为了逗观众开心而滑稽地展现自己的群体。人们对这些演员回报以掌声。理查德·赖特在《黑孩子》里就描写了一个黑人电梯工通过夸大他的口音，假装一些被认为是种族标签的乞讨、懒惰、说大话等特征赢得了人们的欢迎。人们纷纷投币给他，当他是个宠物。黑人儿童偶尔会学着像小丑一样乞讨，这样他们就可以获得和善的关注和一点钱。

保护性的插科打诨也可能在内群中发生。黑人士兵们有时会进行一种极端的"黑人演说"活动——越不讲文法越好。对他们来说，摒弃语法的说话方式似乎会带来极大的愉悦，因而成为沮丧情绪的一种象征性的发泄通道。他们用"鬼"这样一个带有更多幽默意味的词来形容自己。而"鬼"是不会受到伤害的，也不会被贬低，不会被诋毁，不会被胁迫。无论你做什么，他们都能毫发无损，刀枪不入，天不怕地不怕。然而，少数群体的自嘲总是笼罩着一层惆怅，如同拜伦笔下的诗句一般："我笑这世间的一切，只是为了不再流泪。"

》加强内群纽带

第 3 章曾指出,一个共同的敌人对人类的彼此联结来说并不是唯一的基础,但却能起到强有力的巩固作用。战时的民族会空前团结。关于经济萧条时期失业男子的家庭研究显示,群体内会形成一种高度的集体荣誉感和团结精神(esprit de corps)。诚然,有些摇摇欲坠的家庭会在危机之下彻底解体,很多岌岌可危的少数群体受到迫害时被彻底摧毁。在美国历史中,一些理想主义的、激进的宗教共同体扛不住外界的强力,某些族群(例如印第安部落)没有反抗迫害的力量,于是他们解体了。

但一般情况下我们也可以说,在承受痛苦的群体内部,人们彼此之间的紧密联系也成为痛苦的金疮药。危难驱使着他们向共同的成员身份寻求团结以自我保护。二战期间盛行于西海岸的"日本人就是日本人"的说法就在第一代日本移民(出生于日本)和第二代移民(出生于美国)中间创造出紧密的情感纽带,尽管不久以后这些群体内的迫害政策很快就变得针锋相对了起来。

因此,"小团体主义"(clannishness)有可能是迫害的结果,虽然在迫害者看来它更有可能是**原因**。在加利福尼亚州,鲜有人会将日本移民社区的高度凝聚力归咎于歧视性的制度法案。他们没有意识到,在那些有关通婚、民权、职业、居住地等排外的、限制性的条款面前,这些社区成员只有唯一一条路可以选择,那就是团结起来。恰恰相反,"小团体主义"被归咎于日本人的"天性",就像被归咎于犹太人的天性一样。当少数群体成员被制度性地排斥在某些职业、居住区、旅馆、度假区之外时,真正"小团体主义"的究竟是谁呢?

某种天生的"类型意识"可能并不存在。儿童将在他们的群体身份中习得这一概念。我们经常见到,5 岁的黑人儿童可能会否认自己是个黑人——尽管他知道其他的小伙伴都属于这个受人轻视的群体。年纪不大的犹太儿童会用到"肮脏的犹太人"这一外号,意识不到这有多么讽刺。少数群体的父母经常争论到底应不应该在孩子很小的时候就给他解释这一先赋身份所蕴含的种种苦难,还是最好让他先好好享受几年无知的快乐,哪怕在不久以后(大约在 8 岁)将会承受更大的震惊。

无论这个孩子有没有做好充分的准备,他都能迅速在这种震惊面前学会从无法逃避的身份中寻求安慰。父母会教给他族群传统的所有伟大和光荣，借此施以援手。被强加的劣等身份会被历史的传奇和厚重抹去。他会对自己说："我们才是那个真正优等的人，而不是你。"合理化（rationalization）的现象越来越多：渐渐地，主导群体会被看作是粗俗的、野蛮的，充满了"病态"（即偏见）的人。受歧视者将再一次从他们的命运中获得某种内心的满足感：被挑选是因为自己的**重要性**得到了承认。自鸣得意和自以为是不仅仅只存在于施害者之中，同样也有可能成为受害者的特征，因为没有人真正愿意承认自己比别人更没有价值。

因此，少数群体会发展出特殊的团结。在内群内部，他们可以肆无忌惮地嘲笑那些迫害者、庆祝自己的英雄和节日，可以舒服地生活在一起。只要他们团结一心，就不会有太多困扰。本书第17页曾讲到，少数群体中可能会产生比主导群体更为强烈的族群中心主义，现在就明白了这是为什么。

友善地对待同类人只是举手投足间的事情。既然内群可以赋予我们安全感，那么人们会很自然地对内群成员产生支持性的**偏见**。犹太人会倾向于喜爱本族群的同胞；这时，"小团体主义"就变得名副其实了。黑人有句口号叫，"不让你工作的地方，不要买他的产品"，也是出于同样的道理。很多黑人常常被问到这样的问题："有些白人教堂其实对黑人非常欢迎，你们为什么不去呢？"他们往往回答："我们当然愿意，可他们会公平地给黑人牧师提供职位吗？"对内群产生的**支持性**偏见是对来自外群的贬抑性偏见很自然的回应。

▶▶ 精明狡诈

纵观历史，在全世界每一个角落都存在关于外群最常见的指控，即认为他们都是虚伪狡诈、鬼鬼祟祟的。欧洲人对犹太人是如此，土耳其人对亚美尼亚人、亚美尼亚人对土耳其人也是如此。

这种指控源于道德上的双重标准，它是有史以来人类交往的一贯特征。相较于外群，人们**被期待**以更为公平的态度看待自身群体成员。原始人类对不诚实者的刑罚一般只用于自己部落内部。欺骗外群成员既是合理的，也是值得嘉奖的一件事。即使在文明人中间，双重标准也处处可见。游客往往被过度指控，出口商认为把劣质产品销售海外是再合理不过的事情了。

当生存全赖于狡诈的时候，这种倾向尤为显著。很多犹太人如果没有学会用精明狡诈（slyness and cunning）的方法误导迫害者，他们根本无法在频繁的种族屠戮和财产剥夺中生存下去，这在历史上屡见不鲜，也是沙皇俄国、希特勒领导下的德国以及所有专制国家中的事实。亚美尼亚人、美洲印第安人以及很多受迫害的族群和宗教群体中也发现了大量类似的情形。

"鬼鬼祟祟"的特质有可能是微小反抗的方式。弱者对强者发起偷袭：黑人厨师从白人主妇的厨房里"顺"东西，这既是烹饪的需要也是一种象征性的行为。除了偷盗的方式，狡诈还包括所有类型的带有欺骗意图的伪装。他们可能会去取悦对方，奉承、说好话以赢得对方的好感，不管是为了生存还是报复，这么做无疑是对人类关系伦理的贬低。

偏见受害者的这种反应是如此合乎逻辑，以至于人们不禁要问，为什么这种情况并不经常发生。

》认同于主导群体：自我厌憎

另一种情况下会出现更为微妙而难以察觉的机制：受害者对主导群体的赞同并不是装出来的，而是真正发自内心的，而且是用主导群体的眼光来看待他们自身。这种心理过程隐藏在个体寻求同化的努力之下，一旦他的风俗习惯、言行举止变得与大多数人没有差别，就会导致个体在主导群体中完全失去自我。但更为神奇的是，即使被绝望地排斥于同化圈之外，个体还是可能会在心理上认同主导群体的行为、世界观甚至是偏见——他完全接受了自己的地位。

以失业男子为例。在20世纪30年代的经济大萧条时期，有研究发现，这些人怀有深切的耻辱感。他们为自己的贫困处境而深深自责。大多数情况下，我们无论如何都想不到他们会有错。但事实就是如此。基本的原因在于，我们西方文化非常崇尚个人责任感。我们相信，是个体自己一手创造了他的世界。个体应该对自己的不幸而负责。所以移民会为自己口音不够标准、举止不够优雅、教育水平不够高而**感到耻辱**。

犹太人也许会憎恶自己的宗教（要不是因为宗教，整个民族就不会遭人迫害），也许会怪罪某些阶级（比如正统犹太人，或是衣着破烂的流浪者，或是商人），也许会讨厌意第绪语。既然无法摆脱自己的群体身份，他就会产生一种真正意义上的自我厌憎（self-hate）——至少是对作为犹太人的那部分自我。更为不幸的是，他甚至会因这种自我厌憎之感而对自己更加憎恶。他整个人处于严重的撕裂状态。分裂的思想让他的行为举止变得鬼鬼祟祟、具有高度的自我意识和紧张感以及持久的不安全感。这些令人不悦的品质加剧了他对自己犹太人身份的憎恶以及内心的冲突。这种恶性循环永无止境。[4]

一个世纪以前，托克维尔就描写了黑奴的自我厌憎情绪。尽管言辞犀利，但他错误地认为这种心智状态是**所有**黑人的共同点。实际上这种类型的自我防御在当时的黑奴中并不常见，更不是普遍化的特点，在今天的黑人中间也同样少见。

> 黑人无数次徒劳的努力，在厌恶他们的人心中，都成为一种暗讽：他遵从于压迫者的规范和品味，采纳压迫者的观点，希望通过模仿而成为压迫者中间的一分子。由于从一开始就被告知，自己的种族比白人更低劣，他们渐渐赞同了这一说法，对自己的天性感到羞耻。他发现，自己在所有性格方面都有一种奴性，如果可能，他愿意摆脱所有让他成为自己的那些东西。[5]

有关纳粹集中营的研究显示，对压迫者的认同是受害者在其他所有自我防御手段全部失效的情况下出现的一种心态调适。一开始，囚犯通常会试图保持自尊完整而不受侵犯，并发自内心地蔑视那些迫害者，尽可能以隐秘和狡猾的方式保全自己的性命。但在受尽两三年极度痛苦的折磨之后，很多人会发现他们对看守者的取悦行为会导致心理上的屈服。他们开始模仿看守的行为举止，穿他们穿过的破衣服（象征性的权力），攻击新来的囚犯，成为反犹主义者，从而接手了压迫者的残暴。[6]

每一种人格都有破溃的临界点。托克维尔笔下的这些黑奴和集中营的长期囚犯们的事例都表明，群体性的压迫会全然摧毁个人的自我完整性，颠倒正常的自尊信念，让人变得奴颜婢膝。

并非所有的自我厌憎都这么极端。北方黑人有时会以半开玩笑半严肃的方式嘲笑南方黑人的"劣等性"。白人当中盛行的评判标准在黑人中间也同样常见。他们太过频繁地听到关于自己是懒惰、愚昧、肮脏、迷信的负面评价了，以至于连自己都对此半信半疑；而由于这些都是黑人和白人所共享的西方文化所鄙弃的特质，那么就无法避免地会产生或多或少的内群厌憎情绪。例如，由于无意识地接受了白人对于肤色的评价标准，浅肤色的黑人可能会看不起肤色更深的同胞。

攻击内群

无论群体性的特质是真实存在的还是想象的，因为拥有这些特质，个体对自己产生耻辱感，我们把这个叫作自我厌憎。如果内群的其他成员拥有这些特质，个体对他们也会产生一种厌恶感。这两种意义上的自我厌憎都是有可能的。

当厌憎情绪明确地限定在群体内的其他成员身上时，各种群内冲突就随之产生。有些犹太人会骂自己以外的其他犹太人为"犹太佬"——让整个群体遭罪的反犹主义被单单怪罪到这一部分人的身上。群体内的阶级划分通常是企图免除自己对群体作为一个整体所承受的不利地位的责任。"装饰考究的中产阶级爱尔兰人"看不起"棚屋爱尔兰人"[①]，富裕的西班牙裔和葡萄牙裔犹太人很长时间都自视处于希伯来人的金字塔顶端。德裔犹太人仰仗文化的繁荣自视为贵族，因而常常看不起奥地利裔、匈牙利裔、巴尔干裔犹太人，波兰裔和俄裔犹太人则被视为最底层。不用说，并非所有犹太人都愿意接受这种排位，尤其是那些波兰裔和俄裔犹太人。

黑人群体内部的分化更加尖锐。肤色、职业、教育水平都可能成为层级的标准。而且层级靠上者可以毫不费力地把整个群体的不利地位怪罪在层级靠下者身上。肤色更深的黑人士兵将攻击的矛头转向肤色更浅的同伴，因为他们更类似于军队中的主导人种；而肤色较浅的黑人则会严苛对待那些肤色较深的，因为他们看起来既懒惰又无知。

因此，对自己的地位很介意的内群成员，他们之间的关系通常很紧

[①] 19世纪流行起来的对爱尔兰裔美国人的阶级划分。"装饰考究的中产阶级爱尔兰人"（lace-curtain Irish），指爱尔兰人的一类后裔，他们在社会阶梯上不断上爬，最后被WASP（盎格鲁-撒克逊裔白人新教徒）社会所接受，言行举止、衣着品味都倾向于和WASP上流社会一样。"棚户爱尔兰人"（shanty Irish），指居住简陋、社会地位低下的一类爱尔兰后裔。这两个词都不是褒义词，除了经济地位含义以外，lace-curtain Irish还带有自命不凡、自鸣得意的刻板印象，而shanty Irish则带有懦弱愚昧的刻板印象。通过个人或家族的努力、事业或婚姻的成功，爱尔兰裔美国人可以从shanty Irish变为lace-curtain Irish。大名鼎鼎的肯尼迪家族就是经过四代人的努力攀爬，从最初的移民劳工成为总统家族的。

张。采取一种防御性方式的人往往对采取另一种防御方式的人感到恼火。人们会把那些谄媚奉承的黑人轻蔑地称为"汤姆叔叔"。那些看上去跟反犹主义者没什么两样的现代犹太人会排斥那些穿着长袍留着卷发的正统犹太人。任何想丢弃自己的身份、认同于主流群体的人都会引起同胞们的敌对态度,他们被看成傲慢的溜须拍马之人,甚至被当作叛徒。

严酷而致命的外部迫害能促使内群相互团结,从而降低内部敌意,这当然是真的。但当偏见仅仅处于一个"正常"或温和的水平时,内群中的内讧和分裂就会成为自我防御的一种额外代价。

对外群的偏见

偏见的受害者也会将自己所承受的苦难转嫁给别人。由于权力和地位被剥夺已久,他们会对这些东西相当渴望。被等级链条中的上位者欺负以后,他们会转而以类似的方式欺负更靠下的弱者或带有某种威胁的人物。

> 一项研究曾经利用鲍格达斯社会距离量表比较了佐治亚州的两个大学内白人和黑人学生的偏见水平,发现黑人学生对其他所有25个族群都表现出比白人学生更不友善的态度。[7]

另外几项研究也支持了黑人有比白人平均程度更高的偏见水平。但这种以牙还牙的方式不只存在于黑人,其他一些少数群体,特别是那些因身份而受到迫害的群体,也有类似的情况。[8]

一名犹太学生形象地表述了这种心态:

> 我不宽容,是因为我自己就是别人不宽容的受害者,我在这种环境下长大,它们让我变成了现在这个样子。所有的恨和偏见,都是防御的机制,都是对这种环境的回应。谁恨我,我就自然地恨谁。[9]

虽然受害者的沮丧和怨恨往往是他对别人直接或间接敌意的主要原因,但这种偏见的形成还有别的因素。因为通过这种方式,他可以与主导群体形成一种微弱的联系,由此获得心理上的某种舒适感。反犹主义白人也许会有意无意地向黑人暗示道,"毕竟咱们都不是犹太人","山姆,不管怎么说你都比那些该死的犹太人更像我们"。于是山姆像是被奉承了一样高兴,也开始看不起犹太人。而一名犹太人也可能会加入非犹太白人驱逐黑人的行动，仅仅因为他缺乏足够的安全感。共同的偏见造就了共同的联系。

最终将得到一种吊诡的算术概率：怨恨非犹太人的犹太人可能双倍地怨恨黑人，因为后者既是黑人又是非犹太人；怨恨白人的黑人可能双倍地怨恨犹太人，因为后者既是犹太人也是白人。黑人在当前的政治语境下无法表达反白人情绪，但可以双倍地谴责那些"肮脏的犹太人"（部分意味着"肮脏的白人"）。[10] 类似地，犹太人骂"肮脏的黑鬼"时也有可能是在释放他们对**非犹太人**的怨气。

》同情

在很多偏见受害者中，上述几种防御机制可能都看不到。恰恰相反，一名犹太学生写道：

> 黑人所承受的敌意和偏见可能比我们还多，我对他们很容易产生同情。我知道那是什么滋味，怎么会也带着偏见呢？

朱利叶斯·罗森沃尔德（Julius Rosenwald）的慈善基金主要被用于改善黑人的生活状况。对于开明的犹太人来说，慈悲和怜悯是对受压迫人群的自然回应，他们自身的经历和苦痛（以及宗教中的普救主义），让他们怀有更多的同理心和同情心。

> 弗洛伊德作为自由而勇敢的思想先驱者，在保持思维客观性的同时，也坦诚强调了自己的犹太人身份，这是一件非常有趣的事情。他写道："正因为我是个犹太人，所以能远离阻碍学者们充分发挥才智的各种偏见；正因为我是个犹太人，所以能时时刻刻准备把自己放在对立方来思考，时时刻刻准备和多数群体公开决裂。"[11]

研究证实了这种逻辑。许多大范围调查都发现，和新教徒、天主教徒相比，犹太人对其他群体有着**更低的偏见水平**。但值得强调的是：包括犹太人在内的很多受歧视群体，他们对其他群体的偏见水平往往要么很高（如前所述），要么很低，而很少处于"中间"状态。简言之，受害（victimization）会导致一个人对外群，或是产生攻击性，或是产生同情心。[12]

意识到这一点意义重大。**受害的个体很少怀有常规程度的偏见**。摆在他面前的有两条路：一是和主导群体同流合污，以自己受迫害的方式反过来迫害别人；另一条路是有意识地避免这种倾向。明智的人会选择后者，"既然他们和我一样是受害者，理所应当和他们站在一起"。

暴力反抗：武力斗争

我们很少提到少数群体可能采取的一种从心理学上讲最简单的回应可能，那就是拒绝接受。一有机会，他们就予以反击。斯宾诺莎曾说："一旦人们感受到别人的厌憎，而且在自己身上找不到值得厌憎的理由，他们就会反过来憎恶别人。"用精神分析的语言来讲，正是这种挫折感孕育了攻击性。

1943年夏天，在哈莱姆暴乱后的一项研究中，大量黑人住户被问及对于此次暴乱的看法，有将近三分之一的回答表示**赞成**。他们说："我非常支持这次行动——希望再发生一次，放了我们的人。""这是我们黑人赢得政府注意力的唯一途径。""这是对底特律的报复。"与之相反，总人口中承受同样歧视的另60%的其他少数群体对此感到"耻辱"，"这种事情只能让我们倒退"，"太可怕、太可耻了"。这项研究并没有搞清楚，为什么有些种族偏见的受害者能够宽恕这种暴乱的行为，而另一些受害者却强烈谴责，但至少有数据反映，那些反对意见通常来自受过更好教育、定期去教堂、更年轻（可能受歧视折磨的时间不长）的群体，但这些数据还不够确切。[13]

理解少数群体某些成员无休止的抗议并不困难。这种回应类型就是所谓的"反攻击"（counter-aggression）。他们有时太过激进好斗，以至于连自己人都无法认同他们的做法。然而这些狂热激烈的行动常常会引发真正的制度改革。

我们应该看到，做出精准的群体区分对于受害者来讲并不比主导群体更加容易。"日本人就是日本人"，"虽然有例外，但所有黑人都很像"，"天主教徒都是法西斯主义者"。作为回报，暴力攻击即转而针对所有的白人、所有的非犹太人、所有的新教徒。歧视受害者会用野蛮的斗争性行为，来报复整个主导群体。

一些偏见受害者如果意识到武力斗争是无效的，就会加入政治团体，以联合行动主义者，以呼吁改善现有的生存条件。正因如此，移民群体代表往往出现在左翼政党之中。最近，黑人感觉到可以通过政党来实现某些改善的可能，于是把选票从共和党转投给了民主党。少部分人还成为共产党员。少数群体通常更欢迎自由派或激进派的政治行动，因此他们常常被指责为闹事者和煽动者。犹太人时常感到自己被推向社会变迁的最前线，甚至成为某些自由主义事业的领导者。每当这时，他们就会被反犹主义者看成"价值观违抗者"或"保守价值观的边缘分子"（见本书第113页）。

奋发图强

受阻碍时加倍努力是一种健康有益的回应。坚持不懈、克服身体缺陷的残疾人往往会受到人们的敬重。我们的文化对这种不利地位的补偿行动是高度赞扬的。因此，一些少数群体会将他们的不利地位看成需要额外努力来克服的障碍。很多移民在工作了一整天以后还会参加夜校，来学习美国的语言和思维方式。几乎每个少数群体中都有人会采取这种直接而成功的补偿模式。

这似乎就是很多犹太人的生活风格。因为感受到了整个群体所遭受的苦难和屈辱，他们要求自己的子女在学习和工作上都要比竞争者更加努力，这样才能赢得同等的机会。为了成功，他们会强调，犹太人必须时刻做好准备，必须比非犹太人有更高的学业成就和更充足的经验水平。他们对于学问和知识的传统无疑也强化了这种面对偏见的回应。

这种调适模式通常会引来口是心非的赞扬，甚至是谩骂，说他们过于勤勉、精明。但无论如何，站在开放竞争的起跑线上的他们会说："我加入。你给我设的障碍，我认了。现在我们开始吧！"

象征性地位争取

与这种直接、成功的奋进相反，我们也发现了偏见受害者为获得地位而做出的各种偏离中心的努力。受损群体成员有时会尤其偏爱盛大的排场和环境。一些黑人部队会特别热衷于盛大的阅兵式、光亮的皮靴、整洁的服装以及其他一些优秀士兵的象征符号。这些都是地位的象征——而地位，对于黑人来说是一项稀有商品。在很多移民群体的游行、仪典甚至是葬礼中都能留意到类似的自豪感和浮华感。这种**暴发户式**的耀目而奢华的陈列和装饰似乎在说："你这么小看我，现在你睁大眼睛瞧瞧，我是那种可以被轻易小看的人吗？"

类似于"替代物的补偿"，这种心理可能会导致在性行为方面过强的征服欲。受辱的少数群体成员可能会在这种活动中寻求力量、自豪和自尊，让自己觉得和那些居高临下对待他的人一样，甚至比他更为优秀。黑人们似乎并不怨恨别人对他们在性行为方面精力旺盛的议论，反而将它当成一种赞颂，因为自己在其他的方面都受人宰割。性放纵在黑人或其他少数群体中是否存在并不是个问题，问题在于，从这种逻辑上看，即使只是某种名声，或是别人的某种议论，都会形成一种象征性的地位满足。

语言上的炫耀和滥用则是象征性地位争取的另一种奇怪方式。说大话、漂亮话在地位受剥夺者看来似乎能够提升他的社会位置水平。在那些没受过多少教育却又热切地渴望得到这种教育的人身上，刻意讲究的措辞、精雅优美的句式、华丽炫耀的词汇，即使不断用错，令人尴尬，也屡见不鲜。

》 神经过敏

既然有这么多内心冲突需要克服，那么我们就会问，在歧视受害者群体当中，精神健康的统计状况究竟如何。有证据表明，在犹太人中间，精神神经症的发病率相当之高。而在黑人中间，精神上过度紧张很常见。[14]但整体看来，少数群体的精神健康程度和社会平均水平差别没有太大。

如果我们尝试概括一下的话，那么大体上，偏见受害者们会学着在一种温和的解离（dissociation）状态下生存。只要能在内群中自由行走、自由活动，就可以忍受（并在一定程度上忽视）外界的恶意。他们渐渐习惯、适应了这种有点分裂的生存模式。

然而对偏见受害者来说，处于警惕和防备的状态是有好处的。毕竟，面对外界刺激的不断轰炸，他们**极有可能**采取前面提到的一种或多种防御模式。这里有些模式是成功适宜的,但有些则会带来很多麻烦,而且处在某种神经过敏(neuroticism)的防御机制的边缘地带。意识到这一陷阱的存在,会帮助人们引导并掌控一种更加成功的生命历程。

不仅如此,即使是受欢迎的主导群体成员,也最好从中有所受益。在任何自尊受到威胁的情况下都可能出现类似的自我防御特质,包括那些令人厌恶的特质。因此,我们最好把这种特质理解成歧视对待的后果,而不是歧视正当化的原因。

> 有个12岁的男孩放学回家后骂班里一个同学"傻瓜",那个"傻瓜"因为说谎、行动畏首畏尾而招大家讨厌。但如果我们深入问下去,"你认为是什么原因导致了他这样子",男孩马上陷入沉思,慢慢给出一句非常在理的诊断:"嗯……他看起来很滑稽,不擅长运动,干什么都不行,所有人都欺负他,所以我觉得他只是表现得没那么好,我想让他振作起来。"

通过这种诊断的训练,男孩对被他称作"傻瓜"的人更感兴趣,第一次客观地看待这个问题,而且能够渐渐变得更加友好。理解即是原谅,或至少意味着多一些包容。

如果那个被称作"傻瓜"的人,有能力进行这种自我诊断就更好了。一旦了解自己行为的深层原因,他就可以取长补短。即便是一种神经过敏的防御机制,一旦彻底了解了其本质和原因,就可以得到控制,或至少能够免受其影响。这对于偏见受害群体来说也是同理。

但从神经过敏的补偿来理解受害群体,往往不如从边缘地位的角度——一时被接纳、一时被排斥的状态——来理解更为合适。勒温就将这种状态比作永远都不知道自己是否被成年人世界所接受的青少年时期。风暴和压力会导致紧张和焦虑以及间歇性的非理性爆发。人们必须归属于一个**确定的**(definite)世界,才能做出成熟而适宜的调适。很多少数群体的成员从来没有被允许实现完全归属、正常加入以及自在行事。和青少年一样,他们既不属于这里,也不属于那里。他们是边缘人。[15]

》自证预言

回到本章的开始:周围人的看法必然会在一定程度上影响到我们自

身。如果一个孩子被认为是"天生的小丑"并为此受到宠爱和夸奖，他就会学着开玩笑，最后真的成为一个小丑。如果一个人加入某个群体后，意识到周围所有的人都认为自己带有攻击性，那他很有可能会采取一种防御性的、粗鲁的行为方式，最终引发真实的攻击行为。如果我们心中预先断定新来的女仆会偷东西，并流露出这种怀疑的话，她可能会受到这种暗示的引导而真的这么干，以报复我们对她的人格侮辱。

对某一特定行为的期望（expectancy）会有无数种微妙的方式进而引发这种行为，默顿称之为"自证预言"（self-fulfilling prophecy）[16]。这让我们注意到人类互动行为之间的互惠。我们往往认为，外群具有某些品性（第 7 章），而内群对这些品性有着错误的印象（第 12 章），但事实是，这两方面之间存在着相互影响。我们感知他人品性的方式会潜移默化地影响他人表现自己品性的方式。当然，并非对那些令人憎恶的外群的每一点糟糕印象都会引导他们培养出令人憎恶的品性以证实我们的期望。但这些不甚友好的观点会引起某些不甚友好的反映（reflex）是完全有可能的。这就形成了恶性循环，除非刻意叫停，否则将会进一步拉大社会距离，为偏见的萌生提供沃土。

除此以外，自证预言也会引起良性循环。包容、理解和赞赏都会引发那些好的行为。受到群体欢迎的外来者很有可能做出巨大的贡献，因为他是在用自己人格的核心来回应他人而不仅仅是用防御性的外壳。在所有的人类关系中（家庭、民族、国际），期望所具有的生发力都是非常强大的。[17] 如果我们预见邪恶会出现在同伴身上，邪恶就会被激发，但如果预见的是良善，良善就会得到鼓舞。

》 总结

并不是所有的少数群体成员——甚至是那些最受迫害的群体——都会表现出外表可见的自我防御行为。一旦表现出来，一个有趣的问题就产生了——人们为什么会采取这种方式而不是其他方式来自我保护？本章描写的很多自我保护方式最后都可以归为两类。[18] 第一类主要涵盖了那些攻击性、外向性的防御机制，第二类则包括了更为内向性的反应模式。前一类中受害者将自己的不利地位**怪罪**于外部因素，而后一类中，受害者要么怪罪于自己，要么至少也认为自己有责任自我调适以适应外部环境。我们可以将前者称为**外责型**（extropunitive），将后者称为**内责型**（intropunitive）。利用这个框架，我们将本章内容总结为图 9-1。

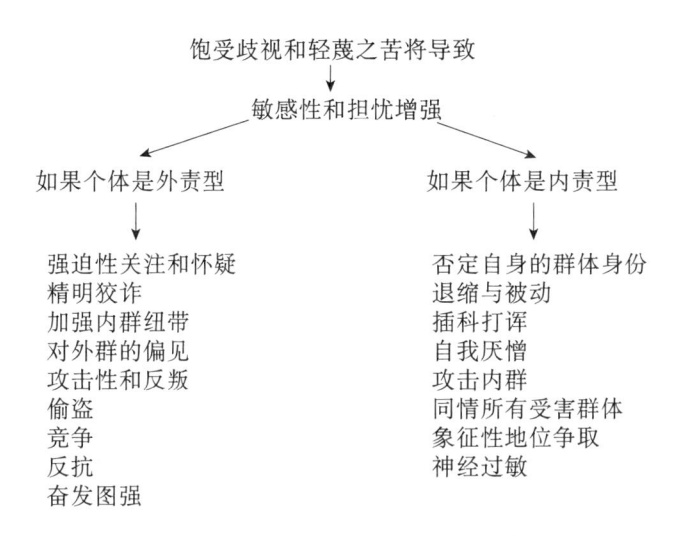

```
               饱受歧视和轻蔑之苦将导致
                       ↓
                敏感性和担忧增强
                    ↙        ↘
         如果个体是外责型      如果个体是内责型
              ↓                    ↓
         强迫性关注和怀疑        否定自身的群体身份
         精明狡诈              退缩与被动
         加强内群纽带          插科打诨
         对外群的偏见          自我厌憎
         攻击性和反叛          攻击内群
         偷盗                同情所有受害群体
         竞争                象征性地位争取
         反抗                神经过敏
         奋发图强
```

图 9-1　歧视受害群体中的补偿行为类型

这种分析的缺点在于，它只是一系列"机制"的杂乱聚合，并没有梳理出一条清晰的路线。每一种人格都是一种模式。偏见的每个受害者都可能同时表现出几种特质，有的集中在外责型，有的集中在内责型。

为了更清楚地阐明问题，我们来勾勒一种由很多歧视受害者所采取的特征性模式。首先，他们并不把自己的边缘地位看成品质生活和事业追求中的致命缺陷。他们的基本价值建立在普遍的人类观之上，同时也认为在所有群体中都有很多人和自己怀有基本一致的价值信念。因此，他们并不会局限于自己的少数群体，而是在很多不同群体中寻找志同道合者作为伙伴。而在某些领域遭受偏见和歧视的时候，他们会以体面的尊严和开放的理解予以回应。他们实际上会说："每个人都会遇到艰难困苦；每个人都会遭受不公；我的命运，和其他人一样，需要勇气和坚持。"于是培养出一种审慎的竞争意识和对目标的明智追求，以努力减轻社会歧视、增加民主福祉；也培养出一种对广大弱势群体的同情心，不论名姓和种族。总之，同情、勇气、坚持和尊严让这种人格熠熠生辉。当然，一些不那么成熟的模式也确实存在，但这丝毫不影响我们说，具备了完善的人格，人们就能很好地处理这些痛苦而不受其所伤。现在确实有很多偏见受害者在努力朝着这个方向迈进，因着这些品质，他们的个性渐渐变得丰腴而成熟，为此，我们肃然起敬。

注释和参考文献

[1] S. A. Stouffer, *et al. The American Soldier: Adjustment During Army Life.* Princeton: Princeton Univ. Press, 1949, Vol. I, Chapter 10.

[2] *Ibid.*, p. 506.

[3] T. C. Cothran. Negro conceptions of white people. *American Journal of Sociology*, 1951, 56, 458-467.

[4] 参照 K. Levin, Self-fatred among Jews, *Contemporary Jewish Record*, 1941, 4, 219-232。

[5] A. de Tocqueville. *Democracy in America.* New York: George Dearborn, 1838, I, 334.

[6] B. Bettelheim. Individual and mass behavior in extreme situations. *Journal of Abnormal and Social Psychology*, 1943, 38, 417-452.

[7] J. S. Gray & A. H. Thompson. The ethnic prejudices of white and Negro college students. *Journal of Abnormal and Social Psychology*, 1953, 48, 311-313.

[8] G. W. Allport & B. M. Kramer. Some roots of prejudice. *Journal of Psychology*, 1946, 22, 28.

[9] Dorothy T. Spoerl. The Jewish stereotype, the Jewish personality and Jewish prejudice. *Yivo Annual of Jewish Social Science*, 1952, 7, 276.

[10] 黑人中的反犹主义可参见 K. B. Clark, Candor about Negro-Jewish relations, *Commentary*, 1946, 1, 8-14。

[11] S. Freud. On being of the B'nai B'rith. *Comentary*, 1946, 1, 23.

[12] G. W. Allport & B. M. Kramer. *Op. cit.*, 29.

[13] K. B. Clark. Group violence: a preliminary study of the attitudinal pattern of its acceptance and rejection: a study of the 1943 Harlem riot. *Journal of Social Psychology*, 1944, 19, 319-337.

[14] Helen V. McLean. Psychodynamic factors in racial relations. *The Annals of the American Academy of Political and Social Science*, 1946, 244, 159-166.

[15] K. Lewin. *Resolving Social Conflict.* New York: Harper, 1948, Chapter 11.

内群中的自尊和自豪感，作为对地位边缘化的恶性效应的一种规避方式，其重要意义得到了强调，这一点可见 G. Saenger, Minority personality and adjustment, *Transactions of the New York Academy of Sciences*, 1952, Series 2, 14, 204-208。

[16] R. K. Merton. The self-fulfilling prophecy. *The Antioch Review*, 1948, 8, 193-210. 另见 R. Stagner, Homeostasis as a unifying concept in personality theory, *Psychological Review*, 1951, 58, 5-17。

[17] G. W. Allport. The role of expectancy. Chapter 2 in H. Cantril (Ed.), *Tensions that Cause Wars*. Urbana: Univ. of Illinois Press, 1950.

[18] 对少数群体行为进行总结的另一种不一样的方式见 I. L. Child, *Italian or American?* New Haven: Yale Univ. Press, 1943。查尔德发现，有些意大利移民二代会对自己的内群表现出激烈的反叛，有些则表现出巩固内群纽带的倾向，甚至为此憎恶美国的大文化，还有一些人表现出冷漠的态度，尽可能地忽视族群冲突。所有的这些反应类型都可以被纳入我们的分类框架中，这一框架和查尔德的分类框架的主要区别在于广度。和查尔德受限于单一族群的研究相比，我们这里罗列出的调适行为类型更加广泛而多样。

第三部分
群体差异的认知

第 10 章
认知过程

> 内在之光与外在之光彼此相遇。
>
> 柏拉图

群体差异是一回事，对它的感知和认识是另一回事。我们在第二部分已经详细地检视了**刺激客体**本身，即外群的特征。现在，我们将转而讨论与刺激客体相遇（meet）的心智过程（mental processes）及其结果。

我们所看到听到的任何事物都并非直接地将其信息传递给我们。我们对周围环境产生的印象都会经过自己的**筛选**（select）和**解释**（interpretation）。有些信息经由"外在之光"而获得，但我们赋予其上的意义和重要性却大多是由"内在之光"而添加的。

透过窗户，我望见一株樱桃树正在风中摇曳，叶片上下翻动，露出了背面的色彩和脉络。樱桃树反射的光波激活了我的感觉器官，信息得以传递。但我想起从前不知在哪儿听说，一旦树被风吹得露出了叶背，就意味雨天的来临，于是我便由此推测，"今晚可能要下雨了"。

我所感觉（sense）、我所知觉（perceive）和我所想到（think）的东西混合成一个单一的认知动作（act of cognition）。当我遇见一个黑人时，黑色是我感觉到的，但他是一个"人"，是某种族的一员，并可能相应地会带有这个种族的其他（我所认为的）特征——这些想法都是由过往经历所附加上去的。这里发生的整个复杂过程成为一个带有丰富知识性的认知动作。

重要的是，我们从未错误地假设过对群体差异的知觉是直接的。正如阿尔弗雷德·阿德勒写道：

> 知觉并不能比作照相，因为知觉主体自身特殊的个体性质必将附

着其上，不可分离……

知觉不仅仅是简单的物理现象，更具备一种精神上的功能（psychic function），从中我们能够发现有关生命内在（inner life）最为广泛而深远的结论。[1]

筛选、强调和解释

感知-认知过程对"外在之光"有三种特征性的操作，即对感觉信息进行筛选、强调（accentuation）和解释。[2] 过程说明如下：

> 我和学生 X 接触过十次。每次他交上来的作业和评论在我看来质量都很差。所以我断定他能力上有欠缺，没办法很好地继续完成他的学业，所以这学年结束的时候他应该退学了。

我对证据做出了**筛选**，将注意力集中在那些能力缺陷的线索上面，作为教师对这些线索都很敏感。同时，我也更为**强调**了这些线索，而刻意忽略了学生 X 身上很多个人美德和魅力，只看重我与他仅有的十次学业上的接触。最终，我通过将这些证据概化成一个"学业能力欠缺"的判断而对此做出了**解释**。这整个过程和最后的论断都看似足够理性。我们会说，这个老师并没有"言过其实"。但实际上他做得有点过了。或许第十一或第十二次见面时就会有不一样的结果呢？但大体上看，他已经尽其所能做到了最好的筛选，根据他自身的经验标准而做出强调，也尽可能理性而明智地对情境做出了解释。

让我们看另一个例子：

> 在南非公共服务考试中，候选人需要判断犹太人在整个南非人口中所占的比例水平：1%，5%，10%，15%，20%，25%，30%。结果显示，选择的众数集中在 20% 的水平，而事实上犹太人只占了稍比 1% 多一点的比例。[3]

这个例子中，大多数候选人在思考眼前问题的时候，明显会从记忆中筛选、回忆他们认识或见过的犹太人。因此他们就将过往经验清晰地强调（夸大）了出来，以一种错误的方式来做出解释。对犹太人问题的过度敏感必然会诱发这种错误。对犹太人"威胁"的恐惧很有可能促成了这种过度膨胀的错估。

下例则更加清晰地呈现出"内在之光"对"外在之光"的显著影响。

> 在一个暑期学校,某天一名愤怒的中年女士走向一位教员:"我知道这个班上有个黑人女孩。"教员未做回应,这位女士固执地坚持:"但你不会收她上课的,对吗?"第二天她又出现了,坚决强调说:"我知道她是个黑鬼!我往地上扔了一张纸,命令她捡起来,她就照做了,这就证明了她不过是个不守本分的黑女佣而已!"

这位女士的推理仅仅开始于一个毫不起眼的细微线索。实际上,她说的那个女孩只是肤色带有一些浅褐色,在大多数人眼里她跟黑人完全不沾边。但这名指控者**筛选**出那些自以为是的线索,在自己的脑海中**强调**了一遍,就对整个事件做出了与她偏见一致的**解释**。比如,她仅仅通过女孩捡起了地上的纸这一动作就武断认为她是女佣。

最后一个例子则更为极端。在1942年纽约市的灯火管制阶段,为了以最小的照明实现最大的能见度,就连大街上的圆形交通信号灯都被部分遮挡住,只留下"+"字交叉的两条缝。这是客观环境。下面是一名男士对它的理解。

> 大纽约五区的所有交通信号灯都从古老的、直径约6英寸[①]的圆形红绿灯换成了红十字或绿十字!这让大卫之星的后人们看到该会有多么震惊。虽然是灯火管制的主意,但使用十字一定是纽约警方工程部的杰作!为的就是时时刻刻提醒犹太人,这是个基督教国家![4]

显然,这个例子中筛选、强调和错误解释的过程就更加天马行空了。

》 指向性思维与我向性思维

思维(thinking)本质上是对现实做出预期的一种努力。通过思维,我们尝试预见结果并计划行动以避免威胁、实现希望或梦想。思维绝不是被动的。相反,从下到上,它完全是主动的,包括铭记、知觉、判断、

---

① 1英寸约合2.54厘米。

计划等一系列主动功能。

当我们的思维被高效地组织、运用于对现实的预期当中时，我们就称之为**推理**（reasoning）。如果它真正能够推动个体向着自身生命中重要而基础的目标迈进，同时尽可能充分地匹配客观已知的刺激客体的性质，我们就称个体正在进行理性的推理。当然，他可能在推理过程中犯错，但只要总体方向保持着现实指向性（realistically oriented），我们就能肯定他在思维过程中具备了基本的理性特征。这种标准的、问题解决式的思维过程通常被称为"指向性"（directed）思维。[5]

我们将其对比于想象的（fantasied）、我向的（autistic）或者叫"自由"（free）的思维。我们的心灵常常会不间断地自由运转、流动，想到一个又一个新点子，但对于某个既定的目标来说却没有丝毫进展。比如，白日梦可以任意描绘一个目标、诉诸想象以实现，但却不会推动我们朝一个现实目标努力。**我向性思维**这个词就是用来指称这种心智活动的非理性形式。"我向"意味着"指向我""和我有关"（referring to self）。前文中那名感知到黑人的女士和那位感知到基督十字架的男士都采用的是这种我向性思维而不是指向性思维，因为他们某些私人的强迫性观念（obsession）已经彻底歪曲了当时的情境。二者都是错误的解释，都是没有目的性的解释。整个过程软弱而易变，目的在于服务自我。

我们可以引用一个实验来说明这个问题。塞尔斯（S. B. Sells）尝试研究人们根据三段论进行推理的能力。三段论是种简洁的问题解决式的指向性思维。其中有一些是针对黑人的，比如：

- 如果很多黑人都是著名运动员，且如果很多著名运动员都是国民英雄，那么很多黑人都是国民英雄。
- 如果很多黑人是性骚扰者，且如果很多性骚扰者感染了梅毒，那么很多黑人都感染了梅毒。

在塞尔斯的实验中，大学生被试需要判断这些三段论当中推理逻辑是否正确。从理论上讲，上面两种三段论陈述都是**错的**，因为当前提中出现"很多"这个字眼时，我们就不能得出有效的结论。但无论被试是否经受过逻辑训练，一个不带偏见的判断必定会认为这两种三段论的陈述同等有效或者同等无效，因为这两种陈述在形式上完全相同。

事实证明，尽管大多数学生确实做出了一致的推理——认为两种陈述同样有效或同样无效,但仍然有一部分被试认为第一种比第二种更为有效,随后的态度测验发现这些学生大多抱有**支持黑人**的态度,相应地,也有一部分被试认为第二种比第一种更为有效,而这些学生大多抱有**反黑人**的态度。[6]

实验显示了一个纯粹客观的推理问题是如何以一种自我中心的方式来处理的。我们看到,在实验中,判断结果充斥着个人喜好和先入为主的偏见,同时也显示出,支持黑人偏见同反黑人偏见一样会扭曲推理过程。

伴随着我向性思维很重要的一点就是**合理化**(rationalization)。人们不愿承认自己的思维是自我中心的。事实上他们通常并不**了解**这些思维过程究竟是什么,特别地,他们会抗拒承认自己的思维是偏见使然。他们一般会提供一个更容易为人所接受和尊重的理由出来。有偏见的白人不可能承认他拒绝与黑人共饮是因为他不喜欢黑人,相反,他会说黑人都"染了病"。这毕竟是一个看似**有理的**理由,即使他会毫不犹豫地与同样可能"染病"的白人推杯换盏。1928年的总统选举中,很多人因为阿尔·斯密斯是天主教徒而拒绝给他投票,但他们给出的理由却是"他粗俗而笨拙",这同样是一个看似有理却并不真实的理由。

推理和合理化二者并不总能区分开来,而推理或合理化中出现的**错误**则尤其难以分辨。合理化这个词应当谨慎使用,而且只适用于以明显错误的正当化策略来掩盖真实我向性思维过程的情况。

合理化现象难以察觉的原因之一就在于它们通常会遵循以下规则:(1) 符合既已接受的社会规范。拒绝一个"粗鲁而笨拙"的总统候选人听起来是**完全合理的**——即使这并不是真正的原因。(2) 尽可能接近既已接受的逻辑准则。即使并非真正的原因,它们也至少是**好的**原因,拒绝从可能染病的杯子里喝水**听起来**似乎合情合理。

》 因果思维

无论运用指向性思维还是我向性思维,我们都在不断地尝试建构一副有序、可控、合理、简单的世界图景。外部现实本身是混乱嘈杂的,充满了太多的不确定意义。要生活,不得不对之进行**简化**。我们需要感知上的稳定性,同时也有一种始终无法被满足的**理解**欲望。我们讨厌任何悬而未决的事情,所有的事物都应各得其所、各安其位。年幼的孩子会不断地发问:"这是为什么?这又是为什么?"

似乎正是为了回应这种基本的理解欲望,世界上每一种文化针对任何可能被提到的问题都准备了一份答案。没有一种文化会以"我不知道"来作结。这里有关于创世纪的神话,有关于人类起源的传说,还有关于无穷知识的大百科全书。在路的尽头,始终都会有宗教的指引,足够照亮一切晦暗不明。

正是这种基本需求对群体关系有着重要的影响。一方面,人们倾向于将**原因**当作**人们**应为之负责的某些东西。在终极意义上,是神,创造并整治了这个世界,是魔鬼,制造了邪恶和混乱。引发经济大萧条的是国家领导人。朝鲜半岛的军事冲突也被称为"杜鲁门"之战。希特勒说引发了这场战争的正是**犹太人**。与此同时,这种拟人论(anthropomorphic)倾向还极其显著。1929年的股票市场崩盘正是"摩根财团"引起的。通货膨胀正是垄断者引起的。高物价是犹太人阴谋的恶果。[7]如果罪魁祸首是人,那么,恐怕再没有别的做法比将攻击性矛头指向这个人更有逻辑的了。

因此,我们不断地为沮丧和病痛寻求外部解释,也倾向于寻求更为拟人化的能动机制。这种怪癖将使我们产生偏见,除非经过某种艰苦的训练,除非能充分地认识到我们太容易习惯性地将自身的命运归咎于这种拟人化的能动机制——尽管事实上这些沮丧和病痛往往源自非人化的原因,如经济环境的变化,或社会历史变迁的浪潮。

》范畴的本质

我们频繁地提到了一个词,范畴。第2章引入了这个概念,并指出了它的很多显著特点。范畴会尽可能多地将新旧经验吸收并同化进自身之内;范畴也能帮助我们快速地识别客观事物并使其纳入其中;范畴内的所有事物都浸染了某种共同的情绪色彩(emotional flavor)。最后,我们指出,范畴化思维是人类自然而然、无法避免的心智倾向,非理性的范畴的形成同理性范畴一样容易。

但我们仍需给**范畴**(category)下一个定义。它指的是,**一组可及的**(accessible)、**相互关联的观念所组成的"丛"或者集合**(cluster),**且这些观念丛作为一个整体,具有能够对日常生活中的调适行为**(adjustment)**进**

行指导的特性和功能。不同范畴之间可能会相互重叠。狗是一个范畴，狼也是一个范畴。相应地还有子范畴，例如西班牙猎犬。所有名词都指向一个范畴（有时也被称为概念），但范畴并不仅仅限于这些名词，除此之外还有组合范畴（combinational），它们彼此重叠，级别更高，带有一些限制性条件，同时没有确定而绝对的边界。比如，"看门狗""流行音乐""粗俗而笨拙的行为举止"。简而言之，任何组织化的认知单元都可以被称为范畴，它是认知操作（cognitive operation）背后的基础。

没有人确切地了解为什么相互关联的观念倾向于内聚（cohere）在一起而形成范畴。自亚里士多德时代以来，人们就提出了种类繁多的"联想定律"（laws of association）用来解释这种重要的心智特性。这些观念丛的形成不必与外在的客观现实保持一致，比如，"精灵"一词并没有相对应的客观实体，但我仍然可以在头脑中形成与之相关联的一个确定范畴。我也可以形成类似的确定范畴，比如人类群体，尽管事实上并没什么证据可以确保其与现实——对应。

理性地讲，一个范畴必须围绕那些能被正确纳入其中的客体的**本质属性**（essential attributes）而建立起来。故而，所有的"房子"都是以某种程度的适宜居住性为特征的建筑结构（无论过去还是现在）。除此以外，每座房子还有其独属于自身的一些非本质属性。有的大，有的小，有的是木质结构，有的是砖砌结构，有的经济适用，有的豪华奢侈，有的年代久远，有的立意标新，有的涂灰，有的涂白——这些都不是"房子"的本质属性或"定义属性"（defining attributes）。

类似地，一个所谓的"犹太人"，必须具备某种定义属性。但如第7章中所讲，要找出这种属性究竟是什么多少有些困难，但肯定关涉到他与犹太教传统的某种血统或信仰皈依上的联系。除此以外犹太人并没有什么其他本质属性。

不幸的是，大自然并没有提供什么确定的方法来保证我们所形成的范畴完全或基本上都是由定义属性所构成的。所以会有小孩错误地认为所有的房子必须像他自己的那样有两层楼，有空调和彩电。这些偶然属性并非全然必要，事实上，在可靠范畴的形成过程中，它们是一种干扰，因此心理学家有时也称其为"噪声"属性。

回到犹太人的概念上来。如前所述，犹太人的核心定义属性也许只有一个。但却有很多其他的先赋属性（ascribed attributes）因种种原因而被纳入我们的范畴之内，或多或少成为"噪声"。其中有些属性会存在某种程度的概率性。犹太人拥有类亚美尼亚人外表的概率、从事贸易行业或拥有专业职位的概率、受过良好教育的概率都明显大于零。这些属性，正如第 7 章中所言，构成了真实（但绝非本质上）的群体特征。除此以外，我们的范畴还会纳入一些完全错误的噪声属性，诸如犹太人都是银行家、阴谋家、好战者。

但不幸的是，大自然并不会告诉我们哪些属性是定义性的，哪些属性只是可能、偶然性的，而哪些属性是完全错误的。在我们的头脑当中，所有的属性都同样有效。换言之，我们一般无法区分出哪些群体特征满足 J 形分布，哪些遵循稀-无差别，哪些完全是臆想。在心理学意义上而非逻辑意义上，它们对我们而言意义都是等同的。

显然，有些范畴比另一些范畴更为灵活（分化）。那些固定的、一成不变的范畴，我们称之为"垄断性"（monopolistic）范畴[8]。它们僵硬（rigid）而有力，所包含的属性都确定而单一，不允许差异的存在，拒绝所有与之对立的证据。由这种范畴组成的心智是封闭的。更甚于此的是，一些微乎其微的证据或完全臆测的想法碎片都会"加固"这些范畴。个体筛选、理解其所见所闻的方式契合并加强了这些垄断性范畴。坚定的反犹者会完全拒绝或忽视（将其视为一种"例外"）点点滴滴有关犹太人的积极信息，却会对一切能够支持其敌对观点的线索投以极大的热忱。

并非所有的范畴都是如此"坚如磐石"。有些也灵活可变。比如，很多人发现，他们对一个群体了解得越多，就越不可能形成垄断性范畴。比如，很多美国人都知道，任何有关"美国人"的成见都不作数。我们知道不是所有美国人都是财迷、都很风流或很粗俗，也并不是所有美国人都友善而好客。但不了解我们的欧洲人却常常会把我们看成具备了上述特质的整体。

如果我们怀着谨慎的态度对待一个范畴，并允许其中有一定程度的变异和进一步细分的可能性，我们就可称之为是一个**差异化范畴**（differentiated category）。差异化范畴是刻板印象的对立面。下文中的反思就是差异化范畴的一个例子。

> 我接触了很多天主教徒。起初，我小的时候，以为他们都是愚昧和迷信的人，智力和社会地位都不如我。因此以前我常常跑着路过他

们的教堂，从不跟他们一起玩，也从不在天主教商店里买东西。但我现在知道了，只有很少的特征才是他们共有的，也就是同样的信仰和宗教活动，但这是非常有限的。除此之外，后来不断和他们打过交道以后我才认识到，天主教徒也分很多种，我不能把宗教以外的其他任何属性全都纳入我对他们的概念当中去。我意识到，天主教徒中的穷人、城市居民、外来人口比新教徒中要多，这种现象确实会存在。我也知道很多人都会进入地方教区的学校而不是公立学校。但这些特征和我所了解的其他任何群体都没什么不同。因此只有在少数几个方面我们才能把天主教徒视为一个群体。

》 最小努力原则

垄断性范畴比差异化范畴更容易形成，也更持久，这已然成为一条定律。尽管我们大多数人尝试在**某些**领域中学会批判地、开放地思考，但在另外一些领域中，我们依旧遵循着这一最小努力原则（principle of least effort）。[9] 医生通常不会仅仅局限于做出关节炎、蛇咬伤和阿司匹林药效的一般化区分，却会在关于政治、社保或墨西哥人等问题上满足于过度概化的方式而不做细究。生命是如此短暂，我们来不及给每一样事物都赋予一个差异化的概念。**少数几条**小路就足够我步行通过，要是有一辆汽车的话，我就更有理由排斥掉其余一切可能性而专注地走自己的路，这样我的生活就会变得简单又高效。这一原则对解释群体关系显然同样适用。

并非所有的简化都是恶意的。我也许会觉得瑞典人都衣着整洁、诚实勤勉，抱着这样积极的看法和他们做生意（同样，有些属性当然并不完全准确，而是在人群中呈现一定概率性分布）。我想说的是，非差异化的范畴会让生活变得更容易。认为群体中所有成员都具备相同特质，这为我们省去了将其一一视为个体看待的大麻烦。

群体范畴化中的最小努力原则的后果之一，就是我们会养成一种**本质信念**（belief in essence）。每个犹太人都天生带有一种"犹太性"。"东方人的灵魂"、"黑人血液"、希特勒所鼓吹的"雅利安主义"，所谓的"美国人的天赋""法国人的逻辑""拉丁人的热情"……诸如此类皆是"本质信念"的代表。神秘的光环（无论好坏善恶）笼罩着群体，全部的子民皆分享其中。当英国为图自身的壮大而私吞、侵占亚洲和非洲的土地和劳力时，怀抱"本质信念"的英国作家吉卜林倨傲而骄狂地写下了这样的诗句：

> 你们这些愤懑的俘虏，
> 半身为鬼，半身为童。

吉卜林的思维方式无疑极大地简化了他的生活，也简化了许许多多同样思维方式的英国人的生活。他们不必强迫自己去适应被殖民者的个体差异，更别谈其中关涉的一些复杂的道德伦理。大英帝国的分崩离析很大程度上就归咎于这种吉卜林式的错误——以非差异化的方式看待人群。垄断性的范畴只能带来一时的成功，但长期来讲，它将引向灾难。

最小努力原则的终极体现就是**二元价值**判断（two-valued judgement）。

> 4~10岁的小男孩习惯每天不断地问自己的爸爸同样的问题，比如每一则新闻广播之后他都会问："好的还是坏的？"孩子通常缺乏独立判断的标准，因此希望大人能帮他把每一样事物都划分到二元对立的价值范畴中去，帮他简化这个纷繁而令人困惑的世界。

并不是所有的成年人都真正超越了这个小男孩的阶段，他们很容易倾向于将所有的范畴都契合进"好的"还是"坏的"这一对更高级的上位范畴（superordinate category）当中。这对我们的生活而言是极大的简化。其他类似的二元价值命题同样也会带来这种简化：任何事情都有正确的方法和错误的方法；所有女人不是纯贞的就是肮脏的；黑是黑、白是白，不存在灰色的阴影地带。

第5章曾讲到，那些厌恶外群的人也倾向于厌恶其他所有的外群。这里就隐藏着最为典型的二元价值逻辑：内群都是好的，外群都是坏的。

❯❯ 偏见型人格的认知动力学

我们现在转向偏见领域的心理学研究当中最具里程碑意义的发现。宽泛地讲：**普遍而言**，偏见型人格与包容型人格在认知过程上存在着差异。

换言之，一个人的偏见不可能仅仅是一种对特殊群体的特殊态度，而更有可能反映了他对生活于其中的世界的一种整体性的思维习惯。

一方面，研究发现，偏见型的人**普遍而言**习惯于做出二元价值判断，以二元对立的方式思考自然、法律、道德、男人和女人，族群也不例外。

另一方面，偏见型的人面对差异化范畴会感到不适。他更偏爱所有的范畴都是一副垄断的样子。他的思维习惯已经僵化了，思维定式无法轻易改变，只有坚持旧有的推理方式——无论这种推理方式是否与群体有关。他对于确定性（definiteness）有着更为强烈的需求，无法忍受其计划中的模糊性。他形成自己的范畴时找不出那些真正本质性的定义属性，却把很多噪声属性放置到同等重要的位置上来。

第 25 章会讨论到"偏见型人格"（Prejudiced Personality），会更为详细地讲述有关的研究发现。我们会看到，偏见的动力学、认知的动力学和情绪的动力学是如何编织进一个单一而统一的生活模式当中的。

与此相对，第 27 章将检视"包容性人格"（Tolerant Personality），其认知过程具有更大的范畴分化程度、更强的模糊性包容度，更容易承认自己的无知，并且对垄断性范畴怀有一贯的怀疑和批判的态度。

当然我们并不是说只有这么两类人（那样的话就又是一种不合理的二元论）。在偏见型综合征和包容型综合征之间存在不同程度的色差和过渡，它们构成了一个连续体。我们并非在强调不存在人格类型的混合，而是在强调，凡是有偏见发生的地方，就一定不能脱离其一般意义上的认知过程，不能脱离个体生活模式整体的动态性。

结论

本章与第 2 章一起为大家展现了认知过程的一个基础心理学面向。迄今为止，我们业已确立了如下几个命题：

那些彼此类似的、相伴相生的、一起被言说的印象（impressions）倾向于彼此内聚，以形成一个范畴或者被称为某种概化（generalizations）或概念（concepts），特别是当它们被贴上某种标签的时候（参见下一章），这种倾向更为明显。

一切范畴都会创造出关于这个世界的意义。它们就像森林里的小道一样，为我们的生活空间提供秩序。

当这些范畴不足以服务于我们的目的时,我们会根据经验来对之进行调整。尽管如此,最小努力原则仍倾向于让我们固守那些粗糙的、既已形成的概化方式,只要它们能勉强满足要求,我们就会随时启用。

范畴通常会将相关事物尽可能多地吸纳并同化进它单一而统一的结构当中。

范畴抗拒改变,往往会以承认"例外"的存在来维持其本来面目,即所谓的"修篱"(refencing)。

范畴有助于我们识别新的人和物,并对它们形成某种与我们的预想相一致的期待。

范畴可能包含了很多相关知识的混杂,包括一些错误的观念和情绪色彩,因此他们可能同时反映了背后的指向性思维和我向性思维。

证据一旦与范畴产生冲突,就可能会被歪曲(通过筛选、强调和解释的方式)以加固既有的范畴。

理性的范畴围绕事物的本质属性或定义属性的基础而建立,但非本质性的噪声属性往往也会进入范畴从而削弱其与外部客观现实的一致性。

族群偏见是一种关涉特定人群的范畴,它并非建立在定义属性的基础之上,而是包含了大量的噪声属性,使我们对群体作为一个整体产生贬低和轻视。

我们对因果关系的思考,尤其是涉及自身的沮丧和病痛之时,倾向于采取一种拟人化的方式,即将其归咎于某个能动者(human agency),这个被选作责任代理的通常是少数群体。

二元对立的范畴很容易形成,尤其是那些公然宣称其内容非黑即白、非好即坏的范畴。同时在族群问题上,它们会轻而易举地掌控我们的思维。

偏见型人格的特征在于,它会在一切相关领域内形成垄断性的、非差异化的、二元的、僵化的经验范畴。普遍而言,包容型人格有着与之相反的认知过程倾向。

注释和参考文献

[1] A. Adler. *Understanding Human Nature*. New York: Permabooks, 1949, 46.
[2] J. S. Bruner & L. Postman. An approach to social perception. Chapter 10 in W.

Dennes (Ed.), *Current Trends in Social Psychology*. Pittsburgh: Univ. of Pittsburgh Press, 1948.

[3] E. G. Malherne. *Race Attitudes and Education.* Hornlé Lecture, 1946. Johannesburg: Institute of Race Relations.

[4] 截取自一封刊登在《危在旦夕的美国》(*America in Danger*) 1942 年 6 月 15 日的报纸上的信。

[5] G. Humphrey. *Directed Thinking*. New York: Dodd, Mead, 1948. 另见第 2 章注释 2。

[6] S. B. Sells. *Unpublished research.* 另见"The atmosphere effect," *Archives of Psychology*, 1936, No. 200。

[7] 在弗里茨·海德的实验中，甚至仅仅是一根线条的运动这么非人化的模式都能被轻而易举的拟人化，参见 Fritz Herder, Social perception and phenomenal causality, *Psychological Review*, 1944, 51, 358-374。几乎所有的被试在观看由图像展示的简单线条运动时都会讲出某个似乎正在机械地操纵着线条做特定运动的**人的故事**。对于观看者来说，移动的线条及其几何特征似乎代表了怀有某种动机的人正在对另一个人做某种事情。

[8] L. Postman. Toward a general theory of cognition. In J. H. Rohrer & M. Sherif (Eds.), *Social Psychology at the Crossroads*. New York: Harper, 1951.

[9] 更多信息可参见 G. K. Zipf, *Human Behavior and the Principle of Least Effort*, Cambridge: Addison-Wesley, 1949。

第 11 章
语言因素

离开文字，我们根本无法形成范畴。不会说话的狗也许能够形成某种粗浅的概括，诸如"不得靠近那个小男孩"之类——但这种概念只停留在条件反射的层面，并不能成为思维的对象。为了在心智中保存住某些概括，以便于回忆、反思、认同并以此指导行动，我们需要将其固定为文字的形式。正如威廉·詹姆斯所言，没有文字，我们的世界只是"经验的沙丘"。

》 名词的切割术

人类的经验世界里大约有 25 亿粒"沙子"从属于"人类种族"这一范畴。我们的思维不可能一一应对这些分立的实体，就连日常生活中每天大约会遇到的百十来个人，我们也无法将其一一识别出来。我们必须把他们划分成群体，将物以类聚，将人以群分。因此，对于那些用来划分类别的名词，我们青睐有加。

名词最重要的性质就在于能够将很多粒沙子装进同一个桶里，不管这些沙子是否可能同样也适合于装进另外一个桶里。学究气地讲，也就是说，一个名词从某一具体实在（reality）当中**抽象出**（abstract）某个特性，并据此特性将其他不同的具体实在也聚在一起。正是这一强行分类的举动迫使我们忽略其他特性，哪怕其他特性也许能够提供一个比现在更好、更有力的分类基础。欧文·李给出了一个例子：

> 我认识一个双目失明的男人，人们叫他"盲人"。其实，他也可以被叫作"职业打字员""尽责的工人""优等生""细心的倾听者""求职者"。但他在售楼处的门店里却觅不到一份口粮，即使那里的雇员

们只需要一动不动地坐着、敲击键盘记录下电话里传来的订单信息就够了。人事部门对面试显得很不耐烦，"但你是个盲人"，面试官这样说，语气里轻而易举听得出他没说出口的预设——在某方面有缺陷的人一定会在其他方面都有缺陷。面试官已被"盲人"这个标签一叶障目，而难见泰山。[1]

像"盲人"这样的标签一旦出现，就非常显著而有力。它们能够排除其他的分类方法，甚至是交互分类的可能性。族群标签通常也属于这种类型，特别是当它们关联于某些高度可见的特征时更是如此，例如**黑人、东方人**，这有点类似于**弱智、瘸子、瞎子**等等指代明显肢体缺陷的标签。我们姑且把它们叫作"具有原发性效力的标签"（labels of primary potency）。这些标签仿佛尖锐呼啸着的汽笛声，遮蔽了其他所有也许更为精准合适的知觉区分方法。即使处于某一情境下双目失明或肤色黝黑的确是分类的决定性属性（defining attributes），但在另一些情境下，它们也一定是无关紧要的"噪声"。

绝大多数人意识不到语言的这一基本规律——我们贴在某人身上的每一个标签都只能涉及他天性中的一个面向。一个人可以同时拥有慈善家、中国人、内科医生、运动员所有这些方面的特征，但更可能的是，你脑海里只会凸显出"中国人"这一个标签，这就是所谓"具有原发性效力的标签"。然而，无论哪个标签都无法概括这个人的全部天性（名字除外）。

因此，我们使用的每一个标签，尤其是那些具有原发性效力的标签，将会占据我们的注意力，使其远离具体的现实。那些活生生的、拥有复杂人性的个体会消失不见。如图11-1所示，这些标签过度夸大了我们某一方面的属性，而忽略了其他更为重要的东西。

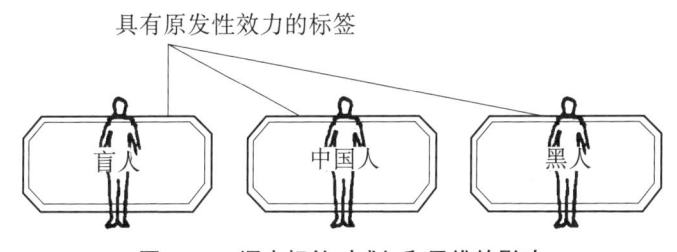

图 11-1　语言标签对感知和思维的影响

正如第2章和第10章所指出的，范畴一旦借助于"具有原发性效力的标签"而形成，就会轻而易举地吸纳进更多超出其本分之外的属性。诚然，如第7章所述，确实存在一些真正与族群血统相关联的特质会以概率的方式呈现出来。但我们的认知过程并不严谨。如我们所见，标签化的范畴，会无差别地将决定性属性、概率性属性和纯臆想属性一股脑地包含在内。

就连恰当的人名——本应指引我们看到个体本身——有时也会成为"具有原发性效力的标签"，特别是当它们唤起了有关族群的联想时。"格林伯格"（Greenberg）先生就因为他有一个犹太人的姓，就会在听者脑海里激活犹太人的整体性范畴。拉兹伦曾做过一个独创性的实验证明了这一点，同时也证明了，一个恰当的人名是如何像族群符号一样引发一连串刻板印象的。[2]

屏幕上呈现30张大学女生的照片，150个学生作为被试，在5点量表上分别对这些女生的漂亮程度、聪明程度、性格良善、志向抱负、可爱程度进行打分。两个月后，同样的被试返回实验室重新为同一批照片和另外15张新照片（为使记忆因素更为复杂而引入）打分。这一次，原先照片中有5张被标记了犹太人的姓（Cohen、Kantor等），5张标记了意大利人的姓（Valenti等），5张被标记了爱尔兰人的姓（O'Brien等）。其余照片选的都是《独立宣言》的签署者以及《社会名人录》（Davis、Adams、Clark等）中的姓。

当照片附上犹太人的姓时，打分结果出现了如下变化：

漂亮程度，下降

性格良善，下降

可爱程度，下降

聪明程度，上升

志向抱负，上升

而当照片附上意大利人的姓时，打分结果出现了如下变换：

可爱程度，下降

性格良善，下降

漂亮程度，下降

聪明程度，下降

可见，单纯一个姓就足以导致对个人属性的预判。个体被划入一个个带有偏见的族群范畴，而不是据其本身被评判。

尽管爱尔兰人的姓会引发贬损的预判，但其贬损程度却不如犹太人的姓和意大利人的姓更为严重。"犹太女生"的可爱程度下降的比例是意大利的两倍，是爱尔兰的五倍。然而，我们注意到，"犹太女生"在**聪明程度**和**志向抱负**方面却有更高的评分。并非所有的刻板印象都是负面的。

人类学家玛格丽特·米德曾提出，如果将具有原生性效力的标签从名词改为形容词，其力量就会大打折扣。当我们说黑人士兵、信奉天主教的老师、犹太艺术家时，我们就将注意力转移到其他群体分类标准之上，这些新的分类与种族和宗教有着同等的合法性。如果乔治·约翰逊不仅能被人以黑人身份言及，还能被人以**士兵**的身份谈论，我们就拥有了至少两个可以用来了解他本人的属性，总比只有一个要更为精确一些。当然，如果要将其当作一个个体来仔细刻画，我们就必须了解更多的属性。我们应该更多地用**形容词**而非**名词**来指称族群和宗教的身份，相信这会是一个非常有用的建议。

》 带有感情色彩的标签

很多范畴都有两类标签——一类非情绪化的，一类情绪化的。留意一下你分别读到**女老师**（school teacher）和**女学究**（school marm）这两个词时内心的感受和想法。后者必定会唤起某些更为严苛、荒诞，也更令人不爽的东西。仅仅四个纯粹清白的字母，却让我们感到发抖、可笑和鄙夷。它们唤起了一幅身材干瘦、不懂幽默、古板又易怒的老女人形象。它并不会告诉我们她是一个有着自己悲伤和烦恼的独立个体。它们迫使她被划入一个遭受拒斥的范畴当中。

当涉及族群问题的时候，即使像黑人、意大利人、犹太人、天主教徒、爱尔兰裔美国人、法裔加拿大人等最为朴素的标签也都会带有感情色彩，其原因留待后述。但对应地，它们都有感情最为浓烈的同义词：黑鬼（nigger）、意佬（wop）、犹太佬（kike）、天主教分子（papist）、哈波（harp）、加奴（cannuck）。听到这些标签，我们几乎可以肯定，说话者不仅**故意**挑明了对方的族群身份，还对其侮辱和排斥。

使用这些标签的背后除了上述侮辱性的意图外，很多指涉族群身份的词还带有天生缺陷（从"面相"上判断）的意味。例如，某些族群的人名在我们听来显得特别可笑（和我们所熟悉的也因而认为是"正确"的东西相比）。波兰人名既难念又古怪，陌生的方言听起来特别搞笑，异文化服饰则看起来非常别扭。

但在所有类似的"面相"缺陷当中，明显提到肤色的符号是最多的。黑人（Negro）这个词源于拉丁文 niger，意思是黑色。但实际上，没有一个黑人的肤色是纯黑的，只是跟其他浅肤色的人相比，他们更"黑"一些。不幸的是，**黑色**在英语当中偏偏带有很多凶险的意味，例如前景黑暗、黑球反对票（blackball）、满口黑话（blackguard）、心黑（blackheart）、黑死病（Black Death）、黑名单（blacklist）、勒索（blackmail）、黑手党（Black Hand）。赫尔曼·梅尔维尔在其小说《白鲸》中详尽地考察了黑色显而易见的病态喻义以及白色显而易见的高尚喻义。

黑色的不祥之义并不局限于英文世界。一项跨文化研究显示，黑色的语义显著性或多或少都具有普遍的一致性。在西伯利亚部落社会中，名望高的宗氏自称为"白骨"，其他人都是"黑骨"。有证据表明，就连乌干达的黑人，占据他们的神权金字塔塔顶的，居然是一个白人神祇；很显然，象征纯洁的白色被用于阻隔邪恶和疾病。[3]

故而，在**黑人种族**与**白人种族**的概念里，存在着隐含的价值判断。类似地，我们也可以研究**黄色**这个词的隐含意味及其对东方人这个概念可能造成的影响。

这种推论不能操之过远，因为毫无疑问在很多情况下黑色和黄色也有好的一面。黑色天鹅绒令人爱不释手，类似的还有巧克力和咖啡。黄色郁金香令人沉醉着迷，太阳和月亮都呈明亮的黄色。但是很多色彩词都带有沙文主义的意味，这是确有其实的。很多为人所熟知的短语都必定带有某种轻慢的意味在里面：黑人口袋（dark as a nigger's pocket）、在黑人区招摇过市（dark town strutters）、白人的希望（white hopes，在黑人重量级冠军、美国拳王杰克·约翰逊面前的白人挑战者）、白人责任（white man's burden）、黄祸（yellow peril）、黑小子（black boy）。不管说话人有没有意识到这一点，我们的日常用语总是附带有各种偏见的味道。[4]

我们谈到，即使最为恰当而不起眼的少数群体标签有时也会充分流露出一种消极的意涵。在很多语境下，**法裔加拿大人**、**墨西哥人**或**犹太人**，尽管它们很准确，本身也毫无恶意，但听起来也带有很强烈的谴责色彩。原因在于，它们是有关社会越轨行为（social deviants）的标签。尤其在一个崇尚整齐划一的文化当中，任何越轨行为的指代，在其事实本身以外仍会带有一种消极的价值判断于其上。像**疯癫**（insane）、**醉酒**（alcoholic）、**堕落**（pervert）之类的词，在人类行为或状态的描述上本身可能是中性化的，但更多情况下，它们暗含对越轨行为指名道姓的谴责之义。少数群体是越轨者，正因如此，这些最为清白朴素的标签很多情况下从一开始就已暗示了一种侮辱的隐晦态度。当我们想强调并诋毁那些越轨行为的时候，我们还会用上那些感情色彩更为浓烈而充沛的词：疯子（crackpot）、酒鬼（soak）、娘炮（pansy）、痞子（greaser）、土人（Okie）、黑鬼（nigger）、犹太佬（kike）等等。

少数群体的成员往往对这些名称很敏感。他们不仅抗拒这些带有故意辱骂意味的绰号，有时还会"说着无心听者有意"地读出原本不存在的恶意。Negro 这个单词拼写时如果写成了小写的 n，就令人难以忽略地带上了一种故意的冒犯。（white［白人］当然不存在这个问题，因为它不需要首字母大写；但 Caucasian［高加索白人］就需要格外谨慎。）像"穆拉托"（mulatto）或"八分混血儿"（octoroon）这些词由于以前的用法带有屈尊降贵的贬低意味，所以现在听起来仍然很刺耳。性别符号也是非常令人讨厌的，因为它们会与族群身份标签构成叠加。否则，为什么说女犹太人而不说女新教徒？为什么说女黑人而不说女白人？类似地，Chinaman 和 Scotchman 也属于过分强调，否则为什么没有 American man 呢？误解之所以发生就在于少数群体成员对这种隐晦暗示非常敏感，而多数成员却往往是不加思考地就说出了口。

▶ 共产主义者标签

一个外群，直到我们能够对其冠以一个标签，他们才真正驻扎在了我们的脑海当中。我们经常遇见这种模棱两可的情况：有些人想把某种责任扣在某个群体身上，但却无法将其指明。这时，人们往往会使用代词

偏见的本质

"他们",但却是在没有任何先行名词的情况下讲的。"他们为什么不把人行道弄宽些?""我听说他们要建一个工厂雇很多外地人。""我才不会付车钱,他们想要钱真是痴心妄想!"一旦被问说"他们是谁?",说话者也含糊其词。单独使用**他们**这个代词,是一种常见的用法,这说明,即使人们对所谓的外群并没有清晰的概念,他们也依然想要并需要把外群指出来标定一下(通常是为了发泄敌意和不满)。只要愤怒的对象仍然是模糊的、定义不清的,特定偏见就无法结晶成形。为了有个敌人,我们需要标签。

实际上直到最近——尽管看起来非常不可思议——对**共产主义者**这个符号才基本形成一致的定义。这个词当然早就存在了,但以前它并没有什么特别的感情色彩,也不会用来指代一个公共的政党。一战后美国曾日益强烈地体验到经济和社会上的威胁感,但即使在这个时候,人们对这种受威胁感的实际来源也莫衷一是。

一项对 1920 年《波士顿先驱报》的内容分析研究发现了下列标签。这些标签都用于暗示某种威胁的语境。歇斯底里的癫狂弥漫着整个国家,就像二战后一样。总得有类人为战后的病态、高物价、不确定性买单。罪魁祸首一定就在某处。1920 年,记者和编辑们毫无偏袒地为所谓的罪魁祸首列出了下面这些标签:

> 外地人,煽动者,无政府主义者,炸弹与火炬的传递使者,布尔什维克党人,共产主义者,共产工党,阴谋家,间谍,极端主义者,外国人,带连字符的(×裔)美国人,纵火犯,世界产业工人联盟(IWW),空谈的无政府主义者(parlor anarchist),空谈的温和激进分子(parlor pink),社会主义空想家(parlor socialist),阴诡者(plotter),激进分子,革命分子,苏维埃,煽动家,工团主义者,叛徒……来者不善。

从这一长串所谓的指控中我们看到,对于敌人的**需要**(需要有个人来充当不满和激愤的靶子),要远远胜过对于敌人的精确**识别**。不管怎样,至少对于这些标签都没有一致的认定。也许正因如此,这种歇斯底里才得以慢慢平复。既然"共产主义"并不构成一个清晰的范畴,那么敌意就并没有真正的焦点。

但二战以后，这些模糊易变的范畴集合不仅在数量上大幅下降，同时也获得了更为广泛的一致认定。在美国，外群威胁渐渐被可笑地认定为几乎全都由**共产主义者**造成。1920 年这些威胁由于缺乏清晰的标签而若隐若现，但 1945 年以后不管是符号还是事实本身都变得更为确切。这并不是说人们确切地知道究竟何人是所谓的"共产主义者"，而是说，借助这个词，人们可以前后一致地指认出那些引起担忧和恐慌的**某些人或事**。这个词渐渐拥有了标定威胁的力量，进而导致对这个词所指涉的群体采取一系列镇压性措施。

逻辑上讲，这个标签应当应用于那些可以明确指出的定义属性，例如共产党员、苏联体制支持者和马克思的追随者。但实际上，这些标签的应用范围远远不止这些。

情况通常大致如下。饱经战争的折磨和革命的灾难性后果的刺激，人们自然而然地变得凄凄惶惶，他们惧怕失去财产、讨厌高税收，往日习以为常的道德和宗教价值也变得面目可憎、危机四伏，人们担心灾难背后还有更大的灾难。为了解释这种不安（unrest）的心理状态，人们需要辨认出一个敌人。仅仅指出"苏联"或是某些遥远的大陆是不够的，仅仅归咎于社会变迁也是不够的，人们需要的是具有能动性的个体，是身边的人：在华盛顿，在我们熟悉的学校、工厂和街坊邻居。一旦我们**感受**到了某种直接的威胁，我们就会推断，危险一定藏在邻近的地方。因此，我们得出结论，共产主义者，不仅在苏联，也在美国，在院子里的台阶上，在政府的国会里，在我们的教堂里，在我们的大学中间，也在左邻右舍。

那么，我们是不是在说：对共产主义者的敌意就一定是偏见呢？非也。现实的社会冲突有不同的层面。美国价值观（例如尊重个人）与苏维埃的那一套权威主义价值观在本质上是大相径庭、针锋相对的。现实的对立一定是存在的。偏见只有在"共产主义者"的定义属性变得宽泛而模糊时才会出现，只有在人们把所有支持社会变革的人都称为共产主义者时才会出现。那些惧怕社会变迁的人，同时也最容易把这种标签贴在某些在他们看来行迹十分可疑的人或事上面。

对他们而言，这个范畴是未分化的（undifferentiated）。它包括了所有书籍、电影，和所有发出不同政见的布道者和老师。一旦邪恶降临——比方说森林大火或工厂爆炸，那一定是共产主义者们干的好事。这个范畴变成了垄断性（monopolistic）的范畴，包罗着一切志不同道不合的人。1946年的众议院，众议员兰金（John E. Rankin）称呼詹姆斯·罗斯福为"共产主义者"。对此，国会议员奥特兰（George E. Outland）用心理学似的机敏回复道："很显然，任何不同意兰金的人都是共产主义者。"

当区分性的思维处于低迷时期——正如在社会危机时期一样，就会存在一种二元逻辑的放大。事物要么被感知为存在于某种道德秩序之内，要么之外。落在外面的，就被称为"共产主义者"。相应地，任何被称作共产主义者的都应该立即被逐出道德秩序，这正是危险之所在。

这一联想机制在煽动家手里就会发挥出无与伦比的力量。参议员麦卡锡就通过连续几年都称呼那些和自己政见不合的公民为共产主义者而最终成功地蛊惑了视听。几乎无人能够看穿这一闹剧，无数名誉和荣耀毁于一旦。但这种伎俩并非为参议员所独掌。《波士顿先驱报》1946年11月1日报道，众议员约瑟夫·马丁（Joseph Martin），同时也是众议院共和党领袖，在结束与民主党反对者的竞选时说："人民将在明天做出选择，在混乱、困惑、破产、共产主义和我们美国生活的长久存续之间，以全部的自由和充分的机遇做出选择。"这样一连串情绪化的标签将他的对手置于可接受的道德秩序以外，马丁最终再次当选。

第14章会进一步深入讨论现实社会冲突和偏见的区别，第26章则将仔细审视煽动家惯用的其他混淆差别、服务于自身利益的伎俩。

当然，并非所有人都会被蒙蔽。煽动得太过就很可笑了。伊丽莎白·迪林（Elizabeth Dilling）写的《红色网络》（*The Red Network*）就在二元逻辑上过于夸张以至于大多数人付之一笑。一名读者还评论道："很显然，如果你用左脚踏上了人行道，你就是个共产主义者。"但是，在社会处于紧张和歇斯底里的气氛下，保持平衡实属不易，更不用说抵抗那些用以制造偏见、捏造宽泛而模糊范畴的言语符号了。

》 言语实在性与符号恐惧症

绝大多数人反抗被标签化，特别是当这种标签带有贬义时。几乎没人愿意被叫作**法西斯式的**（fascistic）或**反犹主义式的**（anti-Semitic）。令人反胃的标签只是给别人准备的，不是给自己的。

社区里的白人纷纷团结起来向刚刚迁入的黑人家庭施压，试图将其赶走，在这一过程中，我们能够看到，人们是有多么渴望将一些好的、受欢迎的标签贴在自己身上。他们称自己做事情是"睦邻友好之举"（neighborly endeavor），并将其作为黄金律和座右铭。他们将其符号神圣化后的第一个举动就是起诉向黑人家庭贩卖商品的小贩。接着，他们用水淹了黑人家庭准备迁入的另一处地盘。这就是所谓的黄金律——"睦邻友好之举"。

斯坦格纳[5]和哈特曼[6]的研究显示，人们的政治态度可能会被别人冠以法西斯主义者，从而激起他们对这些标签的强烈否定，导致他们无法支持任何过度接受这些理念的运动或候选人。简而言之，伴随着**言语实在性**（verbal realism）而存在的，是一种**符号恐惧症**（symbol phobia）。当关系到切身利益时，我们更倾向于后者，即使"法西斯主义者""盲人""女学究"这些词在实际使用过程中并没有很多批判的意味。

当符号能够激起强烈的情绪时，它们就不再是符号，而是一种实在。类似"婊子"和"骗子"这样的词在我们文化中已经被屡屡看作骂人的脏话而成为禁忌。程度较轻、意思更为微妙的侮辱性表达方式则还有可能被勉强接受。但在特定的情况下，这类绰号即使早已是"泼出去的水"，也最好应当被"召回"。让反对者召回自己说的话也许无法改变他们的态度，但取缔这些词本身，在一定意义上举足轻重。

这些言语实在，可能会愈演愈烈到极端的地步。

马萨诸塞州剑桥市委员会全体一致通过了一项决议（1939年12月），规定"任何在城市内拥有、扣押、引介或转移任何涉及列宁或列宁格勒的书、地图、杂志、报纸、小册子、传单等流通物"都是非法行径。[7]

除非我们明白，文字魔术在人类思维中扮演着至关重要的角色，否则很难理解将语言和现实混为一谈的天真做法。下面这个例子，和前面一样来自塞缪尔·早川。

- 马达加斯加士兵必须避讳 kidney 这个词，因为在当地方言中这个词和"shot"（开枪）是同一个发音。所以，如果说某人吃了一个 kidney，意思就是他中弹了。

- 1937年5月，纽约州的一名议员奋力反对一则法案，以请求限制"梅毒"一词的使用，原因是："该词的广泛流传将玷污儿童纯洁幼小的心灵……这个词让所有正派的女士和绅士们谈虎色变。"

将文字具体化（reify）的倾向凸显出范畴和符号之间的内在关联。仅仅是口头上提到"黑人""犹太人""英格兰人""民主党"就能引起人们的恐慌和激愤。谁能分得清令人讨厌的到底是文字本身还是现实事物呢？标签是任何垄断性范畴的固有成分。因此要想将少数群体从政治偏见或族群偏见中解放出来，必须同时将他从文字拜物教中解放出来。这一道理对于研习普通语义学的学生来讲简直是人人皆知，他们告诉我们，偏见很大程度上可以被归咎于言语实在性和符号恐惧症。因此，任何尝试降低偏见的社会计划，必须考虑语义治疗措施。

注释和参考文献

[1]　I. J. Lee. How do you talk about people? *Freedom Pamphlet*. New York: Anti-Defamation League, 1950, 15.

[2]　G. Razran. Ethnic dislikes and stereotypes: a laboratory study. *Journal of Abnormal and Social Psychology*, 1950, 45, 7-27.

[3]　C. E. Osgood. The nature and measurement of meaning. *Psychological Bulletin*, 1952, 49, 226.

[4]　L. L. Brown. Words & white chauvinism. *Masses and Mainstream*, 1950, 3, 3-11. 另见 *Prejudice Won't Hide! A Guide for Developing a Language of Equality*, San Francisco: California Federation for Civic Unity, 1950。

[5]　R. Stagner. Fascist attitudes: an exploratory study. *Journal of Social Psychology*, 1936, 7, 309-319; Fascist attitudes: their determining conditions, *ibid.*, 438-454.

[6]　G. Hartmann. The contradiction between the feeling-tone of political party names and public response to their platforms. *Journal of Social Psychology*, 1936, 7, 336-357.

[7]　S. I. Hayakawa. *Language in Action*. New York: Harcourt, Brace, 1941, 29.

第 12 章
我们文化中的刻板印象

为什么这么多人敬仰亚伯拉罕·林肯？有人会告诉你，因为他很勤俭节约、热爱真理、雄心勃勃、致力于人权斗争，并且在沿着机遇的阶梯向上爬的过程中成就斐然。

为什么这么多人厌恶犹太人呢？有人会告诉你，因为他们勤俭节约、热爱真理、野心勃勃、致力于人权争斗，并且在沿着机遇的阶梯向上爬的过程中成就斐然。

诚然，用在犹太人身上的词就没那么褒奖了：人们也可以说他们贪婪吝啬、野心膨胀、莽撞严苛、激进古板。但事实不可否认，那些在林肯身上为人们所敬仰的优点，是犹太人身上为人们所谴责的缺点。

从这个例子（由罗伯特·默顿提供）当中我们能够得到的启发是，刻板印象（stereotypes）本身并非拒斥某类少数群体的全部原因。它们主要是范畴内用于激活以合理化爱之偏见或恨之偏见的一些形象。它们在偏见当中扮演了重要的角色，但并非全部。

» 刻板印象还是群体特质？

万般形象皆有**源头**。它通常来源于人们和某一类对象的重复性经验。但若基于大概率说这类对象具有某种特定的属性，这就不叫刻板印象，正如第 7 章所示，并非所有对族群特征的概率性估计都是错的。能够被证实的群体评价，在本质上不同于刻板印象的筛选（selecting）、锐化（sharpening）和捏造（fictionizing）。

刻板印象有可能无视**任何**证据而发展出来。

比如，在加利福尼亚州夫勒斯诺市，对亚美尼亚人的刻板印象一度表现为"不诚实、谎话连篇，不值得相信"。拉·皮埃尔做了一项研究想看看这种说法有没有根据。他发现，商会对亚美尼亚人的记录显示信用良好，与其他群体并无不同。而且，亚美尼亚人更少地卷入法律诉讼当中。[1]

人们可能会好奇，既然证据证明，事实恰恰相反，那么"不诚实、谎话连篇、不值得相信"的刻板印象究竟是从何而来。虽然我们不敢肯定，但很有可能是亚美尼亚人的某种体态特征与犹太人类似，因此犹太人的某些属性就转移到了亚美尼亚人身上。也有可能是少数人和早期亚美米亚商贩有些不愉快的经历，通过选择性记忆和锐化，这些遭遇被过度概化了。无论是哪一种情况，刻板印象都没有坚实的依据。

诚然，还有一些刻板印象还是基于部分事实而生成的。从历史上讲，确实存在一些犹太人乐意围观耶稣受刑。当整个犹太民族在现代以"杀基督者"的恶名著称的时候，这一刻板印象就被锐化了。正如第 7 章中所示，根据交叠正态曲线分布，犹太人的平均智力水平要比白人儿童稍高一些，而黑人的平均智力水平要比白人儿童稍低一些，但这些可证实的差别不足以大到支撑所谓"犹太人是聪明的"或"黑人是愚蠢的"这些刻板印象。

因此，有些刻板印象完全是脱离现实的，它们来自对事实的过度概化和锐化。一旦形成，它们就会指引着人们透过现成的可用范畴来看待未来的任何证据（第 2 章）。手头有了这些合适的刻板印象，人们就会对犹太人的聪明机智和黑人的愚蠢木讷变得更为敏感。

即使最为简单理性的推理，刻板印象也会插足其中。拉斯克引用了儿童默读测验中的一个例子。

阿拉丁是一名贫穷裁缝的儿子。他住在中国的首都北京。他很懒散，常常玩得比工作得更为起劲。试问，他是哪种男孩？印度人，黑人，中国人，法国人，荷兰人？

大部分儿童回答：**黑人**。[2]

在这个例子中，儿童对于黑人并没有憎恶。他们只是简单地表露出某种高度可用（available）的刻板印象，不惜牺牲自己的理性推理能力。

刻板印象并不总是消极的，也有可能伴随着积极的态度。

有个退伍老兵在谈论起他优秀的犹太中尉时，仿佛使用再温暖的语言都不为过。"他牺牲的前一天，还给我和我的小伙伴们拍照……他有圣洁的人格，他把他手下的弟兄们照顾得很好。弟兄们的任何需求，他都会格外留意、关照。**他有内在的犹太之神——他擅长这种事情。他可以为他的弟兄们做任何事，反过来也是一样。"**

另一个老兵说："我向犹太人脱帽致敬。除非有所难处，他们总是知道如何做事并做好。要是我女儿能嫁给一个犹太人我一定很高兴。他们是心存善念的奉献者，忠于家庭，不酗酒。"[3]

这些有趣的例子中，对犹太人的刻板印象并没有通常所伴随的那种敌意。

》 被定义的刻板印象

无论积极还是消极，**刻板印象是与一个范畴相关联、被夸大的信念。它的功能在于，为我们有关这一范畴的行为提供合理化（justify）的理由。**

第2章检视了范畴的特性，第10章探索了围绕这些范畴组织其自身的认知结构。接下来的一章将强调语言标签在指代这些范畴时的重要性。为了把故事讲得更加完整，本章将论及这些范畴所包含的概念化内容（或者叫图像）。这样，范畴、认知组织、语言标签和刻板印象，就是一个复杂心智过程的全部面向。

上一代人中，沃尔特·李普曼曾写到过刻板印象，说它们仅仅是"我们头脑中的画面"。现代社会心理学中，这一概念的确立，要归功于李普曼。[4]然而，尽管他对这个概念的处理在描述上非常精彩，但在理论上还太过松散。其中一点就是，他似乎把刻板印象和范畴弄混了。

刻板印象不同于范畴，它是伴随这一范畴的一些固定的观念。比方说，"黑人"这个范畴在头脑中可以仅仅是一个中性的、事实化的、不含价值判断的概念，只跟种族血统有关。但一旦原初的范畴和某些"图像"或爱好音乐、懒惰、迷信之类的判断相互捆绑在一起，刻板印象就出现了。

因此刻板印象并不是范畴，它往往是范畴上的一张面具。如果我说"所有的律师都是骗子"，我就表达了一个跟范畴有关的、刻板化的概括。

刻板印象本身并不是范畴的核心，但它却能阻碍我们对这一概念的区分性思考。

刻板印象既充当了接受或拒斥某一群体范畴的合理化工具，又充当了用以保持我们知觉和思维的简洁性的一个筛选或投影工具。

我们需要再次指出群体特征这个议题的复杂性。刻板印象不一定全是错的。如果我们说爱尔兰人比犹太人更易酗酒，在概率意义上，这是一个正确的判断。但如果说"犹太人不喝酒"或"爱尔兰人都嗜酒如命"，这就是明显的夸大其词，建立了一个未经证实的刻板印象。我们只有掌握了有关群体差异的真实数据资料，才可以区分有效的概化和刻板印象。

针对犹太人的刻板印象

非犹太人对犹太人的刻板印象如何，这一话题已有很多研究。1932年卡茨和布莱利发现，大学生们将下列特质赋予犹太人[5]：

- 精明机灵
- 唯利是图
- 勤劳努力
- 贪婪成性
- 聪明智慧
- 雄心勃勃
- 奸诈狡猾

虽然没那么一致，但下面这些特质也被提到：

- 忠于家庭
- 持之以恒
- 开朗健谈
- 攻击性强
- 信仰虔诚

1950年再重复这项研究时，刻板印象的变化将在本章后述部分提到。

贝特尔海姆和贾诺维茨访谈了芝加哥150名退伍老兵，他们发现，对犹太人的指控大致有如下几点，排名按照频次[6]：

- 他们拉帮结派。
- 他们金钱至上。
- 他们控制欲强。"人人都骂犹太人。他们想把所有一切都攥在自己手里。他们总是对的——不管在办公室还是在政治上。他们永远是经营者……他们权力遍布世界——涵盖了所有的领域。他们拥有广播、银行、电影、商铺。马歇尔·菲尔德百货公司和其他大的商店都是犹太人的。"
- 他们握有卑劣的商业手段。"他们太吝啬了。如果他欠了你钱，你必须跟他们斗，才肯还。"
- 他们不干体力活。"他们自己开工厂，雇用白人给他们打工。"

有些更不常见：

- 他们太过傲慢自大。
- 他们邋遢肮脏、下流。
- 他们精力充沛又精明。
- 他们常常大声吵闹，引起暴乱。

1939年《财富》杂志的一项调查问道："你觉得在国内或国外人们对犹太人的敌意从何而来？"[7]排名靠前的几个原因是：

- 他们控制金融和商业。
- 他们贪婪攫取。
- 他们太精明或太成功。
- 他们往往是善于交际的人。

为了对这些研究做一个总结，也为了给这些提到的特质赋予其应得的权重，福斯特将其所列如下[8]：

- 拉帮结派（反对通婚，树立同化障碍）。
- 爱金钱，却道德阴暗。
- 严苛，有攻击性，社交行为粗野。
- 机敏，雄心勃勃，有能力获得成功。

我们注意到，在这些列出来的特质中，宗教因素几乎没起到什么影响。起初，宗教（毕竟是犹太人群体所拥有的唯一一种 J 形曲线特质）当然是唯一重要的因素。有关宗教的指控，诸如"杀基督者"，也比现在常见得多。但在今天，在我们这个世俗化的社会当中，犹太人这一范畴似乎失去了它最真实的定义属性，取而代之的是其他的一些特质——这些特质最多只有一丁点的概率性，又或者根本就是八竿子打不着的噪声。

上面列出的这些刻板印象看上去基本上是一致的。也就是说，同样的指控在现实生活中屡次发生，并非偶然。学究气地讲，人们对于犹太人的印象有相当大的"可靠性"（reliability）和"统一性"（uniformity）。

但进一步的分析结果却显得很怪异。有些刻板印象本身就是相互矛盾的。两种相反的形象同时存在，不可能都是真的。关于这方面可参见阿多诺等的研究。[9] 这些研究者构造了一个全面的量表来测量人们对于犹太人的态度，并穿插着各种本质上相互对立的命题。被试需要回答自己是否同意以下类似的陈述：

a. 对犹太人的很多怨恨都源自他们在社交方面对非犹太人的排斥和隔离。
b. 犹太人不应该对基督教活动打探太多，也不应寻求基督教徒的承认和尊敬。

另一组陈述如下：

a. 犹太民族在美国社会中依旧是外来元素，他们倾向于保护自己古老的社会标准，抗拒美国生活方式。
b. 犹太人深深地隐藏了自己的犹太性，极端的做法甚至于更改名字、垫高鼻梁、模仿基督教徒的风俗和礼仪。

a 类的项目包含了倾向于"隔离独处"（seclusiveness）的分量表维度，而 b 类的项目包含了倾向于"打扰入侵"（intrusiveness）的分量表维度。

重要的发现在于，这些量表的结果在 0.74 的水平上相关。也就是说，那些指责犹太人"隔离独处"的和那些指责犹太人"打扰入侵"的，几乎是同一批人。

当然，我们可以想象一个人在某种意义上可以既是隔离独处的又是打扰入侵的（正如既宽宏大量又自我夸耀，既贪婪吝啬又卖弄招摇，既懒散马虎又张扬炫耀,既胆小懦弱又危险有侵犯性,既残忍无情又可怜无助);但这是不可能的。至少它们不可能显著到可以让我们发现这种矛盾指控的程度。

下面是一次对话:

A:我说,犹太人太自闭了,拉帮结派,搞小团体。

B:不是吧,我们社区里 Cohen(科恩)和 Morris(莫里斯)就参与了社区福利项目,也有的犹太人参加了扶轮社和商会,很多人支持我们的社区项目……

A:我说的就是这个,他们总是贸然挤进基督教群体。

讨厌犹太人的人,任意将刻板印象扣在犹太人头上,以此来合理化自己的讨厌,而不管这些刻板印象之间是否兼容。这种事情司空见惯。不管犹太人是还是不是、像还是不像,这些偏见都会在某种"犹太人本质"上寻求合理化。

作家查尔斯·兰姆在这方面很有见地。在他的文章《不完美同情》当中,他承认自己对犹太人有偏见。他用流畅的笔触写道:"我不喜欢把犹太人和基督教徒捏在一起,虽然这很流行。他们彼此之间的互爱怎么看都会让人觉得虚伪而不自然。我对这一点供认不讳。我也不喜欢看天主教徒和犹太教徒之间相互亲吻、告别,情感越多越是尴尬。如果他们转变了信仰,为什么不手拉着手向我们走来呢?"

几句话后,谈到一个真的转变信仰"手拉手向我们走来"的犹太人,他毫不显得自相矛盾地批评说:"可除了遵守祖上的信仰之外,他还有什么别的值得保留的吗?"[10]

兰姆自相矛盾的标准背叛了他自己。无论犹太人是或否,他都一样谴责。

心怀偏见的人们如此轻而易举地陷入自相矛盾的刻板印象这一事实证明了问题的关键根本就不是群体的真实特质,而在于一种急需合理化(justification)的厌恶,而任何形式的合理化只要符合当下的语境皆可奏效。

在偏见以外,这同样有助于理解日常生活中格言和言语背后的心智过程。对比下面几组说法:

- 亡羊补牢，犹未为晚。（It is never too late to mend.）
  覆水难收。（No use crying over spilled milk.）
- 物以类聚。（Birds of a feather flock together.）
  亲不敬，熟生蔑。（Familiarity breeds contempt.）
- 少时修道，老来作恶。（A young monk makes an old devil.）
  从小看大，三岁看老。（As the twig inclines the tree is bent.）

一有事发生，我们就拿一句谚语来解释。发生的事是反的，就另拿一句反的谚语来用。族群偏见也是如此。某种罪名在此刻如果能将厌恶成功地合理化，我们就会毫不犹豫地用上；而如果是相反的罪名在另一刻貌似更加合适，我们就转而采纳之。连续性和统一性的需求在我们看来无足挂齿。

刻板印象是通过选择性的感知和选择性的遗忘来维持的。当看到犹太人实现了某种目标，我们会不假思索地说："犹太人好聪明！"而若是他失败了，我们就当什么都没有发生，不会去调整、修正自己的刻板印象。同样的道理，我们会忽略九个头脑机敏、举止优雅的黑人房东，却在遇到第十个懒汉时大声抱怨："他们真是暴殄天物！"或者，就拿"杀基督者"来说，在这种陈词滥调中我们可以发现人们对很多事实的选择性遗忘：比如是彼拉多批准了十字架刑罚（Crucifixion），而施刑的却是罗马士兵，只有一部分暴民才是犹太人，而基督教在其风雨飘摇的早期正是完全由那些无论族群意义上还是宗教意义都是纯正的犹太人来建立并得以存续下来的。

尽管寻找某一群体的族群和心理特征依旧是个科学难题，但很多刻板印象的虚构性却是显而易见的。因此，我们可以总结说，刻板印象的合理化功能远远超过了它对族群真实属性的反映。

针对黑人的刻板印象

有关针对黑人的刻板印象，金伯尔·杨的调查结果如下[11]：

- 劣等心智
- 原始精神

- 情绪不稳
- 过分自大
- 懒惰狂暴
- 宗教狂热
- 嗜好赌博
- 衣着艳俗
- 祖先类猿
- 参与持刀暴行
- 生育率高而威胁到白人
- 政治上行贿受贿
- 工作上不可靠

而卡茨和布莱利的发现是：

- 迷信
- 懒惰
- 逍遥自在
- 愚昧
- 喜好音乐

研究者们测量了人们对某一群体刻板印象的**确定性**（definiteness），发现人们在黑人特质上比其他群体的特质有更为统一的看法。84%的受访者认为黑人是"迷信"的。卡茨和布莱利采用的是核查表的方法。受访者需要从面前的一大堆特质词中挑选出适合黑人的。而84%的选择率意味着，如果人们被要求**一定要**做出选择，绝大多数人会把黑人同迷信关联起来。

贝特尔海姆和贾诺维茨用了一种更为开放式的方法，让受访者按照自己的意愿来任意描述黑人，他们发现了同犹太人大相径庭的一系列刻板印象[12]，按照频率高低排列如下：

- 潦草肮脏
- 轻贱财产
- 封杀白人

- 懒惰
- 人品低劣，不诚实
- 生活堕落，阶级低下
- 愚昧无知
- 招惹麻烦
- 体味异常
- 携带疾病
- 滥花钱

布莱克和丹尼斯让年轻人核对黑人和白人的特质[13]，其中黑人一栏排在前面的依次是：

- 迷信
- 行动迟缓
- 愚昧
- 无忧无虑
- 衣着闪亮

该研究的一则有趣发现是，四五年级的孩子们在他们的刻板印象上远远没有七八年级的孩子们更为分化。小一点的孩子们会把所有的不良特质加到黑人头上。例如，小一点的孩子们会认为白人更加"愉快"，但大一点的孩子们的刻板印象就跟成年人一致了——并非所有的点都是不好的。黑人被认为更加愉快且更加幽默。小一点的孩子们对黑人持有消极的态度，但刻板印象的模式并不复杂，对外群的看法并没有分化。梅尔策甚至报告说，小学生比大学生表现出更少的刻板印象。[14]

当涉及黑人时，似乎刻板印象中自相矛盾的成分要比涉及犹太人时更少一些，但也并非没有。我们常常听说黑人是懒惰呆滞的，但同时又是富有攻击性和莽撞的。在南方，人们有时听说，这里不存在种族问题，因为黑人都安分守己地待在自己的位置；但转眼间，就需要武装力量来镇压了。

少数群体中间也会存在针对彼此的刻板印象——包括他们自身。第9章曾指出，文化的压力是如此沉重而广泛，以至于少数群体成员有时也会透过和其他群体一样的透镜来反观他们自身。反犹主义的犹太人认为他们的同胞身上有些令人讨厌的犹太人特质。有些黑人谴责他们的同胞身上刚好带有着那些反黑人的白人们所厌恶的品质。

同时，某一少数群体可能会对与之较亲近的另一少数群体有格外鲜明的刻板印象。这种现象被弗洛伊德称为"微小差别的自恋"。德国犹太人对波兰犹太人有格外敏锐的感受。美国本土黑人对西印度黑人移民也有着一系列刻板印象。艾拉·雷德将其列出如下。[15] 与本土黑人相比，西印度黑人

- 更为敏捷，受教育程度更高，比犹太人更为狡猾，金融事务中不可信赖，过度敏感，急于捍卫自己的尊严
- 更为热心
- 更亲英国人或更亲法国人
- 自认为高出本土黑人一等
- 工作中要么过于自大，要么过于懒散
- 更有小团体排他倾向
- 打老婆
- 给白人惹麻烦
- 处处显摆
- 缺乏种族自豪感
- 滔滔不绝

》针对犹太人和黑人的刻板印象之对比

反黑人和反犹太人的刻板印象内容似乎刚好对应。前者谴责黑人淫荡好色、懒散肮脏、攻击性强，而后者谴责犹太人精明狡诈、野心膨胀、淫荡放纵。让我们接下来问自己一句：在我们的天性之中都能找得到哪些罪恶？一方面，我们必须同淫欲、懒惰、攻击性做斗争，于是这些邪恶之处被人格化，赋予了**黑人**。另一方面，我们也必须同骄傲、欺骗、自我主义、贪婪和野心做斗争，于是这些邪恶之处也被人格化而赋予了**犹太人**。黑人的形象正是反映了我们自身"本我"的原始冲动，而犹太人的形象则反映了我们对"超我"（道德良知）的违背。因此，我们对这两个群体的指控和厌恶之感实则象征着我们对于自身天性中邪恶部分的不

满。正如贝特尔海姆和贾诺维茨所说：

> 根据精神分析的阐释，族群敌意是将自身难以忍受的内部抗争投射到了少数群体身上而产生的。[16]

来自欧洲的观察证据支持了这一理论，由于那里没有黑人这一少数群体，因此承担淫荡、肮脏和暴力罪名的正是**犹太人**。而美国人由于已经有黑人了就不再**需要**犹太人来承担这些罪名了。因此美国人建立起更为特殊的针对犹太人的刻板印象，仅仅涉及那些"超我"的品质，如雄心、自豪和机敏。

所以将黑人和犹太人看作互补的对象是有一定理由的。他们彼此涉及两种主要的邪恶类型——一种是偏"身体上的"，一种是偏"精神上的"。犹太人因其数量少、机敏而遭到憎恶，黑人因其数量多、愚昧而遭到排斥。虽然我们社会中还有其他各式各样的偏见，但无疑反黑人和反犹主义偏见是两种最主要的形式。研究显示针对黑人的偏见更为严重，这是因为身体上的罪恶更为常见的缘故吗？

这种解释在第 23 章和第 24 章还会继续讲到。但是现在我们只需注意到，对某些人来讲，刻板印象可能的确带有一种未察觉的自我指涉。人们可能会在某个群体身上想象出某些品质并因此而憎恶他们，这是因为人们处于自身也存在这种品质的内心冲突当中。黑人和犹太人因而成为外化的自我。在他们身上，我们看到了自身的不足。

》大众媒体与刻板印象

我们看到，刻板印象也许是源自某种真实，也许不是，它们帮助人们简化范畴，合理化敌意，有时还作为个人冲突的投射屏。但它们的存在有着另外非常重要的原因。它们是社会所支持的，不断复兴，又不断被大众媒体所锻造进这个社会当中——小说、报纸、电影、舞台、广播和电视。

1944 年，作家战时委员会（Writer's War Board）在哥伦比亚大学应用社会研究所的帮助下做了一项广泛的研究，研究主题是大众媒体对"血统特征"的描绘。[17]

大众化的消遣小说是最惹人瞩目的冒犯来源。他们分析了 185 则短故事，结果发现，超过 90% 的人物——几乎全都是令人尊敬的角色——都是盎格鲁–撒克逊白人（北欧人）。但仆人、骗子、小偷、赌徒、夜店老板这种不值得同情的角色很少是白人。而且，"这些小说中的人物形象大多向人们证明了，黑人是懒散的，犹太人是狡猾的，爱尔兰人是迷信的，印度人是爱犯罪的"。

他们分析了 100 部涉及黑人的电影，结果发现，其中 75 部带有侮蔑性的、刻板化的指涉。只有 12 部中黑人是受欢迎的形象。

两位分别来自喜剧小说界和广告界的商人曾这样谈论盎格鲁–撒克逊白人的英雄主角偏好的原因：

> 我们首先关心的是发行量。你能想象一个英雄叫 Cohen（科恩）吗？
>
> 如果广告里出现了有色人种，你就会失去一大批受众。除非讲旧时南部的图片、威士忌广告，我们才会放一个汤姆叔叔的形象进去烘托氛围。

而在电台领域，有报道这样说道：

> 多年来，广播界一直在争论《阿莫斯和安迪》（Amos 'n' Andy）到底是帮助还是害了黑人种族。这个节目，有些黑人反对，有些不反对。另一场持续的争论围绕杰克·本尼节目中的"罗切斯特"（Rochester）展开。这篇演讲善意地把"罗切斯特"描绘成一个机敏聪明的人，但在其他所有常见方面，都不免落入刻板印象之中——比如沉迷于酒色、赌博，游走在犯罪边缘，等等。

有些研究则揭示出美国日报中对待黑人问题的共同倾向——犯罪的新闻太多而成功的新闻却太少。[18] 像"黑人约翰·布朗因擅闯民宅被捕"一类的报道就会给读者脑中形成一副图像，不仅使阅读更快捷，也用很小的空间传递了大量的信息。报纸这样做可能并没有深层的偏见。但过于频繁地把黑人同犯罪关联起来会对读者产生持久而广泛的影响，特别是当这种关联无法被那些更友善的报道抹去的情况下。而且，某些报纸也确实带有侮蔑黑人的政治意图，例如某些南方报纸从来不大写 Negro 的首字母，试图用这种语言上的伎俩让黑人"各安其位"。

大量研究都发现,近来大众媒体在相关政策上有了显著的改善,这可能部分是由于少数群体尽管总体上还是比较沉默,但至少表达了一些意见。这种抗议日渐激烈,甚至好莱坞导演都抱怨说,自己现在已经不敢把除了纯美国人以外的其他任何种族安排到电影里的反派角色上了。

有时这种针对刻板印象的抗议甚至走向了极端。1949 年,英国电影《雾都孤儿》就曾经引发了一场不小的争议。狄更斯笔下的犹太人费金就是典型的刻板形象。但因为遭到了事先的抗议,电影不得不在很多地区都被下线。有人甚至拒绝学习《威尼斯商人》,他们担心其中夏洛克这一人物形象如果研究得不够透彻的话会给年轻人留下刻板化的不良影响。儿童故事《小黑森巴》(*Little Black Sambo*)因为主角丢了自己的衣服而且吃太多煎饼而遭到唾弃。《木偶奇遇记》里的匹诺曹形象因为把意大利人和刺客关联起来而被认为是有毒的。诸如此类不一而足。试图保护所有人的心智不受刻板印象的毒害似乎并不是一个万全之策。更好的做法应当是提升我们的辨别力,以批判性的力量来控制它的影响。

学校里的教材现在都需要经过严密的审查。但一项深入细致的分析研究显示,在 300 多本教科书中,大部分还是渗透了关于少数群体的刻板印象。这一令人遗憾的后果似乎并非任何邪恶的意图造成的,而是作者无意之中受文化传统的耳濡目染所致。[19]

》 刻板印象的变迁

大众媒体中的刻板印象日渐减少。与此同时,学校的跨文化教育与日俱增似乎也影响着今天的学生们有关族群的思考方式。总之,年轻一代比他们父母一辈要好得多。

普林斯顿大学的两项间隔十八年的研究为此提供了一些证据,哪怕说服力有限。前面已经介绍过,卡茨和布莱利让本科生们在 84 个形容词中选出 5 个他们认为最能描述德国人、英国人、犹太人、黑人、土耳其人、日本人、意大利人、中国人、美国人和爱尔兰人的词。1950 年,在同一所大学任教的吉尔伯特重复了同样的实验程序[20],他的被试大多出生于第一次实验的那个年代,尽管他们的经济和社会地位同父辈相比没有太大改变,但依然成长在迥然不同的社会氛围当中。两次实验的被试大多来自南部。

第12章 | 我们文化中的刻板印象

这项比较研究的惊人发现被吉尔伯特称为"褪色效应"(fading effect)。针对10个族群的刻板印象比1932年有了大幅度的减轻。就拿意大利人来说,表12-1展示了学生们分别在1932年和1950年的答案分布,除了宗教性以外,其他每一项都呈现出了一致的下滑,说明他们的回答比1932年更为分散。在1932年的研究中,学生们对意大利人有着更为一致的印象。对此,吉尔伯特评论道:

> 充满艺术感和急性子的意大利人、喜怒无常的大音乐家和快乐的街头手风琴演奏人,并没有离去,但和从前相比,有些褪色了。在艺术方面——艺术性、音乐性、想象力,以及性情方面——热情、冲动、急性子,都有着大幅度的降低。

宗教性的上涨可能是由于处在1950圣年期间,人们都在关注去往罗马的天主教朝圣之旅。这一事实本身也说明,暂时性的事件也会塑造人们的民族印象。

表12-1　　学生们对意大利人特质的判断分布

	1932年	1950年	差异
艺术性	53	28	-25
冲动性	44	19	-25
热情	37	25	-12
急性子	35	15	-20
音乐性	32	22	-10
想象力	30	20	-10
宗教性	21	33	+12

比如对于土耳其人,在1932年47%的学生选了"残忍"一词,而1950年只有12%。恶劣的刻板印象已经大幅减轻。又比如黑人,两项研究中最主要的刻板印象都是**迷信和懒惰**,但后者比前者**少了一半还多**。

美国人作为一个群体就不那么值得恭维了。积极的刻板印象诸如**勤劳、聪敏、雄心、高效**等等方面都有大幅度的缩水。**物质主义和享乐主义**却有些许升高。人们对内群的看法似乎随着时间推移越来越具有批判性。

最重要的发现在于,1950年参与实验的学生们都表现出了极大的不情愿。他们认为,背后评价别人是一件非常不可理喻的事情——尤其是那些我们几乎遇不到的人。这项研究甚至被看成对学生们智商的侮辱，其中有一名学生写道：

> 我拒绝参加这种小儿科的游戏。……我想象不到关于任何一个群体的任何区别性特征。

但这个"小儿科"的游戏在1932年可没有遭遇过如此激烈的抗议。

吉尔伯特指出，"褪色效应"和抗议也许源于多种因素。其中之一便是我们的环境和媒体中刻板印象已经在渐渐消失。此外也可能是由于二战后大学生们对社会科学的兴趣渐浓，也可能是由于学校里跨文化教育的广泛实施。无论如何，如今我们头脑中有关族群的印象和从前相比已经变得越来越分化和灵活，而非铁板一块了。

从这一点上看，刻板印象的可变性是很重要的。它们随着偏见的强度和方向不断地"阴晴圆缺"。同时，它们也随着对话语境的改变而改变。苏联人在美苏达成战时联盟的时代里被称为粗犷、勇敢的爱国者。而几年以后，情况发生剧变，他们反被看作有攻击性的狂热分子。而同时日本人（包括日裔美国人）的恶劣形象却渐渐褪色。

于是我们就有了进一步证据证明本章开头的观点：刻板印象不等于偏见。它们只是用来合理化自身态度的手段或工具。它们适应于当下的偏见氛围和情境需求。我们尽可在学校、大学和大众媒体中间同刻板印象做斗争，这么做有百利而无一弊，但我们绝对不能就此认为，仅有这种斗争就足以消除偏见的根源。[21]

注释和参考文献

[1] R. T. La Piere. Type-rationalizations of group antipathy. *Social Forces*, 1936, 15, 232-237.

[2] B. Lasker. *Race Attitudes in Children*. New York: Henry Holt, 1929, 237.

[3] B. Bettelheim & M. Janowitz. *Dynamics of Prejudice: A Psychological and Sociological Study of Veterans*. New York: Harper, 1950, 45.

[4] W. Lippmann. *Public Opinion*. New York: Harcourt, Brace, 1922.

[5] D. Katz & K. W. Braly. Radical stereotypes of 100 college students. *Journal of Abnormal & Social Psychology*, 1933, 28, 280-290.

[6] B. Bettelheim & M. Janowitz. *Op. cit.*, Chapter 3.
[7] *Fortune*, 1939, 19, 104.
[8] A. Forster. *A Measure of Freedom.* New York: Doubleday, 1950, 101.
[9] T. W. Adorno, et al. *The Authoritarian Personality.* New York: Harper, 1950, 66 and 75.
[10] C. Lamb. Imperfect sympathies. *The Essays of Elia.* New York: Wiley and Putnam, 1845.
[11] K. Young. *An Introductory Sociology.* New York: American Book, 1934, 158-163, 424ff.
[12] *Ibid.*
[13] R. Blake & W. Dennis. The development of stereotypes concerning the Negro. *Journal of Abnormal and Social Psychology*, 1943, 38, 525-531.
[14] H. Meltzer. Children's thinking about nations and races. *Journal of Genetic Psychology*, 1941, 58, 181-199.
[15] I. Reid. *The Negro Immigrant.* New York: Columbia Univ. Press, 1939, 107ff.
[16] B. Bettelheim & M. Janowitz. *Op. cit.*, 42.
[17] *How Writers Perpetuate Stereotype.* New York: Writers' War Board, 1945.
[18] A. McC. Lee. The press in the control of intergroup tensions. *The Annals of the American Academy of Political and Social Science*, 1946, 244, 144-151.
[19] Committee on the Study of Teaching Materials in Intergroup Relations (H. E. Wilson, Director). *Intergroup Relations in Teaching Materials.* Washington: American Council on Education, 1949.
[20] G. M. Gilbert. Stereotype persistence and change among college students. *Journal of Abnormal and Social Psychology*, 1951, 46, 245-254.
[21] 对当下民族刻板印象的精彩解释参见 W. Buchanan & H. Cantril, *How Nations See Each Other*, Urbana: University of Illinois Press, 1953。这项研究反映了联合国教科文组织对培养人们的客观民族印象的心愿和努力。当我们知道当下流行着怎样的刻板印象之后,我们就能更为明智地去做一些矫正的尝试。

第 13 章
偏见的理论

下面我们将探索有关偏见的一个系统化的理论路径。

前面的章节已经将很多有关刺激客体的内容（第 6~9 章：群体差异、可见性和自我防御特质的发展），同时也详细地讨论了群体差异的感知和识别过程（第 1、2、5、10、11、12 章讨论了范畴化、预判之作为一种正常心智过程的本质，及其受助于语言并伴随着刻板印象而形成）。这种对刺激客体认知的聚焦，有时也被称作**现象学**水平的研究。正是刺激客体被感知的方式（即现象学特征），决定了偏见的行为（第 4 章）。

现在请大家看图 13-1，你会发现，先前所有的章节都主要集中于偏见研究的两种基本路径：刺激客体路径和现象学路径。但有时我们也会涉及从社会文化或历史的路径来看待主体（subject）的研究路径，尤其是在第 3、5、7 章。这是必要的，因为群体规范、群体价值、群体身份都在个体精神生活的发展中扮演着持续交织的重要角色。在接下来的第 14~16 章，我们将谈到偏见的更多社会、历史决定因素。

第 17~28 章将会讨论人格因素和社会学习过程的影响。之所以要花这么多时间也许跟我的心理学取向有关。因此，我诚挚地邀请读者，在阅读的同时也要对历史、社会文化和情境性的因素给予相当的重视。我希望这本书可以作为一面镜子，来反映如今的学者是如何寻求跨越学科边界、从相邻学科内援引研究方法和理论洞见以求更为充分理解某一具体的社会问题的。但即使是满腔抱负的专家学者也不免产生过分强调自身所在领域的偏差。

图 13-1 是现有关于偏见的各种研究路径的概要图解。我们不会偏废其中任何一种，因为任何单独的路径都无法给出完整的答案。争论路径之间的对错是没有意义的。

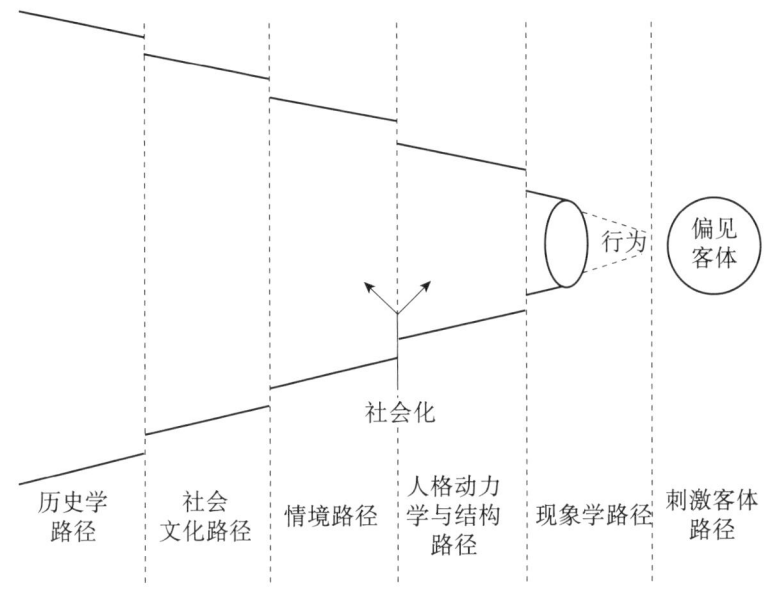

图 13-1　研究偏见的理论和方法论路径

资料来源：G. W. Allport. Prejudice: a problem in psychological and social causation. *Journal of Social Issues*, Supplement Series, No. 4, 1950.

当我们谈论偏见的"理论"时，我们到底在谈论些什么？我们说的是某种对于人类所有偏见形式的完整而大一统的解释吗？这种情况显然是极少的，尽管我们阅读那些支持马克思式观点、替罪羊理论或是其他理论的热切文字时总会留下这样的印象：作者自认为已经完全抓住了问题的全部。但一种约定俗成的规则就是，绝大多数理论会重点关注某一项重要的因素，当然这并不是意味着其他的因素就不起作用了。通常，学者们会在这六种路径之中选择其一，然后基于这一路径内部的某些作用力来发展自己的观点。举例来说，第 3 章讨论到群体规范的理论。这一派学者坚信偏见的集体性，将个人的偏见性态度解释为其所在群体的价值规范。他们无疑会说，这是偏见最重要的因素，但同时，他们也不会否认其他因素。

本书看待问题的路径尝试做到兼收并蓄、博采众长。这六种主要的研究路径都各有所长，其下的理论也都包含着真知灼见，目前无法将它们化整为一个有关人类行为的统一理论。尽管如此，我们仍然希望随着论证的推进，最终那些基本的观点都能够汇入一个清晰的路径当中。万能钥匙是不存在的，但我们手头可以有一串钥匙，每一把都能够打开一扇特定的大门。

读者应该注意，图13-1中所表示的因果效应，靠右侧的在时间上更为接近，且操作上也更加容易指明。从一开始就带着偏见行动的人是因为他采用了某种特定方式来感知偏见的客体。但之所以这么感知，部分原因在于他的人格就是这样子的。而他的人格之形成则主要在于他社会化的方式（在家庭、学校、邻里的互动训练）。既存的社会情境也是他社会化过程中的重要影响因素，也或许是他感知过程的决定性因素。在这些作用力的背后一定还存在着其他起作用但更为远端的效应，包括社会结构、长期的经济与文化传统以及民族和历史的久远影响。这些因素尽管貌似过于遥远而不及偏见行为的心理学分析那么直截明了，但依然是非常重要的。

让我们更为细致地考察一下图13-1当中每一种路径的特征。[1]

》历史学路径

深受当代族群冲突久远历史的影响，历史学家们坚信，只有对冲突做一个全面的历史背景分析才能够达致理解。例如，美国的反黑人偏见就是一个历史问题，其根源在奴隶制、南北战争时期的投机行为以及内战后南方重建的失败。这里如果有什么心理原因的话也是历史环境的复杂交互作用制造出来的。

对于最近学界试图建立一种个体的纯心理学解释的努力，一位历史学家这样评论说：

> 这种研究只能在相当有限的范围内才有启人心智的价值。因为人格本身就是由社会力量所形塑的，最终的分析必须回到宏大的社会语境下才能获得理解。[2]

虽然我们承认这一批评的力量，但是仍需要指出的是，当历史学家们摆出"宏大的社会语境"时并没有告诉我们在这个语境下为什么有些人会发展出偏见型的人格而另一些人就不会。而这正是心理学家需要解决的问题。这又是一个毫无意义的争吵。这两派专业人士都是不可缺少的，因为他们想要回答的问题并不是完全相同，而是互补的。

第13章 | 偏见的理论

历史学研究在类型上明显更加多样。有些研究（非全部）强调了经济决定因素的重要性，例如马克思主义者提出的偏见的**剥削理论**。科克斯将其论点总结如下：

> 种族偏见是一种社会态度，是由剥削阶级向公众进行宣传和灌输的，旨在将某些群体污名化为劣等群体，使对这一群体及其资源的剥削具有合理性。[3]

他还认为，种族偏见在19世纪欧洲的帝制扩张迫切寻求合理化的时期达到顶峰。因此，诗人（吉卜林）、种族理论家（张伯伦）以及政治发言人纷纷声明，殖民地人民是"劣等的""需要保护的""处于进化的低级阶段"，是一种"负担"。所有这些执念和谴责都伴随着剥削带来的经济利益。隔离政策成为一项杜绝人们产生同情心和平等感的制度设置。强加在殖民地人民之上的性禁忌和社会禁忌都在防止他们发展出平等和自由选择的生活期待。

正是在这一剥削合理化的过程中**种族**理论（theory of race）才得以滋长。在资本主义扩张之前，它在世界历史上扮演的是几乎可以忽略的微末角色。印第安人、非洲人、马来人、印度尼西亚人都是**清晰可见的**。但世界需要一个范畴来为剥削正名。受害者不得就其"非自愿奴隶"的本质面目为人所知。因此，"种族"这个词就被挑选出来当作一个天赐而非人为的范畴来把种种歧视性的操作予以合理化。科克斯认为，**阶级**差别（剥削与被剥削的关系）是所有偏见的基础，其他所谓的种族、族群或文化差异都是一种混淆视听的语言面具。

这一理论的很多地方都相当诱人。它解释了我们频繁听到的经济剥削的合理化问题：东方人一天只需要一把米就能活下去；黑人不该拿高工资，因为他们会为了提高自己的种族地位而乱花钱；墨西哥人非常野蛮原始，有了钱以后只会拿来酗酒、赌博大手大脚地花掉；美国印第安人也一样。

尽管剥削理论显然包含一些真知灼见，但仍有很多方面的不足。它无法解释为何受剥削群体会遭受程度不同的偏见。很多美国移民是受剥削群体，但不会遭受像黑人和犹太人那么严重的偏见。犹太人是否遭受经济剥削也是不清楚的。贵格会和摩门教徒一度经历了严酷的迫害，但显然并不是因为经济的原因。

类似地，尽管科克斯的论断在这一点上最有说服力，但如果我们固执地认为美国黑人全然是一个经济现象，那也是不正确的。虽然很多白人从克扣黑人工资、以"动物性"理论将不公正待遇合理化的过程中明显占到经济上的便宜，但实际发生的故事远比这些要复杂得多。白人雇员或农民同样在经受剥削，但表面上却没有任何歧视性的仪式。比如，在对南部社区的一些社会学研究中，在一些客观的"阶级"指标上，黑人并不比白人更低。他们的棚屋也不必白人小，收入也不比白人差，居家陈设上也差不多。但他们的社会地位和心理地位却是更低的。

因此，我们说，偏见的马克思主义理论太宏大，尽管它尖锐地指出了偏见当中蕴含的**一项**重要因素——上层阶级自身利益的合理化。

对于理解偏见这个问题来说，历史的贡献绝不仅仅局限于其经济上的解释。纳粹德国的兴起及其种族屠杀政策如果无法追溯到历史上一系列预兆性事件的话将无法获得透彻的理解。在19世纪，通往自由主义的道路首次被开辟出来（1869年所有针对犹太人的法律限制都被废除了），然后在俾斯麦时期，犹太人被保守主义者和君主主义者谴责为俾斯麦改良主义的罪魁祸首，正如随后他们又被当作为罗斯福新政的替罪羊而成为众矢之的。对种族和血统纯净的教义鼓吹，反映了黑格尔对德国精神统一的恳切诉求，随即汇入这一潮流当中。在人们心中，所有这些因素又同劳工潮关联了起来。太多劳工运动的涌现在军事化社会里显得格格不入，人们又将矛头指向了犹太人。最终，第一次世界大战的爆发为德国人提供了将所有激进而具破坏性的扰乱力量都拟人化到犹太人身上的机会。[4]

这种宿命性的事件进程在没有心理学的帮助下能否从历史的角度完全解释偏见问题，并非我们所要探讨的问题。我们要强调的是，对于世界任何一个角落里的任何一种偏见形式，尝试从历史的角度去检视会获得更多阐明和启示。

》 社会文化路径

接下来的几章将从多个维度探讨一些有助于理解群体冲突和偏见的社会文化因素。社会学家和人类学家对这一类型的理论给予了相当程度的看重。和历史学家一样，他们对偏见发生于其中的总体社会语境怀有深刻的体悟。在这一社会语境下,有的学者强调导致冲突发生的传统,有的学者强调外群和内群之间相对的向上流动性,有的学者强调人口密度,还有的则强调群体间的接触类型。

现在,让我们引用其中一例看一下,涉及的是**城市化**现象及其与族群偏见之间的关系。

尽管人人都憧憬和平亲切的关系,但我们时代的文化——特别是那些勾起了人们心中太多不安全感和不确定感的城市文化——依旧潜移默化且强烈有力地阻碍着这种天性和努力。在城市里,人与人之间的接触渐渐消弭。流水的装配线不仅在表面上规制着我们,而且在深层的象征意义上也束缚着我们。中央集权的政府代替了更为亲近的地方行政组织。广告和营销掌控着我们的生活水平,操纵着我们的欲望。一个又一个的巨型公司以庞然大物一般的工厂填塞了土地,调控了工作、收入和安全保障。个人的节俭、努力和面对面的沟通和调适都不再有意义。对无法抗拒的强大力量的恐惧占据了我们内心。大城市的生活教会我们的是非人性和危险。我们曲意奉承、逆来顺受,却也对此诚惶诚恐、深恶痛绝。

这种城市不安全感跟偏见有什么关系呢?一方面,作为大众的我们不得不遵从时代的惯例。我们被那些自我标榜、讲究派头的广告深深地影响着。我们想要更多的物质,想要更丰富的奢侈和享受,想要更高的地位。广告和营销商把这些标准强加于我们,并鼓吹一种对贫穷、对那些无法满足物质水平标准的人群的鄙视和谴责。于是我们会看轻那些经济上不如自己的人,比如黑人、移民和乡下人。(此处有马克思主义观点的蛛丝马迹。)

但尽管屈服于物质主义的城市价值观,我们也会从心底里憎恶那些不折不扣地反映出这种价值观的城市环境。我们憎恶金融业的支配性,憎恶政治的肮脏和阴暗,鄙视那些城市压力下培养出来的个人特质,讨厌那些鬼鬼祟祟、谎话连篇、自私自利、精明算计、野心膨胀、粗俗吵闹以及那些打传统美德擦边球的人。这些城市特质在犹太人身上被拟人化了。"犹太人饱受憎恶,"阿诺德·罗斯如是写道,"主要因为他们是城市生活的象征。"[5]——尤其是那些怪物式的、主宰一切的、令人瑟瑟发抖的纽约城的象征。城市将我们阉割,使我们变得虚弱。于是我们憎恶城市的代言者,憎恶犹太人。

这种理论的优点在于,它的逻辑不仅适用于反犹主义,同时也可以应用于一切对其他不合乎水准的少数群体的傲慢和优越感。但遇到日裔美国农民在二战期间为何会招致那么严重的恐惧和憎恶的境况，它的解释力就捉襟见肘了。而且它还必须退一步承认说，这种"城市性憎恶"在乡村里也同样强烈，因为乡村里的族群偏见和城市同样严重。

将历史和社会文化路径相融合，我们得到了偏见理论的**社区**版本，重点被放在了每个群体基本的族群中心主义问题之上。一旦存在某一时期，波兰贵族们曾经剥削、压迫过乌克兰农民，怨恨的模式就会被确立下来，载入史册、编入乌克兰民谣并世代传唱。爱尔兰针对英格兰的敌意众所周知，而其根源却是几个世纪以前英格兰地主和发言人的些许冒犯或口误。托马斯和赞纳奇将这一动力学过程表述如下：

> 由于群体成员之间相互关系的即时性，每种文化问题都是通过群体来对个体成员发挥影响的，对于每个成员来说，就是主要且基本的价值观念丛……社会教育的持续性倾向就是让每个个体都采用群体的立场和态度来看待客体。[6]

这种观点结合了历史学和社会学。它告诉我们，人们只能不由自主地采纳祖先的判断，以传统的透镜来看待所有的外群，除此之外别无他法。

在欧洲，历史性的群体敌意有着复杂而深远的渊源。某个特定的城市，特别是东部地区，可能会在不同时期隶属于俄国、立陶宛、波兰、瑞典、乌克兰。这些征服者的后代们可能仍旧定居其中，将其他所有索赔者当作是无理取闹和入侵。由此便产生了一系列偏见事件。即使争议领土上的居民搬迁出原住地，传统的敌意也依旧会尾随其后。除非新世界可以诞生一个比旧世界更强的社区模式，否则古老的敌意将阴魂不散。很多移民，甚至是绝大多数移民想拥有崭新的生活，想选择全新的社区模式，一个氛围自由、机会平等、所有人都被赋予尊严感的模式。

》 情境路径

如果从社会文化路径中扣除历史背景，我们就得到了**情境路径**，即，对过去模式的强调让位于对当下力量的强调。有几种偏见理论属于这一类型。比如有人可能会谈到**氛围**理论（atmosphere theory）。孩子成长在某些直接的影响作用之下并反映了这些影响。莉莉安·史密斯在《梦想的杀手》中提出了这一理论。[7]南部的儿童显然对历史事件、对剥削、对城市价值观一无所知。但他唯一知道的，就是必须遵守自己所接受的那些复杂而前后矛盾的教育。他的偏见仅仅是所见所闻的镜面反映。

下例可以表明氛围对形塑态度的微妙影响。

> 在非洲的英国殖民地，有一位教学巡视员非常想知道，学校的英语教学质量为何那么差。他走进教室想让老师示范一下教学方法。老师同意了，但却用自以为巡视员听不懂的当地方言对孩子们说："好了同学们，接下来我们得跟敌人的语言苦战一个小时了。"

其他情境理论可能会强调当下的劳动力市场**雇佣情境**：将敌意主要理解为广泛的经济竞争的结果。也有学者主要将偏见当成一种向上和向下的**社会流动**现象。情境理论也强调了群体间**接触类型**的重要性，或群体的相对密度。情境理论非常重要，后面几章我们都会涉及。

》 心理动力学路径

如果一个人天性爱争吵、有敌意，那么冲突的发生是可以预期的。强调人性因果的理论不可避免地属于心理学类型，和以上提到的历史学、生态学、社会学和文化路径有所区分。哲学家霍布斯就在人性的恶劣中找到了偏见的根源：

> 因此，在人的天性当中，我们发现了冲突的三条基本缘由：一是竞争；二是差异；三是荣耀。
>
> 第一条让人们为了获益而实施侵略；第二条，为了安全；第三条，为了声誉。第一条让人们使用武力来让自己成为别人及其妻子儿女或城堡的主宰；第二条让人们使用武力来捍卫这些财产；第三条更加琐碎了，诸如一句话、一个微笑、一个异见以及其他轻视的迹象，无论是面对面直接表达的，还是反映在亲属、朋友、民族、职业或名字中的，都属于这一类。[8]

霍布斯说，冲突的根源在于经济优势、恐惧和防卫、对地位的欲望。对他来讲，这三种欲望只不过是人类基本的权力驱力（power-drive）的不同面向而已。他以三种不同的方式来探究权力，本质上持的是本能论的观点，就像街头耸着肩的小伙子一样说："偏见就是天性而已，无可救药。"

心理学家如今已经指出这种论证的循环逻辑。人们如何知道，原始的荣耀感，那种"对于重重权力有着至死不渝的追求"是根深蒂固的本能？人们只能证明冲突的广泛存在，但广泛存在的冲突并不意味着背后存在着一种本能。

同样是从广泛存在的冲突这一事实出发，人们也会得出如下的结论（或许其效度比霍布斯的结论还更高）：婴儿在其生命伊始所寻求的绝不是"重重权力"，而是一种对环境、对所有出现在他生命中的人的亲和关系。然而一个共生的、爱的关系总是伴随着恨（第 3 章）。实际上，只要产生了长期持续的沮丧和失望，憎恶的感情就会出现。任何人观察儿童都会知道，在生命的早期很难教导他们同别人竞争，更难教导他们抱有偏见，这一点在第 17~20 章会讲到。因此，如果说对他人的消极态度比亲和态度来得更为基础，这种说法是混淆了时间的先后顺序、颠倒了人性需求的重要性顺序。[9]

稍好一点的是偏见的**挫折**（frustration）论。这也是一个扎根于人类天性的心理学理论，但它不会对本能做出什么危险的预设。它承认亲和需求比反抗和憎恶更为基础，同时也认为，当积极友善的对外尝试遭遇阻碍和挫折时，丑恶的结果就会产生。

我们引用一位二战老兵颇为激烈的偏见来说明这一点。当被问到未来可能的事业和萧条情况时，他回答道：

> 最好不要这样。芝加哥的大门已经被敲开了。南方公园的黑鬼们越来越精明。我们会经历一场种族暴乱，底特律会被搞得一片狼藉。黑人在战争中扮演的角色已经够令人憎恶的了。他们尽拣一些轻活儿来干：舵手、工程师。除此之外，别无所长。白人被打得屁股都开花儿了。他们心里有恨。如果白人和黑人一起下岗了，事情就更加糟糕了。[10]

这个例子清晰地说明了挫折在引发并激化偏见中扮演的角色。剥夺感和沮丧感导致敌对的冲动，如果不加以控制就很可能会发泄在少数族群身上。托尔曼指出："认知地图变窄也许是由于动机太过强烈，也许是由于沮丧太过沉重。"[11] 如果一个人的情绪被挑起、被激怒，他看待社会和世界的视野就会被限制和扭曲。他只能看到恶魔，因为正常的指向性思维已经被汹涌的感受所阻碍了。对于邪恶，他没有能力分析，只能将其拟人化。

挫折论有时也被称为**替罪羊**理论（scapegoat theory，见第15、21、22章）。这一理论的所有表述方式都预设，愤怒一旦产生就可能会被误置到一个（逻辑无关的）受害者身上。

该理论最主要的缺点就在于，它无法解释敌意会针对哪个受害者群体而发泄的问题。它也无法解释，为什么在很多人格中即使挫折再大也看不到这种移置作用（displacement）的产生。这些复杂性我们将留待后文详述。

第三类"人性"论强调了个体的**性格结构**（character structure）。只有某种特定类型的人才会培养出偏见作为生命的重要特征，例如那些生活方式带有权威主义和排他主义特征，而缺少轻松信任的民主特征的不安全、焦虑的人格。这一理论强调早期训练的重要性，指出那些怀有最强烈偏见的人普遍与其父母之间缺乏一种安全而深情的关系——这一模式导致他们排斥并恐惧那些更不熟悉、更不安全的群体。

正如挫折论一样，性格结构论也有很多经验支持（见第25~27章）。但这仍然不够，仍需其他路径的补充。

》 现象学路径

一个人的行为紧随着他对所遭遇情境的看法。他的回应遵循着他对这个世界的定义。在他看来，攻击某些人是因为他们讨厌又危险，嘲笑某些人是因为他们粗陋、肮脏又愚蠢。肉眼可见的或是语言上的标签能帮助我们在感知上定义客体，从而更好地将它们识别出来。正如我们已经看到的一样，历史和文化的力量、个人的整个性格结构，都可能潜藏在他所持有的预设和这一切感知的背后。从现象学路径研究偏见问题的学者认为所有这些因素都将汇聚到一个焦点之上，重要的是这个人最终相信什么、感知到什么。很显然，刻板印象先于行动在锐化感知的过程中扮演了至关重要的角色。

有些研究独立地采用了现象学路径。例如卡茨和布莱利以及吉尔伯特的族群刻板印象研究（第 12 章），拉赞的有关族群人名对"以相貌评价人格"的影响的研究（第 11 章）。还有些研究将现象学路径和其他路径结合起来。例如，第 10 章中比较了不同**性格结构**的个体认知过程在僵性（rigidity）上的不同。另一类常见的结合是现象学路径与情境路径。在第 16 章，我们将看到那些与黑人有着亲密接触的人是如何在看待黑人的问题上与那些处在居住隔离情境之下的人大相径庭的。

如上所述，现象学水平是因果分析的直接水平，但最好还是将它与其他路径的分析结合起来，否则我们可能会遗漏现象背后更为深层次的原因，包括人格、情境、文化和生活的历史语境，这些因素也同样重要。

罪有应得论路径

最终，我们再一次回到**刺激客体**本身的问题上来。正如第 6 章和第 9 章中所指出的，群体之间确实存在着一些原本真诚而友善的差异，但也正因如此激起了厌恶和敌意。然而这些差异的程度远远小于人们的想象，这一点已经反复强调过。大多数情况下，群体的名声并不是主动赢取的，而是被无端扣上的帽子。

如今已没有任何一个社会科学家会完全信奉**罪有应得**论（earned reputation）了。与此同时，有些学者也警告说并非所有的少数群体都是无辜的。危险的族群特质**是**有可能存在的，也会带来真实的敌意。或者更可能发生的情况是，敌意一半是建立在对刺激的真实估计之上，另一半是建立在很多不真实的因素之上，后者导致了偏见的形成。因此有些学者提倡一种**互动论**（interaction theory）。[12] 敌意**部分**源于刺激客体的真实性质（也即罪有应得），另一半则源于本质上毫无逻辑关联的因素，例如替罪羊效应、对传统的遵从、刻板印象、内疚感的投射（guilt projection）等等。

该理论对这两方面因素都给予了必要且合适的权重，我们对此难以反驳。但它说了等于没说，几乎就等同于"让我们来找出敌意的所有因果联系且不要漏掉刺激客体本身"。

结语

迄今为止，有关偏见的多重研究路径，最好是全部给予重视。每一条路径对我们来说都很有启发。但没有任何一条路径能够垄断问题的洞察力，也没有任何一条路径可以单独作为可靠的指引。也许对于所有的社会现象，我们都能确定地说，发挥影响的一定是**多重因果**（multiple causation）。没有其他任何领域能比偏见问题更为清晰地体现出这一点。

注释和参考文献

[1] 对这六种路径更为详细的分析见作者的另一篇文章，即"Prejudice: a problem in psychological causation," *Journal of Social Issues*, 1950, Supplement Series No. 4；另被收录于 T. Parsons & E. Shils, *Toward a Theory of Social Action*, Part 4, Chapter 1, Cambridge: Harvard Univ. Press, 1951。

[2] O. Handlin. Prejudice and capitalist exploitation. *Commentary*, 1948, 6, 79-85. 另见同一作者的 *The Uprooted: the Epic Story of the Great Migrations that made the American People*, Boston: Little, Brown, 1951。

[3] O. C. Cox. *Caste, Class, and Race*. New York: Doubleday, 1948, 393.

[4] P. W. Massing. *Rehearsal for Destruction*. New York: Harper, 1949.

[5] A. Rose. Anti-Semitism's root in city-hatred. *Commentary*, 1948, 6, 374-378. 另被收入于 A. Rose (Ed.), *Race Prejudice and Discrimination*, New York: A. Knopf, 1951, Chapter 49。

[6] W. I. Thomas & F. Znaniecki. *The Polish Peasant in Europe and America*. Boston: Badger, 1918, Vol. II, 1881.

[7] Lillian Smith. *Killers of the dream*. New York: W. W. Norton, 1949.

[8] T. Hobbes. *Leviathan*. First published 1651, Pt. 1, Chapter 13.

[9] 参照 G. W. Allport, A psychological approach to the study of love and hate, Chapter 7 in P. A. Sorokin (Ed.), *Explorations in Altruistic Love and Behavior*, Boston: Beacon Press, 1950；另可参照 M. F. Ashley-Montagu, *On Being Human*, New York: Henry Schuman, 1950。

[10] B. Bettelheim & M. Janowitz. *The Dynamics of Prejudice: A Psychological and Sociological Study of Veterans*. New York: Harper, 1950, 82.

[11] E. C. Tolman. Cognitive maps in rats and men. *Psychological Review*, 1948, 55, 189-208.

[12] 参照 B. Zawadski, Limitations of the scapegoat theory of prejudice, *Journal of Abnormal and Social Psychology*, 1948, 43, 127-141; 另可参照 G. Ichheiser, Sociopsychological and cultural factors in race relations, *American Journal of Sociology*, 1949, 54, 395-401。

第四部分
社会文化因素

第14章
社会结构和文化模式

我们看到，一些理论家也许是因为学术训练的缘故，也许是因为个人偏好的缘故，倾向于强调**文化上的因果关联**，历史学家、人类学家、社会学家对形塑个体态度的外部影响感兴趣。而心理学家却想弄明白，这些影响是如何缠结、捆绑从而与个体生活形成活跃而动态的相互关系的。这两种路径都是必需的。本章我们将着重讨论前者。

根据现有知识，偏见型人格会在以下几种条件下大量集中：

- 社会结构异质性程度较高
- 存在垂直方向的社会流动
- 急遽的社会变迁
- 存在沟通障碍和盲点
- 少数群体的规模大到一定程度或正在扩大
- 存在直接的竞争和现实的威胁
- 社区中的特殊利益由剥削关系来维系
- 用来调控社会攻击性的风俗习惯变得固化而偏执
- 对族群中心主义有传统的合理化方式
- 既不提倡同化也不提倡文化多元主义

本章将逐一讨论有关偏见的这十条社会文化定律。每一条定律背后的证据都不是完整而毫无争议的，但每一条都代表了目前一种可行的观点。

》异质性

除非社会具有很高的多样性，不然人们哪会感觉到有那么多警报在响。在一个同质化的社会中，人们肤色、宗教、语言、风格、生活方式都一样，几乎不存在什么具备足够可见性的外群来作为偏见的承载对象（第8章）。

相反，在一个多样性的文明社会中存在着很多分化（劳动分工——带来阶级分化；移民——带来族群分化；宗教和哲学观念——带来意识形态分化）。因为没有人能够同时占据所有的利益，他的观点最终必定是集中于某一特定方面而有所侧重的。他的这一种利益和身份会超越其他利益和身份而凸显。

在同质性文化中，人们只可能产生两种类型的敌意：(1) 对外来者和陌生人的不信任（第4章）；(2) 对外来个体的驱逐。在同质性文化中，仇外（xenophobia）和巫术是群体偏见的功能等价物。

在美国——也许是世界上异质性程度最高的复杂社会——有着滋生群体冲突和偏见的肥沃的土壤。分歧和差异巨大而可见。风俗习惯、口味风格、意识形态的冲撞不可避免地引起群际摩擦。

社会有时也可能呈现出一种异质性的固化（frozen）状态，实际上与同质性社会很相似。比如有奴隶制存在的地方，偏见并不明显。关系被传统和习惯所固化，所以公然的摩擦很少发生。主仆之间、雇主和雇员之间、牧师和教区居民之间的差异被默认为是合理的。要想创造"活跃"的异质性以滋生偏见，社会必须具备一定程度的流动性和变动性。

》 垂直流动

在一个同质性社会中或一个固化的种姓制度中，人们不会将差异视为活生生的威胁。但即使是一个种姓制度（例如奴隶制）运作得相当平稳，为了让下层阶级安分守己，社会中也依旧总是会存在一定数量的"焦虑"。日本等地实施的"节约法令"就是为了把特权固定在上层阶级而与下层阶级隔离开来。因此，就算是一个固化的种姓制度有时也会呈现出偏见的蛛丝马迹（第1章）。

然而，一旦人们被视为生而平等，权利平等和机会平等成为民族信念时，一种非常不同的心理状态就诞生了。即使最底层的人也会受到鼓舞去付诸努力来提升自己的地位、争取自己的权利。这就是所谓"精英的流动"。下层的家庭凭借努力和好运可以爬得很高，有时还会取代过去的贵族。这种垂直流动仿佛一个警钟给社会中的每个成员带来心理上的刺激。威廉姆斯曾指出，在美国，愿意且能够为"美利坚信条"的普遍主义价值鞠躬尽瘁的主要是那些社会上最为安全的人（例如专职人员、富裕家族）。其他人实际上都生活在垂直流动的阴霾之下——时时刻刻威胁着人们"不进则退"。[1]

有一项经验研究能够很好地说明这一问题。贝特尔海姆和贾诺维茨发现，在社会中重要的并不是一个人的现有地位，而是地位向上或向下的流动调控着他的偏见。据证实，这种社会流动性的动力学概念比任何静态的人口学变量都更为重要。这项发现有助于解释，为何大多数研究者没有发现偏见和诸如性别、年龄、宗教身份或是收入等变量之间的重要关系（第5章）。这也有助于解释，为何容忍度（tolerance）与教育水平之间没有特别明显的共变相关。因为，流动性也许是更加重要的因素。

研究中，退伍老兵在访谈中被要求给出自己入伍前和战争后的职业境况。[2]一些人战后职业地位下降，一些人地位相当，还有一些人找到了更好的工作。据此分成三组，结果发现反犹主义的程度呈现出剧烈的组间差异。虽然样本数量并不够多，但趋势已经相当明显（见表14-1）。那些在职业阶梯上下滑的人比起上升的会表现出更强烈的反犹主义。坎贝尔的研究也支持了这一点，那些对自己工作满意度较低的人（很大意义上可以作为向下流动的指标）比满意度较高的人有着更明显的反犹倾向。[3]

表14-1　　　　　　　　　反犹主义与社会流动

	向下流动百分比	未流动百分比	向上流动百分比
能容忍	11	37	50
富有成见	17	38	18
直率和热情	72	25	32
总计	100	100	100

资料来源：Bettelheim & Janowitz, *Dynamics of Prejudice*, p. 59.

反黑人主义的偏见也呈现出类似倾向。因为这种敌意比反犹主义更为广泛，表格的形式稍有不同（见表14-2）。

表 14-2　　　　　　　　　　反黑人主义与社会流动

	向下流动百分比	未流动百分比	向上流动百分比
能容忍和富有成见	28	26	50
直率	28	59	39
热情	44	15	11
总计	100	100	100

资料来源：Bettelheim & Janowitz, *Dynamics of Prejudice*, p. 150.

急遽的社会变迁

异质性和向上流动的热望会引发社会动荡，继而带来族群偏见。这一过程在危机时期会加速。罗马帝国衰亡期间，基督教徒被屡屡置于虎口险境；在战时的美国，种族暴乱有显著的增长（特别是 1943 年）；每每南方的棉花生意不景气的时候，私刑的发生率就会出现可观的涨幅。[4] 有研究者曾写道："纵观美国历史，排外主义的高峰似乎总是直接伴随着严重的经济低谷而出现。"[5]

在诸如洪水、饥荒、火灾等危难时期，各种形式的迷信和恐惧就会遍地开花，且往往夹杂着某一少数群体当为罪魁祸首的传言。例如，1950 年捷克斯洛伐克将马铃薯歉收归咎于当地美国人"放出的蜂群"。只要有焦虑的情绪在蔓延，同时伴随着生活预期的破灭，人们就倾向于为糟糕的生活处境寻找替罪羊。

失范（anomie）是一个社会学概念，意指社会结构和价值体系的加速瓦解，当今很多国家都正在经历这样的过程。这一概念指引着我们关注社会制度中的功能解体（dysfunction）和道德败坏（demoralization）的面向。

> 研究者利奥·斯洛尔希望验证这一假设：那些认为社会现状已高度失范的人同样也对少数群体怀有高度偏见。于是他给一个较大的样本人群发放了问卷，询问他们关于当今美国社会的失范状态的意见。同时发放的还有测试他们少数群体偏见程度的问卷。结果显示，二者相关程度很高。[6]

他还想知道，失范导致偏见这一社会文化假设是否比"权威主义"性格结构这一**心理学**假设更为可靠（第 25 章）。于是他给受访者发放了第三份问卷测试他们的权威主义人格。结果证实，相比之下，**失范**才是更为重要的变量。

这一发现随后被心理学家的重复研究所质疑。后者尽管同样发现了被试感知到的失范程度是偏见程度的重要相关变量，但并未发现它能够超越权威主义性格结构的解释力。[7]

这项研究非常引人注目，因为它想要分辨出两种原因哪一种更为重要。虽然目前这一问题还没有定论，但我们至少可以指出这项工作的本意是在强调失范作为偏见之原因的重要性。（读者可以注意到，严格地说，这项研究只关注到了对失范的感知，而并没有涉及社会的真实瓦解，只是人们对于瓦解的信念。因此严格地说，这一变量是属于现象学层次的而不是社会文化层次的。）

在结束这一讨论之前，我们有必要提一句，对于一个民族或国家，某些类型的危机也许还可以发挥降低群际敌意的作用，这是可以想象得到的。当整个国家处于危难之际，相互敌对者可能会忘记他们的敌意，通力合作以抵御外敌。战时联盟通常会在一定时期内维持相互之间的友好气氛，即使大战结束后他们又会陷入彼此针锋相对的境地之中。尖锐的民族危机往往与失范不同。后者带有内部的不稳定性，也正因如此（无论国家处于战争还是和平时期），失范往往与偏见的扩大呈正相关。

无知与沟通障碍

很多旨在消除偏见的计划都基于这样一种假定：一个人对他人知道得越多就越不会产生敌意。一个对犹太教知晓甚多的非犹太人并不会相信那些说犹太人"祭祀杀生"（ritual murder）的传言，这是不言而喻的。一个了解天主教教义中有关变体说（transubstantiation）寓意的人不会在天主教徒"同类相食"（cannibalism）的说法面前瑟瑟发抖。只要我们理解意大利语以元音结尾是一种特殊的癖习，就不会再嘲笑那些意大利移民别扭轻佻的英语口音。国家为跨文化教育投入越来越多的努力，目的就是在弥补那些无知以降低偏见。

这一假定是否有科学证据？十年以前，墨菲等抱有同样的观点。他们发现，对其他群体或种族知道越多的人，态度越友好。[8]

近年来的证据基本上支持这一结论，但同时指出一项重要条件。我们一方面对那些了解甚多的民族抱有好感，但另一方面，对于我们憎恶的民族同样了如指掌。换言之，知识与敌意的反相关在极端敌对的情况下是不成立的。我们对于最可恶的敌人并非一无所知。[9]

总之，我们还是可以相对确信地说，当沟通障碍难以克服时，这种无知容易让人屈从于谣言、猜疑和刻板印象。当然，一旦这种未知事物被视为潜在的威胁，这一过程就更有可能发生。

但我们必须考虑个体差异。第 5 章引用的例子中，既有因对"达内利人"毫不知情而完全排斥的人，同时也有因毫不知情而完全不排斥的人。并非所有的人都以同样的方式运用他们的知识（或无知）。尽管如此，我们还是可以较为满意地得出一个广义上经验性的概括：**通过自由沟通获得的他群知识有助于降低敌意和偏见，这是一种规律。**

知识有多种类型。正因如此，这种概括不免太过松散，单独使用并没有太大帮助。例如，我们知道，通过一手经验得来的知识要远比讲座、教科书或公共竞选当中的知识更有效力（第 30 章）。研究发现，某种类型的群际接触对于消除沟通障碍将更为有效（第 16 章）。

» 少数群体的规模和密度

当教室里只有一个日本儿童或墨西哥儿童时，他们会像"宠物"一样受人欢迎。但如果有一大群，他们就必然会被其他小伙伴们排斥在外，且很大可能会被视为一个威胁。

威廉姆斯将这一社会文化定律陈述如下：

> 一个具有可见差异的群体迁移到新的地方会增加彼此之间冲突的发生率；少数群体与原住民之间人口比越大，迁入的速度越快，冲突的可能性就越大。[10]

美国只有大约 1 000 名印度裔，却有大约 13 000 000 名黑人。前者往往是被忽略的（除非某个印度裔被当成了黑人）。但要是印度裔人口也增至成千上万，毫无疑问，反印度偏见也会随之产生。

如果这一定律是正确的，我们应当找到证据证明，反黑人情绪在黑人密度最大的地区最为激烈。

在南卡罗来纳州的一项研究为此提供了支持。1948年，候选人斯特罗姆·瑟蒙德代表"州权民主党"参选总统。议题主要集中于针对民主党公民权的一项抗议。研究者大卫·希尔趁机验证了这一假设：黑人人口密度大的地方，偏见更加强烈，瑟蒙德获得的选票也更高。[11] 这一结果很好地控制了其他可能影响选票的变量，显示出相当可观的效应。

威廉姆斯定律的前半部分强调静态人口组成的重要性，希尔的研究就是最好的证明。（有人也许会说，南方各州的反黑人偏见远比北方各州更为严重也是证据之一，但我们必须谨慎承认这里除了黑人密度以外还有很多其他因素需要考虑。）

但威廉姆斯定律的后半部分似乎更为重要，这一条也有相当充分的证据。

二战以前的英国，种族偏见鲜有发生。战争期间大量黑人从美国、非洲、西印度群岛涌入利物浦。李奇曼发现，这一过程中，针对黑人的敌对情绪前所未有地高涨。[12]

在美国，最严重的暴乱总是和不被看好的外群体大量迁入的事件同时发生。例如，1832年波士顿宽街暴乱（Broad Street riot）发生在爱尔兰移民人口暴涨期间；1943年洛杉矶"阻特装暴乱"（zoot-suit riot）发生在墨西哥劳工大量迁入期间，同年还发生了底特律暴乱。芝加哥接连不断的种族麻烦似乎与黑人密度不断增加也脱不了干系。90 000多名黑人挤在1平方英里的面积内，17个人一间屋子时有发生。而且黑人人口依旧以每十年100 000的速率稳步增长。[13]

有一种观点似乎与该定律所描述的趋势相反：如果少数群体成员能够以个体的形式分散在人群当中，而不是抱团闯入，针对他们的敌意就会少很多。如果一个或少数几个黑人家庭进入高或中收入地区，针对他们的敌意就会渐渐削弱，这是韦弗根据黑人住房问题的相关研究经验得出的结论。[14] 帕森斯也指出，犹太人的聚集不仅体现在居住地上，也体现在特定的职业上：

如果犹太人可以均等地分布在社会结构的各个部分，反犹主义就可能大幅减弱。[15]

然而对于很多少数群体来说，分散并不是件容易的事。由于经济上和交际能力上的原因，某个国家或地区的移民倾向于聚集在一起。迁入北部城市的黑人只能在黑人密集的街区买到房子。随着密度的增加，平行社会就渐渐成形。这个新的少数群体聚居区成为社区中的社区，有着自己独立的教堂、商店、俱乐部和公司。这种分离状态强化了他们与主流社会之间的鸿沟，往往只会让情况变得更糟。职业上的专门化也会加剧问题的严重性：意大利人只会去做推车小摊贩、修鞋匠和工人；犹太人则从事一些专门为他们开放的工作，如零售、当铺、服装生意等。

这种在居住地、小社会、特定职业上的聚集趋势极大地增加了多数群体与少数群体之间的沟通障碍。正如我们所看到的，它促成了相互之间的无知，而这种无知本身正是偏见的重要导火索。

但正如所有其他社会文化定律一样，相对规模和密度梯度的原则也不能单独使用。让我们设想一下，假如是新斯科舍人大量流入一个新英格兰城市的话，由此引发的偏见一定少于同样数量的黑人流入时的情况。有些族群似乎比其他族群更有威胁性——也许因为他们有更多的差异，也许因为这些差异有更高的可见性。因此，仅仅是密度增加本身，并非解释偏见的充分条件。它所能起到的作用似乎只是**加剧**既有的偏见而已。

》 直接竞争和现实利益冲突

我们已经屡次提到，有些少数群体**确实**带有某种令人讨厌的特质，一定程度上敌意的"罪有应得"论也适用于他们。现在我们必须来审视一个相关命题：群体冲突可能有着现实的基础。理想主义者可能会说："冲突从来都不是绝对必要的；人们可以利用仲裁的手段或寻找和平的方法来解决分歧。"的确如此，但这仅仅是理想。我们在这里要说的是，利益和价值观冲突确实发生了，而这些冲突本身并不是偏见。

以往，新英格兰地区的工厂常常需要廉价的劳动力。于是工厂代理商到欧洲南部组织大规模的移民以补足劳动力缺口。但事实上，意大利人和希腊人的到来，并没有受到当地的欢迎，因为他们也同时带来了短时间的劳动力贬值，使得本地工人收入降低、失业率升高。尤其是在经济萧条的时期，竞争感就会变得尤其尖锐。等过了一段时间以后，经过了适当的调整，不同的族群才在劳动分工体系中找到了各自不同的位置。柯林斯的研究就揭示出，在当今很多新英格兰工厂，管理和行政大权是被牢牢攥在本地人手中，而监管和领班的职责却绝大多数为爱尔兰裔美国人所控制，工人则是新的欧洲南部移民。非正式的社会结构业已形成，且彼此心照不宣。[16]但在这种合作出现以前的相当一段时期都可能存在着尖锐的猜疑和竞争，尽管这些竞争都是人为造成的。

据说，黑人对下层白人构成了真实的威胁，因为二者都在竞争低级的工作。严格地讲，这种对手关系不是群体与群体之间的，而是个体与个体之间的。阻碍白人获得工作的从来不是某种肤色的**群体**，而是更先到达的人（无论是白人还是有色人种）。说冲突是"真实的"，意思是只有竞争者才将这种对手关系**看作**族群问题。当工厂里出现移民或黑人罢工者的时候，针对他们的敌意被"建构"成族群敌意，尽管肤色和民族仅仅是经济危机中的偶然因素。

只有在绝大多数少数群体成员具有下列属性时，他们才能够被看作是真实的威胁：不情愿加入工会；愿意在安全和健康非常恶劣的环境下长时间工作以赚取微薄的收入；低价抛售产品；不愿交税而成为公共负担；传播疾病；从事犯罪活动；高生育率；低生活水准；抗拒同化；等等。

在群体之争中，我们必须承认，要合理区分现实冲突和偏见是极其困难的。来看一则关于国家利益的冲突案例。1941年12月7日，日本军队偷袭珍珠港，这是对国家安全和利益的真实威胁。美国立即做出反应，迅速进入战争状态。事情至此是没有偏见的。但很快，国内针对日裔美国人的迫害就开始了。拆迁计划既残暴也没有必要。同时美国人对日本人的看法也呈现出典型的刻板印象特征，认为他们都是"老鼠"，活该被根除。于是，一个不切实际的偏见丛迅速以现实冲突为核心而发展出来，但这种偏见对解决现实问题毫无帮助。（如果继续允许日裔美国人从事粮食生产，显然比逼着他们搬迁会更有助于提高作战效率。）

尽管相当困难，我们依旧认为，面对任何一次国家冲突或少数群体之间的经济矛盾，仍然有可能通过足够理性的分析将真正核心的问题要素与所伴随的偏见区分开来。

在宗教领域，这种分析则难上加难。对很多人来说，宗教信条都是相当现实而重大的。

基督教堂已经被很多分立的教会组织瓜分，其他宗教也是类似。持不同教义的少数群体怀抱着自己认为最重要的信条各自为政、彼此对立。有**自由的**卫理公会教徒、**改良的**犹太教徒、**原始的**浸信会教徒、**古老的**天主教徒和**吠檀多**印度教徒。尽管有些教会提倡友善的态度，但这些分立的价值观无疑仍给相互之间的不包容埋下了伏笔。一旦两派都崇尚**好战主义**，都声称自己是唯一真正的宗教，都致力于折服或消灭对方，那么，现实的冲突将必然爆发。

想一下当今美国社会中的情形。根据美利坚信条，每个公民都可以跟随自由意愿而选择是否信奉上帝。这种普遍崇尚的自由需要每个公民在心底持有一种基本的相对主义（relativism）理想，即每个人的真理都是同样值得尊敬的。但与此同时，他的宗教信仰又要求他持有一种相反的绝对主义（absolutism），即认为终极真理只有一个——任何不奉此为圭臬的人都是错的，而错的道路将是不受鼓励的。

如此说来，在任何一个既忠诚于民主精神同时又虔信宗教的公民身上，都会发生现实的内在价值观冲突。这种冲突似乎并不会让很多人感到沮丧，因为他们已经渐渐学会灵活地按照这两种参照框架很好地安排自己的生活了：他们以美利坚信条指导自己的公共行为和公民职责，而以宗教来指导自己的私人生活。

但很多人仍然认为这种内在的冲突仍牢牢地横亘在美国的国家理想和教会理想之间。他们指向了罗马天主教的地位。尽管两个世纪以来，教会都与美利坚信条和平共处，同时享有并允许自由，但如此一来就没有内在的矛盾了吗？如果罗马天主教真的如同它所宣称的那样是唯一真正的信仰、如果新教被当成异教、如果教会的政治力量足够强大的话，那么社会系统内还能不能、应不应该允许其他宗教的存在？

也不知道是对是错，很多新教徒对罗马天主教会心怀畏惧。他们争辩说，这样做并不是因为无知、恐惧或偏见，而是有着现实的理由，因为罗马天主教会能任意施加其政治影响力。一旦机会来临，它会不会摧毁非天主教徒所享有的信仰自由？对此，有名学生表达了如下的态度：

> 我不是对天主教徒心存反对，也不是对他们的宗教；我是不信任天主教层级机构对民主、对公共学校制度所怀有的动机，不信任它们对待西班牙人、墨西哥人、梵蒂冈人的方式。我见过它们曾对报纸政

策施压，这一点让我非常痛恨。

对他来说，这完全是一个现实的问题。

冲突背后到底有没有现实的根源并不是我们有能力在此充分考虑的问题。只有对天主教神论进行深入研讨、对过去和现在的教会和美利坚信条之间的矛盾进行冷静的权衡，才能给出令人满意的答案。

现实存在的问题几乎无法与偏见剥离开来，就本书而言，这一事实尤为重要。如果上文引述的学生的话听起来还算客观的话，下面的陈述就更为典型。

> 天主教固执、保守、迷信，是对美国自由的威胁。天主教徒只知道神父教给他们的东西。要是大多数选民成了天主教徒的话，我倒是想知道，对于崇尚自由的美国，教会到底能教点什么。

这个议题有趣得很。因为它提出了一个颇为敏感的问题，那就是：在未来，美国式民主和罗马天主教信义之间的矛盾对立能否像过去那样被成功克服？这个问题如果存在，就是完全现实的——因为非天主教徒有资格为了自身未来的自由而保持警觉。但就本书的目的而言，重要的是，纯粹客观、冷静、不带偏见地思考实际上是几乎不可能完成的事情。目前最广泛全面的讨论都做不到这一点。[17]

总结一下：很多经济的、国际的、意识形态的冲突都代表着现实的利益摩擦。然而，它所导致的大部分对立关系却远远超过其本身的分量。附着在冲突之上的偏见，妨碍了核心问题的现实解决过程。大多数情况下这种对立关系被人们的感知所放大，像在经济领域，很少有哪个族群会直接威胁到其他族群，但人们常常会这样误解。国际领域的争端因不相干的刻板印象而被放大。宗教纠纷也笼罩着类似的阴霾。

现实的冲突好比管风琴奏出的曲调。它给所有的偏见定下了基调，使之随其共振，但听众们却难以从混沌环绕的一团声响中将干净的曲调分辨出来。

》 剥削带来的好处

前面一章曾简要陈述了马克思主义的观点，即，资产阶级培养偏见是为了控制和剥削无产阶级。这一理论如果扩展到经济以外的领域,其可信度将有所改善,我们会发现,各种各样的剥削都会带上偏见。

凯利·麦克威廉姆斯提出了一种剥削理论来解释反犹主义。[18]他指出,对犹太人的社会排斥开始于19世纪70年代,恰好是工业和铁路界积累巨大财富的一段时期。企业大亨们纷纷感到,他们手中新的权力不能仅仅局限于实现美国的民主梦,而是需要其他对象来转移注意力。犹太人被当作真正的恶棍、经济不景气的罪魁祸首、政治上的骗子和道德上的败类。同样,把他们逐出俱乐部、住宅区,或是当作追求成功和财富的垫脚石,也是轻而易举的事情。于是,反犹主义就成为"特权的面具",成为一种信手拈来的合理化的借口。暴发户们煽动劳工去相信那些编织出的谎言,将自己的命途多舛谴责为犹太人的罪过。如此一来,大家的注意力就能从工厂所有者身上移开,而工厂所有者就有喘息的机会去制定那些他们想要的、对自己有利的劳工政策。大资本家为积极的宣传鼓动提供了赞助,以确保人们的注意力局限在犹太人一举一动的鸡毛蒜皮之上。这一理论强调,偏见会带来一系列剥削性的获利:经济优势、社会势利以及道德优越感。

类似地,对黑人的剥削也会采取多种形式。黑人被迫从事下贱的工作、拿着微薄的薪水,这就为他们的雇主提供了丰厚的**经济收益**(economic gains);白人男性可以找黑人女性寻欢但白人女性却不能找黑人男性的双重标准则提供了**性别收益**(sexual gains)。对黑人在心智和行为上都处于更低层的一致同意给所有持该观点的白人提供了**地位收益**(status gains)。通过恐吓或是哄骗的方式让黑人供职于政府机构却无法当选则提供了**政治收益**(political gains)。因此,从剥削的观点来看,使黑人安分守己的确有着相当充分的现实理由。几乎每个白人都从中分得一杯羹。[19]

那些以搅动仇恨、激起对少数族群的敌意为己任的煽动者本质上就是剥削者。他并不会从少数群体身上直接刮取脂膏,而是从追随者身上获利。他把自己塑造成能够带领他们走出厄运的救星,尽管所谓的厄运也是他自己以耸人听闻的方式胡诌出来的,但仅仅如此就足以感动成群结队的追随者,他们会将他选上政治或历史的舞台。一名因捍卫"白人至上论"而粉墨登场的政客往往会在竞选过程中煽动针对黑人的仇视情绪。但偶尔也会有直接的经济收益降落到煽动家的头上。"三K党"的头目通过收取入会费、贩卖头巾会服等方法搜刮了大量的民财。偏执在"欺骗的预言家"这里成了一笔大生意。[20]

总结一下：在任何多样化的、分层的社会系统的核心，都存在着对少数群体刻意的（甚至是无意识的）剥削及其带来的各种经济、性别、政治、地位上的收益。而偏见正是那些占据优势地位的人为了获得这些收益而大肆鼓吹的。

对攻击性的社会调节

愤怒和攻击性都是正常的冲动。然而我们的文化往往致力于降低这种冲动的发生（正如对待性的话题一样），甚至更严重的是要限制它的表达渠道。查斯特菲尔德勋爵用优雅的英文写道："绅士的特征就是从不把生气写在脸上。"巴厘岛社会训练儿童在面对别人挑衅时要保持相当的冷漠和镇定。不过大多数文化还是会支持某种开放的敌意表达方式。在我们的社会中，成年人如果被激怒到忍无可忍的地步，也可以来一段痛快的咒骂。

但美国对攻击性冲动的压制方式总的来说是相当复杂且自相矛盾的。我们鼓励竞争性的博弈和艰苦的商业竞赛，但同时却以颇为微妙的态度灌输着运动员美德和慷慨大方的人际期待。主日学校会教导儿童被人欺负了不要回击和反抗，而是要转过另一侧脸给对方以彰显仁慈大度。但在家里，他们又接受着要捍卫自身权利的教育。尽管夸张的个人荣耀感是不被提倡的，但没有人愿意忍受过分的羞辱。学校里可以有男生打架。一般的传统是，母亲会教授耐心和自控而父亲则承担着培育"男性美德"的重任——其中，竞争性正是最重要的品质。[21]

在有些社会中，对攻击性的制度化并非如此复杂而令人困惑。在纳瓦霍，克拉克洪发现，人们将自己的贫困和不幸归咎于巫师是理所当然的。[22] 这一风俗为每个社会都面临的问题给出了解答，这个问题就是：我们应当如何满足憎恶和愤怒的冲动，以维持社会核心的凝聚和团结？在某种意义上，克拉克洪相信，自石器时代以来，每种社会结构都会允许"巫师"（或其功能等价物）的存在，以确保自然的攻击冲动有合法的宣泄出口，从而将内群伤害降至最低。

15世纪的欧洲社会，向巫师表达敌意的方式受到官方的正式鼓励，就像在 17 世纪的马萨诸塞和 20 世纪的纳瓦霍。纳粹德国将犹太人和共产党人公开地作为攻击对象,任何不当的攻击行为都被官方正式地免除了罪责。

美国式民主的特征是**官方**不会在和平时期正式允许"替罪羊"的存在。美利坚信条就是平等主义,这是很高的道德标准。官方不会公开支持针对任何族群、宗教或政治群体的虐待和歧视。但即使如此,有些风俗惯例的确会允许某种形式的攻击。在很多俱乐部、邻里街区、办公场所谈论犹太人、黑人、天主教徒、自由主义者的坏话甚至是歧视他们似乎都是合适的。人们对不同族群小孩之间的帮派斗殴也是睁一只眼闭一只眼。就在不久前,来自波士顿北边(意大利家世)的男孩和来自南边(爱尔兰家世)的男孩聚集在波士顿公园举行一年一度的对阵战,情绪狂热的双方互相喊绰号、扔石头也算是可以容忍的行为。这种胡闹并不是官方支持的,但却是社会所能容忍的。

因此,无论是官方的还是非正式的,大多数社会确实会鼓励对特定群体如"巫师"公开表达敌意。正如克拉克洪所指出,也许这类过程最好被视为一种安全保障设置(safety-value arrangement),使得攻击性对社会核心架构的损伤降至最低。

就实际情况而言,这一理论也有其不足之处。它武断地认为,人本身都具有某种无法消解的攻击性,需要寻找出口,社会也是如此。如果它是对的,那么一些偏见和敌意就是不可避免的。社会政策不应该关注如何降低偏见,而只应该关注如何使偏见从一种对象身上转向其他对象。因此,这一理论会对社会行动产生极其重大的后果。在认可这一理论之前,我们必须更为全面深入地分析攻击性及其与偏见之间的心理学关联(第 22 章)。

用于确保忠诚的文化设置

除了对攻击性的疏导以外,每个群体都会运用一些其他的机制来确保成员的忠诚。在第 2 章我们已经看到,对国家和族群的偏爱来源于习惯:用自己的语言来思考;它的胜利就是我的胜利;它至少为我的个人安全提供了保障。但群体并不满足于成员"自然而然"的认同,而是还会运用多种方式激发这种认同——通常以牺牲外群为代价。

一种方式是将注意力锁定在群体自身过去的辉煌历史之上。每一个民族都有独特的语言表述以宣扬其住民是上天**唯一的**子民、是神的**选民**,或其家园是"天府之国",或信奉的神"与我们同在",等等。类似"黄金时代"的传说加深了族群中心主义。现代的希腊人会基于古希腊的荣光衡量自身。英国人会因莎士比亚而感到自豪。美国人会骄傲地认定自己是美国大革命的儿子。布雷斯劳的住民会宣称和**自己的**族群有着历史上难以割舍的渊源,无论这个城市曾经是属于波兰、捷克、德国还是奥地利。随着领土边界一次又一次的更改,越来越多的群体积攒起厚实的声明文书,以标注、纪念自己的黄金时代。特别是欧洲这一趋势异常明显,很多地方都被很多族群纳入过自己的声明,这使得彼此之间的摩擦不可避免且愈演愈烈。

教育机构加剧了这种摩擦。实际上从来没有教科书说过自己的历史是错的。地理学也通常以一种带有民族偏向的方式来教授。所有的这些沙文主义设置都为族群中心主义的滋长提供了沃土。

前面一章我们讲到偏见的"社区模式"论。对很多学者来说,似乎已经不需要其他替代性的解释了。这种论调充斥着群体成员无法逃脱其影响力的内群传奇和信念。天主教学校的小孩只能学到宗教改革的天主教版本,因而很可能将新教徒当成受到罪恶蛊惑的骗子。而新教小孩也只能学到宗教改革的新教版本,以至于怀疑天主教徒是不是至今都笼罩在中世纪的黑暗和腐败的阴影之下。

关于偏见的社会功能,还有一种马基雅维利式的观点。这种观点认为,偏见错综复杂的缠结状态为社会创造了一种平衡。偏见维持了现状,而对保守者来说,现状就是好的。查斯特菲尔德勋爵就是一名保守者,他曾这样坦诚自己的观点:

> 芸芸大众很难有人真正懂得思考;他们的观点都是道听途说来的,一般而言,我认为这样也挺好,这些公共的偏见为秩序和平静贡献了很多力量,远比众人各执一词、各抒己见要好得多,毕竟他们都学识浅陋、修养欠佳。这个国家有很多这样有用的偏见,消除了这些偏见我会感到遗憾的。新教徒将罗马教皇定罪为"反基督"的"巴比伦娼妇"就是一个比任何论辩都有力的保护层。[23]

查斯特菲尔德发现,草民们(是他谴责的对象)的偏见有助于约束天主教会（亦是他谴责的对象）。这种盲目的偏见有其可利用的价值，于是他表示双手赞成。

指责一个群体怀有偏见往往能有效地让该群体增强团结和信念。很多南部民众就在抵抗北部的批评声中团结起来（无论他们个人对黑人持有怎样的态度）。南非法律对开普省有色人种的权利的剥夺在世界范围内引起了广泛的反对，而正是这种反对声浪巩固了以丹尼尔·马兰及其支持者为代表的民族主义政党的势力。外界批评被认为是对群体自主性的攻击，这通常会激发出更强大的凝聚力。于是，在这种攻击下产生的族群中心主义可能成为社会团结的一种必要象征，并展示出前所未有的生命力。

这种文化压力会给那些怀有不同见解的单独个体造成困难。那些擅自抵抗社会压力、不回避不憎恶弱势群体的人往往会受到周围人的嘲讽和阻挠。在美国的某些地区，同黑人建立友好的社会关系会被当成是"亲黑人分子"而受到社会排斥。这种社会压力和个人信仰之间的冲突在下面的访谈资料摘录中有着充分的体现。以下是一名生活在实施种族间居住项目地区的白人家庭主妇的心声：

> 我喜欢这里。……我觉得黑人很棒。他们应该拥有和白人同等的机会。我想让孩子们在没有偏见的环境下成长……但我很担心我的女儿，她现在已经并不觉得黑人和白人之间有什么不同了。她才12岁——这附近有些很好的黑人男孩子——很自然地，其中有一个，她已经快爱上了——但如果真到了这一步可就麻烦了——人们都很有偏见——她不会快乐的。我不知道该怎么办。如果人们对种族间通婚没有偏见的话，我猜，一切都好办了——但，我想了很久——我们得趁她年纪还小搬出去。[24]

≫ 文化多元主义还是文化同化？

绝大多数少数族群成员同时拥有两种心态。一部分人坚信应该通过保护所有的族群和文化特征、鼓励族内婚配、鼓励以自身传统和语言来教育后代的方式来巩固和加强内群纽带。另一部分人则持有同主流文化相融合的观点，他们更愿意让自己的后代去同样的学校、教堂、医院，使用同一套语言，阅读同样的新闻，甚至彼此通婚以充分参与到这个大熔炉中去。无论是黑人、犹太人，还是各种移民在这个问题上都存有分歧，而主流群体也同样如此，一些人支持同化，另一些人支持分离主义（就像旧时南非的**种族隔离制度**那样）。

和大多数现实问题一样，实际解决问题的方式并不能做到泾渭分明。即使是那些偏好隔离措施的人也不想让黑人发展出一套他们自己的语言或法律，而只是想让他们**在某些面向上**进行融合。而即使是那些偏好同化措施的人也希望能够保持某些优良的文化特质——比如，法国的烹饪文化、黑人精神、波兰的民间舞蹈、圣帕特里克节等。

同化措施的支持者们真诚地相信，除非实践上的统一性甚至是血统上的统一性完全实现，否则一定会存在着太多可见的差异、太多冲突的理由，不管是真实的还是虚构的。

文化多元主义的支持者们则相信，多样性是生命的养料。每一种文化都有其独特的贡献，尽管风俗和语言各异，但它们同样引人入胜、启人心智，令这个社会受益匪浅。他们说，美国应该拥有比单一的、标准化的、高速公路式的、商业化的文化更为丰富多彩的内涵。他们进一步争辩说，差异并不必然引发敌意。开放的心态和热情友好的态度可以与多元主义并行不悖。

主流群体**坚持**让少数群体放弃某些珍贵的信念或准则，也许是最为低效的解决方式。施加这种压力绝不是出于好心，因此这种攻击必然会招致被攻击群体的强烈抗议。实际上，它还可能起反作用。因为正如我们所讨论的，受害者心态往往能够增强内群的情感纽带并巩固内群信念。当问题涉及深层次的价值观，比如宗教，这种攻击就尤其没用。贬低、辱骂对方的宗教神祇，并不能动摇虔诚的天主教信徒或犹太教信徒半分心智。

社会学家阿尔弗雷德·李认为，在美国，各种少数族群当中存在向四种"族群类部"（ethnoid segments）同化的倾向：白人新教徒、罗马天主教徒、有色人种和犹太人。[25] 其中有三个标签具有宗教性质，却有着比宗教更为广泛的意涵。"罗马天主教徒"除教会身份以外还包括最近的移民血统者以及城市居民。

李认为，这四个部分紧紧簇拥在一起并试图契合于白人新教徒的精神气质。很多情况下犹太人失去了自己的认同而融入主流群体；一些中层或上层罗马天主教徒也是如此；有色人种的同化相对更为艰难，但东方人和黑人相比据说已经相当成功了。

主流群体则抗拒这种同化的压力，尤其是在压力最大的情况下。中层和上层白人新教徒的反犹主义倾向更为严重，因为犹太人同化的压力直接作用在这一阶级之上。同样的道理，下层白人新教徒的反黑人倾向也更为严重。近来，在政治舞台前线涌现出针对罗马天主教的武装敌意，也正是因为天主教会的压力在政治层面更为尖锐。

李进而提议，对抗拒同化的力量强度进行标定。和主流群体强烈的肤色偏见相对应，少数群体内部也存在着一定强度的内群自觉（ingroup consciousness）力量。倘若将这种力量以 10 点量表来估计的话，人们可能会觉得在"制造凝聚力的士气"方面，犹太人能得 8 分，罗马天主教徒能得 6 分。对比之下，所有的少数群体都会觉得凝聚力较弱的阿尔斯特长老会教徒可能只能得 1 分。尽管只是一个提议，但这种解决问题的方法是值得一试的。

主流群体如果怀有明显的偏见，就不会欢迎文化多元主义或文化同化。他们实际上想的是："我们才不想让你跟我们一样，但你不能跟我们不一样。"那么少数群体应该何去何从？黑人被谴责成愚昧无知的，所以他们想要寻求教育机会以提升自己的地位；犹太人一面被批评孤陋寡居，一面又被批评冒进好胜。南非白人想要完全的种族**隔离**，却拒绝给班图人实现这种完全**隔离**所必需的领地和政治独立性。移民们发现，自己想要保持文化独立性时会被骂，想要同化进主流社会时也会被骂。少数群体寻求同化会受到谴责，不寻求同化也会受到谴责。

总之，解决群际关系问题的方法似乎既不在于同化也不在于文化多元主义，如果我们将这二者看成非此即彼的政策的话。调适的过程是非常微妙的。我们所需要的，是自由，是无论采取同化还是多元主义的措施，都能根据少数群体自身的诉求而赋予他们应得的自由。没有任何一项政策可以强制实施。社会的进化是一个缓慢的过程。只有我们采取一个放松和宽容的态度，才会尽可能地减少摩擦。

▶ 总结

最后，我们重复一下本章提到的偏见发生的 10 项社会文化条件：

1. 人口的异质性
2. 容易发生的垂直流动
3. 急遽的社会变迁及其所伴随的失范
4. 无知与沟通障碍
5. 少数群体的规模和相对密度
6. 现实对立和冲突的存在
7. 维护某些重要利益的剥削
8. 允许攻击性指向替罪羊
9. 维持敌意的传说和传统
10. 反对同化和文化多元主义

注释和参考文献

[1] R. M. Williams, Jr. *The reduction of intergroup tensions.* New York: Social Science Research Council, 1947, Bulletin 57, 59.

[2] B. Bettelheim & M. Janowitz. *Dynamics of Prejudice: A Psychological and Sociological Study of Veterans.* New York: Harper, 1950, Chapter 4.

[3] A. A. Campbell. Factors associated with attitudes toward Jews. In T. M. Newcomb & E. L. Hartley (Eds.), *Readings in social Psychology.* New York: Henry Holt, 1947.

[4] A. Mintz. A re-examination of correlations between lynchings and economic indices. *Journal of Abnormal and Social Psychology,* 1946, 41, 154-160.

[5] D. Young. *Research Memorandum on minority peoples in the depression.* New York: Social Science Research Council, 1937, Bulletin 31, 133.

[6] L. Srole. Unpublished study.

[7] A. H. Roberts, M. Rokeach, K. McDitrick. Anomie, authoritarianism and prejudice: a replication of Srole's study. *American Psychologist,* 1952, 7, 311-312.

[8] G. Murphy, Lois B. Murphy, T. M. Newcomb. *Experimental Social Psychology.* New York: Harper, 1937.

[9] H. A. Grace & J. O. Neuhaus. Information and social distance as predictors of hostility toward nations. *Journal of Abnormal and Social Psychology,* 1952, 47, supplement, 540-545.

[10] R. M. Williams, Jr. *Op. cit.,* 57 ff.

[11] D. M. Heer. *Caste, class, and local loyalty as determining factors in South*

Carolina politics. (Unpublished.) Cambridge: Harvard Univ., Social Relations Library.

[12] A. M. Richmond. Economic insecurity and stereotypes as factors in color prejudice. *Sociological Review* (British), 1950, 42, 147-170.

[13] H. Coon. Dynamite in Chicago housing. *Negro Digest*, 1951, 9, 3-9.

[14] R. C. Weaver. Housing in a democracy. *The Annals of the American Academy of Political and Social Science*, 1946, 244, 95-105.

[15] T. Parsons. Racial and religious differences as factor in group tensions. In L. Bryson, L. Finkelstein and R. M. MacIver (Eds.), *Approaches to National Unity*. New York: Harper, 1945, 182-199.

[16] O. Collins. Ethnic behavior in industry: sponsorship and rejection in a New England factory. *American Journal of Sociology*, 1946, 51, 293-298.

[17] 例如 P. Blanshard, *American Freedom and Catholic Power*, Boston: Beacon Press, 1949; J. M. O'Nell, *Catholicism and American Freedom*, New York: Harper, 1952。

[18] C. McWilliams. *A Mask for Privilege*. Boston: Little, Brown, 1948.

[19] 其中对部分因素的详细讨论见 J. Dollard, *Caste and Class in a Southern Town*, New Haven: Yale Univ. Press, 1937。

[20] 参照 A. Foster, *A Measure of Freedom*, New York: Doubleday, 1950; 另可参照 L. Lowenthal and N. Guterman, *Prophets of Deceit*, New York: Harper, 1949。

[21] T. Passons. Certain primary sources and patterns of aggression in the social structure of the Western world. *Psychiatry*, 1947, 10, 167-181.

[22] C. M. Kluckhohn. *Navaho Witchcraft*. Cambridge: Peabody Museum of American Archaeology and Ethnology, 22, No. 2, 1944.

[23] Lord Chesterfield. *Letters to His Son*. February 7, O. S. 1749.

[24] M. Deutsch. The directions of behavior: a field-theoretical approach to the understanding of inconsistencies. *Journal of Social Issues*, 1949, 5, 45.

[25] A. McC. Lee. Sociological insights into American culture and personality. *Journal of Social Issues*, 1951, 7, 7-14.

第15章 选取替罪羊

他们把基督教徒当成这个国家每一次灾难的罪魁,当成人民每一次不幸的祸水。一旦台伯河中道遇阻,一旦尼罗河未能触及农田,一旦苍穹静滞,一旦大地异动,一旦饥荒发生,一旦瘟疫暴发,立刻就有声音叫喊:"把基督徒扔去喂狮子!"

德尔图良

严格地说,"少数"这个词只能用来指代那些比一般群体规模更小的群体。在这个意义上,高加索白人才是少数,卫理公会教徒在美国、民主党人在佛蒙特州也算少数。但这个词还有一种**心理学**意味。它表明,主流群体对于人口中某些带有类族群特征的、规模相对较小的部分人群怀有刻板印象,并给予他们某种程度上的歧视性对待,最终培养出他们的怨恨,加强了他们保持自我独特性的决心。

统计上的少数群体为何会成为心理上的少数群体,这是本章所关注的问题,也是一个有难度的问题。可以用表15-1来简要陈述。学校的儿童、注册护士、长老会教徒,都是真实的少数群体,但不是偏见的对象。心理学意义上的少数群体包括很多移民和地区性群体、特定职业、有色人种以及特定宗教的追随者。

表15-1　　　　　　　　　　　　统计上的少数

纯统计学意义上的少数群体	心理学意义上的少数群体
因某种目的而被标定位少数,但不会成为偏见的对象	遭受到温和的侮蔑和歧视　　替罪羊

如上表所示，有些心理学意义上的少数群体仅仅是温和侮蔑和歧视的对象，但有些群体则遭遇到强烈的敌意，即所谓的"替罪羊"。不管这种敌对态度是温和的还是严酷的，我们在这里所说的一切都同样适用。简洁起见，我们都用"替罪羊"一词来指代。

读者会注意到，这个词隐含了偏见的**挫折论**（frustration theory），第13章已经简要地描述了这一理论，后续章节将继续详细讨论。其意义在于，某些外群平白无故地遭受到内群的攻击，而这种攻击恰恰来源于内群成员本身所体验到的挫折和沮丧。这一理论有很多可圈可点的地方，但在解释为何是这类群体而不是其他群体充当攻击性的靶子这一问题时就显得捉襟见肘了。

替罪羊的意义

替罪羊（scapegoat）一词最初来源于《利未记》（16: 20-22）中所描绘的希伯来人的盛大仪式。在赎罪日那一天，一只山羊被命运所劫持。身着亚麻长袍的大祭司将双手放置于山羊的头顶，逐一坦白以色列儿童所遭遇的那些邪恶和不公。于是，人的罪恶就象征性地转移到了兽的身上，并最终带入原野而消散。人因此而被净化，感到如释重负。

这种思维习惯并不鲜见。最早的时候，有一种观念说罪恶和不幸可以从一个人的背脊传给另一个人。万物皆有灵的思维方式将精神和肉体相混淆。既然负重之木可以转移，那么罪恶和悲伤的重担为何不可呢？

如今，我们更倾向于将这一心理过程称为**投射**（projection）。我们在他人身上能够轻而易举地发现根源于自己内心的恐惧、愤怒和欲望。于是，应该为我们的不幸负责的将不再是自己，而是他人。日常口语中，我们也把这种错置叫作"待人受罪"（whipping-boy）、"拿狗出气"（taking it out on the dog）或"替罪羊"。

替罪羊效应背后的心理机制较为复杂，第21~24章将对此进行讨论。当前所关注的是替罪羊选择过程中的社会文化因素。单有心理学理论并不能告诉我们，为何某些群体比其他群体更容易成为替罪羊效应的受害者。

在断断续续的六个年份（1905、1906、1907、1910、1913、1914）里约有百万移民来到美国。移民带来了很多涉及少数群体的问题，但随着时间流逝，这些问题纷纷得以消弭或解决。这些移民当中那些适应能力良好、热切渴望成为美国之一员的人占最多数。美国这个大熔炉开始尝试将他们纷纷吞下。到了第二代，同化的目的可以说已经部分达成了，尽管并不完全。据估计，现在大约有2 600万二代移民。在一定程度上，这一巨大的群体仍然承受着某种社会上的不利待遇（尽管这种不利待遇正在渐渐减少）。很多在自己的国家不讲英语的人来了以后会发现自己的英语储备太过薄弱。他们为自己的父母感到羞耻，仅仅因为他们还不是美国人。这种处于劣势社会地位的感觉就如同阴霾一样久久萦绕不散。他们往往对自己父母一辈的传统和文化缺乏一种自豪感以帮助消除心中的忧虑。社会学家发现了在第二代美国移民中间，存在着相当高的犯罪率和适应不良的症状。

但大多数来自欧洲的少数群体在美国充满弹性的社会结构中磨合得还算顺利。他们偶尔也会被当成替罪羊，但并不总是如此。保守闭塞的缅因州社区里的北方士兵可能会歧视那里的意大利人或法裔加拿大人，但这种势利的氛围也是相当温和的，人们很少看到真实攻击的案例（即真正的替罪羊）。与此同时，更为严重的敌意指向某些其他少数群体，例如犹太人、黑人、东方人、墨西哥人，这些人会遭到主流群体的一致唾弃："我们永远都不会接纳你们。"

我们无法明确地指出，一个群体何时会被当成替罪羊而何时不会，同样，我们也不可能找到一个清晰的公式来概括替罪羊的选取方式。问题的核心似乎在于，不同的群体遭受排斥的原因大相径庭。在第12章，我们已经看到黑人和犹太人所承受的指控是截然不同的，这两类替罪羊所继承和背负的罪恶种类也是截然不同的。

似乎并不存在一种"全能的替罪羊"（all-duty scapegoat），尽管某些群体会更为接近。也许犹太人和黑人目前看来承受着最为广泛的邪恶指控。我们可以注意到，这些群体是**包含性的**（inclusive）社会群体，涉及男女两性及其子孙后代，社会价值观和文化特质正是以这样的纽带和关系而得以传播和继承。这种替罪羊效应或多或少是永久的、确定的、稳固的。相反，我们也可以找到很多**专设的**（ad hoc）替罪羊——只为特定的不幸而承担罪责。比如美国医学会或烟煤矿工工会（Soft Coal Miners Union）就只为社会部分领域的失灵如健康政策、劳工政策、高物价或其责任范围内的不便承担罪责。（替罪羊本身不一定在道德上是无辜的，但总是会遭到比其应得的合理惩罚更重的谴责和敌意、更多的刻板印象式评判。)

因此,最接近全能替罪羊的就是宗教或种族群体。他们可能会被标定在一个确定的社会位置之上,在群体层面被刻板化地对待,且这种状态具有永久性和稳固性。我们前面已经讨论了范畴化(categorization)的武断性和随意性,即,很多人仅凭某一方面就被纳入其中或者被拒斥在外。而某个黑人体内流着的血也有可能更多是白人的而非有色人种的,但人们要的是"社会假定"的种族,于是他就被纳入了这一范畴。这个过程有时也会颠倒。纳粹德国时期,一名维也纳市长想给一名能力杰出的犹太人以特权。但他遭到了反对,因为对方的家人说:"他是不是犹太人我说了算。"纳粹分子将个别犹太人变成"名誉上的雅利安人"以给予偏爱和庇护,这也说明了,保持受迫害少数群体的完整性是多么重要。只要做到这一点,邪恶就可以被看作源于一个完整的、人格化的、带有异文化价值观的、拥有永久威胁性特质的群体而产生的。正因如此,种族的、宗教的、族群的偏见和憎恶才比针对职业的、性别的、年龄的群体更为广泛也更为根深蒂固。要想将憎恶明确而永久地固定下来,需要明确而永久的范畴。

历史学方法

很多人无法回答这样一个基本的问题:为什么一段时间以后,某个特定的种族、宗教或意识形态群体就渐渐承受起比自身已知特质或应得名声所能合理解释的多得多的歧视和迫害?

为何替罪羊会随着时过境迁而此起彼伏?为何针对他们的敌意会出现周期性的加剧和削弱?要理解这些问题主要得靠历史研究方法。如今的反黑人偏见已经和奴隶制度时期迥然不同了;就连所有偏见之中最为长久永固的反犹主义也在不同的时代具有不同的形式,其程度也会根据当时的境况而有所起伏(例如下一章将要讨论到的情况)。

反天主教主义在今天的美国比在六十年前已经减轻了很多。在过去曾出现一个名叫美国保护协会(American Protective Association,APA)的反天主教武装组织。[1] 世纪之交时这一组织渐渐没落,与此同时,由于某些未知的原因,反天主教的氛围也渐渐淡薄。就连欧洲天主教徒最大的移民潮都能掀起 19 世纪那样的迫害。但在最近几年，就如我们前几章所看到的那样，对于罗马天主教会政治影响力日益扩大的警钟越来越响。我们将迎来又一波偏见大潮。只有仔细的历史分析才能够给出清晰的解读。

在美国保护协会的全盛期，几乎没有社会科学家对这一现象产生兴趣。而在今天，这种煽动性的运动已经得到了更为细致的研究。[2] 当时，有一位不知姓名的美国人发出了反对美国保护协会的声音，他提出了先于他时代的分析和预警。特别有意思的是，他最后提到了反犹主义，并认为在 1895 年其传播性和威胁性都远远不如当时的反天主教主义。然而半个世纪以后，这二者的境况就对调了。

> 未来某个时刻，有可能会有另外一些和平的、奉公守法的、爱国的、有利于生产的特质元素变成不被包容的、顽固的、狂热的令人厌恶的东西。APA 主义如果现在还被允许的话，那是因为它支持了某些个人权力和部分利益的重要性，实际上它可以针对任何未能令其上司或领导满意的阶级或个人。外国人和美国天主教徒就是这样被抛弃的，谁知道下一个被灭绝的会不会是犹太人呢？
>
> （签名）"一名美国人"[3]

由于替罪羊的选取问题主要是一个历史问题，我们就从历史的角度着手分析，聚焦于具体的案例。接下来我们将讨论其中有代表性的犹太人、"赤色分子"①和"专设"替罪羊。调查并不完备，因为每一个故事都相当复杂，难免会存在一些理解上和强调上的偏误。

》 作为替罪羊的犹太人

反犹主义至少应当追溯至公元前 586 年犹太王国覆灭之时。犹太人带着他们相对更为严苛死板、不近人情的风俗传统而亡命天涯。由于饮食律令，他们不能与别人共进晚餐；通婚也被严禁。就连自己的预言家耶利米都认为他们太过僵硬呆板了。无论走到哪里，他们的正统教义都是一个麻烦。

---

① "赤色分子"，特指麦卡锡主义政治浪潮下对共产主义价值观支持者的贬称，是污蔑性的。本章后面即会详细分析其中带有的偏见性质。

在希腊和罗马，犹太人被当作有趣的陌生人而接纳，因为人们对新鲜的思想和观念喜闻乐见。但接纳犹太人的大都市文化却无法理解犹太人为何不分享他们作为异教徒的食物、游戏和快乐作为报答。耶和华可以很容易地契合进人们所崇拜的神祇体系当中，为什么犹太人就不能接受万神殿的概念呢？似乎犹太教在神学、族群风俗和惯例等方面都太过绝对化了。

在这些风俗中间，有关割礼（circumsision）的部分大概是最令人惊愕的了。人们无法理解割礼的那一套象征论。这种屠宰式的行为更像是野蛮动物性的残留和对人性的威胁。几个世纪以来，这种风俗在非犹太人心中到底激起了多么深刻的无意识恐惧、多么剧烈的性观念冲突已经说不清了。人们对这种类似"阉割"的恐惧构成了针对犹太人的厌恶当中相当重要的一部分，即使人们并没有意识到这一点。

然而，在古罗马，肯定是基督教徒比犹太教徒遭到的迫害更为严酷。本章开头引用的德尔图良的一段话就精炼地概括了当时基督教徒作为替罪羊的情形。直到公元4世纪君士坦丁大帝将基督教定为罗马官方主流宗教之前，犹太教徒的境遇还普遍好于基督教徒。但自那以后，安息日的分离，让犹太教徒成为与基督教徒截然不同的一个具有高度可见性的群体。[4]

由于早期的基督教徒自身也是犹太人，所以基督教大概花了两到三个世纪之久才将这一事实忘了个一干二净。然后，只留下犹太人群体整体应当为十字架受难（Crucifixion）担负罪责这一指控代代流传了下来。接着，"杀基督者"的绰号成为一大批人在任何场合下把犹太人当成替罪羊的充分借口，这一情形持续了数个世纪之久。当然，等到4世纪时圣约翰·克里索斯托布施了更为详细的反犹训诫之后，指控就不只局限于耶稣受难，而是扩展到其他任何可以想象得到的罪行之上。

支持反犹主义的观点部分直接来源于基督教的神学推论。因为《圣经》上明确写道，犹太人是上帝的选民，因此必须一直予以猎捕，直到他们承认了自己的弥赛亚，否则上帝就要一直惩罚他们。这样一来，基督教迫害犹太教徒仿佛就成了天命神授一般。当然，现代没有任何一位神学家会这么解释单个基督教徒对单个犹太人的不公正对待。但事实在于，上帝的行事方式是神秘的，他所在意的正是让所有心存反抗的犹太人——他的选民们去承认《新约》，承认它和《旧约》一样好。尽管现代反犹主义肯定没有意识到这一点，但从神学观点上看，他们的行为在上帝的长远考虑中是可以理解的。

此处，这一神学解释需辅以更加微妙的心理分析。因为希伯来人不接受弥赛亚一说，因此他们并不受缚于《新约》尤其刻板严苛的道德训诫。（他们自身的道德律令也同样严苛则另当别论。）问题是基督教徒本身也有欲望想要逃离"福音书"和《使徒书信》所设下的严格的道德标准。根据精神分析的推断，这种隐秘的邪恶冲动将引起激烈的内心冲突和对于不洁欲望的自我厌恶。因此，这些基督教徒本身也是象征性的"杀基督者"。但这种想法太令人痛苦，所以必须压抑在内心深处。但犹太人公开拒绝了《新约》的训诫。因为我憎恶自己身上同样的倾向，所以我转而开始憎恶犹太人，因为他们将这种倾向体现了出来。犹太人承担了我的罪恶，就像山羊曾承担了古老的希伯来人的罪恶一样。

弗洛伊德沿着这一逻辑深入下去，指出大多数人内心有着被压抑着的"杀父"的欲望。这是由于难以忍受父亲的权威对自己的限制，这里面或许也有跟父亲在性的方面构成了敌对竞争关系的因素在内。不管怎样，弗洛伊德认为，这都导致了强烈的杀亲倾向，甚至会进而导致弑杀所有人之父——上帝的欲望。那么在基督教徒看来，犹太人如果是杀基督者，那么也必定是上帝杀手。正是因为我难以面对自身的邪恶冲动，我才把它们转嫁给犹太人，因此，我憎恶犹太人。[5]

强调反犹主义中的宗教因素是必要的，因为犹太人首先就是一个宗教群体。可能很多人会反对说，现代很多（或者大多数）犹太人已经丧失了宗教性。[6]尽管正统教义的影响力逐年降低，但针对这个群体的迫害却有增无减。很多人也会反对说，当今的反犹主义中，犹太人的罪过主要是道德上、金钱上和社会上的；宗教方面的偏离已经很少被提到了。这些都对，但宗教问题的残留依然是存在的。犹太节日、犹太居住区犹太教堂的存在更增加了这一群体的可见性。

然而，很多人并不把犹太教和基督教之间的宗教纷争当作一回事，也有很多人能够超越这一纷争而理解犹太教 - 基督教传统在本质上的统一性。但根据更加宽泛的理解，身在其中的我们每个人至今仍受到犹太文化史诗般的精神动乱（spiritual ferment）的影响。天主教学者雅克·马利坦写道：

> 以色列……处于世界结构的中心，不断地刺痛着、激怒着、掀动

着这个世界。就像一具陌生的躯体,就像被注射进茫茫大众中间的发酵剂,它让这个世界不得安宁……它带给世界不满和焦虑,激发了历史的动荡。[7]

一名犹太学者说:犹太人群体并不比非洲任何一个不为人知的部落更大,但他们却引起了持续的精神动乱。他们坚决拥护一神教、伦理标准和道德责任。他们坚决崇尚知识和学术,崇尚紧密团结的家庭生活。他们身怀远大理想和抱负,焦虑难安,并严格遵从良知(conscience)的驱使。他们世世代代都让人类意识到上帝的存在,意识到伦理责任,意识到成就的高标准。于是,尽管他们自身并不完美无瑕,但他们依旧成为全世界良知的精神导师。[8]

一方面,人们钦佩、敬畏着这些标准;而另一方面,人们又反叛和抗议着这些标准。反犹主义的兴起原因在于人们被他们自己的良知激怒了。在象征意义上,犹太人就好比他们的"超我",而没有人愿意被超我驱使鞭策得太过严苛。犹太教所坚守的那些道德行为看似残酷冷漠、直截了当而不留情面,还萦绕心头阴魂不散。于是,那些厌恶这种坚守、不愿意自我规训、不承认其慈悲理念的人,就会通过败坏犹太人整个种族的名声来为自己的反对态度提供合理化的途径,正是"这该死的"种族才制定了这些令人难以忍受的高标准。

即使所有这些道德和宗教因素在当下所扮演的角色不如在过去那么重要,它们也依然是决定性因素,奠定了数个世纪以来针对犹太人的区别对待的基础。一来,犹太人很长一段时期内在很多国家都遭受的排斥至少部分是由于它们的宗教偏离。对他们开放的只有那些临时的、边缘性的职位。"十字军"缺钱的时候不会跟基督教徒借(因为基督教的戒律是不允许放高利贷的),犹太人只好成为放贷者,吸引了客户也招来了谴责。犹太人不准拥有土地,不准进入手工艺行会,只有放贷、贸易和其他污名化的职位可供选择。

这一模式得到了某种程度上的延续。欧洲犹太人的职业传统随着跨国移民而转移到新的陆地上来。同样的歧视在某种程度上仍然阻碍着他们担任那些保守而传统的岗位。他们又一次被迫从事那些需要冒险、精明和进取心的边缘活动。在第7章我们已经看到,这一因素导致了绝大多数犹太人,特别是纽约市的犹太人,纷纷进入零售业、戏剧投机业和专门职业。这种在经济棋盘上的分布不均让犹太人群体十分惹眼，也强化了他们工作太过努力、一门心思只顾着赚钱、在不稳定岗位上从事阴暗交易的刻板印象。

这里让我们回忆一下"城市憎恶"论（本书第201页）。当国家处在高速的城市化进程中，随之而来的就是价值观的丧失以及不安全感所导致的日益增长的焦虑，而在人们头脑中犹太人就是城市的象征，于是人们将城市化所伴随的生存境况的恶化归咎于犹太人。

回顾这一系列历史事件，我们会发现另外一个相当重要的因素。由于没有自己的祖国，犹太人处处被视为当地政治体的寄生虫。他们拥有能够成为一个独立民族的那些属性（道德凝聚力加上民族性的传统），但实际上却是唯一一个没有自己祖国的民族。那些不相信"双重忠诚"的人指责犹太人缺乏爱国心，对接纳他们的土地缺乏应有的崇敬。鉴于很多犹太人在各个国家都有血亲，他们对彼此的命运深切地关照着，因此又被人骂作是"国际主义的"——缺少正常的爱国主义忠诚。有关忠诚的分裂问题我们目前还没有证据，但毫无疑问"无家可归"是历史性的事实。只是在最近几年情况才有所转变——但这一转变对反犹主义的影响究竟有多大我们还很难说。在新建立的以色列国周围的阿拉伯地区，反犹主义的高涨似乎也正是不祥的预兆。

另一个需要关注的因素是，在犹太文化中长久存在着对于知识和学术成就的坚守和崇尚。测量这一范畴性差别（本书第93页）的方法之一就是比较高等学习机构中犹太学生和非犹太学生所占的比例。二者差异通常很大。而这种学习上的差异在犹太人被当作替罪羊的事实中间起到了什么推波助澜的作用则需要一个更为深入的剖析。犹太人的智识主义（intellectualism）让周围所有人都意识到自身的无知和懒惰。他们又一次象征性地代表着我们的良知，刺痛了我们，才引起了反抗。我们在智识成就面前、在大量需要学习的知识面前无一不会产生一种相对的自卑（inferiority）心态。而犹太人无论是在概化的意义上还是在具体的意义上都让我们意识到了自己的卑微从而萌生妒意。通过历数犹太人的弱点和罪恶我们得以重新恢复心理平衡。因此，反犹主义可能也是对卑微感受的"酸葡萄"式的合理化。

我们研究这些纠缠不清的历史心理因素，自然是想知道是否存在一个统领性的主题将它们全都总结起来。最接近的路径似乎就是"保守价观的边缘"（fringe of conservative values）概念（本书第113页）。然而，我们必须将这一表达理解成，只是涵盖了犹太人在宗教、职业和民族上的偏离，却同时遗漏了那些保守主义的庸常之处：他们引起的良心刺痛、智识抱负和精神动乱。人们只能这么说：犹太人太过于**偏离常态**（off center）因此在许多方面都对非犹太人构成了打扰。所谓的"边缘"在保守者看来就足以成为一种威胁。差异并不大，但正是这些微末的差异才带来了更为严重的打扰。这里我们又一次引用了所谓"微小差异的自恋"（the narcissism of slight differences）这一说法。

上述对反犹主义的历史分析远远称不上完备，只是在证明，如果不采用历史路径的话我们无法搞清楚为何一个群体而不是另一个群体会成为敌意的对象。犹太人作为替罪羊的事实已经源远流长，只有在历史长时间尺度的考虑下，辅以心理学的洞见，才能重新建构起整个故事。

有很多理论尝试去解释反犹主义，大多数集中在少数几个特征之上，且缺乏证据的细致考究。我们来举一个典型的例子，这是英国人类学家丁沃尔的表述：

> 至于犹太人，我们发现在某些重要的方面，他们自己的信仰和行动都会激发出人们对抗的感受，并不总是完全没道理的。没有家的人在哪里都是少数群体，但却借助宗教和传统习俗抱团在一起，这就向周围人宣告了自己的排外性和拒绝同化的明显倾向……一旦情形反转，他们也会毫不犹豫地把别人看成是劣等的。因此，他们在其所在的每一个社会中都仿佛是一根刺，会唤起感觉上温和的疼痛感。尽管基督教是从犹太教中衍生出来的，但二者立场毕竟不同，犹太人的存在就在不断地暗示着直到现在上帝的杀手依旧顽固不化死不悔改。尽管缺乏雄心的穷人仍旧沉溺在肮脏之地，但其中更没有耐心、更有精力的那帮人已经不断地在向上爬，通过各种商业的、竞争性的途径，而且是以一种人人为己的方式，以一种道德伦理皆不同于平常的方式。……被逆境和厌恶磨砺得更加坚硬的他们渐渐变得大胆犀利、厚颜无耻。他们对待女人的方式也更加开放而不加限制。这本身就激起了那些敏感胆小之人的嫉妒和愤怒。[9]

这段分析中有某些点还是值得注意的。总体上它采用的是刺激客体式路径，强调了犹太人的特质和他们引起众怒的行为方式。但其中部分论述是正确的,另有一些则完全陷入了臆想和含混之中。"他们"一词被用来指代整个犹太人群体将他人看成是"劣等的"或"变得大胆犀利、厚颜无耻"就太过松散武断了。模糊、暗讽和想象玷污了这段关于反犹主义的分析,同样这些也会玷污关于其他偏见的分析。

问题太复杂,除非在每个阶段都对事实性证据进行小心谨慎的关注和思考,否则将永远得不到解决。这些事实性证据既包括了犹太人群体的真实特质,也包括反犹主义形成的心理过程。

》作为替罪羊的"赤色分子"

接下来的分析可以用作对比。和反犹主义不同,"赤色分子"被选作替罪羊还是近几年的事情。"赤色分子"和犹太人比起来可见性要低得多。他们很难识别或定义。但冲突的现实基础(第14章)可能更为明显。

犹太人常常被叫共产主义者,共产主义被称有"犹太情节"(Jewish plot),我们不该被这些事实搞糊涂了。我们将在其他地方解释这种混淆(第2、10、26章),它反映的是偏见的概化和厌恶对象的情绪等同。

在美国,直到俄国革命以后,"赤色分子"才开始被当作替罪羊,因为在那之前,并不存在可用的特征或是可识别的威胁。当然,以往任何类型的激进分子都会被当成替罪羊;但1920年前后,一个新的焦点开始在美国形成,并从此占据了核心。

值得注意的是,针对"赤色分子"的迫害在历史上有三次高峰,分别是:一战后、20世纪30年代中期和二战后。

这三次密集的替罪羊现象有些共同之处:(1) 全都反映了劳工阶级尝试在工业面前证明自身力量的时期——两次是在战时经济繁荣和就业饱和的情形下,一次是在罗斯福新政对劳工给予更多法律上的倾斜的情形下,当时劳工尽管处在经济萧条的环境下,但仍然处于一个强有力的位置。(2) 三次高峰都发生在剧烈的社会变迁时期,经济和政治前景都处在不可预知的模糊之中。一种不稳定、忧惧的气氛弥漫开来。那些手中握有财产的人尤其焦虑,这种焦虑通过社会结构而传播蔓延。两次世界大战后心存不满的老兵数量众多,与此同时失业人群形成了一个被不确定感牢牢钳制的庞大群体。(3) 在这三个历史时期内都伴随着积极的自由主义运动:工会主义日渐盛行,小政治党派正在兴起,左翼组织声势高涨。

偏见的本质

"红色"是主导权势的象征（第11章）。由于与苏联旗帜的颜色一致，所以红色又代表了苏联。拓展开来，该词就涵盖了所有在意识形态上认同苏维埃政权的人。再扩展开来，该词甚至可以涵盖美国那些多少有些激进的公民，甚至是在任何问题上都持有自由主义观点的人们。自相矛盾地，它甚至会涵盖那些持有同苏维埃共产主义完全相反的信念的自由主义者。

最近，有个州委会在调查"危险分子"活动时发生的一则故事是这一点的最好说明。检察官向一名有嫌疑的自由主义者提问：
"你是共产主义者吗？"
"不，我是反共产主义的。"
"我们想知道的就这么多，"检察官一脸胜利的表情，"你具体是哪一种我们不关心。"

尽管无法清晰地辨认出谁是"赤色分子"或究竟怎样才算得上是"赤色分子"，但在这种敌意的核心确实存在着现实的冲突。一战后苏俄不再对美国构成武装威胁，于是针对苏俄"赤色分子"的敌意的基础就被削弱了，但对于美国国内的"赤色分子"来说，形势却更加模糊。本书第174页列出了针对新确立的国内替罪羊群体的各式各样相互重叠的绰号，例如"带连字符的美国人""布尔什维克党人""无政府主义者"。但随着形势渐渐清晰，问题也渐渐尖锐了起来。美国和共产主义意识形态之间的现实冲突成为关注的焦点，并随着苏联的强大而日益严峻。二战后，"红"和"共产主义"的标签被大量使用。哪里有涉及边缘问题的混乱出现，哪里就同时存在着基本而尖锐的真实冲突内核。

如果冲突完全是现实的，我们就不能说是偏见，也不能说是替罪羊。但现在所面临的是这样一个情况：冲突来自想象而非真实，被借来的情绪所推动，被草率的判断所扭曲，被刻板印象所加剧。当卢斯科法[①]的支持者在纽约州做如下陈述时，尽管问题依旧尖锐，但已全然不同于20世纪20年代了：

---

① 卢斯科法（Luck laws）是指由保守派政客克莱顿·卢斯科（Clayton R. Lusk, 1872—1959）领导的卢斯科委员会（Lusk Committee, 1919年成立）所制定的一系列纲领性文件，该委员会旨在反对、控制和镇压所谓的激进主义、无政府主义、一部分自由主义，以及共产主义等被认为会"危害社区和平与秩序"的社会运动。卢斯科法于1922年被废除。

第15章 | 选取替罪羊

> 激进主义运动不是改善经济和社会条件的和平努力方式。……运动的爆发,是因为当时普鲁士贵族阶级中拿工资的那些人把这一运动当成了他们工业化和武装抗议的一部分……实际上这种运动对我们所持传统的一切都构成了威胁。……它和繁荣长生的愿望作对,和所有教会和家庭作对……它攻击了包括婚姻机构在内的美国所有机构。[10]

除了提到普鲁士贵族阶级以外,这样一份控诉听起来相当现代。值得注意的是,将共产主义和贵族阶级(当时仍旧招人憎恶)混淆是不理性的,同样,"激进主义运动"的宽泛指代也是不理性的。这些错误行为所涉及的并不单单是共产主义者,而是所有的激进分子。卢斯科发现,一定不能反对"经济和社会条件"的改善,这一点也是非常重要的。

事实上,并非一切共产主义价值观都会遭到美国人的反对。相反,"改善经济和社会条件"就是一个众望所归的愿景。很多美国知识分子看到苏联改革既有成效也形势良好,特别是20世纪20年代的时候,他们也很热切地支持过苏联。但这些知识分子以及一些劳工领袖展现出的短暂热情却让他们自己陷入"牵连犯"(guilt by association)的境地。就连一个大学教授都可能因撰写客观说明性文字而被贴上"亲苏"的标签。任何人只要说了共产主义任何方面的一丁点好话,都有可能被扣上"赤色分子"的帽子。

因此,"赤色分子"作为替罪羊的现象最为醒目的特点就是"油渍效应"(grease spot effect):几乎任何人在任何主题上持有任何不一致意见或怀疑态度都可能且会被当成共产主义者——尤其是那些支持自由主义、支持劳工、支持包容,甚至是对共产主义及其政策抱有分析性观点的人。大学教授也有了嫌疑。在15世纪的猎巫行动中,教皇英诺森八世一面声称巫术并非真实的事情,一面认为谴责自由主义者和理性主义者也是合理的。[11]类似地,在20世纪中期的美国,任何人只要想一分为二地评价共产主义及共产主义恐惧症都会陷自己于各方辱骂的危险境地。

因此,选取"赤色分子"作为替罪羊必须被解释成一个双重现象,它首先涉及现实的价值观碰撞——这种碰撞本身并不叫偏见。但这种碰撞周围聚集了越来越多自我中心的臆想、刻板化的印象以及弥散的情绪——主要是恐惧。正值科技革命、负债、社会动荡、战争威胁、原子弹爆炸和失范的艰难时期,每个人都忧心忡忡,那些在已经安居于经济保障地位之上的中产阶级也不例外。一名作家在 20 世纪 30 年代中期用如下一段话描述这一情景，至今仍然适用。

> 它（"猎红行动"）今天依旧和 1920 年一样是一场危机，是一种排除异见、害怕改变的盲目而情绪化的民族主义。这场运动制造了对每个独立思考、寻求改变现状的个体的怀疑……并为那些不愿意坐下来真正讨论问题而是热衷于指名道姓的人或群体锻造了一把轻而易举的屠刀……在这个国家，对共产主义的恐慌已经被反动出版机构和商界头目充分地煽动了起来，而他们要的只是一个便利的标签以拒绝任何社会、政治、经济上的改变……制造话题分散注意力总是必要的，"红鲱鱼"①的叫法总是很有用。[12]

尽管"反动分子"在自由主义者和改革者的替罪羊现象中起到了牵头的作用，但实际上所有的经济阶级都参与了这样的合谋。这部分是由于他们读到或听到的反共宣传，部分是由于他们能够理解但反对共产主义的本质，部分也出于一种对确定性和安全感的需要。偏见对于社会的所有层级而言都具有功能性的价值。那些拥有宗教偏好的人担心自己的价值体系受到威胁，那些担心战争爆发的人可以借此识别出潜在的祸患，那些感到生活不如意的人现在怀疑是不是"赤色分子"导致了这一切。

最终，把"赤色分子"当成替罪羊是由于这么做可以带来特定的剥削性利益和好处。煽动家故意激起人们对于共产主义者的愤怒和恐惧，从而使得人民团结在煽动家周围来获取安全和保护（第 26 章）。希特勒就是利用这种替罪羊效应来团结其追随者们的（反犹主义），类似的还有密西西比的比尔博（Theodore G. Bilbo，反黑人主义）、威斯康星的麦卡锡（反"赤色分子"）。

特定场合下的替罪羊

替罪羊可以很古老，比如犹太人；也可以很新近，比如"赤色分子"；但也可能持续时间非常短暂，以至于很少被人提及。

---

① Red herring，这是一种政治宣传、公关及戏剧创作的技巧，借此转移焦点与注意力，它同时也是一种逻辑谬误。

第15章 | 选取替罪羊

日报、新闻上我们偶尔能注意到这种"场合性的"(occasional)替罪羊现象。每逢监狱暴乱、杀人狂出逃、政府贪污曝光等事件出现,哀号和尖叫就随之涌起,言辞愤慨的社论、群情激动的来信如雪片一般纷纷扬扬。有时这些声音找出了自己所认为的替罪羊,也有时仅仅是想要寻找一个发泄的对象。愤怒想要一个具体的人来作为承受者,而且立刻就要!最后逼得一些官员被迫辞职——这倒并不是说他真的负有罪责,而是因为只有牺牲了他个人,才有可能平息公众的愤怒。

例如,1942年11月28日发生在波士顿的椰子林(Coconut Grove,夜店名字)大火。[13]

灾难造成了将近500人的死亡。事件过后立刻就有社论和编辑部来信要求定罪。第一位充当替罪羊的是一名餐馆工,他点了一根火柴来代替电灯泡,他自己解释说火柴掉到了一堆易燃的纸质装饰品上面。于是报纸头条醒目地写道:"餐馆工的罪过"。大量的指责带来了反作用,于是公众又开始为他开脱(部分也是对其勇于承认的一种嘉奖)。编辑部又收到来信说要推荐餐馆工去上西点军校,他本人也收到粉丝的邮件甚至还有金钱礼品。下一个受害者是某个不知名的"混混",据说他把灯泡转移了位置;但很快人们又将他丢在九霄云外转而注意到了那些公共官员:消防专员、警务专员、巡视员等等。尽管一位官员直截了当地提了一句"波士顿悲剧部分是由心理上的崩溃造成的",但鲜有文章指出这场过度的恐慌毫无疑问应该为伤亡承担主要的责任。人们更偏好看得见、摸得着的罪魁祸首。

渐渐地,人们的注意力又集中在了夜店的所有者、管理者和其他老板的身上。因为所有者是个犹太人,尽管他的种族身份在文章中并没有被明显凸显出来,他还是承受了很大一部分敌意。所有者和警察常常被捏在一起被指控"腐败""官商勾结"而成为联合的替罪羊。

所有这些替罪羊都涌现在事故发生后的一周之内。很快,人们的兴趣就衰减了,直到两个月以后检察官递回了10份针对夜店老板、管理者、消防专员、巡视员等其他官员的诉状之时才重新被点燃。所有受到指控的人都辩护自己无罪。最终只有夜店老板自己被关进了监狱。

在这个案例中，我们注意到情绪骚乱将人们的注意力引向了某些（几乎是任何）人格化（personalized）的对象身上，将他们当作罪犯。愤怒和恐惧需要将自己的源头识别成一个能动的个体。人们的谴责从一个替罪羊身上转移到另一个。随着情绪的平息和需求的减弱，最后的惩罚一般都比最开始所要求的温和得多。最后，我们会发现，替罪羊实际上有一个就已经足够了，对他的惩罚足以为短暂的危难期画上休止符。

总结

尽管心理学原理能够帮助我们理解偏见形成和运作的过程，但仅有它们并不能完全解释为何是这一个群体而不是另一个群体会被选为憎恶的对象。

第14章讨论了一些社会文化规则来帮助预测何时某一少数群体会成为敌意的焦点。本章则更为具体地探究了这一问题。我们的结论是，只有了解了每一个案例的历史语境，才能够更为全面深入地理解这一问题。我们详细讨论了历时久远的反犹主义、新近涌现的反"赤色分子"浪潮两个例子。这种具体的、冷静客观的分析方法对于理解火灾事故后公共官员成为替罪羊的暂时性现象也同样有所帮助。

特定的环境模式决定了偏见的对象，如果这一结论是正确的，我们就需要很长的篇幅来细述美国黑人、南非印度人、西北墨西哥人以及世界上其他充当替罪羊的人群的历史境遇。这一任务超过了目前力之所及。我们在这里只要阐明这种研究方法就足够了。

注释和参考文献

[1] R. H. Lord. *History of the Archdiocese of Boston*. New York: Sheed and Ward, 1946.

[2] 参照 L. Lowenthal & N. Guterman, *Prophets of Deceit*, New York: Harper, 1949。

[3] Anonymous. *A.P.A.: An Inquiry into the Objects and Purpose of the So-called American Protective Association.* Stamped: Astor Library, New York, 1895.（现藏于纽约公共图书馆。）

[4] 对基督教会反犹主义早期根源的追溯见 M. Hay, *The Foot of Pride*, Boston: Beacon Press, 1950。

[5] S. Freud. *Moses and Monotheism*. New York: A. A. Knopf, 1939.

[6] 事实上，犹太年轻人现在已经对他们的古老宗教产生了比基督教年轻人更为拒斥的态度，不会再把这些宗教价值观看得那么重要了。例如，参见 G. W. Allport, J. M. Gillespie, Jacqueline Young, The religion of the post-war college student, *Journal of Psychology*, 1948, 25, 3-33; 亦见 Dorothy T. Spoerl, The values of the post-war college student, *Journal of Social Psychology*, 1952, 35, 217-225。

[7] J. Maritain. *A Christian Looks at the Jewish Question*. New York: Longmans, 1939, 29.

[8] L. S. Baeck. Why Jew in the world? *Commentary*, 1947, 3, 501-507.

[9] E. J. Dingwall. *Radical Pride and Prejudice*. London: Watt, 1946, 55.

[10] C. R. Lusk. Radicalism under inquiry. *Review of Reviews*, 1920, 61, 167-171.

[11] H. Kramer & J. Sprenger. *Malleus Maleficarum*. (Tranl. by M. Summers.) London: Pushkin Press, 1948, xx.

[12] J. G. Kerwin. Red herring. *Commonweal*, 1935, 22, 597.

[13] Helen R. Veltfort & G. E. Lee. The Cocoanut Grove fire: a study in scapegoating. *Journal of Abnormal and Social Psychology*, 1943, 38, Clinical Supplement, 138-154.

第16章
接触效应

有人认为，只要人们不分种族、肤色、宗教、国籍地聚集在一起，就能够消除刻板印象、培养友善态度。事情可没那么简单。但对于李和汉弗莱对1943年底特律暴乱的分析，也许存在某种公式可加以概括：

> 成为邻居后人们就不会发生对抗和暴乱。韦恩州立大学的学生——有白人也有黑人——在血色星期一那天都平静地进出教室。战时的工厂，白人和黑人工人之间也相安无事。[1]

一些社会学家认为当人类群体相遇时，关系的建立通常会经历四个阶段。首先是**纯接触**（sheer contact），然后很快进入**竞争**（competition），接着是**调适**（accommodation），最后出现**同化**（assimilation）。这一平和的发展过程事实上的确经常发生。正因如此，我们可以发现很多移民群体最终都被吸纳进新的故乡。

但这一过程并非放之四海而皆准的不变定律。尽管很多单个的犹太人已经完全为主流文化所同化并失去他们自己的内群纽带，但犹太人群体作为一个整体，尽管不断与外群接触，但仍旧在可追溯的历史中坚持存活了3 000年。据估计，假设按照现在美国黑人群体"消逝"的速度，需要6 000年之久黑人血统才会被完全同化。[2]

这个过程也并非不可逆转的。我们知道即使已经到了调适阶段，退回竞争阶段发生冲突也很常见。种族暴乱就反映了这样一种倒退，针对犹太人的周期性迫害也是如此。在德国，我们注意到，所有的反犹主义法案都已经在1869年被废止，但随后的六十年和平调适阶段过后，在希特勒的带领下，反犹浪潮再次被掀起。《纽伦堡法令》和大屠杀在其残暴程度上超越了德国历史上以往任何的反犹主义运动。

这一平和的发展规律是否奏效似乎取决于群体间**接触的本质**(the nature of the contact)。

在一项未发表的生活史研究中,被试被问到"自己有关少数群体的经历和态度",结果发现接触是被频繁提及的一项因素。不过,尽管受访者报告说接触在 37 个情境下**降低了**偏见,但也在 34 个情境下**加强了**偏见,很明显,接触效应取决于双方之间的关联。

》 接触的种类

要想较为理想地预测接触对于态度的效应,我们应该仔细地研究下列变量单独或联合作用时的后果。这个任务量相当大。至今只开了个头,但成果却已经非常富有启发性了。[3]

- 接触的数量方面:
    a. 频率
    b. 时长
    c. 人数
    d. 种类
- 接触的地位方面:
    a. 少数群体处于劣势地位
    b. 少数群体处于平等地位
    c. 少数群体处于优势地位
    d. 个体在各个地位上都有不同的分布,但群体作为一个整体可能占据相对较高的地位(如犹太人)或相对较低的地位(如黑人)。
- 接触的角色方面:
    a. 关系是竞争性的还是合作性的?
    b. 关系是否涉及上下级的角色结构,如主仆、雇主雇员、老师学生?
- 接触周围的社会氛围:
    a. 隔离主义还是平等主义?
    b. 接触是自愿的还是非自愿的?

c. 接触是真实的还是虚假的？
　　d. 接触是否被感知为群际接触？
　　e. 接触被视为是典型的还是例外？
　　f. 接触被视为是重要且亲密的还是短暂而无关紧要的？
- 所接触个体的人格：
　　a. 原初偏见是高、中、低？
　　b. 偏见是表面的、服从性的，还是深深扎根于自己的性格结构之中的？
　　c. 个人生活中是拥有最基本的安全，还是失宠充满恐惧和怀疑？
　　d. 与该群体接触的过往经历如何？现有刻板印象的强度如何？
　　e. 年龄和受教育水平
　　f. 其他可能影响接触效应的人格因素
- 接触的地点：
　　a. 偶然性的
　　b. 居住性的
　　c. 职业性的
　　d. 娱乐性的
　　e. 宗教性的
　　f. 公民的、同胞一般的
　　g. 政治性的
　　h. 信誉性群际活动中

　　这样的清单对于阐明这个问题依然不够详尽，但足以指出它的复杂性。并非所有变量上都有可用的知识参考，不过我们接下来要报告一些目前可以实现的可靠概括。

偶然性接触

　　在南方各州以及北方的某些城市，人们以为自己了解黑人；在纽约市，人们以为自己了解犹太人——因为经常遇见。但这些接触很有可能全是表面的、肤浅的。在隔离主义成为惯例的地方，所发生的群际接触要么是偶然性的（casual），要么被固定为某一种上下级的从属关系。

事实证明，这种类型的接触并不能消除偏见，反而很有可能强化它。[4] 第14章讲到，偏见会随着少数群体的人口密度而有所变化的事实就支持了这种观点。接触越多越麻烦。

检视一下偶然性接触的感知情境，我们就能明白其原因。假设在街头或商店，一个人看到了某个差异可见性较高的外群成员。通过观点的联想，他很有可能回忆起一系列的谣言、道听途说、传统或刻板印象。理论上，我们跟外群成员所发生的每一次肤浅的接触，根据"频次定律"（law of frequency），都会加强我们现有的、对抗性的思维连接。而且，我们对于那些确认了刻板印象的线索和符号相当敏感。地铁站里的一群黑人迎面走来，我们的注意力会选择性地集中在那些行为不当者身上，进而给予其负面评价，却忽略其他举止得体的黑人。这样做仅仅是因为偏见框住了我们的感知（第10章）。因此，偶然性接触让我们对于外群的思考停留在非常自我中心主义的臆想层面。[5] 从而，我们根本无法跟外群进行有效的沟通，对方也同样如此。

想象一个场景就能明白这一过程。一名爱尔兰人和一名犹太人在一次小的买卖过程中偶然相遇。最初，双方其实都没有敌意。但爱尔兰人会想："啊，一个犹太人，他会不会占我便宜，我得小心。"犹太人会想："啊，这个爱尔兰种，他们一般都讨厌犹太人，会不会趁机羞辱我。"带着这种不祥的预感，双方都很有可能采取一种逃避的、不信任的、冷漠的态度。双方都被某种恐惧所驱使——尽管实际上并不存在不信任的现实基础。他们表现出的对彼此的疏远恰好印证了对方的怀疑。因此，偶然性接触只能让问题变得更加糟糕。

❯❯ 熟人

与偶然性接触相反，很多研究证实，真正的熟人关系能够降低偏见。格雷和汤普森的研究证明了这一点。[6]

> 研究者让佐治亚州的白人和黑人学生填写鲍格达斯社会距离量表，并同时标出自己是否跟所评群体中至少五个人保持着熟人关系。研究发现了一致性规律：学生们对他们拥有五个以上熟人的群体评分更高，而缺少这种个人经验的群体则得分较低。

近几年跨文化教育的热潮愈加高涨。其背后的预设是,无论是有关外群的知识,还是跟外群成员成为熟人关系,都会降低对他们的敌意。

跨文化教育的存在价值凸显于下列情境之中:

你看见那个人了吗?
看见了。
嗯,我讨厌他。
可你都不认识他。
所以我才讨厌他。

如今有很多办法可以传授外群的知识给人们。其一就是学校里的直接传授,例如:有关"种族"的人类学知识、群体之间的真实差异(第6章)以及不同族群发展出不同的风俗习惯以满足人类需要的心理学原因。

一项有400多名大学生参与的研究试图验证这种传授的效果。但其中只有31名学生还记得起学校里教过"有关种族的科学事实"。在这31名个案当中,71%的学生偏见水平在400多名学生总体的平均水平以下,29%在总体平均水平以上。[7]

现代教育理念认为,比起传授事实,让学生们拥有同外群接触和交往的实际经验会更为有效。因此,跨文化教育发展出了很多创新形式,其中之一就是"社会旅行"技术(social travel technique)。

哥伦布市的一所高中采取了"身临其境"的教学方式。[8]在一期活动中,27名学生,有男有女,用一周的时间到访芝加哥。他们住在一起。研究关心的不是他们对于外群的态度,而是对于彼此的态度。旅行结束后学生们进行互评。采用的7点量表如下:

1. 与我最近:是我最好的朋友
2. 与我很近:愿意带他回家玩
3. 与我较近:享受和他聊天
4. 不远不近:可以接受为同事
5. 有些距离:只当作点头之交
6. 与我较远:不想坐一起
7. 与我最远:想离得远远的

结果发现，大体而言，一起吃住一起旅行的确能够显著降低社会距离。27位参与者当中有20位在声誉量表上的得分都提高了，只有少数几个人评分下跌。来自少数群体的成员得分都是上升的。比如Lillian（莉莉安），不再是从前那个"犹太教信仰者"，而是一个有趣、有思想的伙伴。但7个人声誉下跌的事实也是值得注意的。这意味着受欢迎程度的改变不仅仅依赖于一段"共同度过的时光"，如果频繁的接触会暴露个体性格当中的真实缺陷，那么也会降低其社会地位。

史密斯的研究给出了对"社会旅行"的另一种评价。[9] 46名学生受邀前往哈莱姆黑人住宅区连待两个星期。他们住在黑人家里，跟杰出的黑人编辑、医生、作家、艺术家、社会工作者会面。这个过程中他们学到了很多有关哈莱姆及其居民的东西。另有23名同样接受邀请但被拒绝参与会面的学生作为对照组。在旅行前后用各种量表测量实验组和对照组学生对黑人的态度。实验组中出现了明显的态度改善，而对照组没有。即使过了一年以后再测，在实验组中也只有8位同学的态度回跌到实验前的水平以下。接触的效果是积极且持久的。然而我们注意到，这一实验的重要缺陷在于：被试所熟识的黑人全都是社会地位较高的人，他们占据着与参与者平等甚至比参与者**更为优势**的地位。

这项研究并不能证明，每一次到访唐人街、哈莱姆、小意大利都能够有效地降低偏见，很多人一开始就带着刻板印象，这种游客式的接触并不足以带来改变。

跨文化教育也会采取更为丰富多样的方法。心理剧本（psychodrama，角色扮演）就是其一。儿童受邀在一个微型场景中演绎同样年龄的移民儿童在美国的开学第一天，或是怀有反黑人偏见的成年人被分派演绎黑人音乐家的角色在预订房间时遭到管理员拒绝的场景。自愿扮演一个不同身份的人是培养同情的一种有效方法。

现代跨文化教育的一个长处就是能够评估这些教学项目的质量。这些项目能否真的减少偏见？能够减少所有的偏见，还是只对其中某些类型的偏见有效？第30章会审查更多的评估性研究，看看能够得出怎样的结论。

除了跨文化教育之外，也有证据证明，熟人关系越为持久，偏见水平就越低。表16-1是一项具有代表性的研究的结果。[10]

偏见的本质

表16-1 美国士兵对德国人的看法与他们跟德国公民接触频次之间的关系

三天之内跟德国人的接触频次	对德国人持友好态度的百分比
五个小时以上	76
两个小时以上	72
少于两个小时	57
没有个人接触	49
从没去过德国	36

这项研究中的**因果**关系确实不甚明了。很有可能正是那些**原初**偏见低的士兵才会主动寻求跟德国人接触，但也有可能是这种熟识关系本身影响了接触之后表现出的积极态度。

总结一下：现有证据证明，有关少数群体的知识、熟识的个人经验都有助于培养包容和友好的态度。这种关系绝非完美，到底是知识导致了友善还是友善导致了知识其方向尚不清楚，但二者之间的正相关却是非常明确的。

不过这里必须附加一项重要的限制条件。在第1章，我们注意到偏见反映为**观念**和**态度**两个面向。因此增加有关少数群体的知识很有可能只会直接导致**观念**的改变，却不一定伴随着**态度**的相应改变。例如，人们可能会学到黑人的血液在组成成分上和白人并无差别，但并不能学会对黑人产生喜欢之情。一个掌握了很多实实在在的知识的人也掌握了多种为偏见辩护的合理化借口。

因此，为了谨慎起见，我们将结论陈述如下：接触能够增加知识和熟悉程度，从而催生出更加可靠的有关少数群体的信念，在这个意义上，接触有利于降低偏见。

居住性接触

在美国的很多城市都存在一种类似"社会方格"的游戏。在波士顿的北部，每当爱尔兰移民搬进来，白人就搬出去了；每当犹太人搬进来，爱尔兰人又搬出去了；每当意大利人搬进来，犹太人又搬出去了。其他地方这种游戏的次序依次是：盎格鲁-撒克逊白人、德国人、俄裔犹太人、黑人。只要相互接壤的边界够宽敞、郊区不拥挤、水平流动较为容易，游戏就能心照不宣地进行下去。

但现在,由于各种各样的原因,居住性接触的问题变得越发尖锐。住房的普遍短缺,再加上从南部各州移民来的黑人日渐密集,使得真实的冲突愈演愈烈。而且,公共住房项目(大多由联邦政府资助)的开展也引发了有关隔离措施是否应该得到官方赞助和**立法**支持的讨论。1948 年最高法院做出了关于"限制性条款"(土地所有者不得提供宅基地给东方人、黑人、犹太人或其他少数群体)不得写入美国宪法的决议后,这一议题更加尖锐化了。

所有这些条件都指向了一个问题,那就是居住整合(integrated housing)与居住隔离(segregated housing,少数群体在居住上呈区域性的相互分离)相比,到底是能增加偏见还是能减少偏见。居住隔离不管是强制的还是自愿的,都意味着连带很多其他方面的隔离。比如儿童不得不去那些完全或主要是由他们自己的内群开办的学校里上学,商店、医疗设施、教会也自动分开。睦邻友好的项目无论在其意图还是范围上也会带有族群中心主义而非真正的公民性。跨越群体边界会变得非常困难或根本不可能。一旦某个群体(一般是黑人)被迫住进拥挤不堪的贫民窟,疾病和犯罪就会呈现出很高的发生率。被迫隔离进贫困地区也许很大程度上正是黑人"犯罪、染病"的刻板印象的来源。那些本应由**居住隔离**所承担的罪名被错误地安在了**种族**的头上。

隔离能够显著增强一个群体的可见性,使其看起来显得规模更大、更具威胁。哈莱姆的黑人就构成了世界上最大、最为团结的黑人城区——但他们还不到纽约市总人口的十分之一。如果被随机分散到城市的各个角落,他们就不会被视为危险扩张的"黑色地带"了。

隔离区的边界可能会发生严重的冲突。也正是在这种地界上,族群暴乱更可能发生(第 4 章),尤其当少数群体的地盘在人口压力下渐渐扩张时更为突出。克雷默关注了芝加哥"黑色地带"南部边缘所出现的问题,他发现,白人的态度会随着黑人"入侵"的即时性(immediacy)而变化。[11]

研究者划分出五个区域。1 代表紧邻黑人扩张活动,5 代表相隔 2~3 英里远。表 16-2 显示出,与黑人活动距离越近,敌意的表达就越自发而无意识。

偏见的本质

表 16-2　　五个区域内反黑人情绪的自发表达

	区域1	区域2	区域3	区域4	区域5
反黑人情绪自发表达的百分比	64	43	27	14	4
样本量	118	115	121	123	142

表 16-3 呈现出"社会知觉"的一种有趣趋向。在区域 1，人们遇见黑人最频繁，但我们却发现有关黑人身体或精神不洁或染病的抱怨是最少的；而在区域 5，信息性的接触最少，刻板印象却更为常见。

表 16-3　　排斥黑人作为自己邻居的原因的百分比

	区域1	区域2	区域3	区域4	区域5
黑人身体不洁、染病、有异味	5	15	16	24	25
不愿小孩同黑人玩耍，恐惧社会交往和通婚	22	14	14	13	10

与此同时，区域 1 也显露出一个更为现实的问题。当孩子们在一起玩耍时会怎样？黑人与白人之间的恋爱和通婚的可能性必然会增加。即使现在的社会观念足够开放，但这种事情依然非常令人担忧，孩子们可能会面临潜在的痛苦（可与本书第 226 页所提到的案例进行对比）。在区域 5，这个问题最少被提到，因为白人和黑人儿童根本碰不到面。

从这项研究当中我们看到，**趋近的**（approaching）居住性接触被主流群体当成一种威胁，但抱怨和感知的性质还是会随着威胁即时性（immediacy）或距离的不同而不同。

在居住隔离模式以外，我们还发现了一些地区的居住整合模式。得益于公共住房的迅速发展，我们偶尔能够找到两种在相似的环境下实行着的不同模式。这是非常鼓舞人心的，因为社会科学家由此就能够找到两块社会文化、经济、人口因素大体一致但只有住房模式不同的地区做对比实验研究了。其中至少有三项研究是比较重要的。[12]

第一项发现是，当黑人租客和白人租客来自相同的经济阶级、按照相同的规则被选为房客、有机会住进品质相似的房子时，他们对待财产的方式是相同的。他们付房租的习惯也是相同的——没有谁比谁更可靠或不可靠。

在另一项研究中，来自居住隔离区和居住整合区的白人对黑人都抱有相同的初始态度，但被问及如何看待跟黑人住在同一栋楼的问题时却出现了明显的分歧。那些住在全白人单元里的受访者中75%回答"不愿意"，而那些居住在整合单元楼的白人中这个答案只占到25%。

社会知觉上的差异尤其有趣。表16-4列出了居住隔离区和居住整合区的白人分别对"黑人和此处的白人大体上是相同的还是不同的？"这个问题的回答。[13]

表16-4　对"黑人和此处的白人大体上是相同的还是不同的？"的回答

	居住整合区的回答百分比	居住隔离区的回答百分比
相同	80	57
不同	14	22
不清楚	6	20

显然，那些住得更临近、接触黑人更频繁的白人所知觉到的差异更少。

这项研究还揭示了另外一个现象学的差异。当被问及黑人主要的缺点是什么时，居住隔离区的白人们提到的更多是一些攻击性的特质，例如惹麻烦、粗鲁的、危险的，而那些居住整合区的、更接近黑人的白人提到的却完全是另外一些特质，例如处于劣势的自卑或对偏见过于敏感等。同前者相比，他们从一种由恐惧所维持的感知，转变到一种友好的、"心理卫生"（mental hygiene）式的观点。[14]

这一波证据显示，与经济地位大体相同的黑人在公共住房项目上比邻而居的白人，相比于居住在隔离区的白人来说，总体上更加友善、有更少的恐惧，在他们观点中也有更少的刻板印象。

正如所有宽泛的概括一样，这种说法也需要某些限定条件。起决定性作用的不仅仅是住在一起。实际上起作用的是它所导致的**沟通**（communication）形式。黑人和白人能够在一个社区里积极主动地联合起来才是最重要的。他们之间是否存在家长-教师式的联系？是否共同参与过社区改进项目？是否恰好拥有一个有效的领导，指引人们打破沉默和残余的怀疑？我们不能认定，仅有居住整合本身就能够自动地解决好偏见问题。我们最多只能说，它为友善的接触和更精确的社会知觉创造了条件。

另一项限定条件是必须考虑整合性居住单元内部的黑人的人口密度。白人和黑人家庭要达到怎样的比例才能构成良好沟通的最佳条件？如果只有5%或10%的家庭是黑人，他们必然会遭到忽视和心理上的隔离。

这里引用的三项研究都一致同意，我们不能仅仅采取机械的观点来看待居住模式。重要的是它能够为邻里之间的相互接触提供怎样的机会。也许在单元或居民楼内部，"群体合作"式的接触是最为有效的。但这一点我们尚缺乏事实证据，只能说，在黑人数量不是很少的整合型单元，"群体合作"式的接触有可能达到最佳的邻里关系状态。

有人可能会认为，是黑人自己喜欢扎堆，才拒绝居住整合。这纯属谬论。阿伦森（S. Aronson）的一项未发表的研究能够很好地反驳这一观点。

> 在居住隔离项目的一个黑人聚居区中，研究者提问当地黑人："如果你家旁边有一间公寓空出来了，你更想让谁住进来？如果是白人你会介意吗？"100%的黑人都表示他们愿意，并不会介意是白人。但当同样的问题抛给参与居住隔离项目的白人时，78%的受访者说他们不愿意黑人住进去。

我们现在可以确信，并不是黑人而是白人想要（或以为自己想要）居住及其他方面的隔离。与刚才的研究一致，大体上看，约有四分之三的白人说自己不愿意跟黑人成为邻居。因此，一旦居住整合被当成政策来实施的话，我们必须做好准备事先应对来自白人的抗议。

尽管如此，也有研究发现，如果由于某种原因（可能是房屋短缺或低租金的诱惑），白人必须跟黑人住得很近的话，他们的态度就会朝着更为友好的方向转变。下面的事例相当典型：

> 开学的第一天教务长接待了两位怒气冲冲的来访者。这两位来自南方的学生发现她们被分配了一个黑人室友，要求黑人搬出去。教务长想了想说："那好，我们其实有规定说学生一旦被分配了宿舍是不允许调换的；但这一次可以例外。如果你们愿意的话，你们可以搬出去另找住的地方。"两个女生吓呆了，因为在她们的经验里，黑人才是应

该让路的那一方。于是，虽然一开始有些别扭，但她们很快发现，自己对黑人室友的敌意没那么强烈了，到了学期末，她们甚至成了很好的朋友。

启发就在于，住房管理部门在推行居住整合之前不应该太多地关注那些抗议的声音。根据经验，这种抗议一般会很快平息，最后回到一个友好的结局上来。

总结一下：带状区域性的分片居住，这种接触会加剧相互之间的紧张，但整合性的住房政策，通过鼓励相互之间的知识传递和熟悉感的培养，可以移除群体之间的障碍，从而有利于更有效的沟通。障碍移除后，错误的刻板印象就会消减，真实的观点就会代替原先的恐惧和自我中心主义的臆想和敌意。这在建立友谊方面也有净收益。与此同时，真实的阻碍在更加亲近的关系中才会显露出来。有研究发现，黑人防御性的敏感心理只在居住整合的环境下才能够被他人更加准确地感知到。青春期的男孩和女孩在一起玩耍导致的通婚可能性的增加在现有的文化当中也为家长们制造了相当棘手的难题。

尽管如此，能在种族关系中去感受真实问题的本来面目，可以获得了不起的收益。尽管这些问题很难解决，但抹去了刻板印象和臆想的敌意这些无关紧要的旁枝末节，无疑就为我们提供了更好的解决通道和机会。从这个意义上讲，隔离制的废除必将功不可没。

》职业性接触

黑人和其他少数群体成员所从事的工作一般处于或接近职业阶梯的底部，伴随着微薄的薪水和低贱的社会地位。黑人常常作为仆从，而非主人；作为看门人，而非经理；作为工人，而非领班。[15]

大量证据证明，职业地位的分化在创造和维持偏见上起到了非常主动的作用。

> 以退伍老兵为研究对象，麦肯齐发现，那些只认识身为低级工匠的黑人的人中只有5%抱有友好的态度，而那些能够遇见有一技之长的专业型黑人的人中，或是曾经与同等技能水平的黑人共事过的人中，有64%抱有友好的态度。[16]

他还发现，在战时工厂做过工的大学生也存在着类似的、令人震惊的分化。那些只与低地位黑人共事过的学生中只有13%抱有友好的态度，而那些曾与同等或更高地位黑人工作过的学生中有55%抱有友好的态度。此外，还有一点令人震惊的是，那些见过黑人担任专业性岗位（医生、律师、教师）的雇员比没见过任何职业地位高的黑人的雇员有着更少的偏见。

在商界和工业界消除歧视的官方任务最近几年已经落在了一个名叫公平就业实施委员会（FEPC）的机构肩上。最初这一联邦机构是奉罗斯福总统之命设立的，只是战时的临时措施。二战后FEPC的合法重建成了国会一个争议不断的民权议题。同时期，各大州和几个城市也依法设立了自己的FEPC。

颁布一项FEPC法案并不能自发地废止歧视。相反，需要大量的心理学策略来说服雇主们相信，他们的企业不会因为一种更加自由主义的就业政策就遭受打击或干扰。其中一条重要的经验就是，引进少数群体的雇员不能仅限于职业阶梯的底层岗位，更上层的岗位也应该对他们开放。两位经验丰富的仲裁说："这些精明的人力资源部门学会了总是从自己部门或管理层顶部率先雇用黑人开始实施他们的非歧视计划。"[17]

我们已经看到，迫切或危险的居住性接触往往会引发比实际接触所带来的更多的抗议和反对。职业性接触中也是同样的道理。口头或书面的抗议、威胁性罢工以及其他形式的反抗有时会阻碍管理部门引进少数群体成员（特别是黑人）的计划。如果以民主的形式搞一个投票，对是否要雇一个黑人作为速记员、售货员或工会行会成员的问题来征求大家的意见，结果往往是不乐观的。官员们常常感到自己"无法违背大多数人的意愿"。

吊诡的是，如果未经讨论就强势引进改变措施，通常不过是引发一场不大的骚动，持续不久后也就平复了。新的政策很快自然而然地被人们接受。新来者只要他个人的优点被大家发现就会受到大家的包容和尊重。[18]

一项有关海员的研究发现，最初人们对与黑人共乘一条船的抗拒相当强烈，同时也反对黑人进入全国海员工会（National Maritime Union）。但这个案例中，强势的领导者有力推行了反歧视的政策，并辅以知识性教育和团结动员。没过多久，人们就接受了这一既成事实，而且与黑人平等共事的时间越久，白人海员对黑人的态度也变得越积极。[19]

我们先不去对比"民主"技术和"既成事实"那种做法更好，现成的心理学解释就足够了。我们在第 20 章会看到，大多数人对于自己的偏见是抱有双重思维的（double-minded）。第一冲动往往是屈从于偏见的驱使。何必勉强自己选一个黑人、犹太人或其他不喜欢的少数成员坐在工位旁边给自己添堵呢？但同时这种态度至少会激起内心一些零星的羞耻，尤其是在这样一个公平竞争和机会平等为本真价值观的美国传统之下。正因如此，从上而下的强硬而直接的有力措施——官方 FEPC、顶层管理、董事会等等——往往在最开始引起一阵激动过后渐渐被人们所接受。既成事实与人们的良知相一致时，往往实际上是很受欢迎的。第 29 章将继续深入地讨论这一重要原理。

总结起来，与**同等地位**或**更高**地位的黑人之间的职业性接触有助于降低偏见。为了以最小的摩擦成本雇用黑人改善歧视现状，我们建议管理层应当以一种自上而下方式强有力地发起主动的努力来引导组织打破歧视。同时，一项确定而坚固的规章制度也会减弱或抵消最开始可能发生的抗议和骚动。这些原则对其他少数群体是否奏效还不确定，因为鲜有这方面的研究，但至少没有相反的证据，因此这一逻辑很可能也同样适用。

追求共同目标

尽管职业性接触的净效益似乎是好的，但这种类型的接触免不了和其他种类一样都存在固有的不足。如果人们把接触情境视作是习以为常的，这些经验就不会得到推广。比如，他们在商店里遇见单个的黑人，平等相待，但依然抱有总体上的反黑人偏见而不受其影响。[20] 总之，地位平等的接触可能导致一种分裂的、高度领域特异化的态度，却并不会影响个体惯常的知觉方式和习惯。

问题的核心在于，接触只有触及表面之下更为深层的东西，才能有效地降低偏见。只有那些引导人们共同完成一件事情的接触类型才有可能改变态度。这一原理在多族群运动员队伍中体现得非常明显。在这里，目标才是最重要的；队伍的族群构成则是无关紧要的事情。正是朝向目标的共同合作和奋斗才培养出队伍的团结。因此，在工厂、邻里、居住单元、学校也一样，共同的参与和一致的兴趣比光有平等地位的接触本身更为重要。

美国军方的信息研究和教育部门的一个例子鲜明体现了这样的原则。[21]

尽管军队里有政策限制白人士兵和黑人士兵的混合，但情势发展到战事激烈的时期，不得不将一队黑人士兵派去替代一队白人士兵，他们不得不跟剩下的白人士兵并肩作战。尽管仍然存在一定程度的隔离安排，但两个种族的人还是**齐头并进地在一项共同任务**（事关生死）中有了密切接触。这次调动结束后，研究部询问了白人士兵两个问题：

1. 有部队让黑人队伍和白人队伍成为同生共死的战友，对此你怎么看？
2. 总的来说，你觉得一场战役中黑人军队和白人军队并肩作战是好事还是坏事？

表 16-5 显示，那些曾与黑人士兵在战争中有过密切接触的白人比那些没有类似共同经历的白人持有更为积极的态度。

表16-5	白人士兵对战争中种族混合调遣方式的态度	
	回答"厌恶"的百分比	回答"支持"的百分比
白人野战编队没有有色人种参与	62	18
跟有色人种在同一个师，不在同一个团	24	50
跟有色人种在同一个团，不在同一个连	20	66
跟有色人种在同一个连	7	64

研究者警告说这一结果可能只限于诸如战争等某些极端的条件下才是有效的，因为这种条件下人们的生死完全取决于共同努力的成败。这一警告是非常中肯的，但共同参与能够降低偏见的原则在其他合作活动

领域也得到了充分的证实。此外，研究者还警告说，这一案例只包括了"志愿参军"的黑人士兵，而他们都热切地希望建功立业以证明自己。因此这一样本不可避免地带有选择性。那么，带有更少选择性的群体能否在与白人的通力合作中赢得同等的尊严我们还不得而知。

有位作家这样评论战时的黑人-白人团结：

> 当黑人和白人共处一个弹坑中时，他们会并肩作战到最后一刻，分享食物和水；任何一个人的伤亡都会让对方面临更大的生命危险。但这个弹坑必须足够宽敞，容纳得了两个人才行。[22]

这一说法提醒我们，即使是在利益一致的情况下，跨群体团结也有其自身的限制。这无疑是非常正确的。但在极端的条件下，就算是群体**内部**的团结，也同样会受到这样的限制。

》 信誉性接触

1943年的（底特律）暴乱过后，美国很多州和城市都设立了抵御偏见的官方委员会。大多数委员会由当地社区的市民组成，其中包括少数群体的代表和领导人。虽然有些是真的干了些实事，但有些却得了不光彩的名号——"无所事事委员会"。成员们往往太忙、受过的训练太少，以至于除了"公开谴责、强烈反对"以外干不了什么大事。

除官方机构以外，还有成百上千民间自发的非官方机构。他们大都不知道该干什么，一阵徒劳的喧嚣过后很多都解散了。一旦机构不知道自己该干些什么，失望就会蔓延，内讧就会爆发，问题可能还更严重。

从心理上讲，错在缺少一个具体明确的目标，没有清晰的焦点。没有人能够在抽象的层面"改善社区关系"。信誉性接触（goodwill contacts）如果没有具体可行的目标将会一无所获。少数群体从这种虚假的人为诱导的崇敬声中得不到任何好处。一位计划制作跨种族茶叶的女士的故事可以说明这一点。当客人进来时，她坚持要求他们坐在白人黑人交替穿插的椅子上——茶水却凉透了。

但我们不能批判得太严厉。毕竟不同群体站到一起为共同抵御偏见做点什么是一个很好的开端。我们是说，这样的活动也必须有一个坚定且明智的领导。蕾切尔·杜波依斯描绘的邻里节日的开办就是一个成功的例子。[23] 它唤起了所有人对童年的回忆。来自不同群体的人们——亚美尼亚人、墨西哥人、犹太人、黑人、白人——都受邀分享、交换自己关于秋收、面包、童年快乐、希望、过失和惩罚的回忆。所有这些主题都能够唤起一种共享的价值观。有了这种熟识作为基础，很快，一项改善社区关系的议案就制定了出来，共同的项目、合作的努力促进了这一目标的达成。不然的话，它又将是一次失败的信誉活动。

人格差异

本章引用的所有研究都没有证据显示，接触可以在**所有**个体身上都起到降低偏见的作用，即使是在平等地位、追求共同目标的接触中也不可能发生。原因在于，某些特定的人格抵消了接触的影响。穆森的研究说明了该问题的存在。[24]

研究者让100个8~14岁的白人男孩在一个双种族夏令营中与黑人男孩共同生活、吃饭、玩耍度过28天，前后分别测量他们的态度——在孩子们离家之前和夏令营的最后一天，并采用非直接方式测量其偏见程度。例如，研究者给每个人呈现12张男孩的面部照片，其中8张是黑人，4张是白人。男孩们需要选出自己愿意一起看电影的同伴，并标出自己对白人和黑人男孩的偏好或拒斥的态度。整个研究中不允许交头接耳或任何直接的讨论。

28天的亲密接触结束后，重复进行态度测量，并测验每个男孩的人格——尤其是看他一般情况下拥有多少攻击性，以及他如何看待父母和环境。

约有四分之一的男孩在营期结束后出现了偏见的显著下降，但数量相当的另一些男孩反而出现了明显上升。

那些偏见**降低**的男孩大致拥有如下的性格特征：

　a. 有更少的攻击性需求

　b. 对父母的看法大体上是积极的

　c. 不会把家庭环境看作是充满敌意和危险的

　d. 并不恐惧攻击性表达之后的惩罚

　e. 对同伴和夏令营活动大体上很满意

而那些偏见**加强**的男孩大致拥有如下的性格特征：

a. 有更多攻击性和支配性的需求
b. 对父母有更多敌意
c. 感到家庭环境是充满敌意和危险的
d. 对同伴和夏令营活动不满意

因此，在与黑人同伴的平等地位接触后，正是那些充满焦虑和攻击性的男孩并没有培养出包容的态度。对他们来说，生活本身似乎就有着深深的恶意，连家庭关系都是混乱不堪的。这似乎告诉我们，他们的个人心理障碍已经足够深、足够大，从而阻碍了他们从平等地位的同伴接触和熟悉过程中获益。他们也**需要**替罪羊。

结论

到此为止，我们就可以得出公允的结论：作为一个情境性的变量，接触并不总能够在偏见的问题上克服个体变量的作用，尤其当个人心中的紧张太过于强烈、持久从而阻碍其获益于外部的情境结构的时候。

同时，对于大多数抱有正常程度偏见的普通人，我们放心地做出下列预测，以概括本章的内容：

多数群体和少数群体追求共同目标的平等地位接触可以降低偏见（除非这种偏见深深根植于个体的性格结构）。当这种接触有了制度性的支持（即法律、习俗和当地社会氛围）时，或当它能够引导人们感知到共同的利益和人性时，效果会大大增强。

注释和参考文献

[1] A. M. Lee & N. D. Humphrey. *Race Riot*. New York: Dryden, 1943, 130.

[2] E. W. Eckard. How many Negroes "Pass"? *American Journal of Sociology*, 1947, 52, 498-500.

[3] 下面关于接触类型的分析源自 R. M. Williams, Jr., *The Reduction of Intergroup Tensions*. New York: Social Science Research Council Bulletin 57, 1947, 70; B. M. Kramer, *Residential Contact as a Determinant of Attitudes toward Negroes* (unpublished), Harvard College Library, 1950。

[4] R. M. Williams. *Op. cit.*, 71; H. H. Harlan, Some factors affecting attitude toward Jews, *American Sociological Review*, 1942, 7, 816-833.

[5] T. M. Newcomb. Autistic hostility and social reality. *Human Relations*, 1947, 1, 69-86.

[6] J. S. Gray & A. H. Thomson. The ethnic prejudices of white and Negro college students. *Journal of Abnormal and Social Psychology*, 1953, 48, 311-313.

[7] G. W. Allport & B. M. Kramer. Some roots of prejudice. *Journal of Psychology*, 1946, 22. 20.

[8] W. Van Til & L. Raths. The influence of social travel on relations among high school students. *Educational Research Bulletin*, 1944, 23, 63-68.

[9] F. T. Smith. An experiment in modifying attitudes toward the Negro. *Teachers College Contributions to Education*, 1943, No. 887.

[10] S. A. Stouffer *et al. The American Soldier*. Princeton: Princeton Univ. Press, 1949, Vol. II, 570.

[11] B. M. Kramer. *Op. cit.* 表格摘自 pp. 61, 63。

[12] M. Deutsch & M. E. Collins, *Interracial Housing: A Psychological Evaluation of a Social Experiment*, Minneapolis: Univ. of Minnesota Press, 1951; Marie Jahoda & Patricia S. West, Race relations in public housing, *Journal of Social Issues*, 1951, 7, 132-139; D. M. Wilner, R. P. Walkley, & S. W. Cook, Residential proximity and intergroup relations in public housing projects, *Journal of Social Issues*, 1952, 8, 45-69.

[13] M. Deutsch & M. E. Collins. *Op. cit.*, 82.

[14] M. Deutsch & M. E. Collins. *Op. cit.*, 81.

[15] 对黑人职位的分析参见 G. Myrdal, *The American Dilemma*, New York: Harper, 1944, Vol. 1, Part 4。

[16] Barbara K. MacKenzie. The importance of contact in determining attitudes toward Negroes. *Journal of Abnormal and Social Psychology*, 1948, 43, 417-441.

[17] F. J. Haas & G. J. Fleming. Personnel practices and wartime changes. *The annals of the American Academy of Political and Social Science*, 1946, 244, 48-56.

[18] G. Watson. *Action for Unity*. New York: Harper, 1947, 65.

[19] I. N. Brophy. The luxury of anti-Negro prejudice. *Public Opinion Quarterly*, 1946, 9, 456-466.

[20] 参照 G. Saenger & Emily Gilbert, Customer reactions to the integration of Negro sales personnel, *International Journal of Opinion and Attitude Research*, 1950, 4, 57-76.

[21] S. A. Stouffer *et al. Op. cit.*, Vol. I, Chapter 10. 表 16-5 摘自 p. 594。

[22] H. A. Singer. The veteran and race relations. *Journal of Educational Sociology*, 1948, 21, 397-408.

[23] Rachel D. DuBois. *Neighbors in Action*. New York: Harper, 1950.

[24] P. H. Mussen. Some personality and social factors related to changes in children's attitudes toward Negroes. *Journal of Abnormal and Social Psychology*, 1950, 45, 423-441.

第五部分
偏见的获得

第 17 章
遵从

有人将文化定义为给生活中的问题提供了现成的答案的一种设置。

只要生活中的问题与群体关系有关,这个答案就很可能是族群中心主义的。这很自然。每个族群都倾向于加强自己的内部纽带,保持自己黄金时代的传说依旧光辉,宣称或暗示其他群体是比不上自己的。这种现成的答案有利于自尊的维持,也有利于群体的生存。这种族群中心主义的思维习惯好比外婆的家具,偶尔会受到尊崇和赞扬,更多的时候被当成理所当然。有时它也会经历现代化的变迁。但最重要的是,它会一代一代地传下去。它服务于某种目的,且令人自在而舒适,因此它是好的。

》 遵从和功能性意义

现在我们面临的重要问题是:遵从(conformity)到底是一种表面现象还是对遵从者来讲有一种深层次的功能性意义(functional significance)?它到底是肤浅的还是深入骨髓的?

答案在于,我们对文化的遵从有着不同的深浅等级。有时我们只是无意识地跟着风俗习惯走或者仅仅有表面的兴趣(例如,靠右走);有时我们发现某种文化模式对自己有重大的意义(例如,所有权);有时一种文化性的生存方式尤其珍贵而重要(例如,隶属于某一个教会)。从心理学层面,我们可以说人们在各自的遵从行为中有着不同程度的自我卷入(ego-involvement)。

下面这项来自《美国士兵》的研究很好地展示了遵从某种族群中心惯例时两种不同程度的自我卷入[1]:

战时一批空军士兵被问及两个问题:**(1)你认为白人士兵和黑人士兵应**

该属于同一地面工作组还是分属不同的地面工作组？大约五分之四的人选择了后者。(2) **就你个人来讲，是否反对与黑人士兵同属一个地面工作组？** 大约**三分之一**的北方白人士兵和大约**三分之二**的南方白人士兵选择了"有个人性的反对"。考虑到样本中南方人和北方人的比例，我们可以自信地说，显然在支持隔离性政策的士兵里有**一半**的人对于与黑人士兵合作并没有个人性的反对。如果这一结果能够代表族群中心主义的总体状况的话，我们可以猜测，**大约有一半的偏见性态度仅仅是遵从一种风俗习惯，仅仅是听之任之顺其自然而不做改变，仅仅是维持现有的文化模式。**

但另一半就不仅仅基于遵从了。发挥作用的还有深层次的动机—这种动机对个体有重要的功能。他会对与黑人士兵合作作"个人性的反对"。对他而言，现状不仅仅是一种武断规定的习俗。实际上，纯粹的遵从者内心会说："我何必去做那个跟环境格格不入的人？"而秉持着功能性意义的顽固者内心想的却是："隔离性的政策和惯例对我自己生活的经济性和方便性而言有着本质上的重要性。"

当然，我们不能就此推断，任何偏见都能清晰地分为"纯粹的遵从"和"功能性意义"两类。正如图 17-1 所示 [2]，这里有一个二者相互混合的程度，可以看作一个连续体。某个特定的偏见案例可能落在表面遵从和完全具有功能性意义的两极之间的任何一点上。[3]

偏见态度可能反映了

最大程度的功能性意义　　　　　　　最大程度的完全遵从

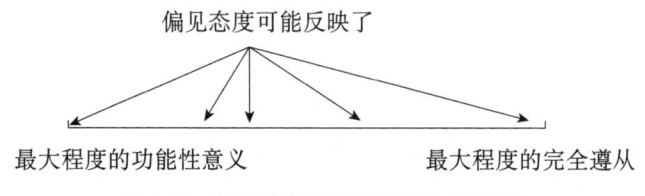

图 17-1　偏见性态度自我卷入程度连续体

社会入场券

很多遵从者除了避免麻烦以外没有更深层次的动机。近朱者赤，近墨者黑，他们和充满偏见的人在一起，于是只好随声附和。何必要做那个不合群的人呢？何必要质疑、挑战共同体的惯常模式？只有那些任性的理想主义者才会让自己变成讨厌的人。鹦鹉学舌也比当出头鸟好得多。

一名偏好和平与利润的雇主拒绝雇用黑人，说："毕竟，这是有一定风险的。我何必要做第一个吃螃蟹的人？我的客户会怎么说？"

很显然，很多支持隔离政策的空军士兵除此之外也并没有更深层次的动机。

很多遵从性的偏见是一种"礼貌而没有坏处"的秩序。在非犹太人群体的夜聊中我们经常能听到因近来发生的不良事件而怪罪犹太人的声音。所有人都点头附和接着就转向下一个话题。共和党群体内部也有类似的责骂民主党派的闲谈，反之亦然。一起挖苦爱尔兰裔政客也同样只是一种沟通感情的谈资。轻率的咒骂就跟我们谈论天气一样空洞而形式化。

这种聊天——如果确实背后没什么意义——可以被称作**寒暄式**话语（phatic discourse），只是为了避免陷入沉默、加强社会团结而已。

当然，遵从行动偶尔也有更多的意涵。

一名手头没钱的女孩上了一所私立学校，周围大部分是来自富有家庭的孩子，为了让那些自认为"是个人物"的女孩们接纳为朋友，她发现自己开始不知不觉地附和她们对一两个犹太同学的偏见性话语。这里，遵从行为的背后是对更多个人安全感的寻求。

没有人愿意被主流群体排斥，尤其是青少年。就连说话的声调也能吸引他模仿。一名大学生这样回忆他在预科班的经历：

有个高年级的男生谈论一个同学："你不知道哈利是个犹太人吗？"说实话，我还从没遇见过犹太人，就我个人而言根本也不会关心哈利是不是犹太人。但他的语气让我觉得我最好还是不要跟哈利成为朋友的好。所以我就避开哈利。我虽然不理解为什么我们要讨厌犹太人，但还是渐渐接受了这样的偏见。似乎有一种对哈利的敌意之感在我内心生长出来，这也太奇怪了。但事实就是这样。个人而言，我跟哈利或任何一个犹太人都没有过丝毫不愉快的经历。

此案例尤其有趣，因为接下来我们会发现，这种偏见几乎没有什么个人性的证据做支撑，也几乎没有什么功能性意义。

这些男生都有经济上的保障。他们都处于17岁及以下的年龄，丝毫不用担心自己的社会声望问题。他们和哈利的课业成绩一样优秀。没有任何明显的挫败让他们把哈利当成替罪羊来对待。这些男生仅仅是怀有一种固定的、非理性的偏见，这种偏见连他们自己也解释不清、摆脱不掉。当然这是他们是从家里带来的，可是为什么呢？这么做究竟有什么好处？

为什么儿童会带上一种现成的偏见——尽管这种偏见就个人而言毫无特定的功能性意义？这一问题将很快吸引我们的注意力。但我们首先来考虑一个具有重要功能性意义的文化上绝对遵从的案例。

绝对遵从的神经症

迄今为止，奥斯维辛集中营所发生的一切依旧令人难以置信。故事可谓惨绝人寰。从 1941 年夏天到二战结束，有 250 万的男人、女人、小孩葬身于此。毒气室和焚烧炉 24 小时不间断地工作，每天有 10 000 多人被杀害。受害者绝大多数是犹太人，这种蓄意的种族屠杀就是希特勒所谓的犹太问题的"最终解决方案"。尸体牙齿和首饰上的金子被重新熔铸送往德国国家银行。女人们的头发被抢救出来用作商业用途。

德国军队 46 岁的陆军上校鲁道夫·胡斯是集中营的指挥官，纽伦堡审判时，他对以上事实供认不讳。[4] 他说，1941 年夏天接到命令时，希姆莱解释说："元首已经对犹太人的最终解决方案下达命令——我们必须执行。为了运输和隔离之便，我选择了奥斯维辛这个地方。接下来，这项艰难的任务就交给你了。"

当被问及接到这样严酷的命令有什么感受时，胡斯否认了任何个人感受。他只是对希姆莱答"遵命"，然后就兢兢业业地投入了这场无止境的杀戮当中，因为两名高级长官，先是希特勒，再是希姆莱，已经命令他这么干了。当被逼着回答惨遭屠戮的犹太人是否真的罪该如此的时候，他抱怨说，问这种问题没有丝毫的意义："你们看不到吗？我们党卫军根本没有资格，也不应该去考虑这些事情，我们从来没想过这些事情。"而且视为理所当然。他说："我们从来没听到过任何不一样的声音。……这些就是我们听到的全部。就连我们的军队和思想训练成天灌输的都是我们应该保护德国不受犹太人的威胁……只是在这一切都崩塌之后，在我听到了所有人的声音之后，我才想到，哦，它也许是错的。"

胡斯把服从命令看得高于一切——高于《圣经》的《十诫》，高于人类的同情心，高于理智的逻辑。"你可以肯定，成天看着成堆的尸体、闻着烧糊的焦味并不总是让人好受的一件事情。但希姆莱已经下了命令也解释这么做的必要性,我真的没有多想它是不是错的。只是,我必须这么做。"

胡斯的案例反映了遵从的一个极端神经症的程度。忠诚与服从胜过了一切理性的仁慈的力量。这种对于纳粹信念和元首命令的服从狂热是胡斯人格当中的关键因素——强迫性服从。然而,我们不能就此认为他是个疯子,还有太多类似的党卫军军士一样无怨无悔地做着同样的事情。我们只能说,狂热的意识形态会滋生出令人难以置信的服从执念。

❯❯ 文化中的族群中心主义内核

不那么极端但更为广泛的是我们文化当中的一个关键部分——刻意地保持某种族群中心主义信念。任何人暴露在这种信念之下都会受到不同程度的感染。世界上很多地方的"白人至上"就是这样一个关键主题。

一个多世纪以前,法国社会学家托克维尔曾讨论到美国南部这一文化的特征。他报告说,廉价的优越感和荣耀感是这里主流群体的特征:

> 在南方,没有一家会穷得养不起奴隶。南部各州的市民从出生时起就是家里的发号施令者;他生命中习得的第一条观念就是,自己天生就是一个命令者;获得的第一种习惯就是,不受反抗地实行统治。他所受的教育令他傲慢而轻率、暴力且易怒,而且热衷于欲望的达成。他对困难表示不屑,但会被首次尝试的失败轻而易举地打倒。[5]

莉莉安·史密斯一个世纪以后谈论了同样的主题,他给我们讲述了现在很多南方家庭是如何训练孩子们继续持有"白人至上"观念的。

> 我不记得发生了什么、怎么发生的,但在我学到天父上帝是慈爱的、耶稣是他的儿子、来到人间是为了带给我们更丰饶的生活、所有的人都是兄弟姐妹且都有一个共同的父亲以前,我一直认为自己比黑人强,所有的黑人都必须安分守己,男女两性必须各安其位,如果平等对待黑人会引来灾难。……[6]

儿童训练并非族群中心主义的唯一着力点。下面这个例子说明,貌似公正的殿堂里如何维持团结:

偏见的本质

1947年，在南卡罗来纳州，28名白人被指控对一名黑人处以私刑。辩护律师想要说服陪审团对几名犯人的忏悔置之不理。这不是一项困难的任务。尽管在法官严厉的眼睛之下，律师不能直接引入种族问题，但他依然成功地呼吁白人们团结在一起维持"白人至上"立场。他斜倚着陪审团席悠游自得地说："我知道你们都是南卡罗来纳的好公民。""我们彼此理解，"他继续哄骗道，"如果你们能宽大处理这些孩子们的话，南卡罗来纳没有一个人会责怪你们的。大家不希望各位给他们定罪。"陪审团最终无罪释放了被告。另一名黑人也被处以私刑且无人为此受罚。

有意识的维持内群优越性的绝不只有美国。一名中国学生讲述了父母和老师是如何共同让孩子们建立内群主义理念的：

> 为什么中国能够无数次地挺过民族危机？中国人坚信我们祖先教给我们的伟大哲学拯救了这个国家。中国的文化与文明曾经是、现在是，也将永远是世界东方的明珠。

该学生还向我们报告说，她的成长环境让她从小对美国传教士抱有一种负面情绪，不明白他们为何非要将自己的生活方式强加给一个古老而优越的文明国家。

> 我对美国传教士的不良印象一直延续至今，每当有美国朋友激动地告诉我说他们有传教的亲戚或熟人在中国，我的反应一般都是一个非常令人沮丧的"哦"。

》遵从的基本心理

第3章曾指出，所有的儿童都被认为一生下来就从属于父母所在的族群或宗教群体。凭借亲属关系，儿童一般会学到父母的偏见，或和父母一样成为偏见的受害者。

偏见看起来似乎是遗传的，莫名其妙就和生物血统关联到了一起。由于孩子完全继承了父母的成员身份，因此族群态度就从父母一代传递给孩子。这个过程太普遍、太自然以至于仿佛带有遗传性。

实际上，这种传递的过程是教化、学习的过程，并非遗传。父母有时

会精心给孩子们灌输族群中心主义,但更多的情况下他们并没有有意识地这么做。在儿童眼中,这一过程被描述如下:

> 在我童年时期,我会对任何反对我父母观点或感受的人抱有强烈的敌意。他们经常在晚饭时候讨论到这些人。我觉得,父母陈述自己观点、谴责别人时的自信影响了我,让我确信,他们仿佛什么都知道。

幼小的儿童很大可能会将自己的父母看成无所不能的。所以,父母的判断难道不应该也是自己的判断吗?

有的家庭圈子里还有其他无所不能、无所不知的亲戚:

> 我6岁的时候,祖父住在我家里。他在南方人和爱尔兰天主教徒的问题上相当偏激。听完他不停地骂这两种人以后,我也开始相信他们的确是可恶的人了。

有时父母的观点既是包容的也是不包容的,这两种倾向都会被孩子们继承下来:

> 我父亲是一个部长。我从他那里学到的一点就是,我们不应该讨厌别人,而只能讨厌别人身上的某种缺点,比如自负。但他也教会我,某些缺点——比如迷信,更可能集中在天主教徒身上。

下面的例子稍简单一些:

> 我对犹太人的偏见来自父母的态度。我爸在生意当中遇上几个犹太人让交易泡了汤,所以我爸曾经以及现在依旧在这个问题上耿耿于怀。我也避免跟天主教姑娘们玩耍,因为父母总说,要是所有人都信了天主教,这个世界将会变得多么糟糕。

同样,包容的观点也能够从家庭和邻里学到:

> 每个孩子都想要被接受,而被接受就必须学会遵从。在我成长的社区,在我们家,遵从并不涉及对其他群体的敌对。所以,我没有这些偏见。

如果采取一种达尔文式的观点看待这个问题，我们会说，所有的遵从都有其"生存价值"。幼小的儿童只能与父母在基本价值的问题上保持一致，否则将会很无助。父母的生存模式就是他唯一的生存模式。如果父母为他设计的生活是包容的，那么他就是包容的；如果父母对某些群体是敌对的，那么他也是敌对的。

幼小的儿童绝不会意识到自己的模仿行为。他当然不会对自己说："为了生存我必须遵守家里人的想法。"从心理学上讲，家庭态度的获得有更加微妙的方式。

其中最常被提到的过程就是**认同**（identification）。这个术语有些宽泛，也有些定义上的偏差，但它总的说来指的是，自我同他人在情绪上的融合。认同过程有时跟爱和深情难以区分。爱父母的孩子能够很容易地从自身去个人化（depersonalized）并完成与父母的"再个人化"（repersonalized）。父母一丝一毫的感受都被密切关注着他们的孩子热切地捕捉到，再如镜子一般反映出来。不论是嬉笑还是严肃谈论，父母的模式都将被继承下来。牢牢依恋于父亲的小男孩从早到晚都模仿着父亲，不光是外显的行为，连同表达的思想——包括敌意和排斥，都一并模仿着。

想要描绘这一过程的微妙复杂之处几乎是不可能的。通过认同来学习最基本包括了肌肉的紧张模式或对身体姿态的模仿。有的孩子对父母的任何线索都高度敏感，他能够感觉到父母在谈论新搬过来的爱尔兰裔邻居时的紧张和僵硬，于是自己也变得紧张和僵硬起来。（他的感知倾向于采取一种机动的形式——知觉到什么就做什么。）孩子身上的这种紧张成为父母言辞的条件反射。经过这种关联性，他只要再听到（或想到）意大利人这个词，就可能会感到紧张（或一种初始的焦虑）。这一过程是相当微妙的。

不只对父母的依恋可以导致认同。即使在一个权威胜过关爱的家庭当中，孩子除了父母也没有其他力量和成功的榜样。只有通过模仿他们的行为和态度，他才能够经常获得赞赏和褒奖。即使这种褒奖并没有立刻到来，他也仍然能够从模仿他们的成人做派当中收获满足。趾高气扬地走路、像成人一样咒骂——就像父亲一样——会让小孩子觉得自己仿佛长大了。

认同最容易发生的领域就是社会价值和态度。孩子无法独立形成这两个领域的初始状态。那些超出他理解范围的主题并没有给他留出什么参考空间，因而他只能吸收别人的看法和意见。有时，第一次遇上某一社会话题的孩子会询问他的父母对于这个话题持什么态度。然后他会说："爸爸，那我们呢？我们是犹太人还是非犹太人？是新教徒还是天主教徒？是支持共和党还是民主党？"当爸爸回答了"我们"是什么什么以后，孩子就会感到非常满意。此后，他将接受他的成员身份和随之而来的既有态度。

冲突和叛逆

遵从于家庭氛围毫无疑问是偏见最重要的独立来源，但我们也决不能认为，孩子一定能够成长为父母态度的镜像。同样，我们也不能认为，父母的态度一定会遵从于社区中流行的态度。

父母向子代传递的是他们自己独有的文化传统的版本。他们也会对社区中流行的刻板印象持怀疑态度，并把这种怀疑传递给孩子。他们也可能拥有一些社区中所没有的独有的刻板印象。孩子的偏见模式将始终反映着父母所强加在他身上的特定印迹，除非孩子在家庭之外吸收了社区标准化的态度。

有时孩子自己也有一定的选择性。尽管他早年的时候缺少与父母价值观和态度相左的经验和力量，但他偶尔还是会发展出一些怀疑精神。下面的例子中，这个6岁的孩子从他祖父母身上吸收了反南方人和反爱尔兰人的偏见以后仍然处在一种矛盾复杂的纠结当中。

> 有一天我正在和叔叔玩耍，我不小心说："好吧，不管如何，我们都不想让你和你的老爱尔兰朋友住在我们街上。"后来，我震惊地听说我的好叔叔原来就是爱尔兰人。我就觉得我爷爷一定是搞错了吧！如果爱尔兰人都像我叔叔这么好，那他们一定是一个很好的民族。

类似的认知冲突也发生在一个同样6岁的小女孩身上：

> 我妈妈告诉我不要跟旁边街上的女孩子们玩，她们都来自更低的社会阶级。她希望我成长成一名"淑女"（lady）。我记得，当我的举动不像"淑女"的时候会有种强烈的负罪感。但我其实很喜欢我的玩伴，避开不见她们让我觉得也很有负罪感。

偏见的本质

从这种例子中我们看到，就连幼小的孩子，也可能对父母的偏见产生怀疑。即使不得不遵从，他们在心里还是会有这样的疑问。长大以后，他们也许会连父母的模范角色一起排斥。

有时，这种排斥会表现为青春期的公开叛逆（rebellion）：

> 15岁那年我很反叛，不仅仅针对我的父母，而且是针对镇子上整个生活模式，正是它们让我经历了男孩子成长中的痛苦。如果讨厌黑人是这里的风俗习惯，我偏要和他们成为朋友。我还记得当我把清洁工的儿子领回家玩牌、听广播时我的父母有多震惊。

通常，超越父母偏见的过程将首次发生在大学期间：

> 我父母对罗马天主教很有偏见。他们告诉我教会很奸诈，握有太多政治权力和军事武器，在女修道院做下流的事情。大学期间我重新思考了我的宗教立场。我开始认识罗马天主教的神职人员，去理解他们的观点。与他们密切的接触让我意识到之前的恐惧都是莫须有的。我现在开始对父母的固执一笑而过。

另一个大学生写道：

> 我内心是叛逆的。我终于劈开了自己的枷锁——把自己从继承自父亲的阶级偏见中解脱了出来。有一段时期我甚至走向了另一个极端，我强迫自己去跟所有种族、信仰、宗教和阶级的人来往。

我们不清楚，有多少比例的孩子在还没来得及对继承自父母的族群中心主义进行调整就急匆匆地步入了成年。尽管叛逆时有发生，但族群中心主义仍然命中注定一般代代相传。它们会被重新雕饰、剪裁，但不会被丢弃。

由于家庭是偏见性态度最早期也是最主要的源头，所以我们不应该寄太多希望于学校的跨文化教育项目上。一方面，学校几乎不敢同父母的教养针锋相对，否则将会惹来麻烦。另一方面，并非所有的老师都是不带偏见的。教会和国家也难堪重任——因为它们有关平等的信条照样无法抵消家庭教育的更早、更为亲密的影响。

当然，家庭的首要性（primacy）并不意味着学校、教会、国家应当停止民主原则的实践和传授。它们的影响加在一起也许能够至少为孩子们建立一个可供跟随、效仿的次级模式。如果这些努力能够成功地让孩子开始质疑自己的价值体系，那么我们就有可能迎来一个更加成熟的冲突解决方案。**一定程度上**，来自学校、教会、国家的影响是值得期待的，它们累积起来的效应可能会影响下一代父母。在这一点上，我们可以回忆一下，研究发现，今天的大学生已经比二十年前的大学生对外群的刻板印象表现得更加排斥和反感（本书第 193 页）。随着家庭外的影响渐渐触及学生和他们的父母，情况也渐渐发生了改变。

注释和参考文献

[1] S. A. Stouffer, *et al. The American Soldier: Adjustment During Army Life*. Princeton: Princeton Univ. Press, 1949, Vol. 1, 579.

[2] 摘自 G. W. Allport, Prejudice: a problem in psychological and social causation, *Journal of Social Issues*, 1950, Supplement Series, No. 4, 16。

[3] 基于广泛调查的相似结论见 W. Van Til & G. W. Denemark, Intercultural education, *Review of Educational Research*, 1950, 20, 274-286。作者写道："对少数群体的偏见和歧视主要有两个来源：挫折和文化学习。"在我们的论证中，挫折是一项（但并不是唯一一项）重要的因素。文化学习指的就是遵从。

[4] 这一解释源自 G. M. Gilbert, *Nüremberg Diary*, New York: Farrar, Straus, 1947, 250 and 259ff。

[5] A. de Tocqueville. *Democracy in America*. New York: George Dearborn, 1838, 374.

[6] Lillian Smith. *Killer of the Dream*. New York: W. W. Norton, 1949, 18.

第 18 章
童年早期

偏见是如何习得的？我们已经开启了对这一关键问题的讨论并指出，家庭影响是首要因素，孩子有充分的理由采纳来自父母的现成的族群态度。我们同样也把注意力放在早期学习过程中认同所扮演的关键角色上。这一章将考虑学前儿童的其他影响因素。生命的头六年对于社会态度的养成非常重要，但不应该把童年早期看作唯一的决定性时期。偏执的人格可能在 6 岁以前就打下基础，但绝非完全定型。

我们最好从现在就开始区分**采纳型**偏见（adopting prejudice）和**养成型**偏见（developing prejudice），这样我们的分析就会清晰很多。采纳型偏见是儿童从父母或文化环境那里继承的态度和刻板印象。前面几章引用的大多数案例是这种类型。父母的言辞和手势以及所伴随的信仰和敌意，都会传递给孩子。孩子会采纳父母的观点。本章和下面几章要讨论的几项学习原则将会帮助我们更深入地理解这一传递过程。

但除此之外还有另一种训练并不直接把观念和态度传递给儿童，而是创造一种氛围，在这种氛围中儿童会**养成**自己的偏见来作为自己的生活风格。在这种情况下，父母也许会、也许不会表达他们自己的态度（通常是会的）。但关键在于，他们对待孩子的模式（规训、疼爱、警告）使得孩子或早或晚都不由自主地养成对某些少数群体的怀疑、恐惧和憎恶的态度。

当然，实际上这些学习过程并不是分立的。那些**传授**特定偏见的父母也同样可能训练孩子去养成某种偏见的本性。但我们最好还是记住二者的区别，因为学习的心理过程相当复杂。

》 儿童训练

现在我们暂时搁置对特定群体态度的学习过程,来考虑有助于偏见**养成**的儿童训练(child training)风格。

儿童的偏见跟他的抚养方式有关。证据之一来自哈里斯、高夫和马丁。[1] 研究者首先确定了四、五、六年级学生针对少数群体的偏见程度。然后发放问卷这些学生的父母,询问他们对某些儿童训练行为的观点。大部分问卷收到了母亲的回答。结果非常有启发性。那些有偏见的学生的母亲比那些没有偏见的学生的母亲**更频繁**、**更显著地**持有下列观点:

- 遵从是孩子能学到的最重要的事。
- 孩子永远不准违抗父母之命。
- 孩子不应该在父母面前保守秘密。
- "我更喜欢安静的孩子而不是吵闹的。"
- (发脾气时)"自己也发脾气,让他知道,你有一手,我也有一手。"

在性自慰的案例中,偏见型孩子的母亲更倾向于认为自己应当实施惩罚,而无偏见型孩子的母亲则更倾向于忽视这一类行为。

总之,无所不在的家庭氛围确实会带偏孩子。尤其是那些压制性的、严苛的或批评性的家庭——父母的话总是金科玉律——更有可能为群体偏见奠定基础。

我们有理由假设,在问卷中表达自己关于儿童训练的想法的母亲们,实际上也会在行为上践行这些想法。因此,由那些信奉遵从、压制孩子个性和冲动、对孩子严格管教的父母抚养大的孩子更可能怀有偏见。

这样一种儿童训练是如何影响孩子的?一方面,它让孩子始终处于一种警戒的状态,导致孩子不得不小心地看管好自己的冲动。如果他违逆了父母之命,不仅会受到惩罚,而且还会感到父母对他的爱也被收回了。当爱被收回时,他会感到孤独、暴露、被遗弃、被孤立。于是他开始警觉地关注父母的支持或反对意见。只有他们拥有权力决定是施舍还是收回他们有条件的爱。他们的权力和意愿就成为儿童生命中具有决定性的因素。

结果如何呢?首先,孩子将会意识到,权力和权威主导着人类关系——而非信任和包容。这样就为看待社会的层级式观点奠定了基础。

平等并非真的无处不在。这种效应甚至会更加深入。孩子将不再信任自己的冲动：他决不能发脾气，决不能不遵从，决不能玩弄自己的性器官。他必须同自己体内的这些邪恶力量做斗争。通过一个投射的简单机制（第24章），孩子开始恐惧他人身上的这些邪恶冲动：他们居心叵测；他们的冲动威胁着自己；他们不值得信任。

既然这样一种训练风格为偏见奠定了基础，那么与之相反的风格则奠定了包容的基础。那些时时刻刻感到安全、无论做什么都会被爱、并非被家长式权力抚养大的孩子，将会养成平等和信任的基本观念。他无须压抑自己本来的冲动，也就不会将它们投射到别人身上，也更不可能养成怀疑、恐惧的态度以及对人类关系的层级式观点。[2]

尽管没有任何一个小孩是成长在单一的管教或关怀之下，但我们还是可以根据下列框架来对家庭氛围做出分类：

- 宽容的对待方式
- 拒斥的对待方式：压制与严酷（严苛、令人害怕）；强势的、批评性的（父母期望过高总是唠叨，不论孩子做什么都不满意）
- 忽视的对待方式
- 溺爱的对待方式
- 不一致的对待方式（有时宽容，有时拒斥，有时溺爱）

虽然这个问题上不能太过教条，但拒斥的、忽视的和不一致的对待方式都更可能导致偏见的养成。[3] 研究者报告了偏见者的童年家庭中经常发生争吵或濒临破裂的家庭所占的比例，结果非常令人震惊。

> 阿克曼和亚霍达对正在进行精神分析治疗的反犹主义患者进行了一项研究。他们大多在童年时有着不健康的家庭生活，例如争吵、暴力、离婚等。父母之间没有或很少有感情或同情。孩子受到一个或双方家长的拒斥是常态而不是例外。[4]

这些研究者并没有发现特定的态度灌输是反犹主义的一项必要条件。在父母和孩子一样都是反犹主义的情况下，作者是这么解释二者的关系的：

> 在这些父母和孩子都是反犹主义的例子中，我们能做出的更加合

理的推断是，父母的情绪倾向为孩子创造了一种心理氛围，这种心理氛围有助于孩子身上相似的情绪倾向的养成，而不是一个简单的模仿假设。[5]

换言之，偏见不是被父母所**教授**的，而是被孩子从一种有感染力的氛围当中**捕捉**的。

另一名研究者对偏执狂很感兴趣。在一组深受某种固定的妄想观念侵扰的 125 名病人当中，他发现大部分病人的童年养育经历是明显压制性的、严酷的。大约四分之三的病人的父母是压制性的、严酷的或者是批评性的、强势的。只有 7% 是来自宽容型氛围的家庭。[6] 因此，成年后的偏执狂很有可能要追溯到生命早期糟糕的童年。当然我们并不是把偏执狂与偏见等同起来。但偏见型个体所采用的僵硬刻板的范畴分类法、敌意和非理性的特征，都与偏执狂的心理障碍极其相似。

我们至少可以认为：那些被太过严苛地对待过、太过严厉地惩罚过、不断被批评的孩子更有可能养成一种以群体偏见为主导的人格。相反，来自一个更为宽松和安全的家庭、被宽容和深情对待过的孩子则更可能养成包容的人格。

》 对陌生人的恐惧

回到偏见是否有天生的源头这个问题上来。第 8 章曾谈到，婴儿一开始区分熟悉和不熟悉（约 6 个月大），他们就会对陌生人的接近表现出焦虑，尤其是当陌生人的行动很突然或是很霸道的时候。当看到陌生人戴着墨镜、有着不同的肤色或是有着不同于自己所熟悉的那一套面部表情的时候，婴儿就会尤其感到恐惧。这种胆怯通常还会持续到学前时期——或者更久。每一位走进房间里的陌生人都会明白，让房间里的小孩对他渐渐熟络起来，往往需要数分钟甚至几个小时的时间才能让这种原初的恐惧渐渐消逝。

我们也报告了一个让婴儿独自留在陌生的房间里玩玩具的实验。所有的孩子一开始都表现得很警觉，放声大哭。但重复了几次以后，他们就完全熟悉了这个房间的一切，开始像在家里一样放松自在地玩玩具。这种原初的恐惧反应有着非常明显的生物学效用。任何陌生事物都是潜在的威胁，必须谨慎防备，直到我们积累了足够的个人经验确信背后没有什么危险才能继续前进。

然而，比起这种普遍性的恐惧，儿童对陌生事物的调整和适应之迅速更为令人震惊。

> 一名黑人为某户人家做女仆。家里的小孩，都是3~5岁的年龄，表现得很恐惧，有好几天都不愿接纳她。不过这名女仆坚持干了五六年，到最后所有的人都很喜欢她。几年后，孩子们都长成了青年人，一次偶然的机会，全家人开始讨论她在的那几年快乐时光。已经有十年没见到她了，但她留给孩子们的记忆依然是鲜活的。对话里偶然提起了她的肤色。这几个孩子都表示非常震惊。他们坚持说自己从来没有意识到这个事实，又或者曾经知道但忘了个一干二净。

这类情形非常普遍，以至于不得不怀疑，这种本能性恐惧到底会对态度的形成造成多少必然的影响。

》 种族意识的觉醒

"家庭氛围"论显然比"本能根基"论更令人信服。但二者都不能告诉我们孩子的族群观念是何时、怎样开始形成并固定下来的。即使孩子拥有了一些情绪上的准备，家庭也提供了某种接受或排斥、焦虑或安全的基调，我们仍然需要研究孩子对群体差异的早期感觉是如何养成的。一个极好的环境就是双种族的幼儿园。

研究显示，孩子是在2岁半左右的年纪开始有了一些种族意识的。

> 一名2岁的白人儿童第一次坐在一个黑人儿童旁边，说了一句："脏兮兮的脸。"这是他在生命中第一次观察到一张全黑皮肤的面容时说的一句不带任何情绪的话。

纯粹在视觉上观察到有人是白皮肤而有人不是，似乎是很多情况下种族意识开始出现的第一条线索。只要不是伴随着对陌生人的恐惧，我们就可以说，这种种族差异一开始激起的是一种好奇和兴趣——仅此而已。孩子的世界充满了各种瑰丽迷人的差别。面容肤色仅仅是其中之一。但我们注意到，即使是对种族差异的这种原初知觉，也会引起有关"洁净"

与"肮脏"的联想。

在孩子3岁半或4岁的时候这种情形更为显著。肮脏之感会始终萦绕不去。他们可能会试着在家里用力搓洗自己的身体以求清除掉这些脏污。为什么有的孩子身上脏得格外严重呢？一名有色人种的男孩，困惑于自己的身份，命令他的妈妈："把我的脸洗干净一点；有些小朋友洗不干净，尤其是皮肤有颜色的那些。"

一年级的一位老师说，白人孩子中只有大约十分之一拒绝在玩游戏的时候与孤独的黑人孩子手拉手。原因显然不是任何深层意义上的"偏见"，他们只是嫌他的脸和手"脏"而已。

古德曼的幼儿园研究发现了一个尤其有启发意义的结论。大体上看，黑人儿童比白人儿童更早地拥有"种族意识"。[7]他们会对此感到困惑、烦扰，有时还会被激怒。他们中几乎没有人意识到自己是"黑人"。（7岁的黑人女孩甚至会问白人小伙伴："我讨厌成为一个有肤色的人，你呢？"）

这种兴趣和烦扰会以各种形式表现出来。黑人儿童会提问更多种族差异的问题，他们会轻柔地抚摸白人儿童的棕发，他们对黑人玩偶也更加排斥。在白人玩偶和黑人玩偶之间，他们几乎总是不约而同地偏好白人玩偶；很多孩子甚至伸手去打黑人玩偶，骂它们脏或丑。他们比白人儿童更排斥黑人玩偶。种族意识测验中他们会表现得更加自觉。如果将两个除肤色以外一模一样的玩偶摆在一个黑人男孩面前，并问他："你小的时候更像哪一个？"

鲍比的眼睛从棕色玩偶的身上移开看向白色玩偶。他犹豫着，有点紧张地蠕动着身体，斜斜地看着我们——伸出手指向了白色玩偶。鲍比关于种族的知觉，尽管非常微弱、零散，但依旧带有了一些个人意义——带有某种自我参照（ego-reference）。

更有趣的是，古德曼观察到，黑人儿童在幼儿园与白人儿童一样积极活跃，总体上甚至更加热爱交际。那些"种族意识"得分更高的孩子尤其如此。黑人儿童在小组中被选为"领导"的次数也更多。虽然我们无法确定其意义究竟为何，但它也许反映了，黑人儿童对种族意识的觉醒更为敏感、更容易受刺激。他们可能意识到了自己正面临着某种无法完全理解的挑战,在模糊的威胁面前,他们也许正是想通过社交活动和社会接触来寻求安心。这种威胁并非来自幼儿园,因为这里已经足够安全了,而是来自他们首次接触外界的经历和家里的讨论,因为黑人父母不可能不会谈论到这个话题。

十分有趣的是,幼儿园里黑人儿童的这种大范围的社交性与有些成年黑人表现出的沉着、被动、冷漠、懒散的行为风格或所谓的退缩反应(withdrawing reaction)截然相反。第9章曾讲到,黑人的内心冲突有时会引起一种麻木的消极心态。很多人把这一点当成"懒散",当成黑人内在的生物属性。但是幼儿园的研究揭示出事实完全相反。消极,作为黑人的一种属性,完全是后天习得的一种调适性行为模式。4岁儿童为寻求安全和接纳而展示出的社交上的独断和自信渐渐在成长道路上消磨殆尽。在一段时期的挣扎和痛苦之后,一种消极的调适行为模式取而代之。

但为什么即使是种族意识刚刚觉醒的4岁儿童也会因为自己的深肤色而产生一种朦胧的自卑感和劣势感?答案主要在于黑色素与肮脏之间的某种相似。古德曼的研究中大约有三分之一的儿童谈到了这一点。其他人毫无疑问也有这样的感觉,但只是碰巧没有对研究者说起而已。另一种答案在于学习行为的微妙模型——至今还没有被透彻理解——通过这种微妙的学习过程将价值判断传递给儿童。有些白人家长可能在言语上或行为上有意无意地传递给子女一种模糊的对黑人群体的拒斥感。如果真是这样的话,这种拒斥感只是初现端倪,因为实际上这一年龄段的案例中并没有一个是被研究者贴上"偏见者"的标签的。有些黑人家长也可能会将劣势感和缺陷感传递给子女,即使孩子们尚未意识到自己的肤色是黑色的。

这种观念之间的联想所造成的最初伤害在我们的文化当中似乎是不可避免的。黑皮肤就意味着脏,即使对于一个4岁小孩而言都是成立的。对有些人来讲,甚至暗示着排泄物。棕色并不符合我们文化的审美(即使巧克力很流行)。但这种最初的伤害绝非无法克服。颜色领域的区分并非很难习得:猩红色的玫瑰不会因为血一样的颜色而受尽排斥,黄色的郁金香也不会因为尿一样的颜色而受尽冷落。

总结一下:4岁儿童正常情况下会对种族群体的差异产生兴趣和好奇。白肤色的优势似乎很大程度上是由于白色与洁净之间的关联。洁净是在生命早期就已习得的一种价值观。但这并不是固定不变的。相反的关联也会建立起来,而且并不难。

一个4岁男孩坐火车从波士顿去旧金山。他被友善的黑人乘务员迷住了。整整两年他都梦想自己成为一名乘务员,不停地抱怨自己不是有色人种所以不能申请这个职位。

语言标签:力量与拒斥的符号

第11章讨论了语言在建立心智范畴和情绪反应的藩篱中所扮演的重要角色。这个因素太重要了,我们要再次谈到它对儿童学习过程的影响。

在古德曼的研究中,几乎一半的幼儿园孩子知道"黑鬼"(nigger)这个词。但很少有人知道这个绰号到底有着怎样的文化意味。但他们知道这个词是有力量的(potent)。它被禁用、成为禁忌,有时还会引起老师的强烈反应,因此是一个"有力量的词"(power word)。但孩子发脾气的时候叫老师(无论黑人还是白人)"黑鬼"或"肮脏的黑鬼"并不少见。这个词对他们而言只是表达了一种情绪,仅此而已。而且它也不一定总是表达愤怒,有时仅仅是兴奋。一起玩的孩子们相互奔跑、追逐、尖叫着,有时嘴里会非常放纵地喊:"黑鬼!黑鬼!黑鬼!"作为一个语气强烈的词,它只是口头上的能量释放。

一名观察者给出一个有趣的攻击性口语的例子:

> 前不久在一间等候室里我看到三个年轻人围在桌边看杂志。突然其中小一点的男孩说:"这里有个士兵和一架飞机。还是个日本佬(Jap)!"女孩说:"不是,是美国人。"小男孩说:"抓住他,抓住那个日本佬!"大一点的男孩开口了:"还有个希特勒!"小女孩接着:"还有个墨索里尼!"大男孩:"还有个犹太人!"然后这几个小孩子开始唱圣歌,其他人也加入进来:"日本佬!希特勒!墨索里尼!犹太人!……日本佬!希特勒!墨索里尼!犹太人!"[8]很明显这些孩子根本不理解他们唱的战时"圣歌"的真正含义。这些名称只有一种表达性(expressive)而非外延性(denotative)的意义。

偏见的本质

有名小男孩的妈妈叫他不要跟黑鬼一起玩,他说:"没有,我从不跟黑鬼一起玩。我只跟白皮肤和黑皮肤的小朋友们一起玩。"这个孩子只是对"黑鬼"这个词本身产生了厌恶,对词义却一无所知。换言之,厌恶感可以在明确指示对象之前就建立起来。

对儿童来说带有强烈的情绪负载的词,例如犹太佬(kike)、异教徒(goy)、拉丁佬(dago)也同样如此。只有长大以后,他才学会将这些词的情绪同指代人群关联起来。

我们将这一过程称为"学习的语言优先性"(linguistic precedence in learning)。这些情绪词可以在学到指示对象之前就产生效应。然后,这些情绪性的效应再同指示对象关联起来。

在对指示对象产生固定的感觉以前,儿童也许会经历一段困惑期,尤其是当他从一些振奋或创伤性的经历中学到这些情绪性的绰号的时候。拉斯克举了一个例子:

> 一名安置移民的社工穿过操场发现一个意大利小男孩正在放声大哭。她问他怎么了。"被一个波兰小子打了。"小男孩不断地重复着。她询问了周围的路人得知冒犯者根本不是波兰人,于是转身对小男孩说:"你应该说,被另一个淘气的大男孩打了。"但小男孩不听,仍旧重复着自己是被波兰人打了。社工感到很好奇于是询问了小男孩的父母。结果发现,他们和一家波兰人住在同一个院子里,这名意大利的妈妈不断地和她的波兰邻居争吵抱怨,于是给孩子灌输了这样一种观念:"波兰人"和"坏人"是同义词。[9]

一旦这个小男孩最后知道了"波兰人"指的是谁,他一定会产生强烈的偏见。这是**学习的语言优先性**的一个很明显的例子。

儿童有时会坦白承认他们对于情绪性标签的困惑。他们似乎在摸索合适的指示对象。特拉格和拉德克给出了几个关于幼儿园及一二年级小朋友的例子[10]:

安娜:我从化妆间出来的时候,皮特叫我"脏犹太人"。
老师:皮特你为什么这么叫?
皮特(真诚地):我没有恶意,我只是在开玩笑。

约翰尼(帮露易丝褪去裹腿):有人叫我爸爸"异教徒"(goy)。

露易丝：什么叫"异教徒"？
约翰尼：我觉得这里每个人都是异教徒吧？但我不是，我是犹太人。

有名老师被一个黑人男孩叫"白饼干"，她问班上的同学："我很困惑。这两个词是什么意思？你们知道'白饼干'是什么意思吗？"

孩子们给出了各种各样模糊的回答，其中有一个是："当你觉得自己快疯了你就可以这么说。"

尽管这些词对于孩子们来说很难理解，它们依然有着巨大的影响力。对孩子们而言，它们往往是某种魔法、某种语言现实性（verbal realism，第11章）。

在南方，有个小男孩正在和洗衣工的孩子玩耍。一开始什么事都没有，直到有一天邻居的白人孩子对着他们喊道："小心！你要被染上了！"

"染上什么？"小男孩问。

"染上一身黑。你也会变黑的。"

这句话吓住了他（肯定是让他想起了"染上麻疹"之类的恐怖事情）。从此以后他处处躲着自己的黑人玩伴，再也不跟他玩了。

孩子们被骂了经常会哭。他们的自尊心可以被任何绰号刺伤：顽皮、肮脏、鲁莽、黑人、拉丁佬、日本佬等等。为了逃离这些语言现实性，他们往往会在略微长大一点的时候用这种自我恢复的短诗来让自己安心：棍棒和石头可以摧毁我的骨头，但名字再也无法伤害到我。但他们需要数年才能认识到名字并非一个自在之物（thing-in-itself）。正如第11章中所示，我们也许永远都无法摆脱语言现实性。语言范畴的刚性会延续到成年人的思维习惯当中。对某些成年人而言，"犹太人"就像童年时的绰号一样是肮脏的，是无法溶解的坚固实体。

》 偏见习得的第一阶段

珍妮特，6岁，正在努力整合对母亲的遵从和日常的社会接触。有一天，她跑回家问："妈妈，我应该讨厌哪个小朋友来着？"

这个提问将开启本章的理论总结。

珍妮特在抽象的门槛前摸索着。她希望形成正确的范畴，只要能正确地找出应该讨厌的人，就能母女同心。

此处，我们试着分析珍妮特心理的发展阶段：

1. 她对母亲形成认同，或至少强烈渴望母亲的爱和支持。我们可以想象，她的家庭氛围不那么"宽容"，有些严厉，带有批评性。珍妮特发现自己必须时刻警觉，时刻准备着取悦她的父母。不然的话，她就要遭受排斥和惩罚。无论如何，她养成了遵从的习惯。

2. 尽管目前对陌生人明显没有什么强烈的恐惧，但她还是努力让自己变得谨慎起来。曾经与家庭以外的人接触过的不安全经验也许是她现在努力定义自己忠诚圈的参考因素。

3. 毫无疑问，她已经度过了对族群差异感到好奇和兴趣的原初阶段。现在她明白了物以类聚、人以群分，只要细心识别，总会存在着重要的差异。在白人和黑人的问题上，肤色的可见性因素帮助了她。但随后她也发现，一些更为微妙的差异同样很重要：犹太人与非犹太人不同；南欧意大利的黑皮肤移民（wops）与美国人不同；医生和售货员不同。现在她已意识到群体差异无所不在，尽管还不能清楚地考虑到所有的区别。

4. 现在她走到了学习的语言优先性这一阶段。她知道某个群体（既不知道它的名字也不知道它的认同构成）因为一些莫名其妙的原因是讨厌的。她已经有了某种情绪但缺乏指示性的意义。现在她要寻求合适具体的内容以匹配这种情绪。她希望定义自己的范畴以便使未来的行为符合妈妈的意愿。只要她掌握了妈妈指定的语言标签，她就会像那个小意大利男孩一样认为"波兰人"和"坏人"是同义词。

到目前为止，珍妮特的发展过程就是我们所说的族群中心主义习得的第一阶段，我们将其命名为**前概化的**（pregeneralized）习得过程。这个称谓当然不是最令人满意的，但足以描述上面列出的一系列纠缠混杂的因素。这一术语主要强调了儿童在接触了成人模式之后尚未形成概化范畴的事实。他并不是很清楚什么是犹太人、什么是黑人，也不清楚自己应当对他们采取什么样的态度，他甚至连自己是谁都不清楚。他也许会觉得，只有同他的玩具士兵玩耍时自己才是个美国人（这种分类情形在战时很常见）。从成人观点来看，他的思维是前逻辑的，不仅在族群问题上，在其他问题上也是如此。小女孩也许不会想到坐在办公室里工作的妈妈是她的妈妈，也不会想到留在家里照看自己的妈妈同时也是一名办公室职员。[11]

儿童的心智似乎生活在特定的语境之下。只有此时此地的事物才构成了唯一的现实。敲门的陌生人是令人恐惧的。黑人小孩是肮脏的，所以不是同一种族的成员。

这些具体过程中的独立经验渐渐填满了儿童的头脑。从成人的观点看，他的前概化思维有时被称作是"总体性的"（global）或"融合式的"（syncretistic）或"前逻辑的"（prelogical）。[12]

因此，在心智发展过程中，语言标签是非常关键的。它们代表成人式的抽象，代表大人们所接受的逻辑上的概化。儿童先习得了这些标签，而后才做好准备将它们运用到成人式的范畴之上。它们使儿童做好了产生偏见的准备。但这个过程也是需要时间的，只有在大量的摸索之后——就像珍妮特和本章提到的很多孩子一样，合适的范畴化过程才会发生。

偏见习得的第二阶段

只要珍妮特的母亲给出了清晰的答案，她就马上进入偏见习得的第二个阶段——我们称之为**全面拒斥**（total reject）的阶段。假设妈妈说："我告诉过你不要跟黑人小朋友玩。他们很脏、有病，会伤害你。别让我抓到你跟他们在一起。"而珍妮特已经学会如何将黑人与其他群体比如黑皮肤的墨西哥人、意大利人等区分开来，即，头脑中已经具备了成人式的范畴，毫无疑问，她就会对黑人产生全面的拒斥，在所有情况下都会带上强烈的情绪。

布莱克和丹尼斯的研究揭示了这一点。[13]他们研究了南部四五年级的白人儿童（10岁或11岁）。提的问题有"黑人和白人谁更有音乐性？""哪一个身上更干净？"之类。儿童在10岁以前就学会了**完全**拒斥黑人范畴。指派给黑人的品质**没有一项**是好的。也就是说，他们认为，白人拥有所有的美德，而黑人一无是处。

尽管这种全面化的拒斥在早期已经出现（对于很多儿童来说是7岁或8岁的年龄），但似乎在青春期早期会达到一个族群中心主义的顶峰。一二年级的儿童还会经常选择跟不同族群的小朋友们一起玩或排排坐。但这种友善会在五年级的时候消失殆尽。此时儿童会相当排外地选择自己的玩伴。黑人选择黑人，意大利人选择意大利人，诸如此类。[14]

当孩子再长大一些，通常全面拒斥或过度概化的倾向就会减弱很多。

布莱克和丹尼斯发现十二年级的白人年轻人会说出黑人几条刻板化的优点，例如更有音乐性、更随和、是更好的舞者。

因此，在**全面拒斥**的阶段过后，就进入了**分化**（differentiation）阶段。偏见不再是全盘否定。例外条款会被写进态度当中，从而使它更趋于理性，更易于接受。人们会说："我有些好朋友是犹太人。"或者说："我对黑人没有偏见——我一直很爱我的黑人奶妈。"刚刚学会成人式范畴的儿童并不能做出这种善意的例外。花了六到八年的时间才学会的全面拒斥，需要另外六到八年的时间来对其进行调整。实际上，成人真正所持的信念是非常复杂的。它会考虑到族群中心主义，且还会以某种方式予以鼓励，与此同时，人们也开始在言语上承诺并崇尚民主和平等，或至少认为少数群体的确具有一些好的品质，然后继续保持内心的消极态度，并将其合理化。儿童一直要成长到青年时期才能领会民主氛围下这种独特的、合时宜的、带有偏见的双重话语。

8岁左右的儿童在**交谈**时往往采取一种带有高度偏见的方式。他们已经掌握了那些范畴并学会了全面的拒斥。但这种拒斥主要是言语上的。尽管他们会咒骂犹太人、意大利人、天主教徒，但在实际**行为**上仍然是相对民主的。即使嘴上不客气，行动上也仍然一起玩。"全面拒斥"主要体现在言语层面。

当学校教育开始对孩子发挥影响，他就必须学会一种新的言语规范：必须以民主的方式谈论问题。他必须熟练地将所有种族和信仰平等看待。因此，在12岁的孩子身上我们发现了**言语上**的接纳和**行为上**的拒斥。到了这个年龄，偏见终于影响到了行为，即便此时民主的规范开始在言语上发挥效力。

因此，小孩子也许以非民主的方式说，但以民主的方式做，而青春期（至少学龄期）的孩子们会以民主的方式说，但以非民主、真正带有偏见的方式做，这无疑是一个悖论。15岁的时候，他们在模仿成人模式上已经熟能生巧。偏见式的言语和民主式的言语会各自留到合适的场合来表达。不管什么情况下，只要形势所需，他们都会备着充分的合理化方式。就连行为也会根据环境的改变而改变。人们可能会善待厨房里的黑人，却对门前的黑人怀着深深的敌意。这种两面派的作风和含糊其词一样学起来很不容易，需要花上整个童年和大部分的青春才能掌握这种族群中心主义的高超技艺。

注释和参考文献

[1] D. B. Harris, H. G. Gough, & W. E. Martin. Children's ethnic attitudes: II, Relationship to parental beliefs concerning child training. *Child Development*, 1950, 21, 169-181.

[2] 关于这两种截然相反的儿童训练风格,更全面的描述请参见 D. P. Ausubel, *Ego Development and the Personality Disorders*, New York: Grune & Stratton, 1952。

[3] 加州大学的研究给出了大量相关证据,参见 T. W. Adorno, Else Frenkel-Brunswik, D. J. Levinson, & R. N. Sanford, *The Authoritarian Personality*, New York: Harper, 1950; Else Frenkel-Brunswick, Patterns of social and cognitive outlook in children and parents, *American Journal of Orthopsychiatry*, 1951, 21, 543-558。

[4] N. W. Ackerman & Marie Jahoda. *Anti-Semitism and Emotional Disorder*. New York: Harper, 1950, 45.

[5] *Ibid.*, 85.

[6] H. Bonner. Sociological aspects of paranoia. *American Journal of Sociology*, 1950, 56, 255-262.

[7] Mary E. Goodman. *Race Awareness in Young Children*. Cambridge: Addison-Wesley, 1952; 其他研究证实,黑人儿童会比白人儿童更早地意识到种族问题,例如 Ruth Horowitz, Racial aspects of self-identification in nursery school children, *Journal of Psychology*, 1939, 7, 91-99。

[8] Mildred M. Eakin. *Getting Acquaintea with Jewish Neighbors*. New York: Macmillan, 1944.

[9] B. Lasker. *Race Attitudes in Children*. New York: Henry Holt, 1919, 98.

[10] Helen G. Reager & Marian Radke. Early childhood airs its views. *Educational Leadership*, 1947, 5, 16-23.

[11] E. L. Hartley, M. Resenbaum, & S. Schwartz. Children's perceptions of ethnic group membership. *Journal of Psychology*, 1948, 26, 387-398.

[12] 参照 H. Werner, *Comparative Psychology of Mental Development*, Chicago: Follett, 1948; J. Piaget, *The Child's Conception of the World*, New York: Harcourt, Brace, 1929, 236; G. Murphy, *Personality*, New York: Harper, 1947, 336。

[13] R. Blake & W. Dennis. The development of stereotypes concerning the Negro. *Journal of Abnormal and Social Psychology*, 1943, 38, 525-531.

[14] J. H. Criswell. A sociometric study of race cleavage in the classroom. *Archives of Psychology*, 1939, No. 235.

第19章
后期学习

社会学习是一个相当复杂的过程。截至目前，我们只讲述了其中一小部分内容。在生命最初几年中起作用的基本因素当中，我们已经注意到了认同这一核心过程，正是这一过程帮助儿童建立自己的身份感并使他对父母的族群态度保持敏感。我们强调了儿童训练的氛围，特别是关于惩罚和爱（affection）。我们也讨论了儿童在初步感知族群差异时的困惑，以及他努力形成成人式范畴时的挣扎。语言标签在范畴形成中扮演了重要的角色，并通常导致情绪性的态度先于观念系统而生成。我们说，偏见性态度的形成可以在时间上被粗略地区分为三个阶段：前概化阶段、完全拒斥阶段和分化阶段。直到步入青春期以后，儿童才能够大体掌握文化所提倡的族群范畴，也只有那时，我们才能说他已经形成了成人式的偏见。

这番叙述中所缺乏的，是一副从学习过程开始之初就伴随着的不断进行整合、组织的活动的充分图景。毕竟，人类的心智首要是一个不断进行组织的能动者。儿童的族群态度渐渐形成人格当中内在融贯的单元，被牢牢地整合、嵌入其整个人格结构当中。

尽管整合和组织是持续不断发生的，但青春期早期的有些活动具有格外的重要性。原因在于，这个年纪的儿童，他的偏见大多是二手的。他只是在模仿父母的观点，或简单反映他所在文化的族群中心主义。渐渐地，随着青春期的艰辛推进，他发现，自己的偏见就像宗教或政治观点意义一样必须成为人格当中的第一手成分。为了成为一个有地位、有尊严的成年人，他将自己的社会态度塑造得更为成熟——更适应于他独特的自我（ego）。

本章将要讨论偏见的整合和组织，这主要发生在青春期的前期（puberty）和中后期（adolescence）。

条件作用

最简单的整合和组织发生在创伤（trauma）或惊骇（shock）事件之下。一位女士写道：

> 有好多年我都很怕黑人。原因是，在我很小的时候，一个挖煤人（浑身上下覆满了煤灰）突然从房间的角落里向我冲过来，吓了我一大跳。从那以后我就把他黑乎乎的脸和有色人种这个整体联系到了一起。

背后的机制是简单条件作用：

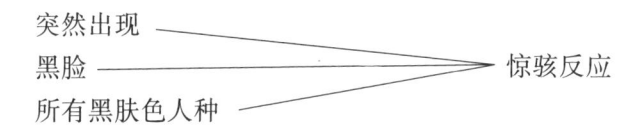

```
突然出现 ─────────┐
黑脸     ─────────┼──── 惊骇反应
所有黑肤色人种 ───┘
```

陌生人的突然出现是引起惊骇和恐惧的"生物学充分性"的原因。黑脸就是一个令人害怕的刺激情境的整合性线索。任何的黑脸都成为惊骇反应被重新激发的充分线索。

这种类型的条件反应学习并不一定带有情绪色彩。如果没有，那么要想建立这种联想式的联结就需要很多次的重复。然而在创伤性条件下，情绪反应如此激烈以至于"生物学充分性"的刺激和"条件刺激"之间仅有单独一次的邻近出现就足以建立这种联结。下面的例子说明了这一点：

> 当我还是一个小女孩时，一个菲律宾家政男孩想要同我做爱。我吓坏了，反抗得很激烈。至今每当我看到东方人的出现都会害怕到发抖。

尽管这样的事件发生在童年早期，但很多都会在后来的岁月里被重新翻起。这其中不仅仅包括了族群相关经验。于是——

> 我13岁的时候，我的家因为父亲工厂的劳工问题被强制变卖家产、迁离镇上。我永远都不会原谅劳工群体。

在所有这些情况下，我们注意到在一个创伤性经历后紧跟着的就是过度概化（完全拒斥）的元素。偏见不是针对一个具体的人（家政男孩、挖煤人或某个劳工），而是针对作为**一个整体**的范畴。

有时创伤根本没有个人经历的基础（尽管通常情况下是有的）。例如一张快速移动的图片、一则恐怖故事、一场精彩的独奏会等等都可以形成一种凝固的态度然后延续很多年，这也是常有的事。一名女生写道：

> 我对土耳其人的偏见可以追溯到我室友跟我讲过的一种解释，她说，土耳其人都留着长长的八字胡来掩盖脸上的刀疤，而且他们经常酗酒、心肠很坏。

因此，创伤性学习就是一个生动的一次性条件作用（one-time conditioning）。它倾向于一次性建立起某种态度，这种态度被过度概化从而囊括了跟原始刺激有所关联的所有事物。很多年以前，哲学家斯宾诺莎就用下面的话表达了这一观点：

> 如果一个人被另一个陌生人快乐地或痛苦地影响了……如果这种快乐或痛苦伴随着与这个陌生人有关的某种观念……那么这个人就不仅会对这个陌生人产生喜欢或厌恶，而且还会对这个陌生人所属的整个类别或民族产生喜欢或厌恶。[1]

讨论族群态度学习过程中的条件作用和概化作用当然不一定非得回溯到斯宾诺莎。最近的实验研究已经显示，心理学实验室的环境设置同样有可能创造或消除某种族群敌意。[2]

一名大学生给出了一个积极条件作用的例子：

> 我从前喜欢和我那帮街头小混混一起追赶黑人小孩，我们喊他们叫"黑脏鬼"。但自从我们教会组织举办了一个黑人歌手秀以后，那是我第一次观看这种类型的表演，我就决定开始喜欢他们了——这一点我至今都没变。

下面这个例子呈现了另外一个创伤性的偏见消除事件：

> 我大二的时候，一名犹太女孩住进了我们楼道里的一间寝室。很长一段时间她都感觉自己是个外人。有一天当她在场的时候我谈到了曾经在火车上的一件事情。我本来跟一个犹太人坐在一起但看到一个

雅利安人走了过来，我就起身离开坐到了雅利安人旁边。我接着说："也许这并不好，但毕竟……"还没说完我就看到她静静地起身离开了房间。我一下子意识到，我说了迄今为止最糟糕的话。那是我第一次认真地去尝试评估自己对犹太人的态度，并用理性去衡量它。

尽管创伤性学习时不时会成为偏见性态度建立和组织起来（只会偶尔起到消除的作用）的重要因素，但我们仍然需要谨慎留意以下几个方面：

1. 很多情况下，创伤仅仅是对已经存在的过程起到加强或加速的作用。因此，就像在上一个例子中，除非叙述者已经对她自身的反犹主义产生了某种潜在的敏感和懊悔，否则她也不会因伤害了犹太室友而感到震撼。这一经历只是加强了她已有的羞耻感。

2. 人们倾向于寻找简单的童年时期创伤性经历来解释自己的态度。他们倾向于回忆（或编造）跟现有态度相一致的经历。例如，一项研究显示，反犹主义者比包容者报告了更多不愉快的与犹太人接触的经历，但这一结果似乎最好解释为，他们为了合理化自己已有的敌意而具有更高的敏感性和记忆创造性。[3]

3. 一百位大学生被要求写有关"与美国少数群体接触的经历和态度"主题的生活史，分析显示，只有大约十分之一的人会考虑创伤性事件作为其偏见的部分来源。

4. 创伤必须与过去连续性经历的正常整合相互区别开来。如果一个人一次又一次地与某少数群体的成员发生类似的经历，那么这就不是创伤性事件，也不涉及偏见的问题。因为，有着坚实基础的概括化不同于偏见（第1章）。

选择性知觉与闭合

可以把我们讨论过的一些原则当作一个学习的框架。家庭中的儿童训练风格、认同的过程、模仿性遵从、情绪性标签同特定范畴相结合的语言过程、建立条件作用（特别是对于创伤性事件）、刻板化概化的早期形成和后期分化等等，所有这些都是态度形成的条件。现在所缺少的是解释这些条件将如何导致个体心智中偏见**结构**的形成。

偏见的本质

为了在学习理论中涵盖这一步,我们有必要假定,儿童生活在必须从自身经验当中获取确定的意义的持续性压力之下,而且他自身会有意识地完成组织化的任务。

就拿权威性家庭气氛的例子来说。接受严格规训、从来不被允许违抗父母意愿的儿童总会情不自禁地将某些存在视为有威胁性的东西。他被迫接受的假定是,生命并非基于一个包容的接纳而是基于一种权力关系。只有关于人类关系的层级式的观点才能够满足他根深蒂固的经验品质。因此,他很有可能会把所有萍水相逢的关系全都以一种权势等级的方式来看待。他看到自己站得比一些人高,比另一些人低。除了以这种方式组织生活以外,他别无选择。

或者,假如偏见的种子是一次创伤性事件。因此,个体的感知和推理会再次向已有的方向倾斜。下面的片段是一个年轻人写的,它表明,即使是童年时期也充满了带有选择性的合理化过程。作者是一名东部的学校老师:

> 我最初接触希腊学生,是考试过程中发生了几起作弊事件,后来不知不觉,我对希腊人这个整体的态度就因此发生了偏差。希腊人和土耳其人之间的关系偶尔闹得很僵,而我又对土耳其人抱有同情,这些事实加重了我对希腊人的偏见。但我对古希腊文化又怀有深深的敬仰,这两种感情在我这里起了冲突。要想调和它们很难,但我想到一个办法。我找到了所有能找到的证据来说明现代希腊人并不是古希腊人的直系后代,因而也不必对古典时期的希腊文化感到自豪。在我这里纯粹是一个带有偏差的过程,因为我从来没有批判性地衡量过这些证据的有效性,也从来没有去看一些相反意见。[4]

类似情境下发生的故事,都是某些预先的环境条件(例如家庭氛围、条件作用、语言标签等)在人们的头脑中设置了一种倾斜的、方向性的状态或姿势,这些设置反过来又开启了选择性感知的过程,并发展为具体的观念系统的逻辑闭环。(第 2 章已经指出一个范畴是如何抓住一切机会证明自身的)。我们不得不努力地给态度的骨架套上血肉衣衫。我们想要它变得具体可行、合情合理——或至少对我们自己而言是这样。

通过特质间的辅助来学习

刚刚所描述的闭合（closure）原则是一个多少有点唯智主义的原则。它指的是，一个还未达到完整的心智结构倾向于使其自身达到完整——变得更有意义、更自我一致。但我们不单单只在唯智主义的层面生活。

这一原则需要被拓宽。需要被完成并合理化的不仅仅是具体的意义，同时还有整个复杂的价值模式和兴趣系统。就拿下面这个例子来说：

> 我11岁的时候想加入公理会，因为我所有的朋友都加入了而且貌似过得很愉快。但我没有。为什么？因为其实是我的家庭以一种我从来都没搞明白的微妙的方式向我灌输了一种观念，认为进入圣公会才是带有某种尊严的归属。而且，这是祖父辈和曾祖父辈坐在同样的摇椅上讲过的故事了。

这里我们看到，女孩的家庭为她设立了参照的价值框架。对她而言，保持尊严、地位和对生活充满自豪感的设计是最好的选择。在这样一种方向性的环境下，她渐渐形成了自己特定的态度——亲圣公会和反公理会。她开始以一种特定的观点来看待自己——某种微妙的优越感。她的偏见本身只是这种自我印象（self-image）维持过程中的插曲。她的价值观大框架决定了她对于外群的看法。在这个例子中，可能从来就没有过真正的憎恶或无情的歧视，有的只是凌驾于其他外群之上的相对于内群的一种微妙的、即使只是微弱的优越感。

这一辅助（subsidiation）定律可以表述如下：**个体总是有一种倾向，想要遵照任何既已形成的主导性价值框架来形成自己的族群态度。**由于价值观是个人的事情，处于个体自我结构的核心，换言之就是：**个体总是有一种倾向，想要遵照任何既已形成的自我印象来形成自己的族群态度。**

这一定律主张，偏见的学习过程不仅仅是（或不主要是）外界影响的产物。偏见不仅仅是宣传事宜，不仅仅受电影、书和广播的影响，也不仅仅是某种特定的家长式传授的结果，或"逻辑闭合"过程中的任何合理化的结果。它也不仅仅是盲目模仿，不仅仅是对文化的镜像反映。它是所有这些事情的影响都辅助（subsidiated）在了儿童自身的成长哲学当中。如果它们看起来恰好和儿童的自我形象相契合、授予他以地位、对他有"功能性意义"，儿童就会有更大的可能性从中领悟到一些经验和教训。

我们最后再举一个例子。这恰好是一个没有偏见发生的例子。

威廉小的时候是很有同情心的,似乎天生就有一颗柔软的心。这从一开始就塑造了他的人生观。他有一个既安全又包容的家庭,而且还常常因为他的同情举动而受到褒奖。他特别喜欢照顾生病的人和动物,把自己看作家庭医生一样。他认为自己是一个治愈者。这种对于苦痛的关心日后渐渐变成了他关心残疾人、社会排斥者或少数群体的动力。

我们决不能说他的环境是没有偏见的。就连给予他无条件的爱和充分的安全感的父母自己也常常说犹太人和天主教徒的坏话。他所生活的社区也是带有偏见的。威廉有时也会不知不觉地说一些外号,但只是停留在非常表面的层次。但这些偏见的种子从来没有在他心中生根发芽。他"治愈者"的自我印象和"好朋友"的自我定位占据了主导地位。成年以后他对这些情况产生了客观的评价。他说自己对这方面事情有着超乎常人的敏感,而且族群偏见与他心中最重要的核心价值观是相悖的。经过深思熟虑以后,他重申了自己的价值观并决定投身于群际关系改善的事业当中。

威廉敏感地以其自身的价值框架来看待他周围充满偏见的世界。他独特的态度与这个框架相辅相成。这个案例中最初的价值观的形成机制不是绝对清晰的。既有可能是因为天生的性情倾向,也有可能是因为宽容的家庭氛围。但一旦形成,在他剩下的人生道路中起主要作用的就是他的自我概念了。

》对地位的需求

威廉的案例在两个方面有价值。首先,他建立了自己独特的价值感(sense of worth),这种价值感的建立不是以"劣等"人群为代价,而是以一种富有同情心的方式看待他们。(很多人,也有可能大多数人不会这样做,他们会通过**看轻、贬低**他人的方法来维持自己的价值感。)其次,威廉似乎在成长的过程中相对地没有受到美国文化中那些竞争性价值观的影响。成为"第一"对他而言毫无意义。他拒绝了家庭和社区以犹太人和天主教徒为代价来获取个人地位的邀请。

现在让我们来讨论一下更为普遍的情况。儿童似乎有无数种理由认为自己比其他人更优越，这在西方文化中尤其如此。（霍布斯等哲学家曾说，这一定是人类天性中的普遍特质。他们可能会说威廉是一个彻头彻尾的骗子，说他只是从自己的善举和同情心中获得自我主义式的愉悦——如同一些人从奉承献媚中获得愉悦一样。）

每个个体都应该是自给自足的生物有机体，这是天性使然。个体必须终其一生都致力于维持其生理和心理上的完整性。因此，从某种意义上来讲，他干的每一件事情都必须是以自我为中心的。如果他不为了自身的存续而生活、工作的话，他就会消亡——除非有人替他负起这个重担。这个过程中，他不得不培养出一个强壮的、喧闹的自我感。这是他存续的关键。一旦这种自我完整性和方向感，受到了干涉或威胁，他便有能力也有理由变得愤怒。同时，他就有了攻击、怨恨、厌恶、嫉妒以及其他各种形式的自我捍卫的能力和理由。只要自尊受到了威胁，无论何时何地，这些自我恢复机制都可能被激化。

如果一个人有了愤怒和攻击的能力，那么他也一定同时具有相当的夸奖和奉承的敏感力。让自己的美德得到承认、让自己的自爱得到证明，就是去体验所谓的**地位**。这种获得地位后兴高采烈的情绪有着生存上的价值，因为它让人明白，至少目前，自己是安全且成功的——这种安全和成功说的不仅仅是他对待物质世界的方式，同时也是他对待社会世界的方式，而后者更为艰难一些，因为其他人也一样渴望着、叫嚣着想要得到自我的承认。因此，人类天性中的自我主义实际上是生存的必要条件。它的社会反映就是**对地位的需求**。

让我们暂且忽略人类天性的另一面。人们有能力改变或在很大程度上调整自己对于地位的自我主义需求。生命开始于一段充满爱意的、共生的母子关系。孩子有着无限的信任，并且一般情况下会同他的环境（或人或事）都发展出一种相当具有亲和力的关系。正是因为这种深情才使得人类合作的建设性价值得以实现。也正是因为它们，偏见才不会成为人格中不可避免的歪斜，尽管从自我主义的角度来说是无比自然的。

但现在我们承认大多数人有一种对于个人地位感的强烈需求就足够了。在第27章我们将看到这一需求如何被社会化，以及它的利齿如何嵌入真正的包容型人格的发展过程当中。

》种姓与阶级

如果文化给我们提供了对于生存问题的现成答案，我们就会期冀它同样能够给我们提供对于地位渴求问题的现成答案。的确如此，而且形式多样。

文化为那些渴求地位的人提供了一种"种姓"（caste）的框架，如果这还不够，还有它的替代框架"阶级"（class）。整个一大块异质性的国家人口被划分为不同的层，这种分层指明了地位的清晰区隔。

有人将种姓定义为：限制个体成员的流动和互动、限制人的天性的一种同系交配的文化上的地位群体。[5]种姓之间的通婚通常是被禁止的。印度种姓制度就是其中的典型。在美国南部各州和北部的一些州，白人和黑人之间的通婚是被法律所禁止的。

美国黑人从社会意义上讲是一个种姓而不是种族。既然很多黑人在其种族血统上更多的是高加索白人而非非洲人，把他们归入黑人种族是没什么道理的。他们所遭受的不幸是典型的由社会强加于下层种姓身上的不幸——而不是源自种族遗传的自然缺陷。就业歧视、居住隔离以及其他形式的污名都是种姓的标志。黑人被期待"安分守己"同样是一种种姓制度的要求——一种意图强加于下层种姓身上的民间方式。[6]南部各州今日有维护种姓制度的法律制裁，但非正式的制裁手段甚至更为有力。

到目前为止，黑人的境遇从奴隶到自由身的正式转变只是轻微地对整个环境有所调整。正如格莱特利所描述道：

> 人人生而为白人或黑人，无法变更或逃脱。种姓制度的这些特征在南部以法律对大部分群际活动进行隔离的方式强加在人们身上。而在北部，虽然没有法律的正式制裁，但种姓制度依然以个人化的偏见的方式有效地运转着。[7]

他还展示了从白人的观点来看这种安排方式是如何产生实在效用的。本质上这是一个用以增强自尊的文化设置。从地位渴求的观点来看，种姓制度就非常有意义了。

问题在于，文化给那些下层种姓的人提供了什么可用的增强自尊的设置呢？答案当然是，他们自己创造自己的阶级。肤色是一个标准，浅色居于深色之上。此外还有一些无聊而琐碎的区别，例如头发的长直程度、是否拥有一台洗衣机或是否认识一个白人邻居。任何人通过一些小的发明都能够找到充分有效的理由居于其他人之上。在下层阶级的黑人中间流传着一个英国贵族的漫画形象，黑人觉得他"愚蠢的屁话"是十分可笑的，于是都居高临下地嘲笑这个漫画人物。

那些不能被归为种姓制度的地位区隔可以被归为**社会阶级**。粗略地说，一个社会阶级就是一群在相同方面彼此参与或愿意彼此参与的一群人。他们倾向于拥有相似的行为习惯、语言风格、道德立场、教育水平和数量相当的物质财富。与种姓不同，社会阶级之间并没有牢不可破的屏障。在一个流动的社会，如美国，人们可以频繁地从一个阶级转移到另一个阶级当中。

社会学家告诉我们，人有两种社会地位，一种是**先赋的**（ascribed），一种是**自致的**（achieved）。所谓自致地位，是指个体可以通过自身的努力（或其父母的努力）获得层级中的某一位置。而先赋地位是由遗传决定的。英国统治阶级的后代永远是贵族阶级。这是无可变更的事实。因此，种姓制度就是一种先赋地位。而社会阶级，至少在美国，很大程度上是一种自致地位。

很难说美国社会一共有多少阶级。每个人都有种模糊的感觉，**上层**阶级是哪些、**中层**阶级是哪些、**下层**阶级是哪些，这是毫无疑问的，而且毫不费力就能将自己划入其中的一层。但实际上这种划分太过粗糙，并不能满足个体对于一种地位优越感的需求。人总想看轻身边一些具体的、定义出来的群体。因此，他当然可以将所有的有色人种——特别是黑人——看作下层种姓，以此来获取优越感。但是他仍然渴望一个更有区分性的系统。

社会分层的有限基础之一就是族群。在第3章，我们已经看到美国人在定义自己对于各族群血统的相对接受度上有着怎样惊人的一致性：德国人、意大利人、亚美尼亚人诸如此类。每一类人都可以依次看轻比自己层级更低的其他类人。另一种层级上的一致性来源于职业。内科医生地位很高，而技工和邮差居于中等，小时工最低。

还有一种社会层级上的一致性就是居住地。每个社区都有被划分为"好邻居"和"下层人聚居区"的地盘。没有人不知道这些地区的大致边界，因此一个人的居住地就昭示着他的社会地位。地位的这种居住地特征是如此具有一致性，以至于我们发现在每个城市都有人在不遗余力地逃离着这种污名。如果一个家庭顺利迁居到一处更高档的地带，那么它原先的位置就会被社会层级中稍下层的家庭所填补。

现在，我们必须认为，阶级区隔甚至种姓区隔，会自动地在了解这些区隔的个体心中滋养出偏见。诚然，它们就是偏见在某种意义上的文化**邀请**（invitations）。个体可以自由地利用他自己的阶级或种姓优越感来看轻其他所有的下层群体。围绕这一优越感，他可以建立起任何消极的、过度概化的态度——我们称之为偏见。

但也有可能，个体心中了解社会分层，且不受其影响，只要他关心自己对外群的感受和行为。或者他也许会有一种温和的优越感，但却没有实实在在的组织化的偏见性态度围绕它而生长出来。

态度对种姓和阶级的辅助

然而，种姓和阶级确实可以为铸造偏见提供文化机会，如果个体有充分的个人理由去这样做的话。只要遵从是偏见习得的一个因素（第17章），它就会引诱个体对文化层级加以利用。

如今，年幼的儿童在很早就了解了种姓和阶级的事实。在一个实验中，幼儿园和一二年级的白人儿童和黑人儿童面对不同类型的玩偶衣服和房子被要求将它们分配给代表黑人和白人男女的玩偶。两个种族的儿童绝大多数给白人玩偶分配了更好的衣服和房子，给黑人玩偶分配了更差的衣服和房子。[8]

儿童似乎在3岁左右就发展出一种急切的自我感。同时伴随着这一变化的是消极主义的年纪（也就是对任何要求都说"不"的时期）。之后没有两年，社会地位的观念就同儿童的自尊关联起来。一个5岁的女孩看到黑人邻居搬走，她哀叹道："从今以后就没有人比我们更差了。"

再大一点的年纪，儿童在他的观念里倾向于将所有的美德都赋予上层阶级而将所有的缺陷都赋予下层阶级。例如，在一项针对五六年级儿童的实验中，实验者要求他们给出班里被人认为"干净""肮脏""漂亮""不漂亮""快乐"等诸如此类的同学的名字。结果发现，在每一个好的标签上，来自更高社会阶级的孩子都被赋予了更积极的评价，而来自更低阶级的孩子则被赋予了更消极的评价。似乎这些孩子还无法将身边的同学感知为独立的个体，而是感知为相应阶级的代表。对他们而言，上层阶级似乎哪哪都好，下层阶级哪哪都坏。因为这些五六年级的孩子没有充分根据地思考问题，我们认为这反映了阶级偏见。

这项实验的作者纽加顿正确地注意到了下层阶级儿童身上被强加的重负。由于意识到了自己所处的困窘之地，下层阶级的儿童往往对上学失去兴趣并在一开始就错过了机会。即使在学校他们也会选择和自己同层的伙伴待在一起，过着和更为优势阶级的孩子完全不一样的生活。[9]

这些事实对后续学习过程的影响是深远而巨大的。这意味着，大多数年轻人会把种姓和阶级的社会区隔当作生活中的**主要**指引，并按照这些指引来组织自己的社会态度。地位增强的文化邀请被广为接受。

回到"辅助"定律，我们可以得出结论说，对于这些儿童来说，社会模型成了他们自己的模型，文化模式规定了兄弟会的发展土壤。忽视这一指引会令人感到困惑。诚然，我们的美国文化也告诉我们应该崇尚个体的美德——而不是其成员身份。但是这一民主信条是自相矛盾、更难遵守的。因此，接受社会分裂的本来样子是最自然容易的事。[10]

结论

我们绝对不能认为通过辅助来学习仅仅发生在文化指引的主导之下。个体发展出偏见以支持自己的生活风格还有很多个人化的原因。他所需要的自我印象取决于他的不安全感、恐惧和负疚感，取决于内在创伤或家庭模式，取决于他对挫折的容忍程度，甚或取决于他天生的气质。在所有这些情况下，特定的族群态度都是为了帮助发展中的人格建立闭环而形成的。

为了对偏见的社会规范论的重要性（第3章）和遵从的重要性（第17章）加以补充，我们强调了对社会分层的辅助（subsidization to stratification），目的在于，承认社会文化规范在偏见的获取过程中所起到的巨大作用，同时也不失客观地陈述它同人格发展之间的适宜关系。

没有一个孩子是天生带有偏见的。偏见总是后天获得的，并且这种获得主要是服务于他自身的需求。然而，这种学习过程的语境，始终是他所处的社会结构，也是他人格形成的环境。

注释和参考文献

[1] B. Spinoza. *Ethics*. Proposition XLVI. New York: Scribner, 1930, 249.

[2] 参照 R. Stagner & R. H. Britton, Jr., The conditioning technique applied to a public opinion problem, *Journal of Social Psychology*, 1949, 29, 103-111。另可参照 G. Razran, Conditioning away social bias by the luncheon technique, *Psychological Bulletin*, 1938, 35, 693。对这一主题的简短讨论参见 G. Murphy, *In the Minds of Men*, New York: Basic Books, 1953, 219 ff。

[3] G. W. Allport & B. M. Kramer. Some roots of prejudice. *Journal of Psychology*, 1946, 22, 9-39.

[4] Margaret M. Wood. *The Stranger: A Study in Social Relationships*. New York: Columbia Univ. Press, 1934, 268.

[5] N. D. Humphrey. American race and caste. *Psychiatry*, 1941, 4, 159.

[6] 冈纳·缪尔达尔在结束一项关于美国黑人社会地位的综合研究后得出结论说,没有任何概念能够准确而充分地表达"种姓"这个词的意涵,诸如"种族""阶级""少数群体""少数地位"等等都不够充分。参照 Gunar Myrdal, *An American Dilemma*, New York: Harper, 1944, Vol. 1, 667。

[7] C. L. Golightly. Race, values, and guilt. *Social Forces*, 1947, 26, 125-139.

[8] Marian J. Radke & Helen G. Trager. Children's perception of the social roles of Negroes and whites. *Journal of Psychology*, 1950, 29, 3-33.

[9] B. L. Neugarten. Social class and friendship among school children. *American Journal of Sociology*, 1946, 51, 305-313.

[10] 有关社会阶级对青少年态度和行为的巨大影响力,参见A. B. Hollingshead, *Elmtown's Youth*, New York: John Wiley, 1949。

第 20 章
内心的冲突

生命中的偏见历程并非一帆风顺。偏见性态度几乎总是和深深扎根于心中的价值观相抵触,而这些价值观往往在个体人格中占据同样甚至更为核心的地位。学校的影响可能与家庭的影响相悖。宗教信条可能与社会分层现状相悖。要想将这些相互冲突的力量整合进简单的生命当中是非常困难的。

》 愧疚与偏见

当然有很多场合下,偏见都清晰而着重地占据着绝对优势。偏执者确信,自己任何时刻都决不允许偏见被丝毫的怀疑和内疚所噬咬。这种无愧的偏见的一个很好的例子就在 1920 年密西西比州州长比尔博给芝加哥市市长发的一封电报里。该城市正面临着黑人移民数量过剩的问题,这些黑人移民都是一战期间来芝加哥找工作的。市长在考虑是否应该将一部分移民遣返。比尔博州长这样回复道:

> 你发来的询问密西西比州能吸纳多少黑人的电报已经收到。特此回复如下:我们有地盘容纳得下全世界的"黑鬼",但没有地盘容纳下什么"有色人种的先生和女士"。如果这些黑人沾染了北方地区那些有关平等的社会和政治美梦,对我们来说是没有用的,我们也不想要。不过鉴于我们非常缺乏劳动力,那些能够理解自己同白人的恰当关系的黑人朋友,将会受到密西西比人民的热烈欢迎和接纳。[1]

比尔博的心智状态本章暂且搁置,第 25 章和第 26 章将会回过头来再考虑。

偏见的本质

但更常见的是伴着愧疚的偏见。反对与支持两种态度并存。这种摇摆不定和曲折犹豫往往是痛苦的，正如下例所说：

> 除了学校以外我没接触过犹太人，即使在学校，我也是尽可能避开他们。如果是一个基督教徒当选了班级领导，我会很开心。我爸爸就对犹太人非常排斥。我最讨厌的一点是，他们貌似总是互相黏在一起。他们自成一个小团体，一个人住进了一条街，所有人就全都跟着住了进去。我对单个的人倒是没有多大反感，因为我认识的一些品格很好的人也是犹太人。我也很喜欢和犹太女孩做伴。但有时候看到他们一大群人在那里找碴，我就一阵恶心。我讨厌看到任何因为宗教信仰而招致不公对待的事情，但在这个问题上，我谴责的并不是他们的信仰，而是他们的行为方式。我当然明白人人生而平等、没有人天生就优越的道理。

这些不一致的陈述读起来都令人困惑，要忍受起来则更令人难过而且尴尬。

在 100 份以"我对美国少数群体的体会和态度"为题的大学论文里，口头表达了偏见的学生中，只有 10% 在行动上也能够做到毫无内疚或冲突，也就是说，只有 10% 的学生抱有无愧的偏见。更为典型且常见的是下面这类说法：

- 在我的内心，每一句理性的语言都在说，黑人和白人一样和善、一样体面和真诚，但我总会情不自禁地注意到理性和偏见之间的裂痕。

- 我尝试尽量去看到犹太人身上的优点，但即使我非常努力地去克服偏见，我还是知道它始终会在——大概是由于父母对我的早期影响。

- 尽管偏见是不道德的，但我知道我一定会有偏见的。我对黑人抱有善意，但我一定不会邀请他到我家里来吃晚饭。对，我知道我就是个伪善的人。

- 在理智上，我无比确信对意大利人的偏见是不公正的。我也努力让自己跟意大利朋友相处的过程中克服那些让我后退和回避的行为倾向。但很明显，这种倾向强烈地挟持着我。

- 这些偏见让我觉得自己心胸狭隘、小肚鸡肠，因此我想尽可能克服它们，这样才能开心。但有的时候我真的无法赶走这些想法，这种感受让我对自己非常生气。
- 我越是想要以个人化的方式对待犹太人，就越是强烈地意识到他们是一个群体。我的强迫性偏见在同它自己的消除做斗争。

即使在理智上被打败了，偏见也依然萦绕于情绪之中久久不散。

在这些学生当中，有一半的人清楚地说过自己曾经检视过那些偏见的根据，并发现它们都是不理智的、错误的。三分之一的人坚持强调他们想要摆脱这些族群、阶级偏见的愿望。但正如前面说到的，只有十分之一的人毫无愧疚地为自己的偏见性态度而辩护。

也许这些自述不够典型。他们都是心理学的学生，自然在面对这些问题时有着相当的反思性和敏感性。有些人甚至还想"取悦老师"。任何熟悉大学生坦白自述的人都应对这些解释存有一定的怀疑。

结果似乎表明，这些大学生（通常来自权贵家庭，且在现代教育体制和公民制度之下浸淫已久）已深谙美利坚信条和犹太-基督教伦理，且十分敏感。当没能遵从自己所向往的美德标准时，他们会陷入真实的内心冲突当中。

然而，我们不能就此错误地认为愧疚之心只存在于"上层"大学生的心中。在一项对郊区女性的反犹态度调查中——其中大学生只占一部分而非全部，研究者发现：

> 四分之一的女性将她们的感受描述为"只是个人的偏见"；一半的女性将其归结为部分是由于个人偏见、部分是由于犹太人自身的不当行为；另外四分之一的女性将其全部归结为犹太人的错（即无愧的偏见）。[2]

该研究并没有报告有多少女性会因自己个人的偏见而感到羞愧。但这种愧疚感大概并非罕见之事。至少，我们可以说，有四分之三的女性表现出了某种程度上的洞察力——她们明白自己的偏见并非全然以客观事实为根据。

但自我洞察力并不会自动地治愈偏见。它最多能够让个体开始反省和思考。而且，除非有人当面质问他的理由，否则他是不愿意去改变的。一旦他开始怀疑自己并不符合事实，他就会进入一段冲突时期。当不满的程度足够大，他就会在这种驱使之下将信仰和态度进行重组。自我洞察一般情况下都是第一步，但光有这一步并不足够。我们在这些学生言谈中注意到的是一种犹豫、一种削弱和一种自我规训的增强，而不是将对立态度完全抛弃的做法。

那么，对于那些矢口否认自己有任何偏见的人来说情况又如何呢？当然，在有些情况下，他们的确是如实相告（表现出了很好的自我洞察力）。第5章中曾估算大约有20%的人可以准确地拒绝偏见。我们刚才也看到有相当一部分数量的人（大多数学生）承认自己有偏见。他们都有良好的自我洞察力。但还有一部分人是没有丝毫洞察力的。他们的内心充满了偏见而且否认这一事实的存在。他们是真正的偏执者。

但是，就算是真正的偏执者，他们有时也会表现出愧疚、后悔的蛛丝马迹。就连极端残暴而臭名昭著的比尔博州长也会内心不安。没有任何一个纳粹头领能够宽恕自己曾经对犹太人犯下的罪恶。没有一个人愿意承担罪责。希特勒的直接下属赫尔曼·戈林曾经尝试否认那些罪恶的发生，声称影像资料都是伪造出来骗人的。但即使如此，他还是评论说："如果其中只有5%是真实的，那也是非常可怕的事情。"[3] 看起来，就算是道德最为堕落的凡夫俗子，过着充满敌意和非人性的罪孽的生活，也无法在良知上宽恕那些由他们自己的世界观所造成的终极孽果。

总之，我们不得不得出这样的结论：生活中的偏见有可能引发内心的愧疚，至少部分如此。想要将它们和谐一致地整合进亲和需求和人类价值观当中是几乎不可能之事。

》"美利坚困境"的故事

这一假设道出了冈纳·缪尔达尔有关美国黑人-白人关系的里程碑式的研究所关注的主题。于他而言，整个问题的核心在于，当白人意识到自己的行为不符合美利坚信条时内心所遭受的"道德不安"。具体说来：

> ……一边是所谓"美利坚信条"所珍视的价值，也即美国人在崇高的国家和基督教观念的感召下的所思、所言和所想；另一边是特定个体和群体生存层面的价值，包括个人的、地方的利益，经济、社

会、性别嫉妒，社区声望和从众的考虑，针对特定人或特定类型人的群际偏见。这两边形成持续不断的冲突。所有这些不同面向的欲求、冲动和习惯支配着美国人的人生观。[4]

简而言之，美国人无法避开由民主制度和基督教教义所代表的价值观。得益于这种沉浸，人们才通过辅助（subsidiation）的方式习得了很多观念和习惯。但与此同时，也存在着相反的力量，这些力量来自婴儿般的自我主义、对地位和安全的需求、物质上和性别上的优势或是单纯的从众——这一切都导致了对另一种相反态度和行为习惯的辅助性学习。因此，一般的美国民众，无不经历着这种道德不安和一种"个体与集体层面的愧疚之感"。活在一种冲突的状态之中。

这种愧疚感，特别是近几年，在国际形势的影响下变得陡然尖锐。美国已渐渐意识到，它对待世界上的有色国度和殖民地人民的最大不利在于其对待美国黑人的方式。国外访客和媒体常常幸灾乐祸地围观我们在这一问题上的狼狈样子。他们的指摘无疑是极端而片面的，也掩盖了国内在这方面的真正缺陷。

> 故事发生在一名到访莫斯科的美国人身上。苏联导游自豪地向他展示城市的地铁系统。观瞻了地铁站和轨道之后，美国人评论道："但是车在哪儿呢？我没看到车在跑啊！"那位导游反驳道："那你们南部各州的私刑是怎么回事？"

尽管这类指控大多不相关也不确切，但我们必须要承认，只有美国黑人的地位得到及时而有效的改善，才能为美国争得其一直以来所想望的道德地位。[5] 如果我们不去实践我们所提出的口号，那我们的口号就始终是一纸空谈。除非我们文明化的承诺能马上兑现，否则文明就会死亡。机械地耍小聪明是无法拯救它的。

然而，不管在黑人问题的解决上有没有取得迅猛进展，美国始终因其**官方**道德而在世界国家之林中占据着独特的位置。没有其他任何一个国家如美国这样在其历史篇章中深刻地写入民主与平等的信条。法律条文、执行命令以及最高法院决议，都不会与这一信条偏离太远。任何一个在美国土生土长的孩子都知晓或一定程度上尊重这条民族性的行为准则。相反，在其他很多国家，我们能看到针对少数群体、由政府主导并实践的官方歧视。但在美国，歧视是**非官方**、不合法的，并且从深远意义上来讲，也是非美国的。美国的国父们在这一问题上立场非常坚定。而普通民众，从共和国的早期，就懂得这一立场到底意味着什么。

1788年7月4日美国宪法通过的那一天，人们以此为荣耀，纷纷加入了盛大的游行队伍，米克韦教堂（Mickve Israel）的犹太拉比拉斐尔·雅各布·科恩（Raphael Jacob Cohen）也在其中。一名当代作家写道："神职人员构成了队伍当中非常令人赏心悦目的一部分。他们用行动展示出宗教与一个好的政府之间的美好联系。他们大概有十七个人。其中四五个肩并肩、手拉手，象征着团结。将相差甚远的宗教原则团结在一起，显示出一个自由的政府在促进基督教慈善时的影响力。被两位基督教牧师牵着手簇拥着走在中间的犹太教拉比是当中最为耀眼的一幕。再没有比新宪法更好的象征了，它一视同仁地开放所有的权力和行政服务，不仅面向每个基督教信众，而且面向所有宗教的所有值得尊敬的个人。"[6]

美利坚信条并未丧失其形成及改变人们态度的潜力。在一项最近的研究中，希特隆等想知道什么样的回复能够最有效地抵消人们在理发店、休息室、拥挤的公交等公共场所听到的反对少数群体的言论。他们借助演技高超的演员创设了一些情境，让某些参与者口吐恶言，诸如"意佬"（wops）或"犹太佬"（kikes），接着尝试各种回复看能否让偏执者们安分下来。该实验的目的并不是要真的改变那些偏执者，而是要影响旁观者的态度。用于测试的回复有激烈而愤怒的指责，也有冷静而理性的反驳，旁观者从中判断出哪一种最有效。结果表明，诉诸美利坚信条的回复是最有力的。无论在什么情况下被人提起，特别是以一种冷静的口吻说带有偏见的话语不符合美国传统时，偏执者总是会迅速落败。[7]

国家历史也确认了这一点。每当挑衅者言辞过分，一句美利坚信条总是能让他在第一时间闭嘴。尽管这个国家时不时会跳出一些种族主义的煽动者，但迟早他们会作茧自缚。在言论自由的环境下，人们可能会允许很多对于少数群体的侮辱性言论。（我们不喜欢"种族诽谤法"是因为它们会限制言论自由。）但是公共的义愤终究可以浇灭这类极端形式的煽动。至少迄今为止是这样。正如缪尔达尔所说，美利坚信条的原则依旧有其动态而强大的力量。

然而，针对缪尔达尔的"美利坚困境"命题也有合理的批评。那就是，它夸大了事实。批评家们指出，社会传统对于种姓和阶级及其所伴随的歧视负有直接责任，因此在种姓制度下生存的个体也许无须对自己在其中扮演的微不足道的角色感到内疚。并不是他个人创造了这个制度。罪责并非他个人所担。他几乎毫无选择的余地，因此并不会感到真正的"道德不安"。[8]

另一种不太可信的批评则来自经济决定论者。他们坚持认为，白人在物质上的自我利益对现存的黑人歧视制度负有唯一的责任。白人根本不会有什么道德困境，因为道德只是一种将经济利益合理化的"意识形态"。[9] 对于这种观点，与其说它错误，不如说它片面。即使白人通过歧视获得了一些剥削上的利益优势，但仍旧在这些优势的享用上为内心的冲突和苦难留出了空间。

尽管我们应该留意这些批评，但它们最多只是说并非**每一个**美国人都会体验到缪尔达尔所定义的那种道德两难困境。但很多人确实曾经或正在体会着。因此，如果我们说，偏见往往伴随着心理冲突，尽管并不总是，但也依然足够有效。

❯❯ 内心核查

如果内心陷入了冲突，人们就会为偏见踩下刹车。他们不会将它表现出来，而是只显露到一个特定的程度。逻辑思考在某一点上被停了下来。纽约市郁积着所有的族群问题，但正如埃尔文·布鲁克斯·怀特所指出的，可见并非问题本身，而是明显的控制。

当然，内心核查（inner check）在不同的环境下以不同的方式运行着。人们也许在家、俱乐部或邻里四周可以自由地贬低一个少数群体，但当这个群体在场的时候就会抑制这种冲动。人们也许只会在口头上批评这个群体，而不会投入更多其他的歧视性行动。人们也许会禁止少数群体成员在社区小学教书或禁止他们进入自己的职业，但却不会参与与之有关的街头斗殴和暴乱。可以在任何地方刹车，这取决于相反力量（不论是内心还是外部）的强弱。偏见只会在很少一部分偶然情况下才会转化成暴力的、破坏性的杀人行动。但这种可能性也只是理论上的，只存在于外部控制解体或极端厌憎之下的暴怒冲动之下。

偏见的本质

　　费斯汀格的一项有趣的实验向我们展示了这种情境性刹车的微妙性。[10] 年轻的女性组成了若干个群体，每个群体当中有一半的犹太人和一半的天主教信徒。她们必须选出一个群体领导。在所有的实验条件下，候选成员的宗教信仰都是已知的。但其中一部分条件采用了匿名投票，即没有人知道投票者的宗教信仰。在另一些条件下，这些都是已知的。结果发现，当所有的女性处于匿名状态下时，两个宗教群体的成员各自投给了内群成员；而当所有的参与者暴露在宗教背景可识别的状态下时，犹太女性会更少投给自己人做领导，而天主教女性却不受影响，继续公开地投给自己的内群成员。

　　如何解释这一结果并不是完全清楚。有可能是因为，天主教女性在地位金字塔上占据较高位置，因此会感到更安全，敢于公开地维持他们原先的内群偏好。也有可能是因为，犹太女性对于偏见更为敏感，已经形成了根据自己对他人留下的可能印象来克制或调整自己行为的习惯。但对于我们来说，重要的是这种自我核查确实存在于内群和外群的偏好表达之中。

　　让我们将注意力集中在克制偏见表达这样一个现象上来。在第4章谈到的一项实验中，尽管餐厅和酒店老板在一种合适的通信方式下表示会尽量拒绝华裔房客和黑人房客，但这些族群成员实际上还是能够不受歧视地获准进入。第1章提到的"格林伯格先生"的例子无疑也是类似的情况。如果这些少数群体的成员直接出现在柜台前面，而不是事先通过书信来询问的话，是不是仍然还会有那么一大一部分加拿大酒店老板会拒绝他的住宿请求显然是一个值得商榷的问题。

　　目前我们已经可以较有把握地概括说，一个族群标签会唤醒一种刻板印象，这种刻板印象又会进一步导致排斥行为。但这一过程更多的是在一个抽象的、非个人化的层次运作。当牵涉到一个具体的活生生的人、当面对面的排斥会带来不愉悦的感受时，大多数人还是会听从他们内心"良善的本能"而抑制自己的偏见冲动。但如果没有自我的内心核查，心怀偏见的人是无法在**情境性**行为中感到这种尖锐的矛盾的。

如何应付内心冲突

　　一般说来，人们总体上会以怎样的方式来掌控他们内心矛盾冲动呢？

从心理学上讲有四种模式。我们将其依次称为：(1) **压抑**（repression，否认）；(2) **防御**（defense，合理化）；(3) **妥协**（compromise，部分解决）；(4) **整合**（integration，真正解决）。下面分别做一些解释。

压抑

在几乎所有的社区，每当偏见或歧视的主题抛出来，第一反应都是："我们这儿不存在这类问题。"[1]不仅是市长办公室会这么说，就连街头巷尾、乡村城镇、南方北方的人们都会这么说。当然没问题啊！可能大家一提到"问题"满脑子想到的只有暴乱。因此他们实际上说的是："我们这里目前还没有发生暴乱。"或者他们也有可能已经习惯了熟悉的种姓和阶级划分，并视之为理所当然的平常事。

这类声明也是一种成功压制不愉快话题的手段。不管是从社区角度还是从个人角度，否认一个问题的存在就是拒绝它可能引起的混乱。

让我们关注个人角度。承认带有偏见也就是承认自己既不理性也不道德。没有人愿意违背自己的良知。人们必须与自己和谐共处。一旦发现个性当中有着难以整合的矛盾，人们都会感到不舒服。因此，听到有人说"我可没有偏见"时大可不必吃惊，即使在外人看来他们已经被愤怒冲昏了头脑。

大多数情况下，压抑者不承认自己的偏见，也不会将自己的思维模式看作是反民主的（进而也就不会与价值观产生冲突）。这么说的根据是，大多数反民主的社会运动打着民主的旗号：十字架和横幅、社会公正、道德黄金律、解放等等诸如此类。个人实际行动中的不一致通过这些口头上对美利坚信条的肯定而被更加严密地压抑起来。

带有偏见的言论往往以一种卸下敌意的表达方式为前奏。"我没有偏见，但是……"，或者，"犹太人和大家一样有同等的人权，但是……"。这种谈话之初停留在唇边的民主信条似乎就能弥补后续随之而来的所有偏见。这是一种对美德做出肯定的心理学机制，以使得后续的小过失能够神不知鬼不觉地蒙混过关。

压抑是一种保护装置。在它的帮助之下，人们不必受困于内心的冲突——或者说他们自我感觉不必。但实际上，压抑很少独来独往。它往往需要自我防御与合理化的支撑。

防御性合理化

能够支持偏见进而保护个体不受道德价值观冲突的困扰的最有效的方法,就是以对个体有利的方式去安排"证据"。此时,选择性感知就起作用了。一个经历过黑人欺诈、目睹过犹太人粗俗行为的人会在事后着重地回忆这些事情。他会列出一长串意大利裔黑帮头目的名单,或引用一大段出自罗马天主教神职人员之口的反民主宣言。他会说服自己认为这些证据都是确定无疑的,足够得出显而易见的结论。(如果按照科学和逻辑的标准,这些证据都是结论性的,那就如第 1 章所讲到的,这里没有偏见。但所谓的合理化指的是,个体处于个人偏好而选择性地采纳证据以便支持某种范畴上的过度概化。)为了确证一个已形成的假设而选择性地感知,是防御性合理化的最常见形式。

现如今,拒绝任何烦人的品德、禁忌、血统和枪炮是最经济也最安全的考虑。为了实现这一目标,个体将所有不利的证据集合起来——当然这些证据比比皆是。选择性报道和编辑的报纸等媒体也在其中起到了重要的帮助。通过选择性感知,合理化并指出一种敌意态度变得更为可行。尽管冲突确实有现实依据,但这不能抹杀这些依据被选择性感知和选择性遗忘所加强的事实。

"统一的印象"(impression of universality)也常常被用作解救偏见的借口。一名学生写道:"不仅仅在我们国家,似乎在全世界都对犹太人有一种全体一致的敌意。"根据态度测验,该生本人就是一百个学生当中最反犹主义的那一批。她**需要**感觉到自己的观点有着统一的支持后盾——但实际上并没有。南方的律师在私刑案例上告诉陪审团说:"如果你们让这些被告走,也没有人会谴责你们。"这就是在玩"统一印象"的把戏。无论这些社会支持是真实的还是想象的,它们都能够确认并支持个人观点,并保护个人不受怀疑和冲突的骚扰。

另一种防御性技巧就是将罪责转移回对方身上。当南方的私刑丑闻被披露出来以后,南方的报纸通常的做法就是声明帮派行凶作为一种私刑在北方比在南方发生得还要更为频繁来予以报复。当纳粹的最高领导在战后被指控人性泯灭时,他们也反驳说,盟军也曾往德国境内投放了大量炸弹使妇女儿童死伤无数。这种"你也一样"的指控是避免感到内疚的一种很方便的防御手段。你为什么指责我,是因为你也一样自知有罪!所以,我才没有必要洗耳恭听!

然后我们要谈到另外一种防御方式——**分叉**(bifurcation)。"我并不是对所有的黑人都怀有偏见，有一部分人是好的呀。我只是讨厌那些很坏的黑鬼！""我并不讨厌犹太人（Jews），只是讨厌犹太人中的混混（kikes）而已。"这种区分在表面上似乎是一种范畴内的分化。但是它们是否真的为了避免偏见而按照个人来区别对待了？并非如此。如果我们更为细致地考察这一情况，在"好"与"坏"、"犹太人"和"犹太混混"之间的区分并不是一个基于客观事实比基于主观感受更多的区分。阿谀奉承的黑人维持了白人的自尊。因此他是"好的"。其他的就是"黑鬼"。这种分歧实际上所依据的是对方的行为是否对自己构成了威胁，而不是依据个体的美德。说这些话的人始终相信存在一种邪恶的黑人、犹太人或天主教"本质"，即使这种本质只渗透了群体的一部分。

另一个类似的防御手段以一种熟悉的句式呈现出来："我一些要好的朋友是犹太人，但是……"或者："我认识一些受过良好教育的、精神自由的天主教信徒，但是……"我们管这些句式叫通过制造例外来进行合理化。一个人一旦划出了一些例外，就可以把剩余的范畴当成一个完整的部分了。这些例外是理性面前的懦夫，是公正需求和美利坚信条的背叛者。当一个人有了一个少数群体的朋友，那么他对群体剩余部分的负面态度就不能被归结为偏见使然，而仿佛是一种谨慎细致的考虑和有区分的判断。这种手段往往愚弄了听众和说话者本人。但实际上，"我一些要好的朋友是……"这类句式几乎总是一个用来维持剩余偏见范畴完整性的障眼法。

诸如"我并不是针对犹太人个人而是针对他们种族作为一个整体来说"的说法具有同样的防御效果。这种伎俩通常在煽动家手里非常流行。这是一种演说的话术。但这非常令人困惑，其极端形式就是"群体谬误"（group fallacy）。一个全部由勤勉而高尚的犹太人（从来不会跟人吵架）组成的群体怎么会总体上是邪恶的？群体是由人组成的——除此以外没有别的。这种言辞上的模棱两可对偏见理论的研究而言非常有趣。它相当于说，人们不能讨厌个体，但却依然可以也应该讨厌群体。它本质上反映了一种毫无根据的概化。

妥协解决

社会生活的一个显著特点就是，人们不得不去扮演的多重角色的复杂性，将不可避免地导致不一致的行为。

偏见的本质

我们不仅被允许自相矛盾，而且还被期待如此——这取决于情境。一个政治家几乎必须在竞选演说中颂扬全体人民的平等权利，但在办公室里却应该周全地考虑某一方的特殊利益。南方的白人银行家不应该在他的公司里雇用黑人，但却应该为筹建黑人医院慷慨地倾囊相助。

我们不能说这种行为不一致是变态的。相反，那些盲信的狂徒（无论是偏执者还是平权运动的战士）却因为他们顽固的一致性而被这个社会视为多少有些病态。人们被期待着见风使舵、跟随潮流，被期待着在某种场合下坚守美利坚信条，而在另一些场合下传播偏见任其恣意蔓延。

这种冲突的解决办法我们可以简单将其称为"轮换"（alternation）。当一种参照框架被激活时，这一系列辅助习得的态度和习惯就派上了用场；而当相反的参照框架被激活时，另一相反系列的性情倾向就粉墨登场。如果我们始终前后一致地对某一少数群体表现出厌恶、敌意的态度，那么大多数人会遭受内心冲突的折磨，因为我们不能永远压抑那些相反的价值系统，例如美利坚信条和基督教精神。但如果我们时不时地释放一下自己的道德冲动，例如善待黑人雇员、救助弱者，我们就能够更容易地原谅自己在另外一些场合所表现出的偏见。

这种轮换使得某种合理化看起来像是真的一样。比如，我们可以说："事情正在向好的方向发展，我们必须耐心一点。""你不可能在一夜之间改变人的本性。""你无法用立法的手段去解决偏见问题，这是一个相当漫长且艰辛的教化过程。"尽管这些"渐进主义"的言论有点道理，但问题在于渐进主义实际上本身只是解决冲突的一种妥协的办法。我们愿意克服歧视——但不愿意太快。

人们有关族群的态度和行为中的这种不一致现象已经引起了心理学家的关注、猜测和担忧。[12] 如果我们记住以下两点事实，这一现象就不难理解了。

1. 轮换是解决内心冲突的一种最常见的方式。我们在节日里享受宴庆，在斋戒日里步履匆忙——它们轮流表达着我们肉体和精神上的欲望。

在运动中，我们寻求滑雪、打猎的刺激，而在夜晚，我们蜷缩进小屋里休息。这样，我们对于活动的需求和对于被动的需求都得到了满足。这种逐个满足的方式避免了激烈的正面冲突。与此类似，因为大多数人同时拥有偏见性的态度和人性化的信条，他们一定会通过在不同环境和场合下分别表达这两种态度来避免过于尖锐且破坏性的冲突的发生。

2. 更为重要的是我们所扮演的多重角色。在教堂里唱赞美诗或在学校里听讲都会激发并强化其中一个系列的价值观；但在乌烟瘴气的车厢里参加一个俱乐部聚会又会激发并强化另外一个相反系列的价值观。环境结构越是复杂多样，我们面临的以自相矛盾的方式顺从于环境的压力就越大。在某些情境下习惯于一种行事风格的我们，又会在其他情境下学习另一种的规范。在多重环境中做一个随大流的人，将无可避免地折损我们作为一个个体的整合性。

整合（真正解决）

但有些人不满于角色行为之间的不一致状态。他们将轮换视为对自身统一性的威胁。人们应该在所有的场合下都做真实的自己。而必要情况下不得不做出角色上的适应只是表面功夫。再没有把基本的价值体系一劈为二更为严肃的事情了。这种对于完整性、一致性和成熟的不懈努力，实现起来极其艰辛。

那些走在这条路上的人经历着由偏见引起的真正的深刻的内心冲突。本章前面的部分我们介绍了几个困惑和愧疚的例子。这些人曾仔细地检视过自己的心理防御机制，也发现了自己的内心欲望。他们既无法压抑、合理化，也无法安然地妥协。他们希望直面问题的本来面目，真正去解决，这样他们的日常行为才能够在人类关系的一致性哲学的支配下达到和谐统一。

这些人会熟练地摆脱那些由于刻板印象而产生的敌意。他们渐渐学会区分真正的邪恶来源和想象的邪恶来源（如偏见）。某个特定的个体也许有充分的理由被当成敌人，某些恶习和讨厌的品质也可能遭到人们的唾弃，有时一个真实存在的群体例如反社会组织或外国政府因为某些原因而被宣称是反动的。这些都是我们追求价值的路上遇到的真实的敌人。但种族妖言和传统替罪羊等这些跟人类苦难并无真正关联的东西最终是不会存在于一个整合的健康的人格当中的。

也许几乎没有人能够达到这种整合，但是很多人前进在这条路上，任重而道远。他们将收获一种人性的世界观，因为他们知道大多数凡人不是敌人，大多数被社会定义的反派既不是危险的也不是有意的。他们的怨恨和憎恶仅仅局限于那些对基本价值体系产生实际威胁的人。只有以这样一种方式组织起来的人格才会达到完全的整合。

注释和参考文献

[1] 引自 K. Young, *Source Book for Social Psychology*, New York: S. Crofts, 1933, 506。

[2] Nancy C. Morse & F. H. Allport. The causation of anti-Semitism: an investigation of seven hypotheses. *Journal of Psychology*, 1952, 34, 197-233.

[3] G. M. Gilbert. *Nüremberg Diary*. New York: Farrar, Straus, 1947.

[4] G. Myrdal. *An American Dilemma*. New York: Harper, 1944, Vol. 1, xliii.

[5] 对这一观点的强烈支持见 John LaFarge, S. J., *No Postponement*, New York: Longmans, Green, 1950。

[6] J. R. Marcus. *Jews in American Life*. New York: The American Jewish Committee, 1946.

[7] A. F. Citron, I. Chein, & J. Harding. Anti-minority remarks: a problem for action research. *Journal of Abnormal and Social Psychology*, 1950, 45, 99-126.

[8] C. L. Golightly. Race, values and guilt. *Social Forces*, 1947, 26, 125-139.

[9] O. C. Cox. *Caste, Class, and Race: A Study in Social Dynamics*. New York: Doubleday, 1948.

[10] L. Festinger. The role of group belongingness in a voting situation. *Human Relations*, 1947, 1, 154-180.

[11] 该发现源于古德温·沃森深入许多个社区进行调查的群际关系研究结果,参见 Goodwin Watson, *Action for Unity*, New York: Harper, 1947, 76。

[12] 参照 I. Chein, M. Deutsch, H. Hyman, & Marie Jahoda (Eds.), Consistency and inconsistency in intergroup relations, *Journal of Social Issues*, 1949, 5, No. 3。

第六部分
偏见的动力学

第 21 章
挫折

> 富人纷纷涌向鸦片和大麻。而那些买不起大麻的人却变成了反犹主义者。反犹主义成为他们的吗啡。……既然无法体会爱的狂喜,那么就去寻觅恨的狂喜。……恨谁并不重要。犹太人只是便利而已……就算没有犹太人,反犹主义也能将他们创造出来。

赫尔曼·巴尔(Hermann Bahr),德国社会民主党党员,早在希特勒当权的四十年前就写下了这样的文字。[1]他提醒人们警惕攻击性的逃逸性质,警惕攻击性如同毒品一样能够消减生活中的失望和沮丧的力量。

人类对于挫折的本能反应就是某种形式的攻击性和冒犯性,这似乎是无可否认的真理。婴儿遇到绊脚石第一反应就是回踢一脚并大声尖叫。他在愤怒的时候绝不会表现出爱和亲和的任何迹象,其反应是任意而野蛮。他攻击的不是挫折的真正来源,而是任何挡在他面前的人或物。

愤怒可以轻而易举地聚焦于任何眼前可用的事物而不是逻辑连贯的事物,这种倾向会维持一生。日常用语中,人们会用各种各样的语句来形容这种**移置作用**(displacement),例如:将怒火发泄在狗身上;不要拿我来发泄;代罪羔羊(whipping boy);替罪羊(scapegoat);等等。尽管完整的序列其实是沮丧—攻击—移置,但当代心理学更多地将其简称为"挫折—攻击假说"。[2]偏见的替罪羊理论——大概也是最为普及的理论——完全建立在该假说之上而发展出来。

❱ 挫折的来源

怀着能够发现偏见只与一部分挫折来源紧密关联的愿望,我们将生活中可能发生阻碍和危险的地方进行一个粗略的分类。

体质上和个人的

矮小的身高——特别对于西方文化中的男性——是一种缺陷，而且往往总是会因此被激怒，成为一辈子的逆鳞。健康状况较差、记忆力不好或智力发育迟缓也有可能带来同样的厄运。但这些挫折来源，就目前所知，似乎并不是族群偏见的特异性来源。总体来说，矮小的人并不比高大的人拥有更多的族群偏见；病人也并不比健康人拥有更多。这一类的缺陷似乎总体上只导致了更多的个人层面的补偿，带来更多的自我防御，而不必涉及对外群的投射。那么，当驱力受到遏制时会如何？当一个人被困在了煤矿下面，急需更多氧气的时候，用来应对这一紧急情况的措施一定是能够即可生效的。他不会将这种极度的挫折怪罪于一个外群的头上。类似地，严重的饥饿、干渴和其他即时的身体需求都不会引发移置作用。但如果被遏制的需求是一种长期、慢性的需求，情况就大相径庭了。性需求如果长时间持续地受挫，就会与对外群的态度相混合（第23章）。同样，如果我们把自尊（地位需求）也纳入驱力的范围内，那么也会更显著地影响到对外群的态度（第19、23章）。但总的说来，体质上的缺陷、严重的生物需求、疾病，似乎都和偏见没有显著联系——除非它们与个体的社会生活紧密交织在一起。偏见是一个社会事实，需要在一个社会语境下讨论。如果有挫折参与其中，那这种挫折必须是社会性的。

家庭中的挫折

个体的原生家庭（family of orientation）包括父母、兄弟姐妹，有时也包括爷爷奶奶外公外婆、叔叔阿姨等。而再生家庭（family of procreation）指的是丈夫、妻子和自己的孩子。在这两个系列的亲密关系中，都会发生很多很多的挫折和怨恨。

有证据显示，偏见经常与家庭问题相伴随。在第18章，我们已经看到，成长在一个氛围排斥、惩罚严厉的家庭里（强调服从和权力关系）的孩子容易产生偏见。

二战期间，据报道，某些因早期家庭生活的不安全而导致适应严重不良的孩子，对待敌国（日本和德国）有着开放的同情心，而对待本国和本国的少数群体——特别是犹太人——却矛头尖锐。[3]

比克斯勒曾记录，一个白人工人与他的黑人工友在一段时期内相处得一直很好，但在他跟自己的妻子之间的关系变得恶化，充满了紧张和婚姻破裂的威胁之后，他突然间发展出了强烈的种族偏见。[4]

列举这些例子是很容易的，但我们不能就此认为，家庭冲突一定会导致外群敌意。大多数家庭口角能通过无关乎族群偏见的方式得以解决。但在某些案例中，这些关联十分清晰。

临近的社区

大多数男人、部分女人与家人共度的时间要远远小于和外群打交道的时间：在学校、工厂、办公室或军队。教育领域、商业领域、军事环境下的生活也许比家庭生活更容易令人产生挫败感，且大多数情况下是这样。

下面这个例子展示了家庭挫折与学校挫折如何共同导致了偏见的产生。一名大学生写道：

> 我上学以来一直都名列前茅，曾经连跳两级，但我还没拿过"A"。我爸爸夸口说他在大学期间除了"A"就是"A+"，同时还做着一份全职工作。他老是打击我。我非常沮丧。我想要取悦他但没成功。最后我告诉自己和周围人，是犹太学生作弊把我挤下去的，心里才舒服了一些。（但仔细想来，我其实并没有证据表明超过我的那些男生是犹太人，也没有证据表明他们曾经作弊。）

这个例子非常有趣，因为它突出了挫折**感受**的重要性，与之相比，**客观存在**的挫折反而可以忽略。这个男生其实成绩很优秀。但由于他父亲的高标准和批评态度，这种优秀反而**被感知**为一种失败，引发的不是满意而是沮丧。

在前文引用过的退伍老兵的研究中，我们发现，那些讲述自己入伍时遭遇过不顺利的老兵，性情不包容的比例是性情包容的五倍，而那些讲述自己入伍时一切顺利的老兵，绝大多数是包容的。[5] 我们无法检查客观事实，但似乎很有可能这种挫折的**感受**跟偏见有着更为显著的关联，而不是实际发生的事情。但不管是哪种情况，挫折与偏见之间确实存在着共变的关系。

在第14章我们已经看到，经济上的挫折也可以滋生偏见。读者可以回忆一下坎贝尔的研究，他证明了工作满意度低的时候反犹主义高；也可以回忆一下贝特尔海姆和贾诺维茨的研究，他们证明了向下流动性与反黑人偏见存在高相关。

很多实验研究验证过挫折—攻击—移置的序列。一群18~20岁的夏令营男生被要求完成一项极其容易产生挫败感的任务（一个晚上必须留在营地完成一项艰苦的测试而不能去电影院），且任务前后需要报告对日本人和墨西哥人的态度。挫折任务过后，他们给日本人和墨西哥人赋予了比任务前更少的优良特质、更多的不良特质。[6]该实验尽管只是唤醒了**一种情绪状态**并测量了其短期效应，但也能够证明消极情绪可以弥漫延伸到对少数群体的判断上。

遥远的社区

很多挫折都与更广泛的生活条件有关。例如，美国高度竞争性的文化一定会令那些无法达到能力标准的人心中泛起怒意，无论是学校教育，还是知名度，无论是职业成就，还是社会地位。

这种竞争性也许可以部分解释新来者初来乍到时成功率总是显著下降的原因。这也是最近很多人对于准许难民入境抱有抵触情绪的原因。

移民限制是一个近几年来才出现的新现象。在这个国家早期的发展历程当中，每个个体的成功很明显地依赖于人口的增长。奴隶需求大增，一个人拥有的奴隶数量越多，他的社会地位就越高。移民需求也大增，因为工厂和农场需要他们来充当劳力。加利福尼亚州很欢迎东方人，因为每个人都缺人手，无论是白种人还是黄种人，只要能帮助开发资源，就都能派上用场。但渐渐地，情形发生了转变。人们渐渐感觉到，这些曾经受到热烈欢迎的移民，已在自我提升的道路上走了太远。他们成为自由人，成为地主，上升到显赫而富有的地位。由于担心没有足够的商品或声望可供分享，公众的观点终于发生了改变。第一次集中表达是1908年的《排斥东方人法案》（Oriental Exclusion Act）。1924年，配额制将移民数量冻结在一个很低的水平。近来颁布的紧急救助规定，其适用范围仅仅局限在欧洲的少数无家可归者身上，但即使如此，这些微薄的供给也引起了人们的警戒和反抗。经济学家建议我们，移民更自由对我们国家有好处。但推动移民政策的不是这些理性的建议，而是人们所**感受到的挫折**。他们或正确或错误地认为，关上移民这扇铁窗将会保护自己免于地位被剥夺的危险。[7]

反犹主义往往伴随着重大社会变迁所引起的广泛的挫折感和不安全感

而出现，这已经是颠扑不破的事实。特别地，哪里有战后重建，尤其是战败地区，哪里的政府处于不稳定状态，哪里出现了经济大萧条，哪里的反犹主义就异常强烈。[8]

战争时期也是国内敌意开始蔓延之时。一个颇具讽刺意味的现象是：人们通常认为，在国家危难时刻，有了国外的共同敌人作黏合剂，国内人民应该紧紧团结在一起才对；在某种意义上确实如此。但是，与此同时，战争也使人们不得不面对新的一系列挫折：定量配给、征收赋税、担忧恐惧和事故伤亡等。紧跟着的就是国内摩擦的增加。在美国战争最为艰苦的1943年，六个最大的城市有四个都爆发了种族暴乱。反犹主义事件以近乎纳粹的形式发生。在收集到并得到分析的1 000个战时谣言中，三分之二的谣言攻击的是美国国内的某些群体——犹太人、黑人、劳工、行政机构以及武装部队的红十字救助会等。[9]

容忍挫折

我们现在已经证明了挫折与偏见之间存在着某种关联。但并非所有遭受挫折的人都会带上偏见。人们会以不同的方式对待挫折，有的人会容忍，而另一些人则相反。

在有关挫折的实验研究中，林齐有一项至关重要的发现。根据先前的族群偏见测试结果，他选取了10名偏见程度很高的学生和10名偏见程度很低的学生。这20名被试被邀请参与一项群体实验。其中，被试必须与4名陌生的学生（实验助手）合作完成纸牌任务。但任务设计得非常困难，无论是单独还是合作都不可能完成，从而让小组根本无法达到目标而失去一部分金钱奖励。助手自始至终都言行礼貌，但还是会因失败而表现出明显的苦恼。无论他怎么努力都无法挽回。没有任何一个被试看穿了实验本身的欺骗性质，所有人都明显地感受到挫败和不适。但重要的是，那些偏见程度高的学生，从统计上看，显著地比那些偏见程度低的学生体会到更多的挫折感。这一结果经过了隐藏观察者的确认，并在最后的被试访谈中，再一次确认了这一发现并解释了实验设计。[10]

这一结果可以从很多角度来解释。例如，也许偏见程度高的人在任何情况下总会对挫折更为易感；可能他们天性中就有某种易被激怒的特质。也许高偏见的人对地位的需求格外高，渴望得到同伴的积极评价；当情境阻碍了这种亲和需求的实现时，他们就会情不自禁地流露出沮丧。潜藏在当前的挫折感和根本上的高偏见背后的，正是他们对地位的强烈渴求。最后，某种自我控制在其中起了区分的作用。那些高偏见的人缺少低偏见人群所具备的"逆来顺受"的态度或是冷静豁达的心胸。哪一种解释更为正确对于我们目前的论证而言并不重要。我们只要认识到偏见个体比容忍个体有着更高的**挫折易感性**（frustration susceptibility）就够了。

》对挫折的反应

我们现在要讨论的内容正处于偏见问题的核心。一方面，挫折会通过攻击的移置作用引发外群敌意，这方面的证据已数不胜数。另一方面，我们必须谨慎，不要给这一过程赋予过度夸大的权重，尽管它很重要。一些狂热者所说的"挫折总是会导致某种攻击"肯定是不正确的。如果正确的话，那么我们每个人（因为每个人都会经历挫折）都会怀有大量的攻击性，都会被各种偏见所支配。

对于挫折最为常见的反应其实根本不是攻击，而是一种简单而直接的试图翻越道路上的障碍的尝试和努力。[11]诚然，婴儿对于挫折的反应通常是愤怒。但是在后天学习的过程中，孩子乃至成年人，都会获得一种很高程度的挫折容忍性，学会用坚持不懈、合理计划和智慧的解决方案来代替最初的愤怒倾向。

就拿林齐的实验来说，我们会认为，偏见者就是那些更少发展出更低挫折容忍性的人，因此除婴儿般的发怒和移置作用以外，他们缺乏其他应对挫折的技巧。

在个体差异方面，除了挫折容忍度这一变量和"采用愤怒攻击还是制订计划以克服挫折的分化倾向"以外，还有另外一个重要的区分性特征。假设每个人都会时不时地感到被激怒或有攻击冲动，我们如何引导它们呢？按照第9章和第20章的讨论，有些人受到挫折以后倾向于责备自己，这些人属于**内责型**（intropunitive）。有些人超然物外，对生活中的不顺抱有一种豁达的态度，因此他们谁都不责怪，这些人属于**不责型**（impunitive）。但有些人习惯寻求和责备外部的行动者，这些**外责型**（extropunitive）的反应也许是现实的（当他们准确地找出了挫折的外部来源时），但如果责备的对象被移置，就是非现实的。[12]

因此，只有外责型的反应中才会出现我们所谓的"替罪羊"现象。下面就是一个清晰的例子。

> 一名轮胎修理工对他的工作不满。温度太高，环境太吵，而且工作并不稳定。他没有如其所愿地成为一名工程师。他一再地抱怨"负责运维的该死的犹太工人"。实际上，运维人员并不是犹太人，而且，无论是工厂的所有者还是管理者，都跟犹太人没有半点关系。

结论就是，有人面对挫折环境时会释放出攻击性。他们会采取一种责他的态度，将罪责归咎于外部条件，而不是自身。而且，他们并不能找到挫折的真正来源，而是将罪责移置到其他客体身上，特别是那些眼前可用的外群。这一过程尽管十分常见，但毕竟不是一个普遍过程。个体是否采取这样一种方式可能取决于他个人自身的内在性情，也取决于他从前应对挫折所形成的习惯，还取决于整个大环境。（例如，所在的文化是否鼓励个体像纳瓦霍人一样怪罪于女巫，或像希特勒一样怪罪于犹太人。）

对替罪羊理论的深入讨论

替罪羊理论之所以受欢迎的原因之一就是好懂。也许这也能够作为其有效性的一种证明，因为好懂就意味着在经验中非常常见。一本7岁小孩看的故事书里就讲了一个替罪羊的故事：

> 一只勇敢的猪和几只鸭子一起登上了热气球飘在空中。一个不怀好意的农民想抓住它，但机智的小猪将一罐西红柿汤浇在了农民身上。农民浑身沾满了汤，十分生气。屋子里跑出来一个脸脏兮兮的小男孩来帮他擦拭。但农民伸手就是一巴掌。他之所以这么做，原因有三：第一，热气球已经飞走了；第二，他不得不洗个澡才能弄干净自己的衣服；第三，这么做反正没有什么坏处。作者在下面评论道："我没说这些就是好的原因，但实际上它们只要是个原因就行了。"

再也找不到比这个更典型的替罪羊的例子了，这是连小孩子都懂的道理。

实际上，有两个版本的替罪羊理论。第15章总结了它的常见版本。其序列为：

> 个人不当行为→愧疚→移置

第24章将继续讨论这一版本。本章要讨论的版本是下面这个不同的序列：

> 挫折→攻击→移置

本章的所有例子只针对这第二个版本的替罪羊理论。

该版本包括三个阶段：(1) 挫折引起攻击性；(2) 攻击性被移置到一个相对来讲毫无防备的"羊"身上；(3) 这种移置的敌意经由指责、投射和刻板印象化而被合理化和正当化。

在接受这一序列的同时，我们还必须记住一些重要的前提条件。[13]

1. **挫折并不总是会导致攻击性**。该理论完全没有提到任何关于社会条件、性情类型或倾向于寻求攻击性发泄出口的人格类型的内容，也没有提到是何种挫折的来源更容易让个体寻找替罪羊。本章前半部分已经说到，某些领域的挫折比其他领域的挫折似乎更容易引起移置作用。

2. **攻击性并不总是会被移置**。愤怒可以被指向自身，即内责。这样就不会有替罪羊了。该理论没有提到任何有关内责还是外责的个人、社会影响因素，也没有提到在何种环境下个体会将攻击性指向挫折的**真正来源**，以及在何种环境下个体会将攻击性**移置**。我们必须通过研究个体的人格来找出这些答案。

3. **移置作用实际上并不像理论所说的那样会减轻挫折感**。被移置的客体实际上与挫折本身无关，因此这种挫折感依然还是有的。纳粹德国在屠杀犹太人之后家庭生活并没有变得更快乐，经济也并没有好转，也没有任何一个民族问题得到真正的解决。南方的白人穷人们也并没有因为怪罪于黑人而提升了自己的生活水平。移置作用无法真正克服挫折。它仅仅是攻击性的有效疏导手段，而持续存在的挫折仍会不断地诱发新的攻击性。移置作用是自然创造的最没有适应性的机制。

4. **该理论完全没有提到替罪羊的选择**。为什么有些少数群体被人们喜欢、有些被忽略而有些却被讨厌的问题完全没有解释，讨厌的程度和种类也没有解释。正如第15章中所提到的，替罪羊的**选择**本质上跟移置过程无关。

5. **某个无辜的少数群体并不总是会成为移置作用的对象**。个体也有可能成为替罪羊，多数群体也有可能。犹太人也会对反犹者怀有偏见，黑人也会讨厌整个白人种族。这里确实发生了移置作用（或至少是过度概化），但替罪羊并不总是像该理论所说是一只"无辜的羊"。

6. 没有证据表明高偏见人群的移置倾向高于低偏见人群。我们不能只着眼于偏见者身上的这种将攻击性移置到替罪羊身上的倾向。在前面所引用的林齐的实验中，总体上看，高偏见者并不比低偏见者更倾向于将受挫后的敌意移置到无辜者身上。高偏见者（正是那些实际生活中明显充当替罪羊的少数群体的成员）并不是因为其移置倾向而被识别出来，而是因为其他的特质。他们总体上更有攻击性，正如同我们分析的一样，更容易感到"受挫"，更习惯于墨守成规。这些因素并不都是挫折—攻击—移置论中本来所包含的因素。换言之，这一理论本身并不能够完全解释，为什么某些人格特质容易产生偏见而另一些没有。

7. 该理论本身忽略了现实社会冲突的可能性。某些情况下，跟移置作用类似，攻击性被引导至挫折的真正来源上。例如，群体 A 的人确实想要阻挠群体 B。在这种情况下，群体 B 所感受到的敌意就是部分真实的。他们对群体 A 的仇视某种程度上就是群体 A "罪有应得"的。替罪羊理论和其他理论一样，不应被误用在这些现实社会冲突的情形中。

心理动力学的意义

上述对替罪羊理论的严苛批评并不意味着要推翻它，而只是为了传达两个需要谨慎对待之处：(1) 任何单一的偏见理论都无法提供充分的解释。还有很多基本的现象，替罪羊理论都没有触及。(2) 这一理论表述得太过宽泛。它无法满足不同的需求：为什么有些人以攻击的方式应对挫折；为什么有些类型的挫折更容易引起对外群的移置作用；为什么有些人只是采取移置的办法而不是克服失败从而提高自己的适应性；又或者，与此同时，为什么有些人从来不会让移置作用影响自己的族群态度。

迄今为止，替罪羊理论的一个重要特点还未引起我们的注意。该理论说，个体内部进行着大量**无意识**的心智运作。那位怪罪犹太人"负责运维"的轮胎修理工没有意识到自己为了解释困境正在虚构一个反派角色。那位浑身被淋湿的农民并没有意识到为什么自己觉得掌掴小男孩至少是一个"没什么坏处"的方法。大多数德国人也无法看清楚他们在一战中耻辱的战败和随后的反犹主义有什么关联。

偏见的本质

没有人知道他们憎恶少数群体的真正原因。他们表达出来的所谓原因实际上都是合理化的方式。这就是偏见的**心理动力学的**核心议题。替罪羊理论就是其中之一。除此以外还有别的。偏见掩盖了强烈的自卑感，或者说偏见能带来安全感，或者说偏见与被压抑的性欲相混合，或者说偏见减轻了个人的负罪感——所有这些都是心理动力学所讨论的范围。这些情况下，个体都没有意识到偏见在其生命中所起到的心理功能。

接下来的几章，我们将继续讨论偏见的心理动力学。其中的很多洞见都来自精神分析的工作。有时，我们也需要给这些过于旺盛的理论套上一些严苛的限制，就像我们对挫折—攻击—移置序列的应用一样。但这些限制绝不会削弱我们从弗洛伊德和他开创的精神分析那里所获得的启示和恩惠。

注释和参考文献

[1] 引自 P. W. Massing, *Rehearsal for Destruction*, New York: Harper, 1949, 99。

[2] J. Dollard, L. Doob, N. E. Miller, O. H. Mowrer, & R. R. Sears. *Frustration and Aggression*. New Haven: Yale Univ. Press, 1939.

[3] Sibylle K. Escalona. Overt sympathy with the enemy in maladjusted children. *American Journal of Orthopsychiatry*, 1946, 16, 333-340.

[4] R. H. Bixler. How G. S. became a scapegoater, *Journal of Abnormal and Social Psychology*, 1948, 43, 230-232.

[5] B. Bettelheim & M. Janowitz. *Dynamics of Prejudice: A Psychological and Sociological Study of Veterans*. New York: Harper, 1950, 64.

[6] N. E. Miller & R. Bugelski. Minor studies of aggression: II. The influence of frustrations imposed by the in-group on attitudes expressed toward out-groups. *Journal of Psychology*, 1948, 25, 437-442.

[7] 参照 E. S. Bogardus, A race-relations cycle, *American Journal of Sociology*, 1930, 35, 612-617。

[8] 参照 K. S. Pinson, Anti-Semitism, In *Encyclopedia Britannica*, Vol. 2, 74-78, Chicago: Encyclopedia Britannica, 1946。另可参照 *Universal Jewish Encyclopedia* (I. Landman, Ed.), Vol. 1, 341-409, New York: Universal Jewish Encyclopedia, 1939。

[9] G. W. Allport & L. Postman. *The Psychology of Rumor*. New York: Henry Holt, 1947, 12.

[10] G. Lindzey. Differences between the high and low in prejudice and their implications for a theory of prejudice. *Journal of Personality*, 1950, 19, 16-40.

[11] 参照 R. S. Woodworth, *Psychology: A Study of Mental Life*, New York: Henry Holt, 1921, 163。另可参照 G. W. Allport, J. S. Bruner, & E. M. Jandorf, Personality under social catastrophe, *Character and Personality*, 1941, 10, 1-22。

[12] 参照 S. Rosenzweig, The picture-association method and its application in a study of reactions to frustration, *Journal of Personality*, 1945, 14, 3-23。其中，作者开发了一种区分挫折情境下内责型、外责型和不责型的测试。

[13] 对这一主题的一般性批判见 B. Zawadski, Limitations of the scapegoat theory of prejudice, *Journal of Abnormal and Social Psychology*, 1948, 43, 127-141。

第22章
攻击与憎恶

上一章我们讨论了攻击性与挫折和移置作用的关系。但这还远远不够,因为攻击性往往是解释大多数社会病态之起源的核心概念。经历了一个世纪多的流血牺牲,社会科学家们把注意力都放在了攻击性上。它成为一条基本的解释原则。尽管这一概念是被弗洛伊德带火的,但是人们越来越发现它几乎可以服务于心理学的所有流派。

攻击性的本质

弗洛伊德自己,连同很多其他的心理动力学家,都倾向于认为攻击性是一种总体的、直觉性的、像蒸汽炉一样的力量。攻击性被认为是生命中少数几个主要的原动力之一。它无所不在、急切而紧迫,也基本上是无法避免的。弗洛伊德写道:

> 人们很快发现自己很难不去满足体内的攻击倾向……只要还有什么东西可以当作攻击的对象,就有可能将一大批人紧密地团结起来。[1]

他将这种直觉等同于一种想要杀戮或破坏客体的欲望。在最后的分析中,这种直觉甚至包括自我毁灭的倾向。塔纳托斯①与厄洛斯②截然相反,但一样都是我们天性中盲目的渴求。但攻击性和爱往往在生命历程中相互交织,因此我们的亲和需求偶尔也会沾染上破坏冲动。

---

① Thanatos,希腊神话中的死亡之神,在精神分析中代表自我毁灭的愿望。
② Eros,希腊神话中的爱神,阿芙洛狄忒之子,相当于罗马神话中的丘比特,在精神分析中代表性爱本能和生存本能。

循着这一思路,一些精神分析学家在婴儿的行为中看到了攻击性的主导地位。哺乳行为被看作一种破坏性的吞咽。吸吮就是一种攻击的形式。西梅尔写道,我们的原始祖先,都是食人族。

> 我们都携带这一种本能的吞咽冲动呱呱坠地,不仅是针对食物,而且还包括所有令人沮丧的客体。在婴儿学会爱的能力以前,它始终被一种原始的恨所主导。[2]

这一攻击论流派旨在让战争、抢掠、犯罪、个人以及群体冲突变得完全自然——甚至是无法避免的。最好的办法就是将这种无所不在的攻击性冲动升华(sublimate)、疏导(drain)或转(shift)至可接受的、没那么多破坏性的渠道。人人都**需要**一个替罪羊。为了满足自己的攻击需求,我们不得不去寻找甚至杜撰一个对象出来。

我们希望拒绝这个庞大的攻击性概念。我们认为,攻击性当然不是单一的吞咽力量。这个术语涵盖了很多带有不同目的的不同种类的行为。让我们逐一进行分析。[3]

1. 如果是动物吞食了植物或其他动物,或者是孩子玩玩具,这里除了满足生物欲望以外,是没有其他意图的。有人也许会称之为**攻击**,但这并不是行动主体有意为之。2岁的孩子也许看起来很有"破坏性",但这种破坏完全服从于他强烈的好奇心和兴趣。从他个人的角度看,这并不是攻击,即使是从别的孩子手中抢了玩具也无可厚非。

2. 这个术语往往被用作**独断性**(assertiveness)的同义词。我们常常听到人们说美国人很有攻击性。它背后的真正意义实际上指的是美国人总体上对待生活中的困难会采取直截了当的方式来解决。这种攻击性其参照系并不是个人,其本身和伤害他人并没有必然联系。在一项针对托儿所幼儿的研究中,洛伊丝·墨菲发现最有同情心的孩子也是更有"攻击性"的孩子,相关系数达0.44。[4] 这个有趣的发现似乎是说,那些开朗外向、与他人互动较多的孩子更倾向于在所有类型的社会接触中都表现得很积极主动。与其说他们有"攻击性",不如说是**主动性**。

3. 这个词不单指独断性,有时还指一种热衷战斗的天生气质,享受斗争本身的乐趣,为了斗争而斗争。说爱尔兰人有攻击性就是这一层意思。一则人们所熟悉的族群段子讲的也是这一层意思。有两个女人在讨论自己的祖先——

> 爱尔兰女人：麦卡锡家族（the McCarthys）的祖先是什么人（spring from）？
>
> 麦肯锡夫人：你要知道，他们没有祖先（don't spring from any people），他们会攻击任何人（spring at them）。①

4. 有时，伤害对手的意图是竞争性活动的副产品。这里，想要达到某个目标的愿望再一次占据了上风。只是太过强烈，以至于行动者情急之下毫不犹豫地使用了暴力或欺骗的手段，如果使用这种手段是必要的话。"攻击者"本意是为了达到目标，而不是与他人对抗。帝国主义扩张时期大量的侵略事件就属于这一类。

5. 如果行动者从伤害别人的行为中获得了快感，那么这就是真正的施虐癖。此时攻击并不像前面两种情况下是工具性的，而是以其自身为目的。希特勒的突击队对犹太人的伤害和攻击就属于这种类型。

6. 最后，我们来到上一章所讨论的愤怒和攻击的类型，也可以称为**反应性**（reactive）。首先，一个挫折事件发生了。然后，个体并没有采取现实的计划或坚持不懈的方式，也无法让自己放下，更没有自责，而是变得愤怒，对障碍物本身产生攻击性——或者，将这种敌意移置到一个替罪羊身上。正是这种反应性的攻击才最有助于我们理解偏见。

尽管这里只列出了一部分，但足以清楚说明，直觉主义的、像蒸汽炉一样的攻击论是站不住脚的。这里牵涉到太多大相径庭的动机和太多目标和结局不同的行为。把婴儿毫无恶意的吸吮、美国商人在事业上的进取、施虐癖的残暴和普通失业者的愤懑划归为同一种类型无疑是非常荒谬的。它们看上去的相似性只存在于观察者的感知中，而不具有心理动力学的识别性。

读者应该注意到，我们在批判弗洛伊德攻击论的一方面的同时，也接受了另一方面。攻击性并不是一种需要发泄出口的巨大本能（instinct）。而反应性攻击却是大多数人具有的一种能力（capacity），这种能力有时会导致移置作用的发生。挫折—攻击—移置论就是整个弗洛伊德理论中的一部分。倘若我们记住上一章那些重要的前提条件，那么，该部分理论就是有效可信的。

---

① 麦卡锡（McCarthy）是一个典型的爱尔兰姓。这里运用了 spring 作动词的两个意思：spring from，发源于；spring at，扑向（咬）。

"本能"与"能力"之间的区分至关重要。本能渴望出口。而能力只是潜在的——永远不会登上前台。这种区分对于我们认识偏见而言很关键。如果这里涉及的是一种本能——总是寻求满足——那么,限制或消除偏见的梦想就是空谈。如果这里涉及的只是一种反应性能力,我们就有可能创造出避免这种能力被唤醒的内在或外在条件。至少理论上讲,我们能够在家庭和社区创造这样的条件来减少挫折感的发生;我们可以训练孩子们不要以外责型的攻击来应对挫折;或者我们可以引导他们寻找挫折的真正来源而不是发泄在一只替罪羊身上。

"疏导"的问题

我们偶尔会见到"自由漂浮的攻击性"(free-floating aggression)这样一个术语。人类学家克拉克洪写道:"在所有已知的人类社会中,似乎总是存在一定量的自由漂浮的攻击性。"[5]他继续解释道,根据反应性假设,在大多数文化中,儿童的社会化过程受到各种各样的限制,在所有的社会中,生命的整个成年阶段都会发生严重的剥夺和挫败。攻击冲动都有一个积聚和融合的过程。有时长期的愤懑会形成巨大而模糊的对抗性;而有时,生活更为平静顺利,这种"自由漂浮的攻击性"就会相对较少。

我们接受这一概念。无论对于整个社会还是对于单个个体来说,似乎都很有道理。当遇见一个不停抱怨、充满怨恨,可能还有很多外群偏见的人时,我们可以有把握地推断,他的反应性攻击一直未得到疏解,已经毫无疑问构筑起一大堆长期的、无法克服的挫败感。

但我们不能接受克拉克洪接下来为了解释这一攻击过程而提出的蒸汽炉和安全阀的比喻:

> 在很多社会中,这种"自由漂浮的攻击性"大多被周期性(或持续)的战争疏导了出去。一些繁荣的社会似乎能够将其中的大部分疏导成社会的创造性能量(例如文学和艺术、发明、公共设施、地理探索等等)。大多数社会的大多数时间里,这些能量中的一大部分被分散到各种小的溪流中间:日常生活中的琐碎恼怒;建设性活动;偶然性的战争;等等。但历史却表明,大多数民族将绝大部分攻击性能量或长期或短期地聚焦在社会中分散的少数群体身上。[6]

偏见的本质

　　说自由漂浮的攻击性可以被引导转化成文学、艺术等创造性的工作就太过牵强附会了。一般情况下，一幅画作或是草稿中间并没有什么攻击性。这段文字似乎过于夸大了弗洛伊德的观点，弗洛伊德只是说这是"一部分攻击性"才有的特性——可以任意流动，甚至可以升华成为非攻击性的力量（例如更为平和的追求）。

　　这段话中有关自由漂浮的攻击性可以通过战争进行疏导的论断也同样值得质疑。我们指出过完全相反的证据。如果这一疏导论是正确的，我们应该期待处在战时的国家内部争吵和摩擦会更少。二战时期当美国人民自由漂浮的攻击性全都被引向了德国、意大利和日本等敌国的时候，国内应该是风平浪静、其乐融融的。但是情况恰恰相反。在前几章我们已经注意到，那段时期敌对性的谣言非常肆虐，种族暴乱也远比和平时期更为严重。在当下，对苏联的敌意也并没有疏解掉美国国内对自由主义者、知识分子、劳工、犹太人、黑人或是政府的攻击，反而起到更为加剧和恶化的作用。

　　斯坦格纳研究了大学生攻击行为的表现。他发现，在一方面具有攻击性并不会削弱个体在其他方面的攻击性。相反，往某一方面"引导"攻击性的人也更有可能将攻击性"引导"至其他方面。不同表达渠道之间的相关系数高达0.40。[7]

　　一项跨文化比较研究发现了同样的规律。当一个社会处在战争状态的时候，社会成员也倾向于彼此之间富有攻击性，而攻击的主题也更倾向于出现在社会的神话传说当中。而当一个社会不处在战争状态时，这类攻击性的迹象就缺席了。里夫人（Rif）和阿帕切人（Apache）是前者的例子，霍比人（Hopi）和阿拉佩什人（Arapesh）是后者的例子。博格斯运用各种不同的手段测量了个体、群体和意识形态层面的攻击性，其相关系数在0.20到0.54之间。[8] 他得出结论说：攻击行为在给定案例中要么出现，要么相对缺乏；一旦出现，就会采用高度概括化的形式。

　　所有这些证据都否定了自由漂浮的攻击性可以从一个客体身上被疏导至另一个客体的理论，而且也在一定程度上否定了挫折—攻击序列，因为攻击性越强的社会（或个体）不一定是受到更多挫折的一方。总的来说，霍比人和阿拉佩什人的生活并不比里夫人和阿帕切人的生活更为容易。但在这个案例中，我们可以合理地推断出，霍比人和阿拉佩什人已经学会如何以非攻击性的方式来应对挫折。这里并没有疏导论的位置。

一定量的自由漂浮的攻击性可以通过这样、那样或其他的方式被耗尽，这种说法毫无疑问是错误的。

拒绝"疏导"论并不是拒绝"移置"的概念。它们在两个方面完全不同：(1) 移置仅仅指的是反应性攻击中一种偶尔出现的特定倾向。实验可以证明其存在：一次有限的冲动偶然得到了一个替代性的客体。而"自由漂浮"的攻击性的疏导指向的却是那些模糊的升华渠道——甚至是非攻击性的方式。(2) 移置绝不意味着攻击性在一条渠道上的"释放"会降低它在另一条渠道上"释放"的可能性。它符合我们讲述的众多"攻击表达越多，攻击性就越多"的发现，而疏导论则相反。

攻击性作为一种人格特质

尽管我们对弗洛伊德有关攻击性观点的部分面向持批判的态度，但对于他所说的，个体疏解其攻击冲动的特异方式是性格结构的重要特征，我们是非常赞同的。

但和弗洛伊德不同，我们认为，攻击性是一种潜在能力（capacity）而不是一种本能（instinct）。它基本上是一种反应性。在一些人身上，攻击性只和特定的刺激客体有关，不会成为一种根深蒂固的人格特质。正常的反应性攻击有一些适应性特征，伯格勒列出如下：

1. 只用于自我防御或防御他人的情况下。
2. 指向真实的敌人，即挫折的真正来源。
3. 不会伴有内疚的感受，因为行动完全是正当的。
4. 量很充分，但不会过量。
5. 用于合适的时机，例如敌人很脆弱的时候。
6. 一旦被用到，行动者就希望获得成功。
7. 不容易被激发，除非冒犯已经非常明显。
8. 不会跟过去产生的毫不相关的挫折混淆，例如童年阴影。[9]

这种理性的、适应性的攻击不会导致神经症，也不会导致偏见的产生。只有当正常的标准被违背时，人格中才会形成不健康的攻击性成分。个体可能对挫折的真正来源一无所知（违背了标准2），因此不得不将他的敌意移置到一个虚构的敌人身上。个体也可能知道其来源，但却发现自己无法以直接的方式成功将其克服（违背了标准6）。个体也可能发现每一次日常的小烦恼都会因为挥之不去的童年阴影而被数倍地放大（违背了标准7和8）。

循着这一思路，我们可以得出结论：如何疏解攻击冲动只对于那些因为某些原因无法按照正常步骤进行下去的个体而言是一个严重的问题。在他们的内心，攻击性不仅仅是一种能力，而更是一种特质。它不再具有理性和适应性，却变得依赖于习惯，具有强迫性。这时，个体会做出过量的、被移置的或是不恰当的反应。真正的神经质的攻击行为违背了上述全部八个标准。

失调的攻击性因此会成为深深扎根于人格当中的障碍。这是由于正常的反应性攻击受阻，由于很多精神分析学家所讲到的家庭和个人的因素作祟，也有部分是因为文化压力。

》攻击的社会模式

在美国，生活方式的竞争性使之格外强调某些种类的攻击性。小男孩会被期待着必要的时候站出来为自己出头，参与到拳头大战当中。在某些地区，风俗传统会支持对特定少数群体进行口头上或身体上的攻击。但文化不仅为攻击行为提供了规范，而且也成为个体很多特定挫折的来源。

拿西方文化来讲。帕森斯曾指出，社会结构的某些特征对攻击性特质的演进有着明显的影响，进而让个体变得容易产生偏见。[10]在西方家庭里，特别是美国家庭，父亲终日缺席。孩子一直被扔给妈妈，这样只有母亲一个人给孩子的行为提供榜样和指导。因此通常情况下，孩子对母亲的认同在成长早期就已扎下了根。家庭中的女孩往往会很早地认识到自己将来也会成为一名妻子和家庭主妇，因此这种认同不会给她带来困扰——至少头几年不会。但男孩就处在早期的冲突当中。女性化的处事方式并不适合他。尽管他已经习惯了，但还是能够嗅到社会对他有些不同的期待。他会意识到男性拥有权力、行动的自由以及力量，而女性是柔弱的。但他与母亲之间的纽带又是紧密的。母亲给予他的爱满足了他最深的需求。然而这种爱也许却会视他能否表现得勇敢、像个小大人而定，这又在某种意义上与他所认同的女性气质相背离。很多成年男性的神经症，都源自小男孩时期的"母爱固着"和"恋母情结"。

作为一种过度补偿，男孩们会随后格外强烈地认同父亲，模仿他独特的男性气质。这样，男孩文化中粗犷、坚忍和恶劣的行为就可以被理解为——至少是部分地被理解为是对母亲主导地位的过度反应。尽管大多数男性能够顺利地完成过渡，最终成功地平衡对母亲的爱和必不可少的成年男性气质，但仍是有不少案例表现出对母亲的过度依赖以及伴随而来的对于外部世界的过度攻击性。有证据表明，这些案例之中反犹主义者占大多数。这些人以为自己很有男性气质，富有攻击性而又坚忍，但潜藏在背后的事实却是：他们并没有成功地掌控自己的被动性和依赖性。结果就是产生了一种补偿性的敌意——移置于一个社会所承认的替罪羊身上。[11]

父亲在引导儿子的成年男性气质中太过频繁地扮演一个强迫性的角色。他是竞争性文化及其边缘传统的携带者。他往往会鼓励儿子发掘超过年龄的英勇气概。标准被设定得很高，甚至到了一个年轻孩子难以企及的高度。这样引起的一种常见反应就是将纯粹的攻击性和男性气质混同起来。男孩子至少学会了硬朗地讲话、大声地批判、斥责外群。这种假装残暴的模式假以时日可能会转变成真正的敌意。我们文化中的街头帮派模式和"坏男孩"模式基本上是这种强迫性男性气质的迹象，因此在某种程度上也是族群偏见的迹象。德国文化在很多方面与我们不同，但看上去纳粹对强迫性男性气质的狂热和崇拜，伴随着对犹太人的残暴杀戮，一样同这种相仿的家庭模式有关。

美国家庭中的女儿避开了这种特定的冲突，但她们所遭受的挫折同样有着文化上的源头。很多女孩子对我们文化分派给女性的低等角色心有怨恨。同样，女性在一个成功而浪漫的婚姻上面几乎押上了所有的赌注。一旦家庭生活没有如其所愿地获得成功，女性很少有机会像男性一样找到逃离的出口。因此，她对婚姻的挫折感因而也就常常比男性强烈得多。与此同时，她也无法逃离文化中对成年男性气质的理想化强调。她也想变得"坚忍"一点，但这种倾向会因她作为社会秩序中的女性角色而受到更为严苛的压制。

研究显示，这一情形对族群偏见的形成多少有些影响。人们发现，带有反犹主义态度的大学女生往往在传统女性气质的表面掩盖之下有着大量的被压抑的攻击性。这一模式在对犹太人更包容的女性当中并没有达到这么明显的程度。[12]

美国的职业环境，同样容易引起反应性攻击和移置作用。成就的标准被定得太高（人们期待每个儿子都要在财富和名望上超越他的父亲），以至于人们频频遭受失败和挫折。然而，不断煽动起攻击性的职业环境却压根就没有为之提供任何合法的出口。

人们可能会说，在西方社会，攻击性大体上会被强烈地抑制在产生攻击性的群体内部而不让它表达出来。结果就是产生了大量为移置作用准备的激怒源。想想家庭和职业场合下挫折的普遍性，想想那些被压抑着以防不恰当的敌意表达出来的冲动，我们就会惊讶于，居然有这么多人发展出外群偏见以求短暂地透一口气。

这里的社会学分析能够帮助我们解释社会中偏见模式的统一性，但却无法解释其间存在的巨大的个体差异。为此，我们需要将注意力转回个体人格的发展上来。

》 憎恶的本质

愤怒是一种短暂的情绪状态，它是由某种正在进行的活动受到阻碍而激发的。因为是被特定时刻下可识别的刺激客体激起来的，它会引起想要对挫折来源进行直接攻击和伤害的冲动。

很久以前，亚里士多德指出，愤怒不同于憎恶（hatred），因为愤怒通常只会针对一个单个的个体而产生，但憎恶则可能是针对一整个人群而产生。他也观察到，一个忍不住发怒的人通常会为自己的情绪爆发感到歉意并对他的攻击对象产生同情，但是在憎恶的表达中，很少伴随着后悔的感受。憎恶是更加根深蒂固的情绪，而且不断地"想要追求被憎恶对象的彻底消灭"。[13]

换一种方式来说，我们认为，愤怒是一种情绪（emotion），而憎恶则是一种感情（sentiment）——一种针对个人或群体的持续组织起来的攻击冲动。因为它是由习惯性的仇恨和谴责的思想所构成的，它就形成了个体心理-情绪生活中一个顽固难化的结构。又由于它趋向于社会性破坏、受到宗教的谴责，它带上了一种强烈的族群色彩，尽管当事人通常会极力避免在这一问题上起冲突。从它的终极本质上说，憎恶是外责型的，这意味着当事人确信错在对方身上、在自己憎恶的对象身上。当事人一旦笃信这一点,他便不会为这种不友好的心智状态而感到内疚。

为什么憎恶和攻击的对象往往都是外群而不是单个的个体呢?这里有一个很好的理由。人与人毕竟彼此相似。一个人会情不自禁地对受害者产生同情。攻击他的同时也在自己内心激起一些伤痛。因为对方拥有和我们一样的身体,我们头脑当中的"身体图像"(body image)将牵涉进来。但群体是没有任何"身体图像"的,它更为抽象,更加非人格化。当群体存在一些可见的区分性特征的时候尤其如此(参照第8章)。仅仅是因为肤色不同,就可以将对面的人在某种程度上排除出我们自己的圈子以外。我们更不容易将他看作一个与我们一样的"人",更容易只将他看作外群的一个成员。但即使如此,他与我们至少也有着部分的相似之处。

这种同情的倾向似乎能解释我们常常注意到的一个现象:有些人在抽象层面憎恶某一群体,但在实际的行为中,却往往秉承公正甚至友善的态度对待该群体的个体成员。

憎恶群体比憎恶个体更容易还有另外一个原因。我们无须对照现实来验证对于某个群体的消极刻板印象。事实上,只要我们为自己所认识的个体成员设置"例外",就可以始终轻而易举地坚持对整个群体的消极评价。

弗洛姆曾指出,区分两种不同的憎恶非常重要:一种可以被称作"理性型"(rational),另一种是"性格制约型"(character conditioned)。[14] 前者起到重要的生物功能。当人最基本的自然权利被侵犯的时候,理性型憎恶就会被激发起来。人们会痛恨任何威胁到自己的自由、生命和价值观的东西。而且,一个社会化良好的人也会痛恨任何威胁到其他人类的自由、生命和价值观的东西。二战中德国侵占荷兰、挪威等国家后,大部分本地居民对纳粹侵略者怀有一种"冷静"的憎恶,只会在偶尔的情况下产生攻击性。这不是一种短暂的愤怒,而是一种持续日久的谴责态度。人们尽可能冷漠地对待侵略者,仿佛他们不存在一样。一名纳粹士兵走进荷兰拥挤的地铁车厢中,遭到了周围人彻底的忽视。尽管留意到了他们的憎恶,但这名士兵还是想尽自己所能去迎合他们,他礼貌地问:"可以借一些空间让空气流动起来吗?"结果还是没有人理他。

性格制约型憎恶远比理性型憎恶更让我们担心。正如弗洛姆所说,它是一种旷日持久的憎恶的准备状态。这种感情与现实无关,尽管它可能是现实生活中很多令人痛苦的失望事件的产物。这些挫折和一种"自由漂浮的憎恶"融合在一起——构成自由漂浮的攻击性的主观对应物。于是，当事人身上便携带上了一种模糊的、气质性的不公正之感，并想要将其极化。他感到自己必须憎恶**某些东西**。憎恶的真正源头也许令他为难，困扰着他，但他能够想出一些便利的受害者可供发泄和一些还不错的理由可供借用。犹太人与他达成了共谋，警察的介入又让整个事情变得更糟。生活被桎梏的人有着最为严重的性格制约型憎恶。

两种憎恶都只存在于个人价值观受到侵犯的情况下（第2章）。爱是恨的前提。总是在一些亲和的关系被打破之后，个体才会觉得应该有什么事情需要为这种打破负责，所以对它产生憎恶。这和我们先前所引用的西梅尔的论述恰好相反，西梅尔说，个体在学会爱的能力之前首先被一种原始的对周围环境的憎恶关系所支配，这当然是严重错误的观点。

在生命的伊始，占主导地位的是一种与母亲之间的充满依赖和亲和的关系。没有任何证据表明，存在一种破坏性的先天本能，如果有也几乎可以忽略。出生以后，这种同环境之间的亲和性依恋关系仍旧会在后续的哺乳、休息和玩耍过程中保持下去。婴儿早期出现的社会性微笑就象征着这种对于人的满意和愉悦。婴儿对于他的整个环境、他所遇见的几乎所有的刺激和每一个人都是积极的。正常情况下，他的生命充满了热情洋溢的开朗和积极和谐的社会关系。

而这种最初的亲和倾向遭遇威胁或挫折的时候，就会让位于警觉和防御。伊恩·萨蒂曾绘声绘色地描述过这一问题。他说："人世间本没有恨，是爱转变成了恨；地狱里本没有狂暴，是一个婴孩受到了嘲笑。"[15]因此，憎恶的起源是次级的、因情况而异的，在发展的过程中相对靠后。它通常是亲和欲望的受挫和随之而来的对自尊和自我价值的羞辱所引发的。

也许整个人类关系领域最复杂的问题就是：在我们同他人的接触中，为什么那些能够满足我们重要亲和需求的情况少得可怜？而为什么那么多的情况会导致憎恶和敌意？人们内心永远都觉得自己爱或被爱得不够，可现实中的忠诚和爱为什么却如此稀少、如此有限？

这个谜题的答案藏在三个方面。其一，事关生活中困扰人们的挫折的数量。在强烈的挫折感之下，人们很容易将反复发作的怒意熔铸在合理化了的憎恶感情当中。为了避免伤害并获得一个安全感的岛屿，排斥比包容更令人安心。

第二个解释与学习过程有关。在前几章我们已经看到，在一个充满拒绝的家庭里长大的孩子，他充分暴露在各种既有的偏见之下，很少能够培养出充满信任和亲和的社会关系态度。他们几乎没有得到过爱，因此也给不出什么爱。

最后，对社会关系采取排斥的态度是一种经济便捷的考虑（第10章曾讲过的"最小努力"）。当以消极的态度看待人类的众多群体时，我们会让生活多少变得简单一些。例如，如果我一股脑拒绝所有的外国人，我就不用费心同他们打交道了——除非为了让他们远离我的国家。因此，如果我将所有的黑人看作劣等的、令人讨厌的种族，我就可以方便地处置这十分之一的公民同胞了。如果我把所有的天主教信徒打包到一个范畴里面一股脑拒绝掉的话，我们的生活就变得更加清净。同理，对待犹太人也是一样……以此类推。

因此，偏见的模式发生在个体的世界观内部，包含不同程度和类型的憎恶和攻击，还包含我们无法否认的经济性。尽管如此，它还是远远不能满足人们本希望它能够满足的愿望。实际上，归根结底，人们还是渴望与生命的亲近，渴望与同胞之间平和而友善的关系。

注释和参考文献

[1] S. Freud. *Civilization and Its Discontents*. London: Hogarth Press, (Translated) 1949, 90.

[2] E. Simmel (Ed.). *Anti-Semitism: A social Disease*. New York: International Universities Press, 1948, 41.

[3] 该分析与以下研究中的分析类似：F. Baumgarten, Zur Psychologie der Aggression, *Gesundheit und Wohlfahrt*, 1947, 3, 1-7。

[4] Lois B. Murphy. *Social Behavior and Child Personality*. New York: Columbia Uiv. Press, 1937.

[5] C. M. Kluckhohn. Group tensions: analysis of a case history. In L. Bryson, L. Finkelstein, & R. MacIver (Eds.), *Approaches to National Unity*. New York: Harper, 1945, 224.

[6] *Ibid*.

[7] R. Stagner. Studies of aggressive social attitudes: I. Measurement and inter-relation of

selected attitudes. *Journal of Social Psychology*, 1944, 20, 109-120.

[8] S. T. Boggs. *A Comparative Cultural Study of Aggression.* (Unpublished.) Cambridge: Harvard University, Social Relations Library, 1947.

[9] E. Bergler. *The Basic Neurosis.* New York: Grune & Stratton, 1949, 78.

[10] T. Parsons. Certain primary sources and patterns of aggression in the social structure of the western world. *Psychiatry*, 1947, 10, 167-181.

[11] Else Frenkel-Brunswik & R. N. Sanford. Some personality factors in anti-Semitism. *Journal of Psychology*, 1945, 20, 271-291.

[12] *Ibid.*

[13] Aristotle. *Rhetoric.* Book II.

[14] E. Fromm. *Man for Himself.* New York: Rinehart, 1947, 214ff.

[15] I. D. Suttie. *The Origins of Love and Hate.* London: Kegan Paul, 1935, 23.

第 23 章
焦虑、性与内疚

> 现在我们可以理解反犹主义者了。他们是一群内心充满忧惧的人。这种忧惧并不是对于犹太人,而实际上是对于他们自己,对于他们自己的良知、自由、本能、责任、孤独,对于改变、对于社会和这个世界——除了犹太人以外所有的一切。
>
> 让-保罗·萨特

恐惧、性、内疚与偏见之间的关系在很多方面与我们有关攻击性的心理动力学分析类似。

》 恐惧和焦虑

理性和适应性的恐惧有助于准确感知危险源。疾病、正在靠近的火和水、拦路强盗都是引起现实性恐惧的条件。一旦我们准确地感知到威胁的源头,我们通常情况下会给予回击或撤退到安全地带。

有时,我们尽管能够准确感知恐惧的源头,但却无能为力。担心失业的工人、生活在核战阴霾下的市民,都被恐惧席卷、裹挟,却毫无还手之力。在这样的环境下,这种恐惧会渐渐变成长期挥之不去的——被我们称为**焦虑**(anxiety)的东西。

长期慢性的焦虑让我们时刻处于警觉状态,容易将外界所有刺激都视为对自身的威胁。一直害怕失业的人可能会感到自己身处水深火热之中。他很容易将黑人或外国人感知为虎视眈眈地试图将自己挤下工作岗位的竞争者。这就是一种现实恐惧的移置(displacement)。

有时,我们不知道恐惧的来源,或是已经忘记,或是已经压抑了很久。这种恐惧可能是一些无法应对外界危险的虚弱之感的残渣，慢慢积聚起来。当事人在生活中的挫折面前屡战屡败。因此，他产生了一种泛化的机能不全（inadequacy）之感。他害怕生活本身。他害怕自己的低效、无能，对自己产生了怀疑，也对其他任何竞争性更强的人产生了怀疑，因为他将他们视作一种威胁。

因此，焦虑是一种弥散性的非理性的恐惧，它并不指向任何一个合适而具体的目标，也无法通过个体的自我洞察力来控制。它就像一块油渍一样，散布在个体生活的每个角落，玷污了个体的社会关系。因为个体远远不能满足自己的亲和需求，所以他可能会对某些人（例如自己的孩子）产生强迫性的过度占有欲。这些强迫性的社会关系又会进一步创造新的焦虑，恶性循环得以加剧。

存在主义者认为，焦虑在每个生命中都占据着基础性的位置。它比攻击性更为突出，因为人类生存的环境条件本来就是神秘而充满危险的，尽管它并不总是令人沮丧。正因如此，恐惧比攻击性要弥散得多，也更受性格制约（character-conditioned）。

然而，焦虑和攻击性一样，都会令人们感到羞耻。我们的道德标准高度重视勇气和自力更生。自豪感和自尊心让我们竭力掩饰自己的焦虑。我们一方面压抑焦虑，一方面也给它提供移置的出口——将其发泄于社会所支持的恐惧来源之上。在我们中间，有些人对共产主义者有一种歇斯底里般的畏惧。但如果他们承认焦虑的真正来源是个人的技能不足和对生活的恐惧，他们恐怕不再受人尊重。

当然，也会有现实元素掺和到移置性恐惧当中。日本战败后，公共舆论就发生了一次明显的转变。以前，针对他们的敌意无边无际。不仅仅整个民族被认为是狡猾而低等的，甚至忠心耿耿的日裔美国人也被划分到"重新安置"的阵营里。1943年，人们对苏联人友好热情，而对日本人唯恐避之不及。五年过后，这一情形或多或少地颠倒了过来。这种转变说明，即使在有着很多移置作用不断发生的条件下，现实的内核也依然存在。人们在选择到底要**偏好**哪一个貌似合适可用的恐惧目标时也是有足够理性的。

就我们目前所知，很有可能性格制约型的焦虑（character-conditioned anxiety）的最主要来源就是早期生活的不良开始。前几章我们几次提到儿童训练的特点可能会引发持久的焦虑。尤其是男性孩童，努力逆着胜算去争取一个成年男子的角色，可能会带上伴随终身的持久焦虑。拒绝型的父母可能会在孩子心中制造出后果深远的忧惧，而这种忧惧正是潜藏在神经失调、不良行为和敌意背后的心理根源。下面这个案例无疑是一个极端的例子，展示了这一过程的微妙性。

乔治4岁的时候，妈妈生了弟弟。乔治非常害怕，唯恐弟弟占去妈妈全部的爱，将自己取代。他既担心又烦恼，渐渐开始讨厌他的弟弟。弟弟生病的时候妈妈自然就把更多的注意力倾注在弟弟身上。这个4岁的孩子因此更加怨恨、感到不安全。他屡次试图伤害弟弟但很显然遭到了阻止和惩罚。不幸的是，这位母亲还没能让这一切恢复平衡的时候就去世了。乔治再也没有从这种双重剥夺中康复过来。

上学的时候，乔治形成了多疑的性格。他对走近小区的陌生人特别怨恨，跟每个新来的人都会打一架。这种测试陌生人的方法在男孩圈里十分常见。新来者必须证明自己是一个普通、守规矩的家伙才能被接受。几周之后，这种对陌生人的不信任渐渐消散，新老朋友又会玩在一起。

但是仍然有几种类型的新来者即使已经经历过打架的仪式，乔治也难以接受——那些在乔治看来完全与这个社区格格不入的男孩。他们看起来太不一样了，就像难以同化的入侵者。他们住得奇怪，吃得奇怪，穿得也奇怪，还庆祝怪异的假期。这种陌生感怎么擦也擦不掉。这些新来者像是眼中钉一样似乎无所不在（就像小时候他的弟弟一样）。乔治的怀疑和敌意从来没有放下过。他会接受那些喜欢他的人（出于自爱），却排斥那些完全异于他的自我形象的人（象征着他的弟弟）。族群身份上的差异对于乔治而言，就像他自己和他的兄弟敌人那样。

在我们所生活的社区里仍然有着很多"乔治"，他们还不一定能够找出自己的兄弟敌人到底是谁，但却因为其他各种各样的原因经历了早期的剥夺创伤，遭受着莫名的忧惧。像乔治一样，他们将人与人之间的差异视为威胁。他们为了难以查明的原因而感到深深的焦虑，因而渴望找寻这种焦虑的源头。他们认为原因就躺在这些差异当中，于是正好可以将自己的恐惧进行合理化。当社区里所有的乔治都将自己的恐惧放在一起、一致同意置于一个想象中的源头（例如黑人、犹太人、共产主义者）之上时，大量的由恐惧制造的敌意就会生发出来。[1]

》经济安全

尽管很多焦虑源自童年,但成年时期也有很多焦虑的潜在源头,特别是涉及经济短缺的时候。我们引用了大量的证据表明(特别是在第14章),向下流动、失业和经济萧条以及普遍的经济拮据都可能与偏见存在正相关。

有时,正如我们所看到的那样,可能存在一种现实的社会冲突,比如当黑人雇工让某些职位有了更多竞争者的时候。如果某一族群的成员试图共谋以夺取商业、工厂或职位的垄断,这样的事情也令人咋舌。但一般来讲,人们所感受到的"威胁"与此时的事实并不相吻合。无论是否存在真实的危险,那些心中充满忧惧的边缘人总是会对任何有事业雄心抱负的迹象或任何外群成员所取得的进步感到莫名的惧怕。

在大多数国家,人们对自己的财产有着强烈的掌控欲。这是保守主义的堡垒。任何威胁无论真假都会引起人们的焦虑和愤怒(这种情感的混合最适合憎恶的滋长)。纳粹将无数犹太人送往集中营就是这种关系最为丑恶令人不齿的反映。这些犹太人常常将自己的财产托付给非犹太朋友。如果他们不幸被杀害了,这些财产就自动归于这些朋友名下。但偶尔也有犹太人回来。他们发现如果想要回自己的财产,他们就会遭到从内到外的憎恶,有时财产已经被受托人用了个一干二净,有时会被拿去买了补给品。有个犹太人预感到了这种后果,拒绝请自己的非犹太朋友帮忙照看财产,他说:"我的敌人们想让我死还不够吗?我不想让我的朋友也盼着我死。"

纯粹的贪心肯定也是偏见的来源。如果我们以一个历史概括的路径来看殖民地人民、犹太人和原住民(包括美洲印第安人),我们就会发现,贪婪的合理化就是一个主要的源头。这个公式可以简单地表达为:贪婪→攫取→正当化(justifying)。

在反犹主义中经济担忧所扮演的角色已经被人提及。在美国,似乎有钱人特别容易成为反犹主义者。[2]这可能是因为犹太人被看作象征性的竞争者。镇压他们就是为了避免任何象征性的潜在威胁。因此,犹太人不仅被排斥在某些职业以外,而且遭到学校、俱乐部、街坊邻居的拒绝。如此才能感觉到表面上的安全和高人一等。麦克威廉姆斯将整个过程称为"特权的面具"。[3]

自尊

经济上的担忧源自饥饿和生存的需求。但它们即使在这些理性的功能被满足了以后仍会持续存在。它们分化成为对地位、名望和自尊的追求。食物不再是追求的主题，金钱也不是——除非可以购买到生命中总处于短缺状态的东西：**分化的地位**。

并不是所有人都能够"争得头筹"。也并不是所有人都想要。但绝大多数人想在地位的阶梯上爬得比当前更高。墨菲写道："这种饥渴，就像维生素缺乏症一样。"他将其看作族群偏见的主要根源。[4]

与这种对地位的需求相匹配的，还有对于地位不安全的挥之不去的恐惧。努力维持一个岌岌可危的位置，有时会自然而然地带上一种对他人几乎是反射性的轻蔑。阿希给我们讲了一个例子：

> 在南方人的种族骄傲中，尽管充斥着大量的面子维护和自我合理化，我们还是观察到了这一点。他们可能天生带有深深的对自身地位的怀疑，这种怀疑绝大多数是无意识的，但同时也是不可忍受的。在北方人面前表现出的地域骄傲，在新落成的工厂面前表现出的土地拥有者的骄傲——即使土地已经渐趋贫瘠，在旧贵族面前表现出的新式实业家的骄傲，在身世飘零而又地位低下的黑人面前表现出的白人骄傲——即使自己也是可怜的穷光蛋，这些都是人们在不确定自己的失败是否咎由自取时的反应。[5]

哲学家休谟曾经指出，当自我与更好运的他者之间的差距足够小，小到可以合理地拿对方和自己做比较的时候，嫉妒才会出现——这就是"微小差异的自恋"。还在学校里读书的男生不会嫉妒亚里士多德，但也许会嫉妒门门课都得"A"的邻居，因为在对方的衬托下，自己的分数更加低到令人难以忍受。奴隶不可能嫉妒自己的主人——这个差距实在是太大了，但他们很可能会嫉妒其他地位更高、待遇更好的奴隶。只要有僵硬死板的阶级区隔被打破或社会流动性得到增加，嫉妒发生的场合就会多起来。美国人在教育、机遇、自由上彼此接近，因此也彼此嫉妒。这也就是为什么人与人之间的憎恶会常常伴随着阶级距离的缩小而增加，尽管这看上去是一个悖论。

吹嘘一个人最简单的方式就是说他比谁谁谁更好。"三K党"和种族主义煽动者的口号就属于这种套路。谄媚和势利是抓牢自己地位的手段,这很常见,甚至在那些地位更低的人中间更为常见。由于把注意力放在那些更不受欢迎的外群身上,他们能从这种比较中获得一点点自尊。作为地位构筑者的外群因为近在咫尺的特殊优势、可见(或至少可以命名),且占据着社会公认的低地位,为个体自身地位的改善(status enhancement)提供了一种社会支持。

自我主义(egoism,地位)的主题已经贯穿了我们多个章节的内容。墨菲将它看作偏见的"主要根源"也许是对的。我们的目的就是将这一主题带回与恐惧和焦虑的合适关系之中。我们感到,社会地位高能够消除我们基本的担忧,正因如此才挣扎着想要爬上对自己更为安全的位置——而代价通常是我们的同胞。

》 性

性,和愤怒、恐惧一样,可以在一生中不断产生分支,神不知鬼不觉地影响很多社会态度。和其他情绪一样,它在理性和适应性的引导之下不会弥散得太多。但在性失调的情况下,挫折、冲突和紧张就会从性爱领域向外扩散,进入很多分支岔道。有些人甚至认为,如果不参考性失调的现象,就根本无法理解美国的群体偏见,尤其是白人对黑人的偏见。英国人类学家丁沃尔写道:

> 性这个主题主导着美国人的生活,其方式和程度在世界其他国家难觅其踪。如果不能充分而全面地参透其影响和结果,黑人问题将永远无法阐明。[6]

忽略前半句中没什么根据的断言——美国人比其他国家的人更多地被性所主导,我们必须承认,这里仍旧引出了一个重要的议题。

北部某个城市的一名家庭主妇被问到她是否会拒绝与黑人住在同一条街道时,她回答说:

> 我可不想跟黑人一起住。他们身上体味很重。他们是不同的种族。所以才有了种族仇恨。如果我和黑人躺在同一张床上,我必须忍受。但你知道的,那绝对不可能。

这里,性的路障将她拖入另一个逻辑无关的话题,而本来是问要不要住在同一条街区这个更单纯的问题的。

绝不是只有反黑人偏见才跟性趣和性指控有关。一则反天主教宣传册的广告如下写道:

> 修女因违抗神父而被捆住手脚、塞住嘴。她躺在地牢里……浑身上下一丝不挂。她被锁在一间屋子里,和三个醉醺醺的神父待在一起。……下毒,谋杀,抢掠,拷打,杀婴……你想看的故事这里应有尽有。……欲知后文如何,请看本书——《死亡房间与修道院暴行》。

色情淫欲与罗马天主教堂(也被戏称为"娼妓的圣母之地")之间的联系是天主教痛恨者口中老生常谈的段子。关于性道德败坏的黑暗故事在一个世纪以前相当常见,也是当时所盛行的无知的政治宴会中交头接耳的内容之一。

19世纪对摩门教徒的残酷迫害就和他们有关多配偶制(polygamy)的教义和偶尔的实践有关。即使多配偶制作为一种不健康的社会制度在1896年已被取缔,但当时的反摩门教徒小册子还是反映出人们对于色情淫欲极为放荡的兴趣和想象。这个宗派的反对者从很多人自身性生活的冲突中来获得力量的滋养。为什么别人能被允许有数个性伙伴而我却不能?

在欧洲,人们谴责犹太人性方面的不道德是非常常见的事情。人们说他们沉溺于过度纵欲、强奸和性倒错。希特勒自己的性生活就非常不正常,他设计出一波又一波针对犹太人的指控,说他们性倒错、有梅毒及一些其他的失调症状。这些失调症状据怀疑,类似于希特勒本人所带有的恐惧症。尤利乌斯·施特莱歇尔作为"纳粹党"首席犹太迫害者就曾在私人对话中谈到犹太人的时候,以同样的频率也谈到了割礼(circumcision)。[7]一些特殊的情结似乎不断纠缠着他——他可能有阉割焦虑(castration-anxiety)?——最终导致他将其投射到犹太人身上。

在美国人们很少听到针对犹太人的性指控。是因为反犹主义更少吗?是因为美国的犹太人比欧洲的更加洁身自好吗?都不对。更有可能是因为,在美国,人们更偏爱拿黑人作为投射自己性情结的对象,就像我们在第15章看到的一样。

为什么黑人特征会令人联想到一些有关性的念头?这里有一个微妙的心理学原因。黑人看上去阴晦、神秘、有距离感——与此同时相处起来又温暖可亲、有人情味。在一个清教徒般氛围拘谨的社会,性的吸引力是非常诱人的，而其中又存在着这些神秘和禁忌的元素。性是禁忌，有色人种也是禁忌，二者开始融合。偏见者有时会把包容者叫作"黑人的情人"，这绝非偶然。这个词的选用恰恰泄露出，他们自己内心正在同这种诱惑做斗争。

这个国家有数以百万计的混血儿，证明了种族之间确实存在性的吸引这一事实。肤色和社会地位上的差异似乎正是性欲的刺激客体而不是抵制客体。人们常常注意到，与低阶级伙伴的私通似乎对高地位者来说特别有吸引力。权贵家庭的千金小姐和马车夫私奔在文学中几乎是最常见的主题，同样的还有风流浪子挥霍着大把财物跟低阶级的女子过着喧闹的同居生活。这都是一个道理。

我们注意到晒日光浴的目的就是晒黑皮肤，提升自己的性吸引力，无论男女都同样沉溺在这种消遣活动中。肤色的事情有些复杂。莫雷诺曾报告说，白人和黑人女孩之间的同性迷恋在少管所非常常见，因为肤色的不同很多情况下是作为性别不同的一个功能替代品。[8]

再加上黑人对生活本就抱有开放而坦率的态度，这一事实（也可能是传说）进一步增强了这种性魅力。很多在性生活上受到压制的人也向往这样的自由。他们对别人在性生活方面的开放和直接感到嫉妒和不忿。他们抱怨男人性欲旺盛，又反过来抱怨女人害羞自闭。就连生殖器的大小也成为嫉妒和夸大的对象。臆想很快与事实混淆在一起。

在一些生活本就无趣到难以忍受的地方，这种不被准允的迷恋让人难以自拔。莉莉安·史密斯（Lillian Smith）在她的小说《陌生的水果》(*Strange Fruit*)中描绘了一个南部小镇的情绪干枯。人们只有在宗教狂欢和种族的激烈冲突之中寻求解脱，或是看到黑人身上本不存在的四肢强健的特点，奚落、欲求或是迫害他们。禁果激起了相反的情绪反应。海伦·麦克林这样写道：

> 说黑人是简单、可爱、没有野心、依从自己每一次最原始冲动的自然之子，白人由此为自己创造了一个符号，这个符号可以为那些本能满足受到抑制、发育不良的人提供一种隐秘的满足。[9]

但这种常见的跨种族的性迷恋现在很少能自然而正常地得以表达。年轻人之间的跨种族约会简直是异想天开。即使是法律允许的地方，通婚也很少发生，而且被社会的复杂化机制搞得痛苦不堪。男女私通只能隐秘地、非法地进行着，往往伴随着内疚感。但迷恋是如此强烈，以至于最为严苛的禁忌都会被频频打破，打破禁忌的往往是白人男性而不是白人女性。

将这种性处境同偏见联系在一起的心理动力过程，对于白人女性和白人男性来说可能有所区别。（当然，我们必须理解，并不是每个个体都会受到这种影响，但这一过程已经常见到足以成为偏见建立和维持的一个重要因素。）

假设一名白人女性为黑人男性所吸引。这本是一种禁忌。即使私下里她也不可能承认自己感觉对方的肤色和低社会地位很有魅力。但她可能将自己的感受"投射"出去，想象这种欲望存在于**对方**身上——那个黑人男性对她有性侵犯的倾向。原本是自身内心的诱惑，此刻却被感知成为一种外部的威胁。她进一步将自己的冲突概化，就会产生对整个黑人种族的焦虑和敌意。

白人男性的情形可能还要更为复杂一些。假设他对自己的性吸引力感到焦虑。一项有关成年罪犯的研究发现，这一点与高偏见之间存在着密切的关系。对少数群体更有敌意的男性总体上也会对自己的性被动或同性恋倾向表现出更为激烈的反抗。反抗表现为夸张的敌意和坚忍。这些人也比性安全更高的人从事过更多与性有关的犯罪行为。这种伪装的男性气质让他们对少数群体怀有更多敌意。[10]

对自己婚姻不满意的男性听到黑人性能力和性许可的谣言时，会感到嫉妒。他也会对黑人男性征服那些有可能属于他自己的白人女性的方式充满怨恨和恐惧。结果就形成了一种敌对状态。这其中的推理过程，和"工作岗位有限，如果被黑人占了，白人就被剥夺了"一样。

或者我们假设白人男性与黑人女性相处得很愉快。男女非法私通会引起内疚。他产生了一种奇怪的公平感，认为黑人男性原则上也有同样可以接近白人女性的机会。内疚加上嫉妒形成了一种令人难受的内心冲突。他同样通过"投射"找到了发泄的渠道：真正构成威胁的是好色的黑人，他们会夺去白人女性的童贞。然而，突然爆发的愤怒让他遗忘了自己还有夺去黑人女性童贞的可能性。义愤回避了内疚感，保存了自我尊重。

正因如此，针对黑人男性（对白人女性的）性侵犯的惩罚往往不成比例地格外严重。（虽然大多数性侵犯案件发生在白人中间）。在1938—1948年，13个南方州共有15名白人和187名黑人因强奸罪而被处死。

而在这些州黑人只占到 23.8% 的人口。除非我们假设黑人参与强奸的频率是白人的 53 倍（按照人口比例来算），否则，我们不得不认为，死刑数量如此不平衡的主要责任在于偏见。[11]

毫无疑问，设立性禁令会减少其中的魅力和冲突。但禁令将几个因素生硬而顽固地复合在了一起。它首先建立在对于所有性活动的清教式观点之上。性本身就是禁忌。但既然正常的性交和通婚在黑人和白人之间鲜有发生，任何亲密关系似乎都带上了一种通奸的味道。[12]

核心问题据说是通婚。因为听起来这像是一个合法而受人尊敬的话题，它成为几乎所有讨论的枢纽。两个健康人之间的异族通婚并不会给孩子带来什么伤害，这一事实被明显忽略。人们并没有基于生物学基础来理性地反对通婚，而是基于当前社会环境下它在父母与子女之间引起的麻烦和冲突来理性地反对它。但这一温和的理由很少被提及，因为一旦提及就意味着，眼下的社会应该做出改善以支持通婚。

婚姻问题大多数是非理性的。它往往由性吸引、性压抑、内疚、地位优势、职业优势和焦虑等因素激烈地混合在一起。正是因为通婚象征着偏见的废止，所以在这个问题上才如此剑拔弩张、硝烟弥漫。

也许整个事件最有趣的特点就在于通婚议题占据话题中心的方式。如果一名黑人穿了漂亮的鞋子、学着写文绉绉的书信，有些白人就会认为他想追求他们的妹妹。大多有关歧视的讨论以这样的决定性问题来结尾："但你想让黑人迎娶你的妹妹吗？"理由似乎在于，要不是所有的偏见都还维持着现状，通婚就会不可避免地发生。同样的论证方式过去常常用来为奴隶制辩护。早在一百多年前，亚伯拉罕·林肯就不得不反对"如果我不想让黑人女性做奴隶就一定想让她做妻子"之类的伪逻辑。[13]

至于为什么偏见者几乎总是躲在婚姻问题的背后，这本身是个合理化（rationalization）的问题。他用人们承认最多的论证言辞来模糊自己的反对态度。就连最为包容的人也可能不会用拥抱通婚的提议——因为在一个偏见型的社会里，这样做无疑是不明智的。因此他会说："不，我不会。"于是偏执者马上占据了上风说："你看，这里终究是有着不可逾越的鸿沟。所以我是对的！必须坚持将黑人看作完全不同而且不受欢迎的群体！我对他们所有的挑剔都是正当的！我们最好不要推倒这些障碍，因为这样会提升他们的期待，增加通婚的可能性！"就这样，通婚问题（尽管实际上与大多数黑人问题风马牛不相及）就被迫拿来为偏见辩护。[14]

内疚

一名非天主教男孩同一名天主教女孩的感情破裂了,在此之前他曾短暂地迷恋于另一名天主教女孩。他写道:

> 两个女孩都求着我回去与她们结婚。只要我答应,她们什么都愿意做。她们低三下四的态度让我觉得恶心。但我意识到,这一切是因为,天主教会教给她们的,都是一些愚昧而顽固的东西。

他认为,应该为这种悲剧承担罪责的并不是他本人,反而是天主教会。一名非犹太商人因为迫使犹太裔竞争对手陷入破产境地的不道德行为而感到内疚,但他安慰自己说:

> 好吧,反正他们总是想把基督教徒赶出商业界,不如我先下手为强。

男孩是个无赖,商人是个骗子。但主观上,他们二人都以投射的机制逃避自己的内疚感:他人才是活该内疚的,而自己不是。

临床研究的证据更为微妙。第 18 章曾谈到,经过压抑性训练的儿童很害怕自己的内心冲动,因此也会害怕别人的冲动。加利福尼亚州的研究也显示,偏见者倾向于认为应受谴责的应该是他人而不是自己。来自印度的比较研究则提供了有趣的证明,心理学家米特拉(Mitra)发现,对穆斯林怀有最强烈偏见的印度男孩在罗夏测验中表现出很高程度的无意识的内疚反应。[15]

尽管所有人都不同程度地受到内疚感的困扰,但并不是所有人都会将这种情绪状态和族群态度混合在一起。和愤怒、憎恶、恐惧以及性欲一样,内疚反应也有理性和适应性的。只是某些类型的人格会让这些状态进入受性格制约的偏执当中。

人们掌控内疚感的方式中有一些是温和而健康的,而另外一些却不可避免地导致对外群的偏见。让我们列出一些对待内疚感的基本模式。其中,有些跟第 20 章描述的解决心理冲突的方式非常接近。

懊悔与补偿

这是最受道德推崇的一种反应。它完全是内责型的,避开了所有想要将罪责转向他人的诱惑。一个习惯于悔过自新的人不大可能在别人身上寻找借口，尤其是不会去批判外群。

有时候（但不常），一些迫害者在痛悔顿悟以后终其一生奉献于他从前憎恶的事业当中。圣保禄的信仰转变就是典型的例子。有时，一个敏感的人可以感受到**集体的**内疚。某些致力于改善黑人社会地位的白人劳工就很可能有这样的动机。他们有着高度的内责倾向，感到自己的内群有错，因此努力弥补。

部分与分散补偿

有的人自身是坚决的白人至上论者，但却在一定程度上为黑人的福祉而工作。他们觉得自己可以长期持有基本的偏见，只要时不时以不带偏见的方式行事一下即可。"我们经常会做好事，"拉罗什富科写道，"以便自己心安理得地干坏事而免于责罚。"有一名女性在社区里是最积极参与赶走黑人、"让他们安分守己"的那个，却被发现同时也是黑人慈善项目中最主动最奉献的那个。这就是第20章讨论过的"轮换"和"妥协"。

否认内疚

逃避内疚感的常见策略就是声称自己没有任何理由感到内疚。黑人歧视的一种熟悉的合理化说辞就是："他们自得其乐。"在南方一种常见的妄念就是，黑人更喜欢南方雇主而不是北方雇主，因为前者更能够"理解"他们。正因如此，二战期间，人们也经常传言说，黑人士兵更喜欢服役于南方的白人军官而不是北方的白人军官，而且还传言南方军官里面他们更喜欢南方白人军官而不是南方黑人军官。事实恰恰相反。一项调查中当被问及他们更愿意服役于白人还是黑人中尉时，只有4%的北方黑人和6%的南方黑人说喜欢白人中尉。而且只有1%的北方黑人和4%的南方黑人更喜欢南方白人军官。[16]

怀疑指控者

没有人会喜欢别人责怪自己做错事。面对正义的指控，一个常见的辩解就是声称指控者大错特错。当哈姆莱特遇上自己背信弃义、打算改嫁凶手的母亲时，母亲没有直面自己的内疚，而是指责哈姆莱特脑子"异想天开"、纯属杜撰，将儿子的指控转嫁到儿子的疯狂之上。哈姆莱特试图让母亲知道这不过是为了逃避她自己良知的一种合理化方式时说：

……我优雅的母亲，

> 看在我们都敬仰上帝的份上，您就不要再自欺欺人了：
> 认为那并非你的过错，只是我的疯言疯语罢了？
> 这思想不过是糊弄人的狗皮膏药，贴在您腐烂的良心上，
> 那毒疮却在里面越长越大。
> 向上帝承认你犯下的罪过吧！
> 忏悔过去，警戒未来！
> 不要把肥料浇在莠草上让他们蔓延开来！[17]

在族群关系领域，那些唤醒人们良知的人被称作"煽动者"和"惹麻烦的人。"

对条件进行合理化

逃避一切最简单直接的方法就是声称自己讨厌的人完全是罪有应得。在第20章，我们看到很多偏见者会采取这种方式。这是无悔的偏见。"为何要包容他们？他们又脏又懒，还纵欲滥情。"事实上，这些特点很可能是我们不得不对抗于自身的特点，只是经过投射在别人身上看得更清楚了而已。完全的外责型偏见者在任何情况下都可以借用"罪有应得"论来逃避内疚的必要。

投射

据定义，内疚感指的是我因为某些过失而自责。但只有第一条（懊悔与补偿）是严格符合这个定义的。它是一种理性的适应性的反应模式。其他几条都是**逃避内疚**的工具。逃避内疚的过程有一个共同的特点，那就是自我相关的感知被压抑而让位于一些外部（外责型）感知。总是有人有罪，但不是**我的罪**。

因此，在所有的逃避内疚的方法中都有投射机制在起作用。我们已经举了几个例子了。但这并不是全部。比如，有种方式是，通过指出别人身上更大的罪恶来减轻自己身上的罪恶。本节开头所提到的那位商人，就以犹太人整个群体的不诚信，来减轻自己欺骗的罪恶感，认为自己的行为是可以原谅的。

无论何时、无论以何种方式，只要自己对自己的情绪没有准确的评价，却让位于对他人的错误判断，我们就称这种心理动力过程为**投射**（projection）。它对我们理解偏见至关重要，因此我们将贡献出一整章的篇幅来继续深入地讨论。

注释和参考文献

[1] 参照 A. H. Kaufman, The problem of human difference and prejudice, *Journal of Orthopsychiatry*, 1947, 17, 352-356。

[2] H. H. Harlan. Some factors affecting attitudes toward Jews. *American Sociological Review*, 1942, 7, 816-827.

[3] C. McWilliams. *A Mask for Privilege*. Boston: Little, Brown, 1948.

[4] G. Murphy. Preface to E. Hartley, *Problems in Prejudice*. New York: King's Crown, 1946, viii.

[5] S. Asch. *Social Psychology*. New York: Prentice-Hall, 1952, 605.

[6] E. J. Dingwall. *Racial Pride and Prejudice*. London: Watts, 1946, 69.

[7] G. M. Gilbert. *Nüremberg Diary*. New York: Farrar, Straus, 1947, *passim*.

[8] J. L. Moreno. *Who Shall Survive?* Washington: Nervous & Mental Disease Publishing, 1934, 229.

[9] Helen V. McLean. Psychodynamic factors in racial relations. *The annals of the American Academy of Political and Social Science*, 1946, 244, 159-166.

[10] W. R. Morrow. A Psychodynamic analysis of the crimes of prejudiced and unprejudiced male prisoners. *Bulletin of the Menninger Clinic*, 1949, 13, 204-212.

[11] J. A. Dombrowski. Execution for rape is a race penalty. *The Southern Patriot*, 1950, 8, 1-2.

[12] 这几页的解释从来没提到黑人的观点是怎样的。不仅对于白人,也许对于黑人而言,肤色差异和社会禁忌也一样能够增加跨种族约会的魅力。有可能敌意和怨恨与性欲同时释放,时不时会导致残忍的强奸案件发生。但这种潜力和冲动似乎不可能在黑人身上比在白人身上强烈得多。实际上,一些研究指出,恐惧、依赖性和家庭破碎在黑人男性中间创造出一种被动性和无力感,这在某种程度上令人惊讶。参照 A. Kardiner & L. Ovesey, *The Mark of Oppression*, New York: W. W. Norton, 1951。

[13] 1858 年 7 月 10 日给芝加哥法官史蒂芬·道格拉斯的回信。

[14] 包容者要如何回答"你想把妹妹嫁给黑人吗?"这样一个致命的问题已经引发了一些创造性的思考。我们的建议是:"也许不会,但我也绝不会把她嫁给你。"

[15] 引自 G. Murphy, *In the Minds of Men*, New York: Basic Books, 1953, 228。

[16] S. A. Stouffer, *et al. The American Soldier: Adjustment During Army Life*. Princeton: Princeton Univ. Press, 1949, Vol. 1, 581.

[17] *Hamlet*, Act III, Scene 4.

第 24 章
投射

根据定义，投射指的是，将自己的动机或特质，或是某种能够解释或合理化我们自身动机或特质的方式，错误地赋予在别人身上的倾向。至少有三种类型的投射，依次称为：

1. 直接投射（direct projection）。
2. 己错-他过式投射（mote-beam projection）。
3. 互补式投射（complementary projection）。

投射是一种潜藏于意识背后的过程，因此并不容易理解。我们先来看几个例子，然后再详细逐一讨论。

嫉妒

我们从最简单的类型开始。嫉妒别人的人知道自己在嫉妒。这种情绪状态很大一部分没有为意识所屏蔽。但简单的嫉妒即会启动一些随后奇怪的心智运作。

就拿二战时期前线部队的态度来说。他们会嫉妒那些任务更不危险的部队——例如被分派到军需特种部队、总指挥处以及其他后方的任务。由于没有享受到这些特权，他们经常会出现两种可以被称为早期（incipient）偏见的态度。[1](1) 他们开始怨恨那些不用战斗的军队，并对后方的整个梯队都产生批评。大约一半的前线士兵公开承认自己的怨恨，尽管后方的士兵明显无须为前线的危险和不适而负责。从中我们知道，人们可能会对完全清白无辜的人产生怨恨，只因为他们恰好享受到一些我们享受不到的特权，与此同时，人们会屈服于一种因自己感到被剥夺而怪罪他人的不合逻辑的倾向。他人被看成令自己感到不适的**原因**，即使事实上并非如此。这种倾向我们将在"互补式投射"一节进一步讨论。

(2) 同时，前线部队还发展出一种优越感。虽然他们希望同更安全的部队调换位置，但他们还是自我感觉要远远优越于对方。强烈的内群自尊成为匮乏的一种补偿。这里我们看到了内群忠诚与外群轻蔑之间相辅相成的关系。它们是同一枚硬币的两面。

当然，嫉妒并不总是导致偏见，尽管在本例中我们清晰地看到了一种早期偏见，如果部队之间不发生调换，这种偏见就会固定下来。我们想要说明的是，嫉妒状态下可能会发生一种基本形式的投射机制。嫉妒让人们把他人想得很坏，比真实情况更坏。

》外责性作为一种特质

第 21 章已经指出，外责性可能是一种人格特质。有些人总是不停地为自己寻找逃避罪责的不在场证明。希特勒就是这样一个人。他因自己早期生活中的挫败而怪罪这个糟糕的世界、糟糕的学校和命运。他将在学校挂科怪罪于生病。他将在政治中落马怪罪于他人。他将在斯大林格勒战败怪罪于他的上将。他将发动战争怪罪于丘吉尔、罗斯福和犹太人。他似乎从来没有因任何失败或走错而自责的时候。

外责型的义愤有令人愉快的一面。自我感觉良好并对他人生气或对命运生气，这仿佛是在进行一场狂欢。这种愉悦是双重的。一方面将被压制的紧张和挫败感如释重负地发泄了出来，另一方面保全了个人的自尊。错不在我而完全在于别人，而我是无辜的、美好的，是那个被毒害而非毒害别人的人。

对儿童的研究显示出，给自己找借口避免承担罪责的倾向是很早就发展出来的。幼儿园白天的喧闹中充斥着大量的不在场证明。"我不能用纸杯喝果汁，因为它会让我呕吐。""我不能侧着睡午觉，我妈妈不让。"渐渐地，这种倾向就会固定下来变成对其他小伙伴的责怪。有意思的是，我们注意到在六七岁以前孩子们很少因为自己的过失而责怪他人，尽管在这之前他们已经学会找借口或逃避责任了。

一名心理学家做了一项关于有"肮脏交易情结"（dirty-deal complex）的人格的特别研究。这种人是从小抱着一种"自己无时无刻不生活在厄运和他人过失的折磨之下"的信念而成长起来的。研究者写道：

> 将罪责抛给别人，让他们自我感觉天使一般的纯洁高贵。这种将自己的过错投射在他人身上的特点是这种情结的携带者身上最令人不愉快的地方。[2]

这种怪罪他人的性情倾向，其程度可以大不相同——从严重的偏执狂（paranoia，第26章）到最温和的吹毛求疵者都有。无论在哪一种情况下，它都反映着从理性客观思维到投射性思维的一种倒退（retreat）。

让我们来看一个温和倾向的例子，看看它是如何导致偏离客观分析的。

大学校长被请求面对一群犹太观众发表一则关于偏见的演讲。他接受了邀请，但整个演讲期间他一直在告诫犹太人如何更好地表现自己，从而让非犹太人更容易喜欢上他们。

有些人听了以后说："他太不老练了。"还有些人说："也许这是一件很需要胆量的事情，毕竟犹太人也不是完人。他们中的很多人**确实很讨厌**。"

校长的挑剔就是典型的怪罪他人的倾向。让犹太人自己变得不那么讨厌；让天主教信徒自己证明他们不是法西斯主义者；让黑人自己展现更多的上进心。这种倾向尽管看上去十分合理，但它基于的是错误的假设。只要一提起犹太人，就意味着他们比非犹太人拥有更多令人讨厌的特质（这是站不住脚的）。进一步，它预设了仅仅成为某一群体的成员就在某种程度上变得讨厌了。它也预设了他们人格中这种令人讨厌的特质（例如防御性）是与生俱来的，而不是由于被讨厌的**结果**。校长将改变的责任只推向了天平的一端。

如果群体差异及其原因是客观讨论的一个合法话题，我们就能注意到即使是一个自信有着公正思维的人也会轻而易举地失足滑向将大多数罪责置于对方身上的**偏差**态度中去。

▶ 压抑

只有当个人内心对周围情境的（富有洞察力的）感知以某种方式受到

阻碍的时候，投射才会发生。在我们讨论过的几个案例中，这种情况广泛存在。受到"肮脏交易情结"困扰的当事人唯独缺少对自己完整处境的感知，他不知道在多大程度上自己也可能负有罪责。但他拒绝面对自己内心的缺陷，却寻求外部的邪恶以获得内心的解脱。希特勒显然缺乏这种自我洞察，否则他不会如此顽固地坚持鼓吹，"犹太金权民主好战者"才是应当为自己的悲惨境遇付出代价的人。

压抑（repression）指的是将全部或部分的个人冲突从意识中或适应性反应中剔除出去。任何不被意识所欢迎的念头都会被压抑，特别是那些一旦坦率面对就会拉低我们的自尊的冲突性元素。被压抑的东西通常与以下几点有关：恐惧和焦虑；憎恶，特别是对父母的憎恶；不被肯定的性欲；从前的过失，特别是一旦直面就会引起内疚的过失，以及一些早期的内疚感和羞耻感；贪婪；残暴和攻击冲动；婴儿式依赖的欲望；受伤的自尊心；利己主义的所有粗糙表现。这个名单可以被无限延长从而涵盖任何反社会的或不受欢迎的冲动、情绪或感情，这些冲动、情绪或感情，个人无法成功地将其整合进意识生活中去，因而也超出了个人的掌控能力。［我们必须注意到，并不是所有的压抑都是有害的，有些只是牺牲掉不受欢迎的冲动来换取更大更好的成就。这样，个人便可以有效地、彻底地将贪婪、欺诈或放荡的倾向剔除出自己的生活哲学。这种意义上的压抑是必要的也是良性的。但我们在这里说的只是那些**无效的**（ineffective）压抑，这种压抑会遗留下棘手的剩余物从而扰乱个体的人格并损害他的社会关系。］

当无效的压抑发生时，当事人无不生活在忧虑之中。棘手的动机仍旧以一种狼狈而蹩脚的方式活跃着。他无法把自己内心的不安与适当的行为线条相啮合，以便适应性地将它们疏导出去。于是，正是在这种动机和行为之间，投射的机制就很可能介入其中。他将整个情境都**外化**（externalize）了。由于缺少自我视角，他满脑子都是外部世界。当他内心有了破坏性的冲动时，他会将它**外化**在别人身上。

》 活生生的墨迹

如果外部对象本身缺乏牢固的结构，那么将内心状态投射在它身上就会变得十分轻而易举。我们在白天很难将路边的年轻人看成拦路抢劫的大盗。但在黑夜，当周围一切都笼罩在夜幕之下而晦暗不明时，恐惧的投射就更加容易。

临床心理学中所谓的"投射测验"，通常包含非结构化的形状，以便个体可以轻而易举地将内心状态投射于其上。当看到一张老女人和年轻男子的模糊图像时，人们可能会报告说它画的是一位母亲和她的儿子。他面对这幅图而讲出的故事**可能**会泄露他自身的压抑（也许是过度依赖、敌意甚至是乱伦的隐秘愿望）。

最为著名的投射介质就是墨迹（罗夏测验）。墨迹涂片上的不规则图像就是人们将要且想要看到的图像。而且重要的不只是他们看到的物体，还有他们将墨迹的细节和结构组织起来的方式。

阿克曼和亚霍达写道："对于反犹者来说，犹太人就是一个活生生的罗夏墨迹。"[3] 意思很清楚。犹太人是神秘而未知的，是非结构化的。他几乎可以是任何东西。传统说，他是邪恶，于是人们可以拿他作为自己内心压抑的内疚、焦虑和憎恶的外部表征。

还有另外一个原因促使犹太人成为投射的好靶子。那些被严重压抑所困扰（也许已经到了神经质的程度）的人往往对自己感到陌生。他们被无意识的混乱所裹挟而感到异化、人格解体（depersonalized）。这种自我异化之感让他们向外寻找陌生而异化的投射靶子，寻找如同自己的无意识一般陌生的东西。他们需要的就是一个既陌生而又保持着人的样子的对象。犹太人就是这样一个对象。黑人也一样。社会规范（刻板印象）告诉个体应该将哪些品质投射在这个群体上、将哪些品质投射在那个群体上。我们提到过，性放荡在欧洲比在美国是对犹太人更为常见的指控。而在美国，是黑人吸收了这种指控，连同肮脏和懒惰一起。犹太人由于历史性地与基督教和一神论的建立联系在一起，从而成为基督教信徒自身道德不检点的一个尤其合适的投射靶子。

但我们不能就此认为，可用作"投射屏"的只有犹太人和黑人。在很多场合下，波兰人、墨西哥人、大商业财团、行政机构都可以扮演投射屏的角色。经常逃税漏税的市民会将华盛顿看成一个充满腐败渎职的巨大的官僚墨迹。（这里可能最好再次重复一下我们前面已经讲过的内容，那就是指控中存在一个"事实性内核"并不能证明偏见就不存在。大多数人足够理性去挑选一个貌似有理的投射屏，只要可以的话。但从一个人所提出的指控的类型上、从他欣然接受的何种表述内容里面、

偏见的本质

从他所注意和放大的那些特定缺点上，还是能够泄露出他自身的心理冲突。）

我们来看一个相互指责的墨迹测验结果。曾在纳粹集中营里待过的布鲁诺·贝特尔海姆报告说，集中营里的犹太人和盖世太保都以同样的方式看待对方。

> 双方都认为对方残暴成性、肮脏、愚蠢，是劣等种族，沉溺于性倒错。双方都指责对方只醉心于物质利益，毫不尊重理想和道德、智慧价值。[4]

对立的双方怎么会对彼此做出同样的指控？很难找到两个比纳粹和犹太人之间的差异还要巨大的群体了。他们的群体特征尽管存在争议（第6章），但绝对不可能是完全相同的。所以，我们必须排除这两种观点都是准确而现实的可能。（很明显，无论如何过度概化，也并不是所有的特质都存在于两个群体的所有成员身上。）

这种互相的指责似乎是："我讨厌你的群体，而我将这种讨厌通过声明你的群体违背了德国传统价值观而予以合理化了。"既然纳粹和犹太人拥有共同的文化，于是也就拥有共同的参照群体（第3章），二者都以同样的方式——与文化理想相反的方式——描绘出了一个反派形象。

直接投射

纳粹曾指责犹太人"残暴成性"。这是反映直接投射的最好例子。不仅仅犹太文化传统中根本看不到残暴的影子，而且在极端残酷的迫害之下，其生活条件也避免了残暴行事的丝毫可能性——即使有人有过这个冲动。与此同时，纳粹折磨犹太人所表现出的变态愉悦显示出，残暴成性实际上是"党卫军"认可的。

这清晰地反映了什么是**直接投射**。完全内在于自身的属性——根本不存在于他人身上——却被看作对方身上拥有的属性。这种操作具有很明显的保护性意义：一种抚慰良知的谎言。人们可以批判一种邪恶的品质，但只有这种品质存在于别人而非自己身上时，这么做才会觉得舒服。**直接投射就是通过将自己的情绪、动机和行为赋予另一个人或群体来承担罪责，从而解决自己内心冲突的方式。**

理解直接投射和刻板印象之间的关系很重要。假设某人自己拥有一些不良的特质——贪婪、性欲强烈、懒惰、肮脏等。他所需要的是这些属性的形象实体，类似于漫画角色——作为这些罪恶的真正化身。他的需求如此强烈，以至于丝毫无须怀疑自己正处在内疚之中。于是，犹太人被看作好色之徒，黑人被看作懒散之徒，墨西哥人被看作肮脏之徒。有了这些极端刻板印象，一个人甚至无须怀疑自己有这些令人讨厌的倾向。

直接投射既可以参照个人身上相当具体的特质而发生，也可以参照个人对自己的总体看法而发生。这种具体的倾向体现在希尔斯的一项实验中，他发现，兄弟会中的有些成员会将自己所拥有的高水平的固执己见和吝啬贪婪转嫁到他人身上。[5]

临床中观察到了另一种概括化的投射倾向。那些自我评价较低的人对别人的评价也较低。这一发现表明，帮助个体提升自尊可能比提升他们对别人的尊重更有效。只有以一种自我尊重的方式与他人和平共处，才会对他人充满尊重。对他人的憎恶也许是自我憎恶的一种镜像反映。[6]

阿道夫·希特勒对犹太人的憎恶就是我们想要找的直接投射的典型例子。下面的事实，加上对他早期生活的解释，对我们的理解十分重要。

> 他父亲是一个女人的私生子，退休后成为一个酗酒的老顽固，希特勒经常同他打架。他的母亲很辛劳，他同母亲之间的关系也很亲密，但没等他成年，母亲就死于癌症。他对母亲有着如此深刻的依恋，以至于有人说他有强烈的俄狄浦斯情结。他父亲和母亲是远房的表兄妹，因此这段婚姻需要主教的特殊豁免才行。后来，希特勒对他同父异母的姐姐安吉拉（Angela）产生了深深的依恋。但再后来，他又热烈地爱上了安吉拉的女儿葛莉（Geli）——也就是他的外甥女。葛莉与希特勒分手后不久就被射杀了（究竟是自杀还是他杀也不知道）。这些悲惨的事实足够让希特勒为乱伦（不管是有意识地还是无意识地）感到内疚。

> 那么，投射发生在何处？根据他自己的表述，他在十四五岁的时候，独自一人生活在维也纳巨大的贫困和痛苦之中，他的注意力被"犹太问题"吸引了。在他的写作当中，他控诉犹太人特别是在性方面（包括乱伦）的犯罪行为。例如，在《我的奋斗》中有一段是这样写的："黑头发的犹太男孩一连几个小时埋伏在路边等待那个已被他

偏见的本质

全身血液裹渎过的满怀信任的女孩，脸上浮起魔鬼般诡异的笑容。"希特勒本人就是黑头发，他的伙伴常常在嬉笑中叫他"犹太人"。在写到他离开维也纳前往慕尼黑时，他解释说自己已经开始憎恶维也纳这个城市了。"我痛恨抱成团的种族……到处都是犹太人。对我来说整座城市都是乱伦的象征。"除了乱伦，还有其他性行为过失被扣在犹太人头上：卖淫、传播性病（从作品中推断，这些勾起了他格外的兴趣和反感）。即便我们无须在这个问题上做太多停留，这些证据还是有力地证明了，希特勒遭受着强烈的性倒错的困扰，这让他难以自拔而且有时感到深深的自我厌憎——除非他因为同样的癖好而开始憎恶别人。

从这些证据中我们可以看到，希特勒将他低贱的天性认同于犹太人，用谴责后者的方式来避免将指控的矛头对准自己。格特鲁德·库尔特指出了这一直接投射的历史后果："吞没了600万犹太人的极端可怕的末日洪流只是为消灭阿道夫·希特勒内心的海德先生①——那个乱伦的黑头发小恶魔——而做的无用的陪葬。"[7]

这种类型（或者说任何类型）的投射不能真正解决问题，仅仅是一种暂时性的、自我保存性的伎俩。为什么天性中会出现这种适应不良的机制我们不得而知。这本质上是带有一些神经质性质的设置，根本不会为当事人减轻一丝一毫的内疚感或建立起持续稳定的自我尊重。被憎恶的替罪羊只是持续的无意识的自我厌憎的一种掩饰。恶性循环建立起来。当事人越是憎恶自己，他就越是憎恶那只替罪羊。但他越是憎恶那只替罪羊，他越是对自己的逻辑和清白感到不确定，于是不得不产生更多需要投射的内疚感。[8]

己错-他过式投射

易海泽已经充分论证，感知到他人身上有根本不存在的品质是非常病

---

① Jekyll & Hyde，杰基尔博士与海德先生，源自苏格兰小说家罗伯特·路易斯·史蒂文森所著的哥特式恐怖小说《化身博士》（*Strange Case of Dr Jekyll and Mr Hyde*）。小说影响巨大，Jekyll & Hyde 作为短语而进入人们的语言，用来指一个人有着难以预测的双重性格，通常展现出善良的一面（Dr. Jekyll），但偶尔却带有令人震惊的邪恶（Mr. Hyde）。

态的。与此同时，当我们和他人都拥有某种缺点（或美德）时，放大他人身上的这种缺点（或美德）——哪怕只在轻微的程度上——才是人们更为常见的正常过失。[9]

己错-他过式投射的定义是，当我们和他人都拥有某种特质、但我们自己没有意识到自己拥有该特质时，倾向于放大他人身上的该特质的过程。

很多学者对这一过程和直接投射不加区分。它们二者的确是相似的，但是二者之间的差别仍然值得注意。"投射屏"完全不具备我们投于其上的那些罪恶品质的情况是很少见的。任何人都能够找到一些不诚实的犹太人和一些懒散的黑人。因此，群体内部都有一些尘埃（mote）。看到"墨迹"的人抓住这些细节不放（因为它们反映了自己内心的冲突）并过分夸大它们的重要性。他们以此来逃避审视自己眼中光照（beam）的必要。

在纳粹和犹太人互相揭丑的案例中，有些人身上就体现了这种机制。例如，双方大多数人有一些或多或少受压抑的性冲突。于是，他们轻轻松松就放大了对对方群体的性倒错指控。又比如，双方都有一些人意识到自己辜负了德国知识分子的理想。他们抓住对方身上这种同样的失败，指责对方缺少文化和爱国精神。

因此，己错-他过式投射是一种"感知强调"（perceptual accentuation，第10章）。我们看到的比实际存在的更多，因为它们反映着我们自己无意识的心理状态。

我们可以借助教皇的一则格言来总结这种投射与直接投射之间的区别。"在患有黄疸病的眼睛里一切都是黄色的。"就这句话本身来看它说的是直接投射。而如果我们再加上一句"所有本身是黄色的东西在患有黄疸病的眼睛看来就变得更黄了"，这就把己错-他过式投射包括了进来。

互补式投射

现在我们来讨论一种完全不同的投射形式。它不是一种镜像感知而更多的是一种合理化的感知（rationalized perception）。它指的是为自身的不安情绪寻找**原因**。我们可以简单地将互补式投射定义为，**以想象中的意图和别人的行为作参照，来解释并合理化自己心理状态的过程**。真正的互补式投射中，对意图和行为的描述显然是错误的。因为如果是准确的话，这种感知就是现实性的，也就根本不会存在什么投射。[10]

一项实验阐明了互补式投射的运作方式。一群孩子在参加一个聚会，他们要看一些陌生人的照片，并讲出对每个人的看法——对方有多和善、自己喜不喜欢对方等等。然后孩子们要在一间黑暗的屋子里玩一个恐怖的杀人游戏。这段毛骨悚然的过程结束以后他们要再一次对照片做出描述。结果发现，每个陌生人现在对孩子们而言都带上了一种威胁性。孩子们会说：因为**我们**怕，所以**他们**是坏蛋。[11]

互补式投射对于偏见问题有着非比寻常的意义，特别是对于那些根源于焦虑或低自尊的偏见来说。胆小的家庭主妇（不知道自己焦虑重担的真正来源）害怕流浪者，锁上重重门户，将所有靠近她的行人都视为嫌疑犯。她也最容易被可怕的谣言所害。她很容易相信黑人带着冰凿子随时准备攻击白人，或者相信天主教堂的地基下埋的都是满满的枪支。这么多外部的危险群体都围在她周围，她的焦虑看起来就非常理性且合理的了，不然没法解释。

贝特尔海姆报告，纳粹和犹太人都将彼此看作"劣等种族"。这种类型的合理化可以被视为一种互补式投射。每一方都想增强自己的自尊。但要想自己占据高位，必须有其他人占据低位。而将对方看作"劣等种族"恰好满足了这种需求。

结论

这四章的篇幅都在讲偏见动力学的不同面向。这里描述的过程都是非理性（irrationality）在人类天性中的涌动。他们代表着无意识心理活动中那些婴儿似的、压抑的、防御的、攻击的以及投射的部分。性格结构中这些机制都很突出的人，是无法成为一个能在社会关系中做出成熟调适的、泰然自若的成年人的。

尽管这些过程在解释偏见时无比重要，但我们绝不能认为这就是故事的全部。文化传统、社会规范、儿童的教育内容和教育方法、父母的教养模式、语义上的混淆、群体差异的忽视、范畴的形成原则以及很多其他因素都参与其中。而它们当中最重要的，就是个体将所有这一切影响——包括他自身无意识的冲突和心理动力学的反应——都编织进一个完整生命的方式。接下来的任务，就是要仔细检视这一**结构性**（structural）面向。

注释和参考文献

[1] 以下材料取自 S. A. Stouffer, et al., *The American Soldier: Combat and Its Aftermath*, Princeton: Princeton Univ. Press, 1949, Vol. 2, Chapter 6。

[2] Franziska Baumgarten. Der Benachteiligungskomplex. *Gesundheit und Wohlfahrt*, 1946, 9, 463-476.

[3] N. W. Ackerman and Marie Jahoda. *Anti-Semitism and Emotional Disorder*. New York: Harper, 1950, 58.

[4] B. Bettelheim. Dynamism of anti-Semitism in Gentile and Jew. *Journal of Abnormal and Social Psychology*, 1947, 42, 157.

[5] R. R. Sears. Experimental studies of projection, I. Attribution of traits. *Journal of Social Psychology*, 1936, 7, 151-163.

[6] Elizabeth T. Sheerer. An analysis of the relationship between acceptance of and respect for self and acceptance and respect for others in ten counseling cases. *Journal of Consulting Psychology*, 1949, 13, 169-175.

[7] Gertrud M. Kurth. The Jew and Adolf Hitler. *Psychoanalytic Quarterly*, 1947, 16, 11-32.

[8] 对投射的无用性的讨论参见 A. Kardiner & L. Ovesey, *The Mark of Oppression*, New York: W. W. Norton, 1951。

[9] G. Ichheiser. Projection and the mote-beam mechanism. *Journal of Abnormal and Social Psychology*, 1947, 42, 131-133.

[10] 对互补式投射与直接投射之间区别的讨论见 H. A. Murray, The effect of fear upon estimates of the maliciousness of other personalities, *Journal of Social Psychology*, 1933, 4, 310-329。（特别是 p. 313。）

[11] *Ibid.*

第七部分
性格结构

第 25 章
偏见型人格

如我们所见，偏见可能会成为生命中的一部分，占据、弥漫着整个性格，因为它有着无与伦比的经济性。偏见并不总是如此行事，因为有些偏见仅仅是构象性的（conformative），带有轻微的族群中心主义，本质上与整个人格并无瓜葛（第 17 章）。但这些是少数。大多数偏见是有机的（organic），同生命过程不可分割。现在我们就来仔细地检视这种情况。

▶▶ 研究方法

研究性格制约型偏见有两种方法成果颇丰：一种是**纵向**研究（longitudinal study），一种是**横断**研究（cross-sectional study）。

纵向研究路径中，研究者尝试循着给定的生命史追踪一些可能能够解释当下偏见模式的因素。可能用到的技术手段有访谈，如加州研究中所用到的，以及精神分析方法，如阿克曼和亚霍达的研究。另外在高夫、哈里斯和马丁的研究中还采用了一种独创性的程序，他们比较了孩子当下的偏见水平和母亲对儿童训练的看法，揭示出情境性因素可能作用于当前偏见。所有研究均在第 18 章有过描述。

横断研究路径尝试描绘当前偏见模式的样貌，特别是探究族群态度是如何与其他社会态度以及总体生活观联系在一起的。运用这一方法，我们能揭示很多有趣的关系。例如，弗伦克尔-布伦斯维克报告，高偏见的儿童倾向于认可下列信念（其中没有一个是与族群问题直接相关的）[1]：

- 做任何事情只有唯一一种正确的方法。
- 如果自己不小心，别人就会戏弄你。

- 老师越严厉越好。
- 只有和我一样的人才有权利快乐。
- 女孩应该只学习在家庭生活里用得上的知识。
- 战争总会有的,这是人类本性的一部分。
- 你的星座决定了你的个性和人格。

将同样的方法应用于成年人也得到了类似的结果。以下几个命题在高偏见人群中比包容型人群中得到了更高的认可率。[2]

- 世界是一个危险之地,因为人本质上是罪恶且危险的。
- 美国人的生活方式中纪律性不足。
- 总体来讲,我更害怕骗子而不是歹徒。

第一眼看上去这些命题与偏见毫无关系。但事实证明都有。这些发现只说明,偏见往往会牢牢地编织进人们的生活习惯当中。

功能性偏见

在所有强烈的性格制约型偏见中有一个共同因素,纽科姆称之为"威胁定向"(threat orientation)。[3]不安全感似乎潜藏在人格的根基处。个体无法坚定无畏、豪放宽广地面对这个世界。他似乎对自己也充满了害怕,害怕自己的本能、意识,害怕改变,害怕社会环境。他与不管是自己还是他人都无法舒适相处,因此不得不费力将自己的整个生活习惯包括社会态度组织起来以适应他蹩脚的情形。并不是他独特的社会态度从一开始就畸形了,而是他的整个自我(ego)都是跛的。

他需要一根拐杖来满足多种功能。它必须能为过往的失败消除疑惧,必须能为当下的行为提供安全指引,必须能为面对未来确保信心。尽管偏见本身并不能满足所有的需求,但仍然在整个保护性调适的过程中扮演重要的角色。

诚然,并不是所有的性格制约型偏见在每一个偏见型人格者身上都服务于完全相同的目的,因为"威胁定向"本质上存在着个体差异。例如,在有些人格中,偏见可能部分地与未解决的、与父母和兄弟姐妹之间的婴儿式冲突有关;而在另外一些人格中,偏见则可能部分地与过往经历中的连续失败有关。但在所有人格中，我们都很可能发现自我异化（ego-alienation）、对确定性（definiteness）的热爱、对安全的希求以及对权威的渴望。不管因何种原因受到威胁的人格都很可能发展出总体上非常相似的生活调适模式。

这种模式的本质特征之一就是**压抑**（repression）。因为个体无法在意识生活中面对且掌控当前的冲突，他不得不全部或部分地将其压抑住。它们或者被碎片化，或者被遗忘，反正就是不会直接面对。自我无法将人格中产生的大量冲动和人格外无数的环境压力整合起来。这种失败引起不安全感，而这种不安全感又反过来引起压抑。

因此，有关偏执者人格的一项卓越的研究结果就是，意识层面与无意识层面之间存在着尖锐对立的分裂。在一项对反犹主义大学女生的研究中，她们表面上很有魅力、很开心、适应良好，完全是正常的女孩。她们懂礼貌、讲道德，貌似对父母和朋友都很无私奉献。这是一般观察者都能看到的一面。但挖得更深一点（借助于投射测验、访谈、案例史研究等手段），就可以发现，这些女生大不一样。在惯常的外表之下潜藏着强烈的焦虑感、大量堆积的对父母的憎恶、破坏性和残暴的冲动。而对于包容型大学女生，不存在这种分裂。她们的生活更为统一，压抑更少，也更温和。她们展现出来的角色形象（persona）并不是一种面具而是他们真实的人格。[4] 由于几乎没有压抑，她们不会受自我异化的困扰；由于可以真诚而坦率地面对自己的灾难和不幸，她们无须借助于投射。

类似的研究揭示，压抑很可能会带来以下后果：

- 对父母的矛盾情绪
- 道德主义（moralism）
- 二分法（dichotomization）
- 对确定性的需求
- 冲突的外化（externalization）
- 制度主义（institutionalism）
- 权威主义（authoritarianism）

所有这些特征都是无法真诚而坚定地面对冲动的孱弱自我的支撑性设置。因此，对于这种人格来说，偏见在其中有着功能性意义。而这些特征就是这种人格的标记。

》对父母的矛盾情绪

在刚刚引用的案例中,作者发现:"毫无例外地,这些反犹主义女生都宣称自己喜爱父母。"但在她们对于图片的解读(主题统觉测验)中,绝大多数的父母形象却被指控为吝啬而残暴的,泄露出女儿自身的嫉妒、怀疑和敌意。相反,同样的测验,那些无偏见的被试却在访谈的公开讨论中对父母更为批判,但在投射测验中却表现出更少的敌对情绪。[5] 后一种类型的女生对于父母的态度更为**分化**(differentiated)。也就是说,她们既可以看到父母的缺点,可以公开批评他们,也可以看到他们的优点。因此,她们总体上能够与父母足够愉快地相处。但那些偏见型的女生是更为撕裂的状态:表面上都是甜蜜和轻松,这一面暴露在公众凝视之下;而深层次却有着非常强烈的抗议。感情是分裂的。反犹主义的女生们对于父母的死亡存在着更多幻想。

尽管有着潜藏的敌意,但偏见型女生年少时与父母之间的意识形态摩擦似乎更少。孩提时她们继承了父母的观点和立场,特别是在族群问题上。这么做是因为意识形态上的模仿既是一种必要的需求,也能够带来好处。在第 18 章,偏见型家庭中的儿童训练环境得到了检视。我们看到,服从和惩罚的主题、现实中或威胁中的排斥赫然耸现,凸显的是权力关系,而不是爱。在这种环境下,儿童往往很难完全认同父母,因为他对深情之爱的需求并没有得到满足。他通过模仿来学习,又被奖赏、惩罚和责备所强迫。他无法完全接受自己和自己的失败,但却不得不时刻警惕避免自己从优雅和优秀之中开小差。在这种家庭环境下,儿童永远都不会弄明白自己站在哪里才是合适的。每一步,他都被威胁紧紧萦绕。

》道德主义

这种焦虑反映为,大多数偏见型人格者具有的严苛道德主义。对洁净、礼貌和惯例的严格坚持在他们中间比在包容型人格者中间更为常见。当被问到"你最尴尬的经历是什么?"时,反犹主义女孩会回答跟传统道德或公共惯例相违背的事例。但无偏见型女孩会谈论更多个人关系上的不足,例如辜负了朋友的期望等。而且,反犹主义女孩倾向于对别人做出更为严厉的道德判断。她们可能会说:"我想判所有罢工者五十年的监禁。"而包容型被试却对道德上的违背表现出更多的仁慈。她们对社会上品行不端的行为怀有更少的谴责,其中包括性标准的违反。她们包容人类的弱点,正如她们包容少数群体一样。

对儿童的研究显示出同样的倾向。当被问到如何做一个完美的孩子时,偏见型儿童通常会提到纯洁、干净、礼貌;但更自由的儿童则提到的往往只是有趣、舒服的伙伴关系。[6]

纳粹格外强调传统美德,这一点尤为引人注目。希特勒大肆鼓吹禁欲主义,同时也在不同方面践行着禁欲主义。明显的性倒错者会遭到暴力的谴责,有时还会被处以死刑。一份严苛的草案完全主导了军队生活和社会生活的方方面面。犹太人不断被指控违背了传统准则——他们肮脏、贪婪、欺诈、不道德。这种自命不凡的道德标准高得离谱,也无法同私人行为整合起来。从他们把征收全税和折磨犹太人变得"合法"的迫切愿望中就可以看出,这是一种虚伪的体面。

产生这种谨慎和严苛,跟儿童早期无法很好处理自己的内心冲动有关。设想一个儿童,不管什么时候,只要一被发现弄脏了衣服,或握着他的生殖器,或发脾气,或顶撞父母,就遭到父母的惩罚,并在父母的引导下产生内疚感(我们可以回忆到,偏见型孩童的母亲很可能因为这些冒失举动而惩罚孩子)。他会发现自己所有的冲动都是邪恶的——而且他只要感到一有这种冲动就不被爱了,很可能长大以后会因为很多过失而对自己产生憎恶之情。他始终没有卸下婴儿式内疚感的重担。结果就是,当他看到别人任何背离传统标准的过失时,他都会感到焦虑。他想要惩罚违背者,就像当初自己被惩罚一样。他唯恐同样的冲动再次让他陷入麻烦。当一个人对别人的罪恶太过介意时,这一倾向就可以被称为"反向形成"(reaction formation)。由于不得不同自己内心没那么神圣的冲动做斗争,他无法腾出手来对别人更加宽大而包容。

相反,那些包容型的个体似乎已经学会了如何去接受早期生命中那些社会禁忌的冲动。他并不害怕自己的本能。他不是个故作正经的人,会以一种自然的方式看待身体的机能。他懂得,任何人都不完美。在他的成长历程中,父母非常擅长精巧地教给他被社会所认可的正确的行为方式,而不会每当他踩了线犯了错时就撤回自己的爱。他们学会了如何接受自己天性中的恶,因此这些包容型的个体不管是看到还是想象到别人身上类似的恶时,都不会变得焦虑而害怕。他富有人情味和同情心,充满了理解。

道德主义只是表面上遵守道德信条,实际上并不解决内心的任何冲突。它是紧张的、强迫的,投射出主观的心理状态。真正的美德应当是更为轻松、与整个生活模式都更为整合而和谐的。

》 二分法

我们说过,偏见型儿童比非偏见型儿童更多地坚持认为"世界上只有两种人:强者和弱者",或认为"做任何事情只有唯一正确方法"。成年偏见者表现出同样的二分式思维。带有族群偏见的成年男性更多地同意这样的判断:"只有两种女人:纯洁的和下贱的。"

那些倾向于在认知运算中采用二分法(第 10 章)的人正是那些夸大内外群区别的人。他们**决不会**同意下面这首小诗所表达的思想:

> 我们当中最坏的人里也有很多好的地方,
> 我们当中最好的人里也有很多坏的地方,
> 所以我们任何一个人都没有必要
> 去谈论别人。

"二元逻辑"对偏见者的功能性意义显而易见。我们说,他无法接受自身天性中的黑白矛盾之处。因此他长时间对正确和错误非常敏感。这种内心的黑白二分投射到了外部世界。他以范畴化的方式给出或褒或贬的评价。

》 对确定性的需求

第 10 章曾说过,近几年最重要的心理学发现之一就是偏见的动力学倾向于与认知的动力学相平行。也就是说,偏见的特异性思维模式是偏见者对**任何事情**的思维模式的一个总体上的反映。这一点我们已经在二分法一节中看到了。现在我们要引用一些有关"模糊性容忍度"的实验研究来进一步说明这一点。

研究者将被试置于黑暗的房间里。只有一个点光源是可见的。由于缺乏任何视觉锚定点和行为指引，这种情形下所有的被试都看见光源在不同方向上摇摆。（这可能是视网膜和大脑的内部结构的特点所致。）但研究者发现，偏见者很快为自己树立了一个规范。也即，他们报告光源每次都向某个特定的方向运动而且每次运动某个特定的距离。他们需要稳定性，于是客观上不存在稳定性的时候他们就自己捏造一个出来。相反，包容型被试为自己树立规范则要花上更久的时间。也就是说，他们能够忍受情境的模糊性很长一段时间。[7]

另一个实验是关于偏见者和包容者的记忆痕迹的。研究者采用了一副被截去顶端的金字塔形状，如图 25-1 所示。[8]

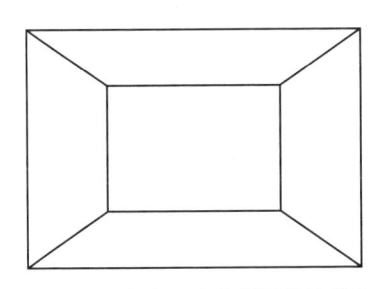

图 25-1　记忆痕迹研究中所用的被截金字塔

被试被要求简短地看一眼这个设计图然后按照记忆把它画下来。

两个群体都有 40% 的人倾向于画一个对称的形状，将两条边画成一样长。这种对称化很正常，因为我们的记忆倾向于简化并形成一个"更好的完形"（better Gestalt）。但有趣的地方在于，四周的间隔以后，高偏见被试更多将空白区域画成相等的：62% 的高偏见者和 34% 的低偏见者。

在这里，似乎高偏见者更无法长时间忍受设计图的模糊性。他们需要一个确定的、简单的范畴化的记忆。相反，低偏见者事实上却说："我知道这是一个截断顶端的金字塔，但我也知道它绝不是看上去那么简单，总有一些独特的性质在里面。"总之，尽管低偏见者也倾向于形成简化的记忆痕迹，他们还是相对能够更好地记住威廉·詹姆斯所说的"感觉如此但实际上（feelings of but）……"。

偏见的本质

另一个能反映这种确定性需求的是，偏见者会坚持以往的解决方案。如果给他们展示一副猫的线图，且之后每一次的展示都会依次进行一些微小的改变，直到完全变成一副狗的线图。此时，高偏见者会更久地**坚持**原来的猫图。他们不会很快发现改变，也不会很快报告："我不知道这是什么。"[9]

从这一实验中我们可以说，偏见者更习惯于**固着**（perseveration），即认为老旧的、已经试过的解决方案能够提供更为安全、牢固的锚点。这个实验也解释了一个有趣的相关现象。偏见者害怕说："我不知道。"因为这么做会将他们抛到远离自己认知锚点的后方。这一结果在众多不同的研究中得到了重复。在其中一项研究中，罗克奇让被试识别名字和面容并将二者关联起来。高偏见者猜错了更多，而低偏见者常常承认自己猜不着而放弃。[10] 罗珀研究了民意调查的结果后发现，当被问到对时事的看法时，反犹主义程度高的人会给出更少的"我不知道"回答。[11] 偏见者似乎在"知道答案"时感到更安全。

对确定性的需求很可能导致认知过程的缩窄。个体无法看到与问题相关的所有面向。罗克奇将这种解决类型称为"目光短浅"型。下面这个实验说明了这个过程。

研究者按照字母顺序向大学新生展示了如下10个概念：**佛教**（Buddhism），**资本主义**（Capitalism），**天主教**（Catholicism），**基督教**（Christianity），**共产主义**（Communism），**民主**（Democracy），**法西斯主义**（Fascism），**犹太教**（Judaism），**新教**（Protestantism），**社会主义**（Socialism）。学生们被要求描述这些概念之间是如何相互关联的。罗克奇将结果总结如下：

"分析显示，描述所表征的认知组织状态可以用一个从**综合**（comprehensive）到**孤立**（isolated）再到**偏狭**（narrow）的连续体来表示。所谓**综合**的认知组织，指的是10个概念都被组织进一个单一的整体中（例如，'所有的都是某种信念'）。所谓**孤立**的认知组织，指的是10个概念被分解为两个或更多个子结构，且子结构之间没有相互的联络（例如，'5个是宗教，5个是政府类型'）。所谓**偏狭**的认知组织，指的是描述遗漏了一个或多个客观呈现的部分，而把剩下的部分组织进一个或更多子结构中（例如，'只有佛教、天主教、基督教、犹太教和新教是相互关联的，因为它们都信神'）。"[12]

高偏见者给出了显著更多的**偏狭型**组织模式,即遗漏了其中几个相关项;而低偏见者会将所有项考虑进来而给出一个**综合型**组织模式;偏见程度介于二者之间的人则倾向于给出**孤立型**组织模式。

赖夏德也观察到了类似的认知缩窄(constrictedness)效应。他注意到,偏见型被试在完成罗夏测验时倾向于做出更加抑制的、强迫性过度谨慎的回答;相比之下,其他群体则会更多地看到整体图案,可以给出很多联想。[13]

所有这些实验都说明了同样的道理。偏见者要求他们的世界有清晰可辨的结构,即使是一个狭窄而不充分的结构。只要是缺少秩序的地方,他们就会人为地强加一个秩序。而当需要新的解决办法时,他们固着于已经尝试过、测试过的习惯。只要有机会,他们总是停留在熟悉的、安全的、简单的、确定的空间里。

至少有两种理论可以解释,为什么偏见者对于模糊性没有包容力。两种理论也许都对。一种认为,偏见者的自我意象是非常混乱的。从生命早期开始,他们从来都无法将自己的天性整合起来。结果就是,他们的自我无法提供一个稳固的锚点。因而,作为一种补偿,个体必须寻找外部的确定性作为自己的指引。因为内心根本无确定性可言。

另一种理论稍微有一点复杂。它认为,当偏见者还是孩子的时候,他们遭受了很多剥夺。很多事情都被禁止了。因此他们对于延迟满足的事情非常忧虑,因为延迟可能意味着剥夺。因此,他们发展出了对于快速而确定的答案的一种迫切要求。以抽象的方式思考就意味着冒模棱两可和不确定之险。他们更偏爱不犹豫的行动方式,更偏爱具体(而僵化)的思维。我们只要回忆一下偏见者对挫折更易感(本书第 327 页),就可以为这一理论提供支持。他们更为贫乏浅薄的包容性也正是他们之所以总是想为自己的立场找到根据的原因,因为只有一个明显结构化的感知领域才能够帮助他们避免受到挫折感的威胁。

》外化

上一章我们看到,偏见者惯于投射,惯于在他人身上看到自己本该却没能在自己身上看到的品质。实际上,这反映了他们缺乏自我洞察力。[14]

对于偏见者来说，事物看起来都是独立于自己之外而自生自灭的。人无法掌控自己的命运。例如，他会相信："尽管很多人会嘲笑，但星座还是能够解释很多事情。"相反，包容型的人倾向于相信，命运不存在于星座而在于自己手中。[15]

在主题统觉测验中对着图案讲故事的偏见型女生，更多地将事件看成独立于女主角的主动参与而自然发生发展的。结局取决于命运（例如女主角的未婚夫在战斗中牺牲了），而不取决于女主角自身。当被问到"什么让人们发疯？"时，偏见型被试回答的要么是来自外部的威胁，要么就是类似于"脑子里一直盘旋的想法"。这两种回答都指向无法控制的外部能动性。推动人物发展的并不是自身的缺点或行动。[16]

为了解释这种倾向，我们需要再次借助于自我异化作为潜在因素。避免自我参照对于一个深陷内心冲突的人来说既容易也安全。最好将所有事情都当成是碰巧**降临在**自己身上而不是**由**自己引来的。外责性作为一种特质就体现了这种概化倾向。它与群体偏见之间有着很明显的相关：并不是**我**去讨厌、伤害他们的，而是**他们**讨人厌并伤害了我。

》 制度主义

性格制约型偏见者喜欢秩序，特别是**社会**秩序。只有在界限分明的制度性成员身份中，他才能够找到自己所需的安全感和确定感。旅馆、学校、教会、民族都可以用来抵御个人生活中的不安。依靠这些成员资格，他就能避免不得不依靠自己的麻烦。

研究显示，总体上偏见者比非偏见者对社会制度更加关心、介意。反犹主义大学女生更加全神贯注于女生联谊会；她们的宗教行为更加制度化；她们有着更强烈的爱国心。当被问到"什么经历最让你肃然起敬？"时，她们通常会回答爱国主义或宗教事件。[17]

很多研究发现，偏见和极端爱国主义之间有着密切的关联。下一章我们会看到，极端偏执者几乎总是极端爱国者。民族主义和迫害少数群体之间的关联在纳粹德国尤其明显。看上去似乎对于别的国家来说也是如此。莫尔斯和 F. H. 奥尔波特的一项关于美国郊区中产阶级社区的研究就特别具有启发意义。[18]

第25章 | 偏见型人格

两位研究者想要发现，在几种所谓反犹主义的缘起中，哪一种是实际上最为显著且经得起论证的？这是一项雄心勃勃的任务。研究方法也很复杂详尽，调查手册有92页，里面是各种测验、量表和问卷。研究会给予一笔不小的金钱奖励以确保175名被试都完成并返还了调查手册。

首先，采用多种工具测量了反犹主义的不同面向：对犹太人感到有多大程度的厌恶；会讲多少毁谤的坏话（仇恨言论，antilocution）；做多少敌意和歧视行为（仇恨行为，antiaction）。

然后，检验几个假设，例如：反犹主义与对未来的不安全感和恐惧有关；与实际的经济需求或不确定性有关；与挫折感有关；与犹太"本质论"的信念有关；与"民族卷入"（national involvement）有关。

最后一个变量以同意或不同意的一系列命题来测量，其中之一如："尽管有些人认为自己是世界公民，属于人类但不属于任何一个国家，但我依然认为，我始终是美国公民。"

通过这些方法，研究者发现了被试中存在着高水平的反犹主义。只有10%的人没有表现出类似迹象。约16%的人有着极端强烈甚至暴力的反犹主义。

尽管有证据显示，不安全感和挫折感确实与反犹主义存在一定关联，但研究者发现，**最显著的**一个独立因素是"民族卷入"。当其他所有变量保持不变时，只有这个变量依旧能够坚挺地预测反犹主义因变量。该变量自身就达到了与偏见"独立共变"（unique covariation）的标准。同样重要的还有"本质主义信念"——认为犹太人在某个方面与其他人有着本质上的不同。但这一信念只有在强烈的民族主义观念同时出现的情况下才与偏见显著相关。因此，"爱国主义"是偏执者的面具。

这项研究的发现非常重要。研究者注意到，反犹主义不仅仅是一捆消极态度的集合，而是想尝试着**做点**什么，也就是想寻找一片制度性安全的岛屿。民族就是这个被选出的岛屿。它是一个积极的锚点；民族或对或错都是**他的**民族；它高于人性，又比全世界的状态更让人欢喜。该研究确立了一个事实：民族主义越是强烈，反犹主义就越是强烈。

请注意，这里的重点是积极的安全。反犹主义不仅仅是恐惧和焦虑投下的影子。大量心怀忧惧和挫败感的人并不会产生反犹主义。重要的是人们处理恐惧和挫败感的方式。而这种**制度化**（institutionalistic）的方式似乎才是问题的关键所在。

偏见者定义"民族"以适应自己的需要（参照本书第34页图3-1）。民族首先是对他作为个体的一种（主要）保护，这是**他的**内群。他可以毫不犹豫地把那些具有威胁性的入侵者和敌人（即美国少数群体）赶出民族这个善意的范围。而且，民族代表着**现状**（status quo）。这是个保守的能动主体，其中有很多他所支持的安全的生活方式。他的民族主义就是保守主义的一种形式。根据他的定义，民族就应该是拒绝改变的。他不信任自由主义者、改革者和权利法案的支持者：他们无不在威胁他心中安全的民族概念。[19]

权威主义

生活在民主政体下就是一团糟。偏见者意识到了这一点，因此，他们有时宣称，美国不应该是民主国家，而仅仅是"共和国"。他们发现，个人自由的后果是不可预测的。个体性寻求的是不确定性、无序性和变迁。相比之下，生活在一个定义好的金字塔层级结构中更加容易，在那里人以群分，群体不会总是处在变动不居和消融重组之中。

为了逃避不稳定性，偏见者寻求社会上的层级。权力的分派是确定的——确定到他可以理解、可以计算的程度。他喜欢权威，认为美国人需要更多"管教"。当然，他说的"管教"是**外部的**管教，而不是内心的规训。当学生们被要求列出自己敬仰的名人时，偏见者通常列出的是将权力与控制凌驾于他人之上的领导者（拿破仑、俾斯麦等），而非偏见者则列出了更多的艺术家、人道主义者和科学家（林肯、爱因斯坦等）。[20]

对权威的渴求反映了人类内心深处的不信任。在本章开始，我们注意到偏见者倾向于同意"世界是一个危险之地，因为人本质上是罪恶且危险的"这一说法。但民主的基本哲学理念与此相反。它告诉我们应该去信任每一个人，直到对方证明自己不值得信任为止。而偏见者正好相反。他们不信任任何人，直到对方证明自己值得信任为止。

偏见者对下面问题的回答也反映出同样的怀疑："我对以下哪一种罪犯更害怕，歹徒还是骗子？"两个答案的选择总体上相当。但那些更害怕骗子的人总体上有着更高程度的偏见。他们更加会受到花招诡计而不是直接身体攻击的威胁。但一般来讲，对歹徒的恐惧才是更自然也更正常的恐惧类型——也是非偏见者所报告的类型。[21]

对于偏见者而言，终止这种怀疑的最好办法就是拥有一个秩序井然、有权威、有力量的社会。强烈的民族主义是好东西；希特勒和墨索里尼并没有错得太多；美国所需要的正是强有力的领导——马背上的人！

有证据表明，权威主义模式可能形成于生命早期。持有偏见的儿童比其他人更容易相信"老师应该告诉儿童做什么而不用管儿童想要做什么"。甚至在 7 岁以前，这些儿童就表现出了类似的模式。他们会变得苦恼而无所适从，除非老师指引他们应该做什么并给出确定而权威的任务指派。[22]

》讨论

我们对偏见型人格的描述（有些学者称之为"权威型人格"）很大程度上基于近年来研究的结果。尽管这一模式的大致轮廓是清晰的，但实验证据的权重和相互之间的交叉验证仍有待完善。与权威型相对，研究者也报告了在相关品质上呈现相反特征的模式，例如"民主型"、"成熟型"、"生产型"（productive）或"自我实现型"（self-actualizing）人格。[23] 这些模式将在第 27 章详细介绍。

大多数比较研究将被试分成两个极端或对立的群体——高偏见分值者和低偏见分值者。中间或平均水平的被试通常不被纳入考虑。尽管实验程序经得起推敲，但仍难免有过度强调之嫌。我们忘了大多数人是混合型或处于中间水平，因此他们的偏见模式并不一定符合实验所描绘出的理想型。

还有一个方法论上的劣势，那就是大多数研究只采用了一个起点。例如，研究只创造了高偏见者和低偏见者两个被试群体，然后发现，前者对感知或问题解决任务的模糊性的容忍程度更低。但研究没有采用令人满意的倒转控制（reverse control），例如将被试分为容忍程度高和低的两个群体再去发现哪一个群体偏见程度更高。我们需要相关的双向验证才能完全确定。

尽管有这些不足——很大程度上是源于研究领域的不成熟——我们仍

然无法脱离本章所描绘的大致规律。我们的结论可能太尖锐以至于需要进一步修正和补充,但是基本事实已经明确——偏见不仅仅是很多人生命中的一个事件,而且往往会被密切地编织进人格的锦缎当中。这种情况下它是无法用镊子取出来的。要想改变它,只能改变整个生活模式。

注释和参考文献

[1] Else Frenkel-Brunswik. A study of prejudice in children. *Human Relations*, 1948, 1, 295-306.

[2] G. W. Allport & B. M. Kramer. Some roots of prejudice. *Journal of Psychology*, 1946, 22, 9-39.

[3] T. M. Newcomb. *Social Psychology*. New York: Dryden, 1950, 588.

[4] Else Frenkel-Brunswik & R. N. Sanford. Some personality factors in anti-Semitism. *Journal of Psychology*, 1945, 20, 271-291.

[5] *Ibid.*

[6] 参见前面注释1。

[7] J. Block & Jeanne Block. An investigation of the relationship between intolerance of ambiguity and ethnocentrism. *Journal of Personality*, 1951, 19, 303-311.

[8] J. Fisher. The memory process and certain psychosocial attitudes, with special reference to the law of Prägnanz. *Journal of Personality*, 1951, 19, 406-420.

[9] Else Frenkel-Brunswik. Intolerance of ambiguity as an emotional and perceptual personality variable. *Journal of Personality*, 1949, 18, 108-143.

  高偏见者无用的执拗倾向在罗克奇的问题解决实验中得到了验证,见 M. Rokeach, Generalized mental rigidity as a factor in ethnocentrism, *Journal of Abnormal and Social Psychology*, 1948, 43, 259-278。

[10] M. Rokeach. Attitude as a determinant of distortions in recall. *Journal of Abnormal and Social Psychology*, 1952, 47, Supplement, 482-488.

[11] E. Roper. United States anti-Semites. *Fortune*, February 1946, 257 ff.

[12] M. Rokeach, A method for studying individual differences in narrow-mindedness, *Journal of Personality*, 1951, 20, 219-233; 另见 "Narrow-mindedness" and personality, *Journal of Personality*, 1951, 20, 234-251。

[13] S. Reichard. Rorschach study of prejudiced personality. *American Journal of Orthopsychiatry*, 1948, 18, 280-286.

[14] 大量证据收录于 T. W. Adorno, *et al.*, *The Authoritarian Personality*, New York:

Harper, 1950; 另收录于 G. W. Allport & B. M. Kramer, *Op. cit*。

[15] Else Frenkel-Brunswik & R. N. Sanford. The anti-Semitic personality: a research report. In E. Simmel (Ed.), *Anti-Semitism: A Social Disease*. New York: International Universities Press, 1948, 96-124.

[16] *Ibid*.

[17] 参见前面注释 4。

[18] Nancy C. Morse & F. H. Allport. The causation of anti-Semitism: an investigation of seven hypotheses. *Journal of Psychology*, 1952, 34, 197-233.

[19] 其他研究确认了偏见与政治经济和宗教上的保守主义之间的相关。例如, 参见 R. Stagner, Studies of aggressive social attitudes, *Journal of Social Psychology*, 1944, 20, 109-140。

[20] 参见前面注释 4。

[21] G. W. Allport & B. M. Kramer, *Op. cit*.

[22] B. J. Kutner. *Patterns of Mental Functioning Associated with Prejudice in Children*. (Unpublished.) Cambridge: Harvard College Library, 1950.

[23] 此两种人格类型的最全面、最标准的对比收录于 T. W. Adorno, *et al.*, *Op. cit*。相关的讨论见 E. Fromm, *Man for Himself*, New York: Rinehart, 1947; A. H. Maslow, The authoritarian character structure, *Journal of Social Psychology*, 1943, 18, 401-411; A. H. Maslow, Self-actualizing people: a study of psychological health, *Personality Symposium*, 1949, 1, 11-34。

第 26 章
煽动

煽动挑起错误的议题，以转移公众注意力，使之偏离真正的议题。并非所有煽动者都会选择少数群体的所谓过失作为自己的错误议题——但很多确实如此。其中哪些内容对于权威型人格者来说最具独特的吸引力已经在上一章有过描述。

据估计，在美国种族主义煽动者共有大约1 000万的追随者。这一数目令人发指，也许是太高了点，因为并非所有参加煽动者集会的人都是他的跟随者。但有可能的是，在1949年的美国，共有49家反犹主义期刊、超过60个拥有反犹主义记录的组织。[1]除此之外，反天主教和反黑人的期刊、组织，尽管有所重叠，其数目也依然骇人。

》样例材料

说来令人好奇，从煽动者舌尖、笔尖倾泻出来的东西总是有种难以定义的品质。下面这段摘自一个"基督教民族主义者"大会的材料就是典型的一例：

> 今天，我们从美国的四面八方为了同一个目标相聚一堂——我们要采取必要的措施抵御物质主义浪潮的侵袭。这是一股企图吞没我们亲爱的祖国——美利坚合众国的邪恶力量。我们团结在耶稣基督的旗帜之下、团结在美利坚共和国的旗帜之下、团结在光荣的十字架和星条旗之下，向华尔街的跨国金融从业者、向全世界的犹太恐怖主义者大声宣告："你们败了！"抵制罪恶、抵制奴隶制、抵制无神论的力量必将长久地存在于这个世界。而我们正在成立的政党，就是纪念这一切的不朽功业。

第26章 | 煽动

为什么美国民众都被蒙在鼓里、丝毫不知道9 000万美元的马歇尔计划将要被国际银行业务拿去喂饱那些正在摧毁或只要有机会就去摧毁欧洲基督教精神的黑市商人和敲诈分子？在两党外交政策（bipartisan foreign policy）之下，我们被迫背负了已故的前任独裁者——富兰克林·罗斯福留下的大量秘密协议和秘密承诺！在两党外交政策之下，我们开始对允许强加罪恶的摩根索计划于德国人民头上感到内疚。百万基督教妇女和儿童就这样被故意饿着！那么，为什么美国民众都被蒙在鼓里、丝毫不知道摩根索计划不过是一群想要摧毁德国人民的犹太人发明的，他们不过是一群手握大权的施虐狂魔？

在寻找旧政党针对犹太跨国共谋问题的解决办法、针对犹太叛国问题的解决办法和犹太复国恐怖主义问题的解决办法时，由于旧政党曾在巴勒斯坦帮助犹太建国的所作所为，我们唯一能找到的就是同情的哭号。我们没见有提到在美国逼迫、诽谤那些为基督教美国主义发声的美国公民的犹太"盖世太保"，也没见到对意图剥夺美国基督教信徒自由言论和集会权利的犹太恐怖帮派的一丝丝谴责。

既然所有这些暴露在华盛顿眼皮底下的人都是费利克斯·弗兰克福特[①]的弟子，我认为是时候找出他给这些哈佛大学的同僚都灌输了一些什么了。如果这些人持续占据着华盛顿权力与重要性的高位，那么我们的政府要如何才能安然无虞呢？因此，是时候对美国政府进行一次彻底的大清洗了。我们成立基督教民族主义政党，就是为了将这些非法接手政权的过街老鼠清理出去。

现在我们并没有在黑人问题上行煽动之事。我们要讲事实，我们要讲我们相信的东西，我们要讲美国黑人与白人混合问题的唯一解决方案。我们支持通过一个宪法修正案，将黑人和白人之间的种族隔离庄严地写入美利坚合众国的法律，并将黑人与白人之间的种族通婚定为联邦犯罪！

我要讲一下前不久我来到密西西比州杰克逊县看望我的几个好朋友时所听闻的一则故事。一名黑人上圣路易斯市娶了一名白人女子后回到密西西比州杰克逊县，被一群男孩在街上围堵。他们说："摩斯，你不能在这里带着那个白人女子一起生活，你懂的。"他回答说："头儿，你可大错特错了，那个女人一半是美国血统，一半是犹

[①] 费利克斯·弗兰克福特（Felix Frankfurter, 1882—1965），曾任美国最高法院大法官。

太血统,就是没有一丝的白人血统。"

很多人试图干掉考夫林神父①、查尔斯·林德伯格②、马丁·戴斯③、波顿·惠勒④、杰拉德·史密斯⑤。威胁并煽动他们,迫害他们,嘲弄他们,不遗余力地**摧毁**他们,妨碍他们参加社交活动。在主的恩典下,我拒绝离开社交圈。我将坚定地站在戴斯委员会一边,跟阿尔杰·希斯⑥斗争到底,跟爱德华·斯退丁纽斯⑦斗争到底,跟联合国斗争到底,跟……埃莉诺·罗斯福⑧斗争到底!

从来没有商人被如此糟践过,从来没有男人女人被如此辱骂、踩躏过,就像过去十五年中被凶手、被江湖骗子、被战争贩子欺负一样,典型的就是罗斯福家族!上帝从罗斯福家族手中拯救了美国!

一眼看去,这段文字本身似乎重点并不是分析。

但它有一个明显的主题就是憎恶。这则简短而激烈的演说中所提到的"讨厌的反派"有:物质主义者、跨国金融从业者、犹太人、黑市商人、摩根索、犹太复国主义者、费利克斯·弗兰克福特、哈佛大学、黑人、阿尔杰·希斯、斯退丁纽斯秘书处、前总统罗斯福、罗斯福夫人以及罗斯福家族。其中最主要的恶魔似乎是犹太人,他们是被提到最多

---

① 考夫林神父(Father Coughlin,全名 Charles Edward Coughlin,1891—1979),活跃于底特律地区的一名天主教神父,在政治舞台上颇有影响力的反犹主义者和亲法西斯主义者。

② 查尔斯·林德伯格(Charles Augustus Lindbergh,1902—1974),又译林白,飞行家、美国航空史先驱,二战期间的亲德国派,曾被授予德国荣誉勋章。

③ 马丁·戴斯(Martin Dies, Jr., 1901—1972),戴斯委员会(Dies Committee)主席,罗斯福新政和民主党自由派的反对者,致力于揭露所谓"共产主义对美国社会的渗透和颠覆"。

④ 波顿·惠勒(Burton K. Wheeler,1882—1975),曾任美国参议员,曾带头攻击罗斯福《租借法案》。

⑤ 杰拉德·史密斯(Gerald L. K. Smith,1898—1976),一名有出色组织能力和演说能力的牧师,极右翼政治煽动家,致力于从事反犹主义和法西斯主义活动,臭名昭著的偏执狂。曾创立"基督教民族主义十字军"、《十字架和旗帜》月刊等多个工具来对抗共产主义、自由主义、劳工组织和犹太人。

⑥ 阿尔杰·希斯(Alger Hiss,1904—1996),曾被指控为苏联间谍。

⑦ 爱德华·斯退丁纽斯(Edward Reilly Stettinius, Jr., 1900—1949),美国政治家,曾任美国国务卿,是罗斯福总统的外事顾问。

⑧ 埃莉诺·罗斯福(Anna Eleanor Roosevelt,1884—1962),美国第一夫人,富兰克林·罗斯福总统的妻子,终其一生致力于人道主义事业,为政治、种族和社会公正而工作。富兰克林·罗斯福去世后,埃莉诺任美国驻联合国代表。

的，也是与其他邪恶之事挂钩最多的。此外，对于罗斯福家族也有格外深切的恨意。天主教并没有出现在谴责名单上——可能是因为在城市集会场合下有大量的天主教信徒就是台下的听众，而煽动者必须获得他们的支持。

从这种多样的敌意中可以看出（正如我们在第 5 章的统计分析中看到的一样），对少数群体的仇恨不会单独存在。这种仇恨是概化的。只要被视为威胁，就会引来仇恨。

而威胁从来不会被定义得很清楚。但在这些辱骂的背后似乎有一个相当明确的主题，那就是对自由主义或社会变迁的恐惧。罗斯福家族就是倡导变迁、变革的典型代表——特别是对于那些在经济生活模式和种族关系上较为保守的人来说更是一种威胁。智识主义（intellectualism，在此以哈佛大学为象征）也遭到了仇恨。因为它将带来过多的改变，与此同时也加剧了反智主义者内心的自卑感。黑人生活条件的一丁点改善也会产生类似的威胁。而犹太人则总是与冒险、投机和边缘价值有关（第 15 章）。权威主义人格者无法面对以上所有这些不确定性、非惯常性，他们会失去熟悉的生活锚定点（第 25 章）。

安全感的象征和恐惧的象征同样有趣。短文中所提到的被当成偶像的有：耶稣基督、美利坚共和国的旗帜、十字架和星条旗、柯林神父、查尔斯·林德伯格、马丁·戴斯、波顿·惠勒、杰拉德·史密斯等。在没引用到的部分，他们还提到下列人选作为积极的参考：保罗·瑞威尔、内森·黑尔、林肯与李将军以及乔治·华盛顿——"有史以来最强有力的基督教民族主义者"。在演说者和听众看来，这些偶像都是保守主义的象征，代表着民族主义、独立主义、反犹主义或能为制度主义者提供终极安全岛屿的惯常宗教（第 28 章）。

从以上演讲中，我们学到了积极和消极的象征，以及它们是如何反映煽动者内心的恐惧与不安全感的。下面我们要进入更加深入的讨论。煽动性演讲都大同小异，重要的是这种模式。

》 煽动者的计划

洛温撒尔和古特曼在《骗人的先知们》一书中分析了大量相似的演讲和宣传手册。他们发现，这些煽动性言论的背后都有着同样的仇恨和抗议，可以归结为以下几点[2]：

- **你们被骗了。** 由于犹太人、新政拥护者（New Dealers）和其他变革行动者的阴谋诡计，你们的社会地位并不安全。向我们一样真诚而朴实的平民总是会上当受骗。我们必须做点什么。
- **我们正陷于广泛的诡计共谋之中。** 背后推动这一切的黑手是华尔街、犹太银行家、国际主义者、国务院。我们必须做点什么。
- **共谋者在性方面也很堕落。** 他们"迷醉在金钱和美酒中，身旁簇拥着被引诱所迷惑的我们的女儿"。"为了摧毁非犹太人的士气"，他们"引诱我们的年轻人走向堕落"。这些人肆意享受着所有的禁果。
- **现任政府是腐败无能的。** 两党制就是个骗局。民主就是个诡计。自由主义就是混乱的无政府状态。公民自由就是傻瓜自由。我们不能拥有普世主义精神，必须为自己留神。
- **厄运即将到来。** 看看 AFL-CIO（美国劳工联合会–产业工会联合会），他们和犹太人会迅速掌权。很快就会有革命性的暴力事件发生。我们必须做点什么。
- **我们不能信任外国人。** 国际主义是一种威胁。但我们也不能信任自己的政府。其内部也被外国势力的白蚁蛀坏了。华盛顿就是"布尔什维克的老窝"。
- **我们的敌人是低等动物：** 爬虫、昆虫、细菌、低人。斩草除根势在必行。我们必须做点什么。
- **没有中立地带。** 世界是分裂的。不能为我所用的必将与我为敌。拥有者和失去者之间终有一战。这是真正的美国人与外来人之间的战役。"欧亚非大陆的犹太哲学与基督教哲学针锋相对。"
- **拒绝血统的污染。** 我们必须保持种族上的纯净和精粹。和这些自由主义的劣等人打交道会玷污我们的双手和血液。
- **但妖魔即将到来你又有什么办法？** 简朴而真诚的可怜人需要一位领袖，那就是我。错的不是美利坚民族，而是办公室里那些道德堕落的人。把他们统统换走。我就是合适的人选。我会改变整个混乱局面。你们将会拥有更加快乐和安全的生活。
- **情势紧急不容细想。** 思考已是一种奢侈。把钱给我吧，我告诉你接下来该怎么做。

第26章 | 煽动

- **每个人都与我为敌**。我是你们的殉道者。我不下地狱，谁下地狱？出版社、犹太人，还有那些腐烂的官僚都想一枪蹦了我。敌人布满了我的生命，但上帝会保佑我前行。我会带领你们。我会像星星之火一般点燃所到之处的受苦大众。我会清理百万计的官僚和犹太人。

- **也许我们会进军华盛顿……**

　　计划往往在这里熄灭了气焰。因为煽动暴力、支持暴力推翻政府是受法律制裁的。这份激动于是被一个模糊的乌托邦承诺悬置在那里，被一根可以通过合法或法律以外的途径达到新的天堂的微弱线索悬置在那里。在很多欧洲国家，这种煽动转变成了行动。受类似言辞蛊惑的暴民将政府一举推翻。

　　这些煽动性言辞对民众所遭受的不满和不安做了戏剧性的归因，但这种归因是大错特错的。民众对自己和社会感到挫败、痛苦，这是毫无疑问的。但真正的问题却没有触及，例如：经济结构，对战后重建的失败而负有责任的总指挥官，对学校、工厂、社区生活中人际关系的忽视，以及最重要的——心理健康和自我稳定性的欠缺。

　　真正的原因由于非常复杂而被彻底略过。受苦的民众只知道并不是自己的错。通过一遍又一遍地强调自己是基督教徒、真正的爱国者和精英，他们脆弱的自尊得到了保护。他们被告知，仇恨犹太人并不代表着反犹主义。每一步都合理化了他们的外责倾向，增强了他们的自我防御。

　　煽动性言辞绝不会为减轻社会失范和个人不安提供一分一毫的理性解决方案，也绝不会在一个有着稳固政府结构的国家中提出暴力的计划。只有在一个踉跄而松散的社会结构中，就像德国、西班牙和意大利那样，煽动者们才有机会顺利地引燃革命。繁荣和稳定不是煽动者的土壤。

　　但有时，即使在一个相当稳定的国度，煽动者也会获得一定程度的地方（城市或州）上的政治权力。

　　无论成功与否，煽动根本上都在于支持像法西斯一样的极权主义革命的发生。在美国，煽动者往往会采用若干面子维护的手段来保证这个国家的历史性价值不会被明显违反。他们会抗议说，自己不是反犹主义者，自己根本上是反对法西斯主义的。有评论说，如果法西斯主义来到美国，那一定是伪装成反法西斯主义运动而来。它们的特征同样清晰可见。煽动的计划在所有国家都大致相同。

　　在一份名为"如何识别美国亲法西斯主义者"的备忘录里，民主之友股份有限公司列出了如下几个特点[3]：

1. **种族主义**是所有群体的常见组分。实际上它往往是所有亲法西斯运动的基石。在本国表现为白人至上论。
2. **反犹主义**是所有亲法西斯主义者和"百分之一的美国人"群体常见的共同特征。反天主教有时在新教地区是反犹主义的替代品，但煽动者往往会把反犹主义作为最有效的政治武器。
3. **反外侨、反难民和反一切外来品**是这类运动的主要特征。全世界的法西斯主义都信奉强烈的本土主义（nativism），坚决反对其他国家的人。
4. **民族主义**是其中的关键。极端的民族主义会宣称自己的国家是"领主国家"（master country），并宣称自己的民族是"优等民族"（master race）。权力才是主旨。
5. **孤立主义**（isolationism）是该模式的独特之处。孤立主义者们认为我们的国家夹在两块大洋之间，是一座永远不会被攻破的安全岛屿。
6. **反国际主义**也是该模式的组成部分，包括与联合国以及其他致力于达成国际理解与和平合作的努力为敌。
7. 他们也许会给所有观点冲突的对手**扣上"赤色分子"的帽子进行政治迫害**（red-baiting）。他们吓唬那些懵懂的人们，让他们接受法西斯主义。自由者、进步者、犹太人、知识分子、跨国银行家、外国人都被亲法西斯主义者描述成共产党或"共产主义旅伴"①。
8. **反劳工**，尤其是反组织化的劳工，尽管非常隐蔽，但仍然是主要特征之一。
9. **对其他法西斯主义者的同情**在亲法西斯主义者中间非常常见。这种同情包括：在珍珠港事件前为希特勒和墨索里尼辩护，称他们是共产主义面前的"伟大壁垒"。战争期间，这种同情被转向了贝当和他的维希政权。再后来则转变为对弗朗哥和庇隆政权的同情和辩护。
10. **反民主**是另一个常见特征。法西斯主义者到处宣扬"民主是颓废

---

① Fellow travelers，原指布尔什维克政权犹豫不决的知识分子支持者，后用来泛指一切对苏联和共产主义怀有同情心但未加入共产党的人，在20世纪四五十年代的美国政治语境下，该词带有轻蔑意味。

的"。在美国,最受欢迎的谈资就是关于国家应当是"共和制"而不是"民主制","共和"是精英的统治,而"民主实际上就是共产主义的代名词"。

11. **颂扬战争、武力和暴力**也是一个重大主题。战争被视为创造性的活动,战斗英雄被美化。亲法西斯主义者的口号之一就是:"生活就是挣扎,挣扎就是战争,战争就是生命。"

美国的民主有着相当大的弹性,因为它对这种煽动已经抵抗了数十年。事实上,这种抵抗自从建国时期就开始了。[4]但今天,紧张的加剧和文化的滞后(落后于技术的进步)已经让这种煽动的诱惑远远大过从前。这不是一夜之间就诞生的运动。它的种子始终存在,无法察觉地缓慢生长到某个点,然后突然爆发拉响警报。它随着某次煽动潮涨潮落。但有时它也会在国会委员会、在当地或州立政治团体、在某些报纸和某些广播评论员口中扎下稳固的根基。

总体上看,民主的传统仍然能够稳稳占据优势地位。每一次的法西斯运动都会催生出强有力的抗衡者。但当今时代里社会紧张的加剧和社会变迁的加速让形势变得岌岌可危。关键在于:既然恐慌和恐惧让民众大面积寄希望于煽动者的锦囊妙极,那么在此之前,现实的诊断和政策能否有效减轻国内外的社会疾病、扭转民众的担忧和绝望呢?

追随者

煽动性言论的追随者们对他们所献身的事业并没有准确的认识和清晰的观点。目标和实现目标的手段都是模糊不明的。煽动者可能并不了解他们,或者也许了解,但他们发现最好还是让民众的注意力集中在自己身上。他知道具体的形象(例如领袖)比抽象的概念记得更牢。

既然没有别的办法摆脱困境(除了遥远而模糊的没说明白的暴力行动以外),追随者们被迫信任煽动者为向导,盲目地投身于热潮中。煽动者为民众提供了抗议和憎恶的渠道,发泄这些愤慨所带来的快感被释放出来得到了暂时性的满足。美国人是美国人,基督教徒是基督教徒,这些都是最好的人民、真正的精英等腔调完全是同义反复,追随者们从一再强调中获得了一种舒适感。一个人是基督教徒因为他不是犹太人,一个人是美国人因为他不是外国人，一个人是淳朴的同胞因为他不是知识分子……这种舒适感尽管可能非常微弱，但足以支撑起他的自尊。

我们需要对本土主义组织的成员展开综合性的科学研究。有人观察到，其中的成员往往是那些在生活中明显没什么成就的人，大多超过40岁，没受过教育，充满了困惑，面部表情常常一副咧嘴笑的样子，其中的很多人表情僵化，说明这些寻找幻想中的情人和庇护者的人原本就生活在无趣当中。

据可靠证实，追随者几乎都是一些已经感到自己在某种程度上遭到排斥的人。他们中间可能有很多人遭遇着不愉快的家庭生活、不满意的婚姻。年龄意味着他们已经对自己职业和社会关系中的绝望感忍受了很久。因为个人或财务资源上很少有积压的待办事项，所以他们更惧怕未来，更乐意将内心的不安全感归咎于煽动者圈出来的恶性势力。由于缺少现实的感恩和主观上的安全感，他们有一种虚无主义社会观，沉溺于狂怒的幻想之中。他们需要一座安全而孤立的岛屿，以便实现自己受挫的愿望。所有的自由主义者、知识分子、社会越轨者以及其他变迁行动者都必须被排除在外。诚然，他们也想要某种改变，只不过是那些可以提供个人安全、支撑个人弱点的改变。

前几章谈到的每一种性格制约型偏见都可以用来解释追随者的行为。仇恨和焦虑通过散布煽动性谣言而外化。这是投射的一种制度性辅助。它正当化并鼓励了小报式思维、刻板印象以及世界充满骗子的信念。它将生活切割成界限分明的两种选择：要么跟随简单的法西斯主义信条，要么等待即将到来的灾难。没有中立地带，也没有国家解决办法。尽管终极目标暧昧不明，但对确定性的需求在"跟着领导走"的规则中得到了满足。通过宣传所有社会问题都是外群行为过失的结果，煽动者能够一直避免将追随者的注意力集中在他们自己痛苦的内心冲突上。他们的压抑因此被很好地守卫起来不受干扰，所有的自我防御机制在这个过程中得以加强。

一项小规模的实验研究为我们提供了一些启发以帮助理解那些易受煽动而蛊惑的人的天性。实验被试是芝加哥一群曾经参加过访谈并在访谈中谈起过个人观点和历史的退伍老兵。实验者给他们每个人发了两封反犹主义煽动邮件，两周以后进行回访。结果发现，一部分人接受并同意了信件中的说辞，而另一部分人拒绝了。接受且同意的人都是曾经表露

第26章 | 煽动

过不包容或只是口头上敷衍过要包容的人,他们不像拒绝的人那样有着坚定的包容信念,并且他们认为这些信件来自一个权威可靠的、公正的信息源,而且他们感到这些一再确认的话术能够减轻他们的焦虑、不会引起新的恐惧和冲突。总结这些证据我们可以得出结论:煽动的诱惑建立在先前与诱惑相吻合的态度和信念之上;它在"消费者"看来是权威性的,能够降低焦虑。如果满足了这两点,煽动性言论就很容易被接受。[5]

煽动者本人

煽动者的大量出现是因为权威型人格者需要他们。但他们的动机却不是利他主义的。他们需要将自己的斧子磨得更锋利些。

很多情况下,煽动都有利可图。会费和礼物、T恤和徽章,足以让领袖过上养尊处优的生活。[6]在这场游戏中,好运会时不时光顾,直到运动失败——而失败也是由于管理不当、法律纠纷或追随者喜新厌旧的欲望,这中间可以存下大量的金额。

政治动机也很常见。有些国会议员、众议院议员以及当地政府参选人是靠假大空的承诺(有时伴着仇恨鼓动)上位的。这些手段极富戏剧性,足够登上头条引来各界媒体的评论。结果就是,作为煽动的发起者远近闻名,这点好处可以在下次选举中派上用场。通常的手段是唤起希望(例如"财富共享")或唤起恐惧。"投票选我,否则"赤色分子"(或黑人、或天主教信徒)就会控制政府。"这两种手段——伴以娴熟的技巧——让希特勒在短期内顺利掌权。

但煽动的动机可能更为复杂。他们通常也有着性格制约型偏见。人们很少能找到一个完全冷血、精明算计的政客单纯把反犹主义等把戏当作增加收入的手段。

就拿希特勒的反犹主义策略来说。一部分很可能根源于他的自卑和性冲突。但他将反犹主义作为国家政策不可能只是用来满足自己的个人需求。也许他和他的亲信都想把犹太人的财物据为己有。直接征收犹太人的财富也许是一个因素,但征收所获能否抵消德国商业和市场的崩溃所造成的资本流失仍然存疑。最主要的动机在于,它能够为德国人民提供一个替罪羊来为1918年战败和随之而来的通货膨胀担责。将谴责的矛头对准犹太人又加强了民族主义和国内团结。所有这些动机可能同时存在,

偏见的本质

相辅相成。希特勒不仅在德国也在世界范围内尝试摆出一副圣乔治屠龙的架势以获得支持。既然反犹主义在所有国家都存在，希特勒就希望成为所有国家的朋友。在很多地方我们会听到人们说，他们喜爱希特勒只是因为他反对犹太人。他靠这一口号博取同情以便帮助他对付很多难对付的国家。他获得了同情毋庸置疑，但从长期看来他高估了自己胜利的价值。

已经掌权的煽动者可能会利用反少数群体的呼吁作为一种分散注意力的手段。他们怀揣着自己的小算盘，不断地告诉人们自己从怎样的危难中解救了他们。他们像罗马皇帝利用面包和马戏团那样利用着少数群体。

除非人群中已经弥漫着大量的不安，否则煽动者不可能获得成功。而如果他们的追随者个个都有着坚强的内心安全感和成熟的自我发展，他们也不可能成功。但往往追随者里有相当多一部分人愿意为他们的辛苦买单。社会大众对于煽动者来说是必不可少的。而没有煽动者的地方，人们也不大可能陷入群情激怒的状态中。麦克威廉姆斯将珍珠港事件后日裔美国人所遭受的不公对待怪罪到一些职业爱国者和政治迫害者头上。[7] 假如希特勒不曾存在过，那么二战的血腥暴力和犹太人遭遇的残酷迫害还会不会发生是一个永远都没有答案的问题。但看起来似乎煽动对于灾祸的发生是必要的。也许只要时机成熟，即使这个煽动者没有出现，也会有其他的煽动者出现。

总之，煽动的动机可能是复杂而混合的。但很多煽动者自己就是权威主义人格者，他们有着娴熟的修辞话术。尽管有些煽动者是为了钱和权，但大多数是受性格的制约，特别是那些短期运动的首领，仅凭印发的小册子和临时演讲，他们既没有什么政治权力也没有什么金钱可以攫取。也许，他们是在满足某些表演和展示的欲望。但除非他们本身的偏执已经强烈到一定程度，否则他们是不会采取这种极端的表达方式的。有些人——特别是一些长期参与煽动的成名者似乎有点类似妄想症一样的疯狂。

妄想型偏执狂

克雷佩林在为精神疾病分类时定义了一种**偏执症观念**（paranoid ideas），指的是"一种不受经验矫正的错误判断"。根据这个宽泛的定义，很多观念包括偏见都是偏执症。

然而真正的偏执症有种顽固而不可理喻的僵化。所有的想法都是妄想，同现实脱节，不受任何影响。

一名性格多疑的女人认为自己已经死了。医生尝试用明晰的逻辑论证来证明她的荒谬。他问道："死人会流血吗？"女人回答："不会。"医生说："好的，那我扎了你的手指，你会流血吗？"女人回答："不会。我不会流血，我是死人。""那我们来试一下。"医生说着，就扎破了她的手指。她惊奇地叫道："哦，原来死人是会流血的！不是吗？"

偏执症观念的一个特殊之处就是，它们通常是局部性的。也就是说，当事人可能除了自己混乱的方面以外，在其他方面都是正常的。仿佛他生命中所有先前经历的痛苦——所有冲突与挣扎——都浓缩在一个单独而有限的妄想系统当中。在本书第283页，我们看到，排斥型的家庭生活是大多数类偏执症的特征。仿佛生命早期经历的所有弥散的痛苦都被卷入并合理化为一个单一的观念集合——当事人受到了内心的"迫害"，这种迫害可能来自邻居，也可能来自犹太人。

偏执症观念有时与其他形式的心理疾病混在一起，但它们往往本身就构成一个实体，被称为"纯粹偏执"。有时这种症状很轻微，仅仅能诊断出一种临界状况——"偏执倾向"。

很多精神分析学家和精神病学家认为，任何程度或类型的偏执症都是同性恋倾向被压抑的结果。有一些证据支持这个理论。[8]他们可能会这么解释：很多人尤其是小时候因为性的活动受过严厉惩罚的人无法面对内心的同性恋冲动。他们会将其压抑，并对自己说："我不爱他，我恨他。"（和我们在第23章遇到的"反向形成"类似。）这种冲突被外化了。互补式投射开始起作用。"我讨厌他，是因为他讨厌我。他在心理上迫害我。"这种充满折磨的合理化过程的最后一步就是移置和概化。"不仅仅是他一个人讨厌我、设计陷害我，而且还有黑人、犹太人都跟我过不去。"（这些人被看作替代的性符号，或仅仅作为一种便利的、社会所允许的替罪羊，来解释当事人内心所感受到的来自某人的"迫害"。）

无论这个精巧的理论是否合理，偏执型思维的形成似乎总是遵循以下几个步骤：(1)个体内心产生一种剥夺感、挫败感或对某事物的不充分感（或者在性的方面，或者在其他个人优先级高的方面。）(2)这背后的原因，由于压抑和投射机制的存在，被误以为全在于外界而非自身。(3) 外部原因被看作一种尖锐的威胁而遭到憎恶，攻击性由此而生。在极端的情况下，当事人可能会攻击、排斥担"罪责"的外部群体。一些偏执狂患者还有杀人嗜好。

一旦真正的偏执变成了煽动，灾难就会来临。煽动者如果在他作为领袖的所有方面都表现得正常而精明的话就会更加成功。因为此时，他的妄想系统就看似非常合理了，他可以吸引追随者，特别是那些自身也有潜在的偏执症观念的人。足够大的偏执和足够多的有偏执倾向的人结合起来，就可能导致一场危险的暴乱。[9]

偏执倾向解释了为何反犹主义的强迫性驱力从来不会让人放松。当事人时时刻刻都处于一种被鼓动着的状态。即使公众反对、嘲笑或者将其送进监狱也无法令其动摇。就算他不会煽动他的听众从事暴力行动，内心也始终有一种无人可撼动的紧张、严肃和攻击性。不管是争辩还是经验都无法改变他的观点。如果遇到相反的证据，他只会将其曲解以服务于先前的信念，就像那个"死去的"女人一样。

重要的是，我们应当意识到，偏执可能存在于正常个体的身上，而且任何级别的偏执倾向都有可能产生。投射机制是偏执症的核心，但正常人也会有投射。常态和病态并不是非黑即白的关系。

偏执症代表了偏见的一种极端病态。而且目前没有什么治愈的办法。任何人发明了治疗偏执症的方法都将成为整个人类的福祉。

控制癌症的方法之一就是研究健康机体的生存条件以杜绝细胞的恶性增殖。类似地，我们也希望能够从对包容型人格的研究中学到一些控制偏执症、投射以及偏见的方法，看看到底是哪些心理功能产生了偏差或缺陷。那么，是什么造就了包容型人格呢？

注释和参考文献

[1] A. Forster. *A Measure of Freedom.* New York: Doubleday, 1950, 222-234.

[2] L. Lowenthal & N. Guterman. *Prophets of Deceit: A Study of the Techniques of the American Agitator.* New York: Harper, 1949.

[3] How to spot American pro-Fascists. *Friends of Democracy's Battle*, 1947, 5, No. 12. Issued by Friends of Democracy Inc., 137 East 57th St., New York 22, N. Y.

[4] 参照 L. Lowenthal and N. Guterman, *Op. cit.*, 111。

[5] B. Bettelheim & M. Janowitz. Reactions to fascist propaganda—a pilot study. *Public Opinion Quarterly*, 1950, 14, 53-60.

[6] A. Forster. *Op. cit.*

[7] C. McWilliams. *Prejudice*. Boston: Little, Brown, 1944, 112.

[8] J. Page & J. Warkentin. Masculinity and paranoia. *Journal of Abnormal and Social Psychology*, 1938, 33, 527-531.

[9] 但称一个民族都是偏执症患者就有些过火了，例如有学者在讨论希特勒统治下的德国时的观点。参照 R. M. Brickner, *Is Germany Incurable?* Philadelphia: J. B. Lippincott, 1943。但即使是一小撮偏执症患者也能够产生很大的破坏性。

第 27 章
包容型人格

包容或忍受（tolerance）看上去是个软弱无力、优柔寡断的词。当我们说忍受头痛、忍受低矮简陋的公寓、忍受邻居时，其意思绝不是我们喜欢对方，而只是尽管讨厌，但还是决定忍耐它们。容忍社区中的新来者，仅仅是一种不失体面的消极行为。

但这个词同时又有自信而坚定的一面。我们会说，一个跟所有类型的人都相处得很好的人是包容的。他对种族、肤色和信仰一视同仁。他不仅仅是忍耐，而是总体上对他的伙伴抱有支持的态度。我们要讨论的正是包容一词的这个温暖而坚定的面向。但不幸的是，在英文里缺少一个更好的词来表达这种人与人之间无论所属群体而一概友好而充满信任的态度。

有些学者倾向于采用"民主型人格"（democratic personality）或"生产型人格"（productive personality）的概念。尽管这些概念都很重要且相关，但对于我们的研究目的来说还是有些过于宽泛了。它们并不需要从族群态度来切入。

在关于偏见型人格（第 25 章）的讨论中，我们注意到，研究一般会用到两种方法。**纵向**研究将注意力集中于偏见性态度的发展历程之上，从儿童早期的训练开始入手。而**横断**研究则希望探寻偏见的模式，想要弄明白族群态度在整个人格中的组织方式及其功能。这两种方法同样可以很好地应用于包容型人格的研究当中。但不幸的是，关于"好邻居"的研究并没有关于"坏邻居"的研究那么有成效。吸引研究者的更多是那些不良行为者，而不是遵纪守法者。正如医学研究者更多是被疾病而不是健康人所吸引一样，社会科学家们更多是被偏执者的病态而不是包容型人格者的健康状态所吸引，这俨然成为一条规律。[1] 因此，我们对包容型人格的了解不及对偏见的了解更为全面，也是意料之中的事情。

早期生活

很多遗传知识来自偏见研究中的控制组。正如我们在第 25 章看到的那样，将包容型人格组与偏见型人格组配对，以发现二者不同的背景因素，是非常常见的做法。

包容型儿童似乎更可能来自氛围宽松的家庭。他们感受到自己无论做什么都会受欢迎、被接纳、被爱。惩罚并不严厉，也不会反复无常，因而儿童不必每时每刻都防备着那些可能招来父母劈头盖脸的愤怒的内心冲动。[2]

因此，偏见型儿童中常见的"威胁定向"（threat orientation）在包容型儿童的成长史中相对缺乏。他们成长的基调是安全的而不是充满危险的。随着自我感的发展，儿童最终能学会，将自己寻求快乐的倾向和对外界环境的需求以及自身不断发展的意识三者协调、结合起来。他的自我找到了充分的快乐，无须诉诸压抑，无须因内疚而投射怪罪于他人。最终，在他心理-情感生活的意识层面和无意识层面之间不会发展出巨大的鸿沟。

一个包容型儿童对父母的态度分化得很好，也就是说，尽管他能够接纳父母，但总体上可能还是持有批判的态度，但没有恐惧。和偏见型儿童不同，他不会有意识地爱着父母却无意识地恨着他们。他的态度是组织化的，也是公开的，深情而不虚伪。他接纳父母本来的样子，不会生活在他们权力之下的恐惧当中。

因为道德上的冲突总体上能够被很好地掌控和解决，包容型儿童长大以后对待他人的错误就没有那么多苛责和僵化的倾向。他能够容忍别人对礼俗和规范的违背。比起"表现较好，行为举止得体"，他将愉悦的陪伴和幽默感视为更加重要的品质。

包容型个体（即使是童年时期）拥有更为灵活而富有弹性的心智，因为他拒绝二元逻辑。他很少认为"世界上只有两类人：弱者和强者"，或认为"做任何事情只有唯一正确的方法"。他很少将环境划分为完全合适或不合适。对于他来说，更多的是介于二者之间的灰色地带。他也不会明确区分性别角色。他不会认为"女孩只应该学习跟家庭有关的事务"。

在学校及其后的生活中，包容型个体在着手开始一项任务前不需要精确的、命令式的、界限分明的指导，这一点和偏见型个体恰好相反。他们可以"容忍模糊性",对确定性和结构性并没有固执的追求。开口说"我不知道"并静静等待时间去证明一切对他们而言是安全的。他们不害怕拖延;对于迅速做出分类并没有特别的需求,也不会坚持一种分类毫不动摇。

他们对挫折的容忍度似乎相对更高。当面临剥夺威胁时,他们不会陷入恐慌。由于对内在自我感到安全,他们更不容易将冲突外化(投射)。当事情进展不顺时,他们认为没必要指责别人:可以不带紧张感地从自己身上找问题。

这些似乎为包容型的社会态度奠定了基础。毫无疑问这种基础来自家庭训练,来自父母的奖赏和惩罚模式,来自家庭生活的微妙环境。但我们并不能因此而忽略有助于儿童发展出包容型态度的内在气质品质。有个学生写道:

> 从我记事时起,家里人就训练我要爱护生命。爸妈说,我5岁的时候有一次哭着跑进房间说外面有个小男孩在"晃动自然"。他们看向窗外,发现一个小男孩在摇树上的橡子。即使是这么小的年纪,我也很厌恶暴力了,这种感觉一直持续到现在。我小的时候被教育不要盯着瘸腿和盲人看,要乐于助人。我确信,正是这些训练杜绝了我对少数群体产生偏见性态度。

这个案例说明,先天气质和后天教育相结合,能够造就富有亲和力的价值观。

有关反德国纳粹的一项调查揭示了很多有助于包容态度形成的因素。(这方面的跨文化研究很受欢迎,因为这能够阐明当下的问题在何种程度上是人性的普遍问题,阐明文化本身在其中起到了何种程度的作用。)大卫·利维报告了一些反抗希特勒政权的德国成年男子的成长背景[3]:他们比一般德国人拥有更为亲近、友善的父子关系,而他们的父亲总的来看都不是苛刻的人。而且,他们的母亲在表达深情和爱方面也更为外露。这种早期而基本的安全感集中体现在很多没有兄弟姐妹的家庭中。这些发现清晰地支持了我们报告过的美国人研究,毫无疑问,早期训练在引导孩子趋向包容的过程中具有非常重要的作用。

利维的研究还发现,这些反纳粹的家庭往往有着宗教或民族之间的通婚史;与此同时,他们通过阅读和旅行拓宽了自己的知识面。换言之,家庭氛围并不是引导包容的唯一线索，后天经历也同样重要。

总结一下，包容，很少源自单一因素，而是很多力量朝着同一个方向推进的结果。这种力量越多（气质、家庭氛围、教养训练、多样化的经历、学校和社区影响），培养出来的人格就越包容。

》包容的多样性

包容型人格者在族群态度**显著**（salient）或**不显著**的程度上有所差别。对于一些人来说，公平与否始终在意识中占据着优先位置，并在其动机中扮演关键的角色。反纳粹的德国人就是一例。他们对希特勒的种族主义时刻保持警觉，并以自己的方式与之抗争。因为这个议题威胁到他们的生存，他们必须将这一态度突出地表现出来。

另外一些包容型的人貌似永远不会把这个议题摆在台面。他们骨子里就有习惯性的民主精神，对他们而言，无所谓犹太人或非犹太人，也不分自主的还是为奴的。所有人都是平等的：群体身份在大多数场合下并不重要。第 8 章曾提到，对犹太人毫无偏见的那些人比起对这个问题更为敏感的反犹主义偏见者更不容易凭借外貌将混在非犹太人中间的犹太人识别出来。

我们需要注意，大多数包容型人格者是那些族群态度丝毫不突出的人。他们不关心群体差别。在他们眼中，一个人就是一个人。但这种良性的意识缺乏在我们社会中很难达成，因为这是一个由种姓和阶级框定了大多数人类关系的社会。一旦有人希望将黑人看作正常人类的一分子简单对待，环境就会将种族意识的压力施加给他。社会歧视相当普遍，族群态度不得不变得显著起来。

除了显著与不显著，我们还可以进一步区分出**从众型**包容（conformity tolerance）和**性格制约型**包容（character-conditioned tolerance），和第 17 章对偏见的区分一样。在一个族群问题并没有出现的社区，或是这些问题已经根据包容型规范而被习惯性地解决掉的社区，我们可以想象人们已经对平等习以为常。他们在包容型群体规范的影响下成为从众者。但性格制约型包容是一种人格上的主动状态，正如性格制约型偏见，它对整个人格的经济性具有功能上的重要性。

性格制约型包容意味着人们对其他个体有着积极的尊重——不管对方

是谁。这种尊重因生活风格的不同而各异。有的人似乎怀有一种广泛的深情，一种真心的良善。其他人在价值观上更具审美性，对文化差异感兴趣，能够发现外群成员身上那些有趣好玩的点。有些人的包容嵌入在政治自由主义和进步哲学的框架之下。而另外一些人身上最突出的是一种公正感。还有一些人认为公平对待国内的少数群体同跨国亲善紧密相连。他们意识到，如果在国内有色人种都没有得到更加公平的对待，那么全世界范围内的和平共处更是不可能实现的。[4] 简而言之，性格制约型包容树立了积极的世界观。

好战型与和平型的包容

有些包容者是斗士。他们不能忍受对他人权利的任何侵犯。他们对不包容的行为绝不包容。他们有时会组成一个团队（例如种族平等委员会）来调查餐厅、酒店、公共运输场所是否有歧视行为发生。他们把自己当成间谍来研究并揭露那些煽动者和不包容的亲法西斯组织。[5] 他们支持并诉诸法律以对抗种族隔离。他们加入好战性（militant）更强的改革派组织，出席听证会，参与和任何民权议题有关的游行。

我们能说这些狂热者本身是偏见者吗？有时候能，有时候不能。他们当中有一小部分是"反向的偏执者"，例如像白人憎恶黑人一样憎恶南方白人。其背后是同样的过度范畴化和同样隐藏的心理动力学机制。反向偏执者会错误地将所有偏见者划分为"法西斯主义者"或指控所有的雇主剥削雇员。正如第 1 章所说，凡是对一个群体怀有不可遏制的敌意且该群体的恶劣品质都是某种夸大和概化的时候，偏见就产生了。基于这个定义，有些改革者并不比他们声称要改革的人更不带偏见。

但其他好战者似乎有能力对这一问题进行更加细致的分析。他们看到，一个特定时间的特定行为，例如通过了某项特殊的法案，将改善少数群体的利益，于是投身于这场战斗之中。他们的所作所为无不基于对自己价值观的现实评估，而且不带有任何刻板印象。或者他们故意选择那些浮夸的社会风俗并冒着被放逐的风险去向被排斥者示好，这也是一种个人价值观的体现。信仰的热情并不同于偏见。当被问到**信仰**和**偏见**之间的区别是什么时，有人可能会说："你可以不带情绪地谈论信仰。"这个答案并不完全令人满意——虽然也有一定的道理。信仰绝不是没有情绪，而是有着经过规训的、分化的情绪，指向的是现实阻碍的消除。与之相反，偏见背后的情绪是弥散而过度概化的，渗透于毫不相关的对象之中。

强烈的民主精神也很可能导致激进。邓布罗斯和利文森的研究体现了这一点。[6]研究者让被试完成两个测验：一个是自我中心主义量表（E量表），一个是好战型与和平型意识形态量表（ideological militancy and pacifism, IMP量表）。研究发现，那些温和地反对族群中心主义的人倾向于支持温和的改革措施，而那些强烈反对族群中心主义的人的世界观更为激进。相关系数为0.74。例如，好战者倾向于支持下列说法：

- 任何可能的手段，包括法律，都应给予黑人以及其他群体平等的社会地位和权利。
- 人们可以既心向民主、拥护言论自由，同时否定法西斯主义者发言和聚会的权利。
- 目前共和党和民主党之间的差别是次要问题，我们需要的是一个能够代表人民的政党。

很多具有超越族群层面的民主诉求的人，其内心都有一种好战的气质。他们期冀的是广泛的改革，而且是迅速的改革。

和平的民主人士（也是在反对族群中心主义上更远离极端化的人）在所选方法上更为温和，而且支持渐近的改革运动。他们支持如下说法：

- 在左翼和右翼的意识形态冲突中智者占据中间地带。
- "把另一半脸也伸过去"仍旧是生活的守则。
- 对反犹主义发表反对言论并没有什么好处，只陷于无意义的争论而已。
- 国际上的紧张局势很大程度上是一些国家和人民缺乏见识的结果。

他们更偏爱教育、耐心和渐进主义等和平模式。

尽管研究证明强烈的反族群中心主义可能导致好战，但这种相关并不是绝对的。具有极端民主精神的个体成为改革上的渐进主义者或和平主义者，这也是完全有可能的。伟大的黑人领袖布克·华盛顿就是一例。

》自由主义与激进主义

无论包容者是好战的还是和平的,他都很有可能在政治观点上是一个自由主义者。而偏见者往往是保守主义者。二者的相关始终保持在 0.50 左右。[7] 根据这类研究中所采用的量表,自由主义者是那些对现状呈批判态度、想要积极的社会变迁的人。他不再强调坚定的个体主义和商业成功,希望尝试通过增强劳工和政府在经济生活中的作用而削弱商业的力量。他倾向于对人性抱有一种乐观的态度,而且相信会越来越好。而根据量表的定义,激进主义则处在同样模式的更为紧张、极端的状态上。

但正如我们曾指出的,自由主义者和激进主义者之间存在着质的差别,激进主义者往往全然反对现行社会结构。激进主义者的族群感情往往嵌入在对社会的暴力抗议当中。他们对体制的憎恶相比于改善少数群体生活条件来说占据着更为核心的位置。

因此,说激进主义仅仅是自由主义的一种极端状态并不准确。这两种世界观的功能性意义是完全不同的。自由的平等主义者认为,社会中出现一些摩擦是不可避免也是完全正常的,需要改善的是强化对人的尊重,无论这个人是饱受贫困之苦、生病或健康,还是被贴上少数群体成员的劣势标签。他的生活目标是一种世界改良论(meliorism)——让一切变得更好。但激进主义者的生存框架是消极的——渗透着憎恶。他想要毫不顾及后果地把事情搅乱。

自由主义和激进主义二者都与族群包容性呈正相关,这一点成为偏执者(往往是政治保守主义者)的有力武器。他们可以仅用一点点事实来指控那些呼吁平权的人是"激进者"。就好比说,所有超过 75 岁的人都赞成社会安稳,因此所有赞成社会安稳的人都超过 75 岁。但指控者要的就是这种混淆。

》教育

包容者除了比偏见者更加自由(或激进)以外,是否更加聪明?他们拥有更少的二元思维、更少的过度范畴化、更少的投射和移置,这些看上去似乎都是愚蠢的标志,因此他们更加聪明?

但这个问题实际上很复杂。妄想症患者在其缺陷领域以外也有可能是非常聪明的。偏见者往往都是成功者,从来不会展现出任何与"低智力"相关的广义上的愚蠢。

如果参考儿童研究,我们会发现,包容性会**轻微地**相关于高智力。相关系数约为 0.30。[8] 这并不算高,而且受社会阶级身份的影响。智商低的儿童更倾向于来自教育和机会略差、偏见和忽视略高的贫困家庭。所以我们不能确定包容性和聪明之间存在基础相关,还是背后的阶级与家庭训练同时影响了二者。

如果改问,受过更好教育的人是否比没有受过更好教育的人更包容,答案则会更加确定一些。一项来自南非的研究给出了明显的肯定性答案。[9] 当被问到对于土著人的态度时,受过不同程度教育的白人给出了不一样的回答:

- 支持给予更多工作机会:84% 的受过高等教育的白人,30% 的只受过基础教育的白人。
- 支持给予平等的教育机会:85% 的受过高等教育的白人,39% 的只受过基础教育的白人。
- 支持给予更多政治权利:77% 的受过高等教育的白人,27% 的只受过基础教育的白人。

这些数据似乎反映了,教育产生了显著的影响。这很可能是由于教育程度高能缓解不安全感和焦虑感。也有可能教育使个体能够将社会图景看成一个整体,从而理解一个群体的幸福与所有群体的幸福息息相关。

美国的比较研究也发现了同样的规律——尽管没那么明显。南非的研究中使用的类型问题通常反映了 10%~20% 的教育差别,而不是这里报告的 50%。[10]

请注意这两类问题的区别(根据第 1 章):跟态度有关的问题和跟信念、知识有关的问题。受过高等教育的人相比于只受过初级教育的人在有关少数群体的**知识**方面有着巨大的差别。例如,很多受过高等教育的人知道黑人血统本质上同白人血统并无不同,因此大多数黑人对于自身的命运都非常不满。有关知识的问题往往会造成 30%~40% 的差别。但包容性跟知识是不同步的。平均来看,态度跟教育水平的相关程度更低。

有一项研究报告说,大学生的包容性分数随着父母的教育水平的变化而变化。超过 400 名学生参与了偏见测验,按分数对半,分出包容组和偏见组。表 27-1 是测验结果。[11]

表 27-1　　　　　偏见分数在父母教育水平上的百分比分布

	包容组	偏见组
父母双方都是大学生	60.3	39.7
一方父母是大学生	53.0	47.0
没有父母是大学生	41.2	58.8

因此，结论就是，教育水平的普遍提高确实能在一定程度上提高人们的包容性，而且这种增益效应很明显会传给下一代。但我们还不能确定，这种由教育带来的包容性增益到底是由于安全感的增强，还是思维习惯批判性的增强，抑或是高等知识的获得。但这一结果也绝不可能是**特殊的跨文化训练**所造就，因为直到最近几年学校或大学里才有了这种训练。

只要有这种特殊训练存在的地方，我们就能发现包容性的提高。一项研究发现，受过特定跨文化教育的大学生中约有 70% 落在偏见分数的**更包容一端**。[12]

这些学生报告说，他们学到了"种族优越论或种族劣等论的真正教训"，知道了"少数群体和其他人一样——有好的一面也有坏的一面"。

虽然教育——特别是跨文化教育——能够明显地增加包容性，但值得注意的是，这并不是必然的。二者之间的相关并不高。因此我们并不赞同有些狂热者所说的"偏见的问题完全是教育的问题"。

》 共情能力

下面我们来介绍包容性中的一个重要能力。它有时被称为共情（empathy），尽管我们也会将其称为"慧眼识人的能力""社交智力""社会敏感性"。

下面这个例子很好地说明了，包容者比不包容者在对人格的判断上更加准确。

> 在一项实验中，一名在权威主义量表上得分很高的大学生同另一名同龄、同性别的低权威主义学生配对。他们互相非正式地聊天 20

分钟，聊天内容可以是关于自己喜爱的广播、电视或电影。通过这种方式彼此形成一个对对方的印象，就像日常与陌生人萍水相逢所不可避免的那样。参与者事先不知道实验的目的，聊天结束后，每个学生分别被带到单独的屋子里面填写一份关于**他认为对方将如何回答**的问卷。一共 27 对学生参与了实验。

结果显示，高权威主义者更容易"投射"他们自己的态度，即认为对话者同样会以一种权威主义的方式来回答问题（尽管对方的权威主义得分实际上很低）。与之相反，那些低权威主义的学生反而能够更加准确地估计对话者的态度。他们不仅意识到对方是权威主义者，而且也给出了更为准确的描述和预测。简而言之，包容型学生总体上比非包容型学生看人更准。[13]

诺琳·诺威克（Noreen Novick）的一项未发表的研究更为清晰地阐明了这个问题。美国一家培训学校中的外国学生被要求说出一些同伴中他们认为最有可能成功进入自己国家的美国人服务中心、最有可能被接纳的人的名字。结果呈现出惊人的同质性；某些类型的美国人在任何一个国家都很受欢迎；而某些类型的美国人不会被任何一个国家接纳。将这两类人进行比较就得出了区分性的特征。为什么有些人那么受欢迎，而有些人却相反？

其中的关键因素就在于"共情能力"。那些被选出来的学生尤其拥有换位思考的能力；他们慧眼识人；他们对他人的心智框架非常敏感。而没被挑选出来的学生则缺乏这种社交敏感性。

该研究中的两个发现尤其重要：(1) 人类关系技巧并不是某一特定文化所独有，所有民族对受青睐者的选择都是一致的；(2) 受青睐的品质大多是共情能力，即一种能够知晓其他人心智并做出相应调适的灵活能力。

那么，为什么共情能力可以造就包容性？是因为一个能够准确识人的人没必要感到担忧或不安全吗？凭借对所感知到的线索的准确理解，他有信心在必要时刻避免卷入麻烦。现实感知赋予了他避免摩擦、经营成功关系的能力。而与此同时，缺乏这种能力的人无法信任自己对待别人的技巧。他不得不处于警戒状态，将陌生人划入一个个范畴，然后囫囵对待。由于缺少微妙的辨别力，他只好诉诸刻板印象。

共情能力的基础是什么我们还不知道。也许它来自安全的家庭氛围、审美敏感性和高社会价值的结合。就我们的目的而言，无论它源自何方，只要知道它是族群包容性人格中最为突出的特点就足够了。

》 自我洞察力

类似的特质还有自我洞察力（self-insight）。研究显示，关于自我的知识与对他人的包容度呈正相关。那些自我意识较强、自我批判能力较强的人不会僵硬地把自己的责任推到别人身上。他们了解自己的能力和缺点。

这一点有很多研究证据。加州的一项有关包容型和偏见型群体的研究报告说，包容者的理想自我往往包含自身缺乏的一些特质，而偏见者的理想自我就是他们当下的样子。包容者"拥有足够的安全感，因此更能承担得起现实和理想我之间的偏离"。[14]他们了解自己，并且不满于已经获得的东西。他们的自我意识可以抵挡得住把自身缺陷投射给别人的诱惑。

另一项研究则询问了包容者和偏见者是否感到自己比一般人有更多偏见。几乎所有的包容者都清楚自己是没有偏见的，但只有五分之一的偏见者清楚自己比一般人有更多偏见。[15]

有些研究者注意到了包容者中普遍存在的一种**内向性**（inwardness）。他们对想象性的过程、幻想、理论性反思和艺术活动更感兴趣。而偏见者与之相反，他们在兴趣上更加**外向**（outward），喜欢将内在冲突外化，认为环境比自我更有吸引力。相比于外界、制度性的锚定点，包容者更想要个人自主性（personal autonomy）。[16]

共情、自我洞察力、内向性都是实验甚至临床调查中难以检验的特质。令人惊喜的是，我们的证据恰如其分。但目前为止还有一项与之相关的特质心理学也拿它没办法，那就是幽默感。有证据表明，**幽默感**与个体的自我洞察力水平密切相关。[17]但很难准确地说幽默到底是什么，对它进行准确测量也超出了当代心理学的能力范围。但我们斗胆认为，幽默感很有可能是偏见关系中一个重要的变量。煽动者集会的参加者会将那些板着脸大发偏见言论的人评论为"缺少幽默感"。这个判断令人印象深刻。在第 25 章对偏见型人格的症状定义中，我们敢断定少了幽默感这一味料。同样在包容型人格中，幽默感也不可缺席。一个敢于调侃自己的人也是不可能对别人产生居高临下的态度的。

》内责性

内向性和了解、调侃自己的能力可以造就第 9 章和第 24 章中所提到的内责（intropunitiveness）倾向。内责代替了投射性外责。

一名研究对苏态度的研究者让被试回答："当事情进展不顺时，你更可能对别人怒不可遏还是感觉糟糕并责备自己？"那些选择责备自己的人更不容易积怨于苏联。因此内责性特质即使在跨国态度中也有所体现。内责的人通常不会陷入非理性的寻找替罪羊的过程当中。[18]

该特质还有另外一个更加积极的效应：它能培养对竞争中弱势一方的同情。这种同情是混合的感情。它可以是真诚的，也可以是一种故意施舍的恩惠。帮助弱势群体很容易让人感觉自我膨胀。有时这种党性偏见会表现出一种强迫的、神经质的特征。但无论这种同情是无私的还是服务于自我的，都很有可能与内责倾向相伴相生。

现在我们需要将注意力转到一种相当常见的社会化人格模式上来。这种类型的包容者对竞争中的弱势一方怀抱真诚的同情；他本身有着深深的自卑感和无价值感；他倾向于内责；他看重且敏感于他人受到的苦难，并从帮助身边同胞的过程中获得幸福感。虽然并不是所有的内责型人格者都会发展出这样一种完全的症状，但这一模式并不少见。

》对模糊性的容忍度

读者将回忆起我们对偏见者心智运作的独特认知过程的几番讨论。很多章节（特别是第 10、25 章）已经证明，偏见者拥有僵化的范畴，容易产生二分思维，选择性感知并简化记忆轨迹，追求确定的心智结构——即使是在与偏见不直接相关的过程中。所有这些证据都来自偏见者被试组和非偏见被试组之间的对比研究。因此我们可以确信地说，包容型人格的心智运作特征是以上这些特征的对立面。

仅仅用一个单一的术语，例如灵活性、分化（differentiation）、现实主义等，很难从整体上刻画包容型个体的心智特征。也许最好的短语就是弗伦克尔-布伦斯维克所谓的"模糊性容忍度"（tolerance for ambiguity）。[19] 这个标签本身并不重要，但重要的是我们应当记住背后的原理，即：有关族群的包容型思维，和偏见型思维一样，都是认知运作的整体风格的一种反映。

>> 个人价值观

但包容型思维也不仅仅是认知风格的反映，它更是整体生活风格的反映。

当谈论到整体生活风格时，我们指的是把本章提到的所有具体因素组织起来、整合起来的风格。这是一种包容**模式**，而不仅仅是包容态度。气质、情绪安全感、内责性、范畴的分化、自我洞察力、幽默感、挫折容忍度以及模糊性容忍度——所有这些以及其他一些因素都会进入这个模式当中。模式意味着合成（synthesis），但心理学家们普遍偏好分析（analysis）的工作方式。正因如此，心理学在处理模式或"整体风格"上捉襟见肘。

不过也有研究在模式问题上取得了一些进展。该研究显示出包容性是如何嵌入个人生活的价值取向当中的。[20] 研究者测量了大学生们在斯普兰格（Eduard Spranger）所提出的六个范畴上的价值观[21]，同时也利用利文森-桑福德反犹主义量表（Levinson-Sanford Anti-Semitism Scale）测量了针对犹太人的偏见程度。[22] 抽取偏见程度最高和最低25%的案例，他们的价值观排序如下：

	高反犹主义	低反犹主义
最高价值	政治	审美
	经济	社会
	宗教	宗教
	社会	理论
	理论	经济
最低价值	审美	政治

两个群体给出的价值观顺序恰好颠倒。考虑到量表所定义的价值观的本质，这一发现具有重大意义。**政治**价值意味着醉心于权力；意味着个体通常以一种层级结构、控制、支配、地位的视角去看待日常生活中的事件，将一些事情看得比另一些事情更高、更好、更重要、更

有价值。一个戴着这种有色眼镜的人会自然而然地将外群视作地位低下的、价值次要的甚至是可以糟践的，或将他们看成对自身地位的威胁，以为他们正在密谋夺取社会的控制权。与之相反，包容型个体很少或几乎不以权力层级的透镜看待生活。对于他们而言，政治价值是最微不足道的。

而**审美**价值（在包容组中排最前、反犹主义组中排最后）代表着对**独特性**（particularity）的欣赏和追求。它意味着任何生活事件——不管是一次落日、一座花园、一段交响乐还是一种人格——都会以它本来的面目被感知和体会。审美态度意味着摒弃分类，每一次独立的经验都自成一体并具有本质上的内在价值。审美态度会将人个体化，而不是看成群体成员。偏见者在这一价值上得分较低而包容者在这一价值上得分较高，这一发现很有启发性。

排在第二位的价值也同样有趣。**经济**价值意味着对效用的追求。经济取向的人经常考虑的问题是："它有什么用处？"这种价值类型往往渗透在商品的生产和分配流程当中，或在银行与金融机构当中。在一个竞争性的社会，经济价值和政治价值往往自然而然地关联在一起（在**价值观研究**中，它们之间的相关达到 0.30）。反犹主义很快描绘出了一幅犹太人作为经济威胁、势利眼（也许是他自己势利眼的投射？）和竞争对手的画面。而包容者对生活很少持有经济主义的观念，因此在经济威胁方面并不敏感。

社会价值，包容型人格中第二高的价值，代表爱、同情和利他主义。社会价值高的时候，族群偏见不会在生活中扮演重要的角色。特别是在社会价值与审美价值相结合的时候尤其如此，人们只关注于个体自身的美德，而不会以范畴化的方式去思考人群。

显然**宗教**和**理论**价值是最没有决定性意义的。这很容易解释。如我们即将在下一章介绍的那样，宗教既可以增加也可以降低偏见，完全取决于个体如何感知。在本研究中，这两种效应相互抵消，呈现出价值中立。至于**理论**价值则代表了一种对广泛真理的探求。它在反犹主义价值观中是第二次要的。偏见者实际上对真理并不关心。但这一价值对于包容组来说并没有排在很靠前的位置可能是因为尽管它也很重要，但审美、社会、宗教等价值更具有决定性。

偏见的本质

》生活哲学

在 E.M. 福斯特有关偏见的经典小说《印度之行》中，几个英国人正在筹办聚会，打算邀请的客人名单加了又加，连穆斯林和印度教信徒也包括在内。于是一名英国人惊慌地说："我们必须排除一些人，不然我们谁都请不动。"

包容者所持观点与之相反。他们越是可以邀请到更多人前来，实际上越会感觉到满意和充实。排斥性的生活风格并不是他们的作风。

本章已经列举了人们选择一种包容型生活风格的很多原因。有些人是天生的热心肠。有些人则明显是受早期家教的影响，培养出了高度的审美和社会价值观。教育水平、广泛的自由主义政治观也起到一定作用。自我洞察力、慧眼识人的本领以及共情能力在此都扮演了重要角色。最重要的是，一种基本的安全感和自我力量，抗衡着那些想要压抑、投射以及将个人安全让渡给权威主义机构的倾向。

问题的核心似乎在于，任何人都倾向于完善其自身的天性，即通过辅助作用（第 19 章）进行学习。探索可以沿着两条路径进行。一条路径是通过排斥、通过**拒斥型的**平衡来寻求安全感。个体困守于孤岛之上，限制在自己的圈子里，严格地挑选出那些让他安心的东西并将一切威胁排除在外。另一条是放松的、自信的因而也充满了对他人的信任的路径。个体不必将陌生人排除在聚会之外。自爱与爱人共存。对内在冲突和社会事务的现实掌控滋养了安全感，使得包容成为可能。不同于偏见者，包容者不会将世界感知为一个充满邪恶和危险的丛林。

正如第 22 章中所介绍的那样，一些关于爱和恨的现代理论，认为人的原始趋向是向往一种充满信任和亲近的生活哲学。这种性情倾向由早期母亲与孩童之间的依赖关系自然地发展而来。亲和是所有幸福的来源。当生活中产生了憎恶和敌意时，这种天然的亲和倾向就会被严重地扭曲。憎恶来自对挫折和剥夺的不良掌控，这些挫折和剥夺对自我的核心具有解体作用。[23]

如果这一论述是正确的，那么，一个成熟且民主的人格的养成则很大程度上依赖于内心安全感的建立。只有当生活远离那些难以忍受的威胁，或内心的力量强大到足以掌控这些威胁的时候，个体才能够对所有类型和处于不同状态的人都感到舒适和自在。

注释和参考文献

[1] 社会研究即将迎来焦点的转向,哈佛大学的资助研究已经全面投入普通大学生的身心健康课题之中。参照 C. L. Heath, *What People Are: A Study of Normal Young Men*, Cambridge: Harvard Univ. Press, 1945。同样在哈佛大学,索罗金成立了一个研究中心专门研究"好邻居"的生活条件。参照 P. A. Sorokin, *Altruistic Love: A Study of American "Good Neighbors" and Christian Saints*, Boston: Beacon Press, 1950。

[2] 本章这些研究结论的证据(除特别指明外)见第 18、25 章所列。

[3] D. M. Levy. Anti-Nazis: criteria of differentiation. *Psychiatry*, 1948, 11, 125-167.

[4] 参照 J. LaFarge, *No Postponement*, New York: Longmans, Green, 1950。

[5] 参照 J. R. Carlson, *Under Cover*, New York: E. P. Dutton, 1943。

[6] L. A. Dombrose & D. J. Levinson. Ideological "militancy" and "pacifism" in democratic individuals. *Journal of Social Psychology*, 1950, 32, 101-113.

[7] 参见 S. P. Adinarayaniah, A research in color prejudice, *British Journal of Psychology*, 1941, 31, 217-229。另见 T. W. Adorno, *et al.*, *The Authoritarian Personality*, New York: Harper, 1950, esp. 179。

[8] 参照 R. D. Minard, Race attitudes of Iowa children, *University of Iowa Studies in Character*, 1931, 4, No. 2。另可参照 Ruth Zeligs & G. Hendrickson, Racial attitudes of 200 sixth-grade children, *Sociology and Social Research*, 1933, 18, 26-36。

[9] E. G. Malherbe. *Race Attitudes and Education*. Johannesburg, S. A.: Institute of Race Relations, 1946.

[10] S. A. Stouffer, *et al. The American Soldier: Adjustment During Army Life*. Princeton: Princeton Univ. Press, 1949; Riva Gerstein. Probing Canadian prejudices: a preliminary objective survey. *Journal of Psychology*, 1947, 23, 151-159; Babette Samelson. *The Patterning of Attitudes and Beliefs Regarding the American Negro*. (Unpublished.) Cambridge: Radcliffe College Library, 1945.

[11] G. W. Allport & B. M. Kramer, Some roots of prejudice. *Journal of Psychology*, 1946, 22, 9-39.

[12] *Ibid.*

[13] A. Scodel & P. Mussen. Socila perceptions of authoritarians and non-authoritarians. *Journal of Abnormal and Social Psychology*, 1953, 48, 181-184.

[14] T. W. Adorno, *et al. Op. cit.*, 430.

[15] G. W. Allport & B. M. Kramer. *Op. cit.*

[16] 参照 E. L. Hartley, *Problems in Prejudice*, New York: Kings Crown, 1946。

[17] 参照 G. W. Allport, *Personality: A Psychological Interpretation*, New York: Henry Holt, 1937, 220-225。

[18] M. B. Smith. *Functional and Descriptive Analysis of Public Opinion.* (Unpublished.) Cambridge: Harvard College Library, 1947.

[19] Else Frenkel-Brunswik. Intolerance of ambiguity as an emotional and perceptual personality variable. *Journal of Personality*, 1949, 18, 108-143.

[20] R. I. Evans. Personal values as factors in anti-Semitism. *Journal of Abnormal and Social Psychology*, 1952, 47, 749-756.

[21] G. W. Allport & P. E. Vernon. A test for personal values. *Journal of Abnormal and Social Psychology*, 1931, 26, 231-248. 该测验在1951年进行了修订，见 G. W. Allport, P. E. Vernon, & G. Lindzey, *Study of Values*, Boston: Houghton Mifflin, 1951。

[22] D. J. Levinson & R. N. Sanford. A scale for measurement of anti-Semitism. *Journal of Psychology*, 1944, 17, 339-370.

[23] 对这一观点更全面的阐述请参见 E. Fromm, *Man for Himself*, New York: Rinehart, 1947; I. Suttle, *The Origins of Love and Hate*, London: Kegan Paul, 1935; G. W. Allport, Basic principles in improving human relations, Chapter 2 in K. W. Bigelow (Ed.), *Cultural Groups and Human Relations*, New York: Columbia Univ. Press, 1951。

第28章
宗教与偏见

> 上帝用同一种血脉创造了所有的民族。
>
> ——《使徒行传》

> 宗教是一种诅咒——在已经四分五裂的世界上制造割据。
>
> ——一名二战老兵

宗教的角色是矛盾的,既可以加深偏见,也可以降低偏见。尽管很多大的宗教其信义是普世主义的,强调手足情深,但这些教义的实践却往往伴随着割据和残暴。宗教理想的崇高和庄严与以此为名义进行迫害的恐惧相抵消。有人说,治愈偏见的唯一良方就是更多的宗教;也有人说,治愈偏见的唯一良方是取缔宗教。教徒们比一般人具有更高程度的偏见,但又比一般人具有更低程度的偏见。下面,我们就来解决这一悖论。

▶ 现实冲突

首先,必须清楚地意识到,在各种各样的宗教之间确实存在着某些天然的、也许是无法解决的固有冲突。

就拿某个大宗教来说,它声称,人人都对真理有绝对和终极的掌控。人如果笃信不同的绝对真理,就不可能达成自内而外的统一。这种冲突当传教士在不同分支的绝对真理之间积极劝诱改宗的时候尤其尖锐。例如,非洲的穆斯林和基督教传教士长久以来一直水火不容。每一方都坚称一旦自己的教义得到完全实践,就会消除人类所有的族群障碍。但实际上,任何一种宗教的绝对真理都只能使人类的一小部分臣服。

偏见的本质

天主教在本质上坚信犹太教和新教的教义是谬论。一些犹太教和新教分支又觉得其他分支在很多方面是堕落的。世界最大的宗教之一印度教，从教义上看似乎是最有包容性的。它认为，"真理是———人们也称其为很多东西"，也认为上帝有很多有效的面向和化身。但与此同时，印度教的历史也在追随者中间催生出种姓制度，激起的分裂和冲突从未间断过。

没有任何一种宗教成功地将世界团结在一起，因此差异就成了冲突的真正焦点。如果虔信者试图在战场上说服异教徒，异教徒很可能根本就听不进去。殉道者有时也是偏见的受害者，但也有时是真实价值观冲突的牺牲品。只要人们之间存在着不同的核心价值观，就始终避免不了争议和对抗。那些为自己的信仰英勇抗争、顽强守卫的人，并不必然是偏见者，也不必然是偏见的受害者。

尽管真实的冲突确有其实，但很多宗教还是改善了那些容易引起冲撞的教义。例如它们会认为，尽管外群仍陷在错误的混沌中无法自拔，但上帝还是可以在他愿意的时间里施展仁慈给予他们救赎。原则上，神学体系从不应该对异教徒施暴，尽管实际上暴行常常发生。在现代，纯粹由宗教问题引起的公开战争就没那么多了。取而代之的是，那些想要表达特定信仰和真理的人选择撤回自己的群体当中。他们很大程度上也允许别人这样干。

天主教会对民主自由是否构成潜在威胁？天主教是否凌驾政府之上而侵害了人民崇信其他教义的自由？当代美国围绕这些问题产生了大量的讨论。以这种方式表述的问题是现实性的，其可能的答案也是现实性的。如果答案是肯定的，一场绝对真理的现实性冲突势必会发生。如果答案是否定的，这个问题就可以理性地合上了。但如果指控始终不以清晰的否定性现实为基础而持续发酵，那么偏见就能大显身手。

但这一特定议题和其他议题一样，很少只停留在现实层面。信徒、党羽群雄并起，很快便有一些毫不相关的指控模糊了议题的本来面目。反天主教者利用这一议题来遮蔽他们内心的仇恨，很快，他们将任何天主教义或实践都看成对民主自由的威胁。这样的感知和解读是带有选择性的。而另一边，严阵以待的天主教阵营已经对这种非理性的暴发恨之入骨，以至于他们同样偏离了基本议题陷入相互攻击的泥淖之中。

总而言之，尽管在对立的绝对真理之间往往存在着不可调和的差异，但实践中通常还是能够找到可以调适这些差异的和平手段。事实上，有些绝对真理本身就具有高度的整合性，因而也帮了不少大忙。然而，武力和暴力也很容易将这种冲突激化为公开的战争。最明显的就是，宗教问题成为所有不相关议题的磁石。只要有不相关议题扰乱视线的地方，偏见就占据了上风。

宗教内的分歧因素

宗教成为偏见焦点的最主要原因就是它通常不仅仅代表了信仰——更是一个群体文化传统的中心轴。无论一种宗教的起源多么神圣而崇高，它都迅速地接手文化功能而被世俗化。伊斯兰教就不仅仅是一个宗教，它还是一丛紧密编织起来的文化族，由族群同胞所共享，而格外鲜明地区别于非伊斯兰世界。基督教同西方文明环环相扣，以至于人们很难记起它的最初源头。不同宗派的基督教精神已经与亚文化群体和民族紧密关联在一起，以至于宗教的分裂势必伴随着族群和国家的分裂。最明显的例子就是犹太人。尽管他们最初只是一个宗教群体，但他们同时被看成一个种族、一个民族和一种文化（第15章）。当宗教之区别担负了双重任务甚至多重任务时，就为偏见准备好了土壤。而偏见，就意味着让不适当的、过度包含的范畴取代区分性思考而发挥作用。

教会的神职人员往往成为文化的捍卫者。他们也依赖于不适当的范畴。为了捍卫自己信奉的绝对真理，他们倾向于把自己所属的群体当成一个整体来为之摇旗呐喊，从绝对真理中为他们内群找寻世俗实践的依据。有了宗教的准允，他们频繁地将族群偏见合理化。美国的一位波兰移民就讲述了下面的经历：

> 我清楚地记得12岁在学校里上的一门宗教课。有些学生问神父能不能抵制犹太故事。神父毫不犹豫地说："虽然上帝让我们爱所有人，但他没说我们不能爱某些人甚过另一些人。所以，我们完全可以爱波兰人多一点、犹太人少一点，只资助波兰的商业发展。"

这位神父真是一位尽职尽责的好骗子。他曲解了教义去迎合偏见，培育偏执的种子以待未来有机会发展为暴力掠夺和血腥屠杀。新教在为族群自私寻找宗教上的合理化借口时也同样道貌岸然。

因此，虔诚也可能成为偏见的面具，这种虔诚与宗教并无半点关系。

偏见的本质

威廉·詹姆斯在下面一段话中阐明了这一点:

> 欺侮犹太人,驱逐阿尔比教派和韦尔多教派,向贵格会门徒投石,将卫理公会弟子溺水,谋害摩门教徒,屠杀亚美尼亚信众,所有这些,与其说是表现了各类作恶之人的积极虔诚心,不如说是表现出人类原始的惧新症(neophobia),表现出我们尚存痕迹的好斗性,以及与生俱来的对陌生事物的憎恶和将稀奇古怪之人、拒绝臣服之人视为外来者的恐惧。虔诚只是面具,部族本能才是其内在驱动力。[1]①

引用这段话是因为,他阐明了各种迫害和宗教之间并不必然相关。但我们也不认同詹姆斯关于"偏见根源于人类原始的新奇恐惧"的观点。

人一旦运用宗教来为权力、名望、财富、族群自私找寻合理化的借口,就必然导致憎恶。此时,宗教和偏见才混为一谈。我们常常可以在族群中心主义的口号中发现这种混淆:"十字架和星条旗""白人、新教徒、非犹太教徒、美国人""上帝的选民""上帝与我们同在""上帝的国度"。

有些神学家用那些构筑宗教以服务于自身利益的罪恶者来解释宗教的堕落。只要人不将自己剥离就诉诸上帝,邪恶就会滋生。换言之,那些犯了傲慢之罪的人没有学到宗教的真谛,真谛并不是自我合理化、并不是自我支撑,而是谦卑和爱邻。

再没有比曲解宗教概念以迎合偏见更信手拈来的事情了。一名反犹主义的天主教神父曾宣称,基督教并不是教人们去爱的宗教,而是教人们复仇、憎恶的宗教。对于他而言的确如此。类似对"福音书"的亵渎壮大了整个新教宗派分支。[2]

我们不能否认,这种堕落将是无止境的。但更令人惊异的是,心中充满宗教灵性的人们竟然如此轻易地就从虔诚滑向了偏见。教会很难不呈现出这种趋势。就拿下面这则训诫来说:

> 犹太教会比妓院还要不堪……简直就是流氓的老巢。……这是一群犹太罪犯……一个密谋暗杀基督的聚会之所……一窝贼老鼠,臭名狼藉之地,邪恶阴魂不散的地方。……他们的精神也同样不堪……纵情酒色的一群畜生。……我们不该尊敬他们半分,最好不与之打交道。……他们好色而贪婪、背信弃义。[3]

---

① 译文参考了尚新建翻译的威廉·詹姆斯《宗教经验种种》,华夏出版社,2012。致谢。

这则训诫出自4世纪最大的圣徒之一、最古老的圣餐仪式和祷告的写作者——克里索斯托（金口约翰）之手。我们不得不说，有些人的确在宗教上严谨而虔诚，但只在某些生活领域持普世主义，而在另一些领域很不相配地充满偏见和特殊主义。天主教对待犹太人的历史就以此冲突为特征。在有些时期偏执大行其道，而在另一些时期则洋溢着广泛的热诚，就像教皇庇护十一世曾言："反犹主义是我们无论如何也不能参与的活动，因为从灵性的角度来说我们都是闪米特人。"

同样，美国的黑人教会也存在普世主义宗教被族群中心主义所玷污的现象。大多数新教黑人只能加入隔离起来的教会。[4]天主教会中隔离的更少。这两种教会隔离的设置都在减少。[5]但美国大部分历史中教会一直是种族关系现状的堕落者而不是改革者，这一批评还是非常站得住脚的。

我们已经说过，尽管宗教之间的现实冲突时有发生，但大多数宗教偏执实际上是族群中心主义自我利益和宗教的混合物，后者为前者提供了合理化的借口。

制度化宗教的纷繁多样使形势更加恶化。1936年美国的宗教机构普查结果是：大约有56 000 000名教徒，其中31 000 000名是新教徒，20 000 000名是天主教徒，4 600 000名是犹太教徒。总共约有256个教派，而52座机构，每座有超过50 000名教徒，占了总数的95%。我们还可以加上少量的印度教徒、穆斯林、佛教徒以及土著印第安宗教的信徒。世界上没有任何其他地方像美国一样有这么多形式各异的宗教派别。很多宗派是从旧世界的割据状态随移民移植过来的，而诸如耶稣基督后期圣徒教会、基督门徒教会和各种各样的五旬节机构等宗派都是土生土长的。尽管近年来只有一些温和的基督教冲突发生在新教机构内部，我们也没有理由认为在可以预见的将来会出现很大程度的统一。

因此，在这种制度化的机构里面，宗教也是四分五裂的。很多信条上的差别今天看来既不尖锐也不重要，而且自从殖民地时期以来也有过很多大的宗教特赦。宪法和权利法案是远离旧世界和殖民地根深蒂固的宗教非包容性实践的一个飞跃。但与此同时现存的这些割据状态让宗教的普世主义信条极易被毫不相关的种姓、阶级、国籍、文化差异以及种族所玷污。天主教很少因其信仰而受到轻视，但却继承了那些针对移民（往往也缺乏教育）的偏见。圣公会不再因其教义而遭到迫害，但却时而被认为是势利眼、上流社会而招人憎恶。五旬节派信徒被认为是原始的，并不是因为他们的教义而是因为他们的情绪主义。耶和华见证会因为些许政治上的偏离而遭到迫害。这些偏见没有一个是以宗教本身为主的。

事实上，如果我们更仔细地探究一下，就会发现偏执从来都不单纯是宗教的问题。尽管存在着信仰上的差异，尽管存在着真实的冲突，但只有在宗教成为内群优越感和自我膨胀的辩护基础时，偏执才会登场。

不同宗教群体在偏见上有所不同吗？

大量的研究关注是新教徒群体还是天主教徒群体具有更高程度偏见的问题。结果是非常模糊的，有些研究认为天主教徒更偏执，有些认为是新教徒，有些认为没有差别。[6]

即使出现了差别，似乎也并不是由宗教归属直接造成的。在一些天主教徒接受不到好的教育、社会经济地位更低下的地方，他们可能会显示出和这些变量相匹配的更高程度的偏见。在一些新教徒教育匮乏、地位低下的地方，同样也显示出更多的偏见。

尽管没有总体上的差别，但该领域的一项研究特别有意思。研究者用鲍格达斯社会距离量表测量了 900 名大学新生的偏见程度。[7]平均来看，天主教、新教和犹太教学生没有差别。但研究者发现不同宗教群体拥有不同的排斥模式。

> 犹太教学生对加拿大人、英国人、芬兰人、德国人、爱尔兰人、挪威人、苏格兰人和瑞典人排斥度最高（一种对于我们社会中"主流群体"的排斥）；天主教学生对中国人、印度人、日本人、黑人以及菲律宾人排斥度最高（一种对有色人种的排斥——可能与"异邦""异教"等概念相关联）；新教学生对亚美尼亚人、希腊人、意大利人、犹太人、墨西哥人、波兰人、叙利亚人排斥度最高（一种对我们文化中熟悉的"少数群体"的排斥）。

这项颇有启发性的研究显示出，尽管总体偏见大致相同，但特定群体却可能拥有他们独特价值观所决定的厌恶对象。因此，犹太教学生怨恨浅肤色的主流多数群体，后者经常将他们踩在脚下。天主教徒怨恨非天主教人群，而新教徒则怨恨那些社会地位低的群体。

虽然这项研究并没有在犹太教学生中发现偏见程度更低，但其他大多数研究者注意到了这种趋势。例如，在一项研究中，78%的犹太教被试落入了对黑人态度最友好的前二分之一内。[8]类似的发现都是很常见的。第9章讨论了迫害对犹太人态度的影响，并且发现与失败者建立认同并产生一种通情感是这类群体的常见反应。

我们缺少数据去做更精细的比对——例如，新教的某个宗派和其他宗派之间的比对。就目前的证据而言，这样的分析可能不是很有价值。

但我们在宗教规训的紧张程度和偏见之间的关系方面却取得了一些惊人的成果。超过400名学生被问道："宗教对你的成长有多大程度的影响？"我们发现，那些回答宗教对自己有显著或中等程度影响的人远比回答宗教只产生微小或没有影响的人有更高程度的偏见。[9]还有些研究则揭示出，没有宗教归属的个体平均而言比信教者有更少的偏见。

》 两种宗教狂

这一发现对于宗教家来说是难以接受的，需要更深入的探究和检验。它不仅辜负了宗教的普救主义理想，也同样遭到了其他证据的反驳。同样的研究中，学生们还被问到宗教对自己的族群态度有什么影响。答案有两种。有人坦率地说影响是消极的，他们被教育要鄙视其他宗教和文化群体。但有人也说这种影响是积极的：

- 教会告诉我们人人平等，不管因为什么都不应该迫害少数群体。
- 教会让我更加理解其他群体的感受、理解他们也是和我们一样的人，这点帮助很大。

第25章提到的加州研究也发现了这种双重影响。从那里我们知道，很多反犹主义者是教会（机构）里极富道德感的清教徒。但研究者也提道：

> 那些反犹主义得分较低的人绝不是非宗教信徒，而是另一种形式的宗教信徒。这是一种更深层次的领悟，同道德和哲学的个性相融合，而不是像得分较高的人那样充满了效用主义。他们把宗教本身当成目标，而不是像得分较高的人那样把宗教当成一种手段。[10]

因此，尽管教会成员整体上更经常与偏见挂钩，但还是有很多情况下

偏见的本质

宗教的影响恰恰相反。宗教是一件高度个人化的事务，对于不同的人具有全然不同的意义。其功能可以像拐杖一样支持婴儿般充满魔幻的思想，也可以提供一种引导性的、综合性的生活视角，让个体从自我中心转向真正的邻里互爱。

在一项试图更深入地研究此问题的实验中（未发表），一名天主教神父和一名新教牧师完成了下列调查：

> 从天主教教区和新教教区各选出两组一般信徒，分别是"虔诚组"（devout）和"机构组"（institutional）。天主教教区负责挑选的人尽管对实验目的毫不知情但却十分了解选区的教徒们。他选出20名"宗教在生命中意义重大的"教徒和20名"受宗教的政治和经济方面影响更多的"教徒。但在新教教区，一组由定期去上《圣经》课的参加者构成，另一组由不定期的参加者构成。所有被试都要填写一份包含很多项目的问卷，其中有关于下面陈述在多大程度上表示赞同的问题：
>
> - 除了很少一些例外，总体而言犹太人都差不多。
> - 我能想象出一个以任何借口对黑人处以私刑的环境。
> - 总的来说，黑人不可信任。
> - 犹太人最大的问题就是他们永远不知足，永远想要最好的工作和最多的钱。
>
> 两项研究中用到的陈述只有些微的不同，浸信会教徒的问卷还包括了反天主教的句子。
>
> 但两项研究得到了同样的结果：那些被认为最虔诚的、个人卷入程度最高的人的偏见程度远小于卷入较低的人的偏见程度。研究证明，机构化依恋、外部性和政治性，才是与偏见挂钩的因素。

凭借第25章和第27章的分析，这样的结果是很容易理解的。个体因教会是一个安全、有力、有地位的内群而归属于教会，这种做法很可能是权威主义人格的标志，也往往与偏见密不可分。但如果个体是因教会表达了个人所崇敬的基本信仰——兄弟情谊而归属于教会，这种做法却往往意味着包容。因此，"制度化的"（institutionalized）宗教观和"内化的"（interiorized）宗教观对于人格有着相反的影响。

≫ 彼得的案例

宗教的对立影响——加深偏见和降低偏见——在使徒彼得的经典《圣经》故事中有着鲜明的体现。[1] 在教会早期，围绕"福音书"的普遍性还存在着一些困惑和混乱。它仅仅是犹太教的《新约》吗？或者也广泛适用于外群？基督的家系和最早的使徒都是犹太人，基督教的最初框架也是犹太教。因此，人们很容易认为基督教实际上是为犹太人设立的救赎教义。而且，当时犹太人对非犹太人怀有强烈的偏见，就连信基督教的犹太人都很自然而然地想到这种救赎并不是为非犹太人准备的。

一位名叫哥尼流的意大利百夫长生活在该撒利亚的一个小镇上，离圣彼得居住的约帕不远。圣彼得正在进行一次传教旅行。哥尼流是一名虔诚的信徒，他希望听到更多有关新基督教义的故事。因此他传信给圣彼得，邀请他来该撒利亚做客，为全家人指点迷津。

彼得正处于内心冲突的煎熬之中，这次邀请让这种煎熬更加锐利。他知道根据他自己的部落风俗，"和一个犹太人做伴，或彼此造访对方的国家是非法的"。与此同时他了解基督对流浪者的同情。就在哥尼流发来邀请之前，他在饥饿之中做了一个梦，梦中望见

> 天堂之门打开了，一辆巨大的豪华马车就像天幕四合一般降落在他面前。里面是各种各样的四脚野兽，有爬着的，也有飞着的。一个声音向他传来："起来彼得！杀掉他们！吃掉他们！"但彼得说："不！上帝我不会！我从来没吃过常见的或不干净的东西。"声音再次响起，说上帝的东西都是清洗过的，也不是你所能常见的。

梦境反映了彼得的内心冲突，也指出了他应该踏上的路。于是，尽管有点不太情愿，他还是去了哥尼流的家，将内心冲突坦诚相告，特别是他所受的部落禁忌，然后问哥尼流为何如此匆忙地邀请自己来。

哥尼流诚恳而虔敬的回答让彼得深受感动，他说："我相信，上帝对所有人一视同仁，无论贵贱，这是真理。"彼得开始传道，哥尼流和亲友们的宗教热情也日益高涨。彼得和他的犹太人伙伴非常惊讶，因为圣灵的礼物同样也降临到了非犹太人身上。最后，彼得为这群人进行了洗礼，也终于明白了此举的非凡意义。

当他回到耶路撒冷的时候，他被同伴们愤怒地拦了下来。他们说："你怎么能够走进那些没有经过割礼的人中间，和他们一起吃饭呢？"更让他们感到愤慨的是，彼得竟然给他们做了洗礼！"福音书"难道不是只为自己人写的吗？

彼得将故事原原本本地告诉了他们，向他们解释了自己心路改变的历程——正是哥尼流的虔诚使他放弃了基督教的族群中心主义观点，而上帝决定给予非犹太人同样的馈赠。他说："我怎么敢违背上帝的意愿呢？"

耶路撒冷的同伴们被说服了，故事到此为止，从此教会政策就发生了改变：每当他们听到类似的故事，就在心中默念他们和平而荣耀的上帝。上帝把悔改同样带给了非犹太人。

这种在自己人和宗教普世主义精神之间的冲突一直延续至今。并非所有人都会像彼得和他的同伴们那样来解决问题。反而是，我们报告了很多相反的证据，教会成员貌似比非教会成员具有**更高程度**的偏见。

正是由于宗教的族群中心主义解读大行其道，很多包容者才被排除在教会之外。他们之所以成为名义上的"叛教者"，全是因为内群安全感的迫切寻求者的世俗化偏见令他们不堪重负。[12] 他们并不是用教义的纯洁性来判断宗教的，相反，这种纯洁性已经被大部分追求者玷污了。正如我们所说，"机构化"的宗教和"内化的"宗教以全然不同的方式看待这个世界。

》 宗教与性格结构

因此，宗教和偏见的关系并不是单一的。其影响不可谓不重大，但却存在两个相反的方向。宗教的辩护者会忽略其族群中心主义和自我拔高的性质，而反对者却不会。我们需要明确区分宗教对于一个狭隘而不成熟者和对于一个成熟者的功能性角色。[13] 有人看重的是传统宗教能够带来的舒适感和安全感，但也有人看重的是它真正的普世主义行为指引。

很多热心于群际关系的工作者被宗教里的邻里之爱所鼓舞。他们传颂着布克·华盛顿的名言："决不允许任何人陷自己的心灵于憎恶之中。"他们相信《箴言》中讲的上帝憎恶那些"在同胞中间播种不和"的人。他们相信"恨自己的母亲"的人是生活在黑暗中的人。他们也知道宗教不仅是自己的宗教，例如黄金律对于所有宗教——犹太教、佛教、道教、伊斯兰教、印度教、基督教都是适用的。他们知道，不管存在着多么绝对的差异，它们都会被共同的目标和精神的肯定所部分地抵消—其中就包括人类的兄弟情谊。

贝特尔海姆和贾诺维茨在退伍老兵族群态度研究中发现，那些拥有稳定信仰的人更加包容。他们将稳定性当成教义精神内化的指标：

> 如果教会的道德信条深入人心不是由于害怕被诅咒或害怕被谴责，而是由于个体将他们视为独立于外部威胁或赞赏的绝对行为准则，那么我们就说个体将这些道德概念"内化"了。

他们将内在的控制感、稳定感，与依赖于诸如家长式统治和机构式宗教等受外部控制的奖惩区分开来。[14]

宗教除了能够滋养一种稳定的自我控制并提供清晰的行为标准之外，还能够通过对傲慢之罪的警戒激发人们的包容之心。虔诚的信徒一定会勇于承认自己的不足。正如我们前面几章所讲，内责能引发包容和谦卑，从而杜绝傲慢和自大。

诚然，很多民主型人格者并不是宗教信徒。他们的稳定性和控制感以非宗教的道德体现出来。他们相信"所有人生而平等和自由"，或只是简单地信奉"活着就是与万物共存"（live and let live）。他们对西方文明中的体面规则是否衍生自犹太-基督教并不感兴趣，他们相信即使信仰在衰落，道德仍尚存。

宗教在很多人的生命哲学中占据着重要地位。如我们所见，它或许以一种族群中心主义的方式呈现出来，怂恿出一种带有偏见和排斥性的生活风格。但同时，它也会以一种普世主义精神的方式呈现出来，为思想和行为注入兄弟情谊的理想。因此我们无法得到宗教与偏见之间的关系，除非能识别出具体是哪种宗教及其在个人生命中扮演何种角色。

注释和参考文献

[1] W. James. *Varieties of Religious Experience*. New York: Random House, 1902. Modern Library edition, 331.

[2] 有关当代新教教派的复仇和憎恶的叙述参见 R. L. Roy, *Apostles of Discord*,

Boston: Beacon Press, 1953。

[3] 引自 M. Hay, *The Foot of Pride*, Boston: Beacon Press, 1950, 26-32。该书提供了天主教对待犹太人的详尽历史。

[4] F. S. Loescher. *The Protestant Church and the Negro*. New York: Association Press, 1948.

[5] 黑人和白人教会的隔离完全是白人不愿意混合的结果。很多社区尤其是北方各州，黑人在白人教会里是非常受欢迎的。但他们有时更偏爱于自成一体，既因为他们自得其乐也因为这样有机会雇用自己的黑人神职人员。如果白人或混合教会能够雇用更多的黑人神职人员的话，教会的肤色屏障就会消失得更快。

[6] 这种模糊性从以下两篇文献中可见一斑：A. Rose, *Studies in Reduction of Prejudice*, Chicago: American Council on Race Relations, 1949; H. J. Parry, Protetants, Catholics and prejudice, *International Journal of Opinion and Attitude Research*, 1949, 3, 205-213。

[7] Dorothy T. Spoerl. Some aspects of prejudice as affected by religion and education. *Journal of Social Psychology*, 1951, 33, 69-76.

[8] G. W. Allport & B. M. Kramer. Some roots of prejudice. *Journal of Psychology*, 1946, 22, 9-39, 27.

[9] *Ibid*, 25.

[10] Else Frenkel-Brunswik & R. N. Sanford. The anti-Semitic personality: a research report. In E. Simmel (Ed.), *Anti-Semitism: A Social Disease*. New York: International Universities Press, 1948, 96-124.

[11] *The Acts of the Apostles*, Chapters 10 and 11.

[12] 有研究证明这是大学生频繁背教的主要原因，特别是对于几个世纪以来对以宗教名义进行迫害的故事较为敏感的犹太教学生来说。参照 G. W. Allport, J. M. Gillespie, & Jacqueline Young, The religion of the post-war college student, *Journal of Psychology*, 1948, 25, 3-33。从一个广泛的视角上说，无论是早期犹太–基督教针对非犹太人的偏见还是现代基督教针对犹太人的偏见实际上都影响了犹太教和基督教的普世主义精神的布施。

[13] 参照 G. W. Allport, The Individual and His Religion, New York: Macmillan, 1950。（尤其是 Chapter 3。）

[14] B. Bettelheim & M. Janowitz. Ethnic tolerance: a function of social and personal control. *American Journal of Sociology*, 1949, 55, 137-145.

第八部分
群际紧张的降低

第 29 章
应该立法吗?

凡是致力于改善群际关系的组织——有成千上万个这样的组织——都可以被区分为**公共**机构或**私人**机构两种。

前者包括所谓的市长委员会、州长委员会、市民团结委员会（civic unity committee）——以城市或州的名义，借助于地方长官和法律条款而成立。公共机构也包括有权力实施反歧视条款的城市、州或联邦委员会——有时包括所有相干的条款，有时只有某些部分的条款（例如针对住房、公平就业等）。有些时候，公共机构只是一个调查机构，比如总统民权委员会（President's Committee on Civil Rights），该委员会 1947 年发布的一份引人瞩目的报告随后成了包容性行动的集结号。[1] 当然，在这些公共机构之外还有各级社区的基本的执法机关，特别是地方或州立的警察局。它们的职责就是确保那些暴乱和蓄意攻击行为得到抑制，并提供少数群体所需要的一切法律保护。

私人机构在种类上更加丰富多样。小到父母俱乐部、服务俱乐部或教会的"种族关系"或"好邻居"委员会，大到诸如反诽谤联盟（Anti-Defamation League）、民主之友股份有限公司（Friends of Democracy Inc.）、全美有色人种促进会（National Association for the Advancement of Colored People）等大范围的国家组织，以及诸如国家群际关系办公厅（National Association of Intergroup Relations Officials）等合作机构。很多拥有公共机关的团体例如市长委员会同时也有私人的市民委员。

总体上看，公共机构比私人机构更加保守，因为它们会不断地承受来自社区中偏见力量和反偏见力量的压力。私人机构更适合作为监察者，去做计划，或发动改革。当它们成为公共机构的鞭策者和批评者时尤其有用，特别是在后者逐渐变得官僚主义、尾大不掉之时。但从威望和法令的执行角度来说，还是公共机构更胜一筹。原则上，一个社区既需要公共组织也需要私人组织，很多情况下这两股力量都需要友好协作以实现共同的目标。

本章只会关注公共机构中的一种功能（立法）中的一个面向（民权立法）。但我们最好知道，并不是所有的政府补救措施都有与之相匹配的立法行动。行政令（executive order）同样也取得了很大的成效。罗斯福总统于1941年紧急成立的公平就业实施委员会（Fair Employment Practices Committee）就是一个值得载入史册的例子。他在权力范围之内规定，任何拒绝依照政策雇用少数群体成员的公司都无法签订联邦合同。此前，罗斯福已经在大萧条时期采取了类似的措施，要求所有公共工程的合同里必须包含非歧视性条款。黑人、西班牙裔美国人、印第安人——所有遭受压迫的群体——都从中获益。总统下面的行政长官还会利用自己的权力来保证所有群体都能够平等地共享政府资助的住房工程等基础设施服务。近年来，军队的高级长官也纷纷颁布了命令，为消除传统武装力量中存在的种族隔离做出重要的努力。

立法简史 [2]

宪法、权利法案以及第十四和十五修正案，为美国所有人群建立了一个民主、平等的法制框架。但在这个框架内，盛行的是各种宽泛的解读。

内战结束以后，国会通过了若干项法律以保障刚刚获得解放的黑奴应有的平等权利："废除并永远禁止奴役制度"，将"三K党"逐出法律保护范围，将种族或肤色缘由的选举权干涉划为违法行为，甚至是杜绝酒店、交通运输工具或其他公共场所的歧视行为。与此同时，战败且愤怒的南部各州却忙着颁布实施对立的法律，通常被称作"黑人守则"，旨在尽一切可能完全否定这个刚刚获得解放的种族的法定权利。直到在骚乱的重建时期联邦军队出现在南方各州的短暂时间里，国会的民权法案才得以实施。

很快，一系列事件过后，南方各州又夺回了"控制黑人"的权利。1877年民主党主导的国会投票废除了绝大部分重建时期的民权法案。最高法院对第十四、十五修正案的解读太过于狭窄，致使对法令的执行只局限在少数几个州。于是，某些州仿佛受到了鼓励一样迅速通过了隔离法规，并通过各种各样的法律托辞剥夺黑人的选举权。1896年著名的普莱西诉弗格森案的决议就支持了这些州的权利观。在该案件的审理过程中，法院接受了"分隔但平等"的立论，认为种族隔离的裁定实际上并不会妨害种族之间的平等。决议支持了路易斯安那州根据肤色隔离铁路乘客的要求，但这实际上为任何形式的种族隔离都提供了一个法律根据。

也许在保存南方对黑人的统治方面更为重要的是参议院的冗长辩论程序（filibuster）。任何反对民权法案的议员都可能凭借无止境的辩论权利（且通常在一帮立场相似的同僚的帮助下）来阻挠这一进程。这种手段如此卓有成效，致使**直到1875年，才有了第一部民权法案**。若非参议院采取修正措施以控制冗长辩论程序，任何类似的立法在这之前都没有丝毫希望，不管支持的人占了多大的比重都无济于事。正因如此，民权法案中的一部分专门集中精力于如何找到有效的结束辩论的规则；但即使是这种议会改革的提议本身也首先会挑起无穷无尽的辩论。反对人头税、私刑、支持平等就业机会的联邦法案之所以纷纷胎死腹中，主要原因就是这种冗长的辩论程序。每一次，支持这些举措的议员代表即使获得了绝大多数的支持也仍然无法让法案的制定真正落地。

最高法院决议和冗长辩论程序引起的僵局在很多北部州挑起了反应。它们开始以身作则地代表少数群体制定法律。到1909年，已经有18个北部州立法禁止公共住所的歧视行为。但直到最近几年，民权法案的制定才真正名副其实地在各州的立法机关中代代相传。在1949年期间，有超过100部反歧视法案被制定出来。尽管只通过了小部分，这种保护性法规的年增长量还是令人瞩目。有些禁止的是就业方面、住房方面、国防方面的歧视，有些消除了教育、公共设施、人头税方面的种族隔离，或是将反少数群体的宣传划为犯罪行为。某些南部州则比它们稍慢一步，废除了一些歧视性条款，移除了教育、选举方面的障碍。

在时代的变革浪潮之下，最高法院不能不受影响。自从19世纪宣布"消除种族直觉（racial instincts）的法令全部作废"以来，其决议的势头已经改变了很多。近年来，最高法院已经开始规定，在法定土地上不得实施售卖财产的限制性条款；外来土地条款（禁止东方人拥有个人财产）和跨州运输中的转让隔离都是非法的；专业培训机构必须对所有的学生提供真正平等的基础教育。最高法院通过坚持强调基础设施使用的平等性已经形成了对抗隔离的有力武器，即使它没有明确推翻当年做出的普莱西诉弗格森案决议。大多数实行种族隔离的州最终发现，提供两种真正平等的基础设施的代价是难以想象的。据估计，在南方要想为有色人种的孩子提供与白人同等程度的教育机会需要多花 10 亿美元。这样，最高法院对真正平等使用基础设施的要求实际上凭借经济的限制而加速了隔离政策的崩塌。

但悬而未决的问题在于，"隔离但平等"的逻辑是否真的站得住脚。隔离政策除了人为地让一部分美国人的地位低于另一部分以外别无其他目的。这一点吸引了越来越多的注意和思考，对隔离政策的担忧和否定情绪也越来越盛。正如下文中我们即将看到的，这一问题从未如此直接而干脆地摆在最高法院的面前。最高法院正视这一问题的意愿、推翻当年的普莱西诉弗格森案决议的趋势，将成为一把衡量当下社会变迁水平的标尺。

法律的种类

宽泛地说，一共有三种保护少数群体的法律类型：(1) 民权法；(2) 公平就业法；(3) 群体诽谤法。[3] 当然，不得不承认的是，很多没有**直接**针对保护少数群体的法律也能够产生更大的效力。例如，最低工资法能够帮助提升受压迫群体的生活水平，改善他们的健康、教育和自尊，其结果就使得他们在主导群体眼中看起来更为容易接受。类似地，制止犯罪的有效法律也能够消除针对族群的帮派犯罪及其携带的族群偏见。反私刑法也有类似的功能。

民权法

民权法包括禁止各种公共娱乐场所、酒店、餐厅、医院、交通工具、图书馆等地的种族、血统、肤色、国籍歧视。大多数北部和西部各州有这样的法律。但它们往往得不到实施，部分因为执法部门认为它们并不重要，部分因为在某些地区偏见性的民俗势头太盛限制了官方的手脚，部分也因为受歧视的人们很少向官方投诉或申冤（相比之下还是一声不吭地逃走避开更容易些）。当公诉人起诉案件后，罚金数量是很少的，通常10美元到100美元不等，公诉人往往会认为这种案件除了麻烦琐碎就没有别的意义了。冒犯者很少因此被吊销经营执照。拒绝中国人或黑人的酒店经营者可能会感到内疚，交一些罚款，在广告和财务方面付一些微不足道的代价，然后就可以继续实行自己的非法举措。

这些法律的合法性根据是相当雄厚的，它们现阶段在民众中间的流行程度也会预示着将来更为严格的执行情况。但通常来讲，这些法律的执行需要一个有权调查投诉、与冒犯者进行非正式协商、对冒犯者进行法律意义的再教育、必要时有权吊销执照的机构委员会。

公平的教育实践近来也成为立法的目标。某些州立宪章下运行的私立学校在实际录取时排除少数群体成员（例如某些医学院歧视犹太裔和意大利裔申请者），越来越多这样的事件曝光后，限制性的立法势在必行。学校被禁止收集关于申请者群体成员身份的信息（通过照片或引导性问题）；录取将只参照美德一条标准。这种类型的立法为很多实际上并没有歧视性行为的学校设置了很多行政上的麻烦。但其支持者仍然相信，最终结果是好的。但不用说，实行法定教育隔离的州自然是没有这种法律的。

公平就业法

罗斯福总统的行政命令为保障战时的公平就业机会满足了大众的想象。[4]但国会没有为这一命令的有效执行拨出足够的款项，也没有表决通过惩罚冒犯者和赋予委员会罪行调查权的配套法令，从而妨碍了该行政命令的实施。战争终结后，国会也没有将其确立为一个持续的政策。

但尽管存在着国会的抵抗，成立公平就业实施委员会（FEPC）也众望所归、势在必行。自从纽约州于1945年通过了《艾弗斯-奎因法》（Ives-Quinn Law），大约半数的北部和西部州制定了类似的法律。很多案件中，城市还通过了公平就业实施委员会条例。一旦冒犯，除了和委员会的不愉快谈话以及有可能损失名誉的通报批评以外，通常没有其他的惩罚。但通过调解已经开始达成大部分结果，因此在大多数能够有效实施（"调解"）的地区，这些举措还是受到了高度的好评。除了新的工作岗位被源源不断地制造出来，少数群体的士气也水涨船高。

1950年，《商业周刊》给几个实施了公平就业法的州中的几位雇主发放了一份调查问卷，询问"这些举措有没有妨碍到你？"。编辑对结果总结如下："公平就业法并没有带来太多麻烦，反对者们都是小题大做。不满的求职者没有用投诉淹没了委员会。个人性的小摩擦并不严重。……即使那些反对公平就业的人现在也一点都不积极了。"更重要的是，雇主们一致同意，这一法律并不会干涉他们遴选最具竞争力的雇员的基本权利。[5]

这种类型的法律的实施经历为我们解决偏见问题提供了新的洞见。它告诉我们通过说服、调查和公开究竟能够带来多大的改变。这种方法不是强制而是一种调解。它已经证明，很少雇员会固执于自己的偏见，他们仅仅是人云亦云而已。当我们向他们保证顾客、雇员和法律本身都更偏好或者说期待一个无歧视的环境时，他们毫无疑问是非常合作的。

当被事先问到的时候，雇员和顾客都口头上表示过反对与某些少数群体成员共事或拒绝接受他们的服务。但事实证明，当平等真正被诉诸实践的时候，反对的声音就销声匿迹了，甚至人们根本没有意识到改变正在发生。

这种偏见的口头表达与平等行为之间的裂痕和不一致（本书第52页）在一项发生在纽约百货商店里的实验中得到了阐明。[6]这里，黑人和白人柜员并排工作。那些接受了黑人柜员服务的顾客被引到街边接受访问，他们并不知道自己在店里被观察。其中，小部分人表示他们不愿意接受黑人服务，但被问起百货商店里是否看见过黑人柜员时却说自己从未看见过任何黑人。很明显他们并没有感知到（或回忆起）柜员的肤色。这种口头表达偏见与行为的怪异错位很有启发性。它表明，平等这一话题如果并未被激发到意识层面后经过口头组织而表达出来的话，就会被当作理所当然的平常事。

这个实验还发现，对于那些回忆起自己已经接受了黑人柜员的服务的顾客，偏见的程度将会被这些经历削弱。他们事实上会说："好吧，某些商店里黑人完全有权利当柜员。"那些在服装店里接受黑人服务的顾客会同意这种安排，但会说黑人不应该被允许与顾客有更为亲密的像食品店里一样的互动。偏见仍在，但很明显被削弱了，而且只是以防御的形式出现。

公平就业实施委员会案例不仅没有带来实践上的麻烦，反而在改善群际关系上也起到四两拨千斤的效果。它们为某些少数群体提供了前所未有的高收入和高地位工作。这一过程和缪尔达尔改善黑人-白人关系的重要原则的声明异曲同工。[7]他坚称存在着歧视的等级次序（rank order）。白人，至少是南方白人，最反对种族通婚，其次反对社会平等，然后反对公共设施的平等使用、政治平等和法律平等，最后反对职业平等。但黑人自己的等级次序恰恰相反。他们首先最渴望公平的职业机会（因为经济困窘是绝大部分麻烦的根本）。因此，公平就业法的实施通过这样的杠杆，既给了黑人最大限度的满足又使对白人的伤害降到最低，从而高效地缓解了歧视问题。这是一种攻心为上的策略。

群体诽谤法

群体诽谤是更有争议的一类法律补救。

旨在抑制群体诽谤的法律是已经建立的法律原则的逻辑延伸。如果有人公开发布说 X 作弊或叛变，如果他无法证实这一指控，那么 X 将会遭受一笔可观的损失，特别是当 X 的生意被毁或名誉扫地后。但如果同样的人公开发布说日裔或犹太裔美国人都是骗子或叛徒，X 是日裔美国人，那么他将遭受与公开抵制和嘲笑一样的损失，但他没有法律上的救济。志愿者协会和公司（例如美国哥伦布骑士团）也许能够成功地控告诽谤；但民族和种族群体没有任何保护。在过去几年里，虽然通过了一些法律（例如在马萨诸塞州），但实施基本为零。

虽然原则上合理，但这些法律很难实施。如果规定诽谤者必须表现出一定程度的恶意，但恶意又是很难证实的。在目前有关群际差异的研究中，很难证实诋毁性陈述是错的。而且这类法律并不受人欢迎，在其合法性上也很边缘化，因为它看上去与言论自由的权利相违背。公开批评，无论是公正还是不公正的，都是民主权利的传统，除非其意在引发暴力。煽动者（如第 26 章中所言）通常会将他们的激烈演说叫停在这一点上。

在仔细地考虑了支持或反对群体诽谤立法的案例之后，负责民权事务的总统委员会选择了不认可。它认为，对批评的补救就是反批评，对言论的补救就是制造更多的言论，只要这一切都是公开的、光明正大的。但委员会却支持了这样一项法律——认定邮件中的匿名辱骂是一种广泛的冒犯。一旦偏执者的力量与民权的力量进入激烈的角逐，敌对者本身似乎就会变得更加容易识别，从而方便人们予以回应，这样做才是最低限度的公平。

所有控制煽动的法律最后都成为障碍。公开破坏和平或挑起暴力一直都是法律惩处和禁止的对象。因此，那些反对通过立法来控制种族主义煽动者的人认为，这其实没有必要。而支持者们却认为，针对少数群体的煽动贻害无穷。它的影响是长久的，每一篇新的激烈演讲都具有叠加的效果，最后导致危险。但最高法院不太可能接受这样的推理，因为它一直以来都是秉承奥利弗·温德尔·霍姆斯法官1919年的宣言而运作的。宣言声称，只有在暴力清晰可见、危险丛生时，限制自由言论才会被允许。警察只有在煽动者高谈阔论后暴乱一触即发之时才能加以干涉。很多人认为这项规定是明智的，因为一旦警察拥有了更多的活动自主权，那么在一个宽泛的反憎恶的法律之下，势必开始压制那些与他们志趣相左的批评。

出于同样的理由，委员会也支持限制煽动者使用公共财物，尤其是那些观点跟民众的兴趣明显违背的煽动者。这种法律不会影响那些私人赞助的煽动行为。诚然，这些法律会明确规定，民主原则必须在公共场合下受到尊重。但这也为反复无常的管理开了口子。权威执法机构有可能会准允某些类型的偏执者说话，却让另一些类型的声音闭嘴；或者更坏的情况是，以法律为幌子，却行政治特权之实。

尽管诽谤法有很多支持者，但总的来看还是反对的声音居多。针对偏见的补救措施并不是压制，而是一个自由漂流的反偏见行动。同样的理由也适用于电影、广播或出版的审查制度。

立法会影响偏见吗？

我们注意到，19世纪末最高法院将它的保守决议合法化了，理由是法律无力对抗"种族本质"。这种放任自由主义（laissez faire）态度是那个时期社会思潮的标志性特征。当时的社会学家威廉·萨姆纳曾强调"国家政策并不能改变民俗"。直到今天，类似的观点也不断地萦绕耳边："你不能针对偏见来立法。"

这一观点听起来倒像是真的，但实际上它在至少两个方面说服力不足。其一，既然我们可以完全确信歧视性的法律会**增加**偏见，那么为什么反歧视的法律不可以**降低**偏见呢？

其二，立法实际上针对的不是偏见，或者说至少不是直接地针对。立法的意图在于将优势平等化并减少歧视。只有环境条件改善了,作为副产品,人们才会实实在在尝到平等地位的接触和了解所带来的甜头(第16章)。增加少数群体成员的技能、提高他们的生活水平、改善他们的健康和教育条件都有类似的间接效应。而且,法律规范的制定创设了一种公共良知和期待标准,能够对任何**公然的**偏见迹象进行核查。立法针对的并不是控制偏见,而是偏见的公开表达。但当表达发生改变的时候,从长远来看,思想也会随之而发生改变。

但某些反对立法的理由也很有说服力。例如,它会引发对法律的轻视甚至忽视。大体上看,美国人倾向于对法律不屑一顾。正如缪尔达尔所言:"美国已经变成一个行动上容忍太多而同时法律上又禁止太多的国度。"[8] 那么,层出不穷地增加可能不被遵守或只能招来忽视和冷漠的法律文牍真的是明智的选择吗?甚至纽约州的大部分民众在公平就业法令已经充分推行并运行了几年之后仍然不知道有这样一个东西的存在。那些遭遇歧视、了解歧视真相的人通常也不会去递交投诉或采取任何诉诸法律的措施。这种普遍的漠然可能还伴随着一些有关"自然法"赋予人们憎恶别人、远离讨厌的人、忽视法律的权利的观念。只有爱管闲事的人才会成天想着通过立法把道德埋入他人心中这种事。

还有一点:法律往往治标不治本,特别是美国常见的那种清教徒类型的法律,禁止的是症状,而不是原因。强迫一个酒店管理员接受菲律宾客人并没有直击其反东方人偏见之根本。强迫一个孩子坐在黑人小孩旁边并没有消除其家庭内部反黑人情绪给他带来的根深蒂固的恐惧。人们受制于深层次的力量,而不是表面的压力。

最后,停留在纸面上的法律和行动中的法律之间存在着巨大的鸿沟。没有了强有力的实施,任何法律都是一纸空文。有人甚至认为,在美国,执法的低效率已经让有关人类关系的立法变得格外愚蠢。这些法律难以实施;它们有时不符合公共胃口,很少有人知道或关心它们到底是用来干什么的。

正是这些原因导致了下述观点,即认为在群际冲突的消除上,立法是最不可能成功的手段。

但大多数顾虑也得到了很好的解答。虽说除非相当大部分的人支持一项法律,否则它不可能生效,但说民俗总是胜过国家举措也是错的。正是吉姆·克劳法在很大程度上**创造了**南方的民俗。类似地,我们也能看到，公平就业法很快在工厂或百货商店创造了新的民俗。短短几个星期过去，数十年遭到排斥的黑人、墨西哥人和犹太人就被接受为职业岗位上的常态。

常有人说补救性的立法需要一定的教育手段做辅助。在某种程度上是对的。辩论会、听证会和群情激愤的选区都是最基本的条件。但当这些基础工作完成以后，立法就多多少少带上了一些教育意义。毕竟人群不会事先成为支持者；他们只相信既成事实。当公众的骚动和激愤被平息下来以后，大多数人会欣然接受选举或立法的结果，这已成心理事实。就连那些先前最为积极地支持民主党的人也会毫无怨言地支持已经选出来的共和党领袖。而那些一开始激烈反对公平就业委员会或民权立法的人面对已通过的法案一般也会遵循大多数人的决定。他们让自己在新的规范下接受再教育。

我们在此讨论的主题实际上是关于民主社会的基本习惯。在自由的辩论——往往也是激烈的辩论过后，市民们将拥抱多数人意志。**特别是当法律与他们自身的私人道德相一致的时候，他们尤其愿意奉上一腔忠诚**。从这一点来看，民权立法会产生格外的好处。在第 20 章，我们看到，大多数美国人内心深处确信歧视是一种错误的行为，违背了爱国的本意。尽管由于自身的偏见，他们可能会如坐针毡地反对这类法律的提出，但当出台的法律如实反映了隐匿于内心的"更好的自己"时，他们也会如释重负地签下自己的名字。人们需要也想要让自己的道德有法律的支持，再没有别的议题比群际关系更能反映这一本质了。

实际上，在美国，国家政策——至少是宪法所表达的国家政策——总是优先于民俗的。宪法无比清晰地表明了意图，即推行完全的民主。因此，这个国家的官方道德水准是很高的，尽管私人道德水准在很多方面都比较低。这一情况和诸如纳粹德国等其他国家的对比是相当强烈的。在纳粹德国，官方道德水准很低（主导群体对少数群体的歧视、迫害和掠夺），而很多市民的私人道德水平却不可估量地高。但在美国，官方道德却竖立了一个很高的理想标准。不仅如此，人们还期待着国家的法律能够引领和指引民俗的方向。就连违法者也对法律肃然起敬。例如我们知道违反交通法规的事情时有发生，但任何人都不会想要脱离交通法规而生活。

尽管法律不能一劳永逸地杜绝违法犯罪现象，但却实事求是地成为一种抑制和约束。法律能够阻止任何可被阻止的潜在罪犯,能够阻止强迫性的偏执和煽动的发生。但防控纵火罪的法律无法阻止濒临发狂的纵火犯。因此我们会说,法律只能约束芸芸众生中占据中间位置的大多数,因为他们需要法律作为塑造自己习惯的导师。

最后一个支持补救性立法的论点在于,它能够打破恶性循环。群际关系在变得糟糕后,就倾向于越来越糟糕。因此,被剥夺了平等就业机会、平等教育机会、健康设施平等使用机会的黑人渐渐落入一个劣势的位置,随后就被看作人类的低等物种而遭到轻视。因此,他们的机会和境况将持续恶化。无论是个人的努力还是教育都无法打破这一加速恶化的循环。只有强有力的、公共支持的法律可以。要想开启住房、健康、教育和就业方面的良性循环,需要一些必不可少的警力做支持。

如我们所说,若歧视被消除,偏见则会削弱。恶性循环开始自我倒转。在就业、住房和军队中的歧视的终结创造了更为友善的族群态度,这一点我们已经在第16章有所了解。经验告诉我们将迄今为止彼此隔离的群体整合起来并没有想象中那么大的难度。但通常情况下还是需要一项法律或一个强有力的行政命令来推动这一过程。缪尔达尔所谓的"累积原则"就是说提高黑人的生活水平会降低白人的偏见,反过来会进一步提高黑人的生活水平。这种良性循环可以在法律的启动下自动延续。

总结一下:尽管很多美国人不会遵守他们强烈反对的法律,但是大多数人在内心深处还是支持民权和反歧视的,这就为立法创造了心理基础。即使先前他们尖叫着抗议,最后也会支持的。人们会遵守和个人良知相一致的法律;即使不遵守,这些法律也为个体树立了一种道德规范,映照着他们的行为。法律的强有力刺激往往可以打破恶性循环,开启一段疗愈的过程。个体内部和社区的力量与法律无关。说立法必须等待教育成熟也不完全正确——至少不必等待完全而完美的教育,因为法律本身就是教育过程的一部分。

我们并不是说旨在改善群际关系的任何一条法律都是明智的。粗制滥造的法律也有很多,有些太过于模糊,不具有可操作性,因此无论是教育功能还是道德引领的功能都付之阙如。审查和压制的法律长期来看纯属自相矛盾。而且鉴于一些法律无不规定了太过严酷的惩罚,针对保护少数群体的立法则应当尽可能地建立在调查、公开、劝服、调解的程序和原则之上。

这一点还有特殊的原因。偏见者对于偏见对象往往格外敏感易怒。人们可能为自己说话支吾或偷盗而自责，却从不会为偏见而自责。我们在前几章也已注意到，无意识的力量驾驭了偏见的心智，准备好的防御机制和合理化机制可以遮蔽人们对自身敌意的洞察力。因此，我们可以合理预测，反歧视法律的违背者将不会为自己感到内疚，我们必须容许他保存自己的面子，因此采用调解的方法比惩罚更有效。

我们说，大体上看，人们将会遵守那些与良心相一致的、设计精巧的法律。在此我们还可以另加一个条件：法律必须让人感觉到不是被外来者的意志所驱使的。南方人就对"北方佬的干涉"（Yankee interference）非常反感。如果法律给人的印象是一种个人性（或地方性）的公开侮辱，那么即使是一个非常明智、易于接受的法律也会遭到人们的抵制。我们不是说，除非法律出自其立法代表之手，否则就不会成功，而是说，"外来者统治"（alien domination）的味道将很有可能削弱它们的效力。那些颁布了以后可能引发其他偏见的法律最终不会降低偏见。

立法与社会科学

尽管近年来代表少数群体的立法活动不断发酵，但倡导维持种族**隔离**的法律仍然比对抗歧视的法律占据国家法律法规体系的更大多数。[9] 虽然立法的浪潮正在平稳地向另一个方向推进，但要想让美国的法律道德跟上宪法道德还需要一段不短的时间。

为了理解当下的环境，我们有必要采取一个宽广的历史路径来分析。内战时期南方各州承受的苦痛和羞辱是一种不可估量的巨大创伤。攻击性的敌意被大量释放于北方、黑人以及一切社会变迁——因为所有这些在某种逻辑上都对目前无可忍受的环境负有责任。为了维持自尊而违背北方的原初意图和愿望成为一种心理上的必需品，让黑人保持在一个即使不是奴隶但至少是从属地位上也是如此。

这种需求太过于强烈以至于连最高法院都无力应对。一系列规章制度，尤其是集中体现普莱西诉弗格森案决议的那些规定，实际上都是向南方妥协和臣服的结果。为了合理化这种立场，法院做出了一系列心理学假设，这些假设无不在之后几年被推翻：(1) 隔离政策并不会为有色人种贴上劣势的标签。(2) 立法无力消除"种族本质"或生理差别造成的区隔，因此政府干预也无法解决隔离背后的问题。(3) 即使隔离设施保持不动，种族间更加和谐的关系也可以通过互相调整适应而渐渐发展出来。[10] 然而随着时间的推移，所有的假设都被证明是谬论。

于是问题就在于，现代社会科学到底能不能对立法产生实际的帮助，以杜绝此类关于一项行动之后果的误导性的心理、社会假设。在19世纪探讨这一问题还不甚成熟，但20世纪就不同了。本书已经报告了近年来很多有关社会性立法的潜在影响的客观研究。现在我们可以合理地预测隔离政策以及政策废止后的结果；关于饱受歧视之害的少数群体的反应，我们已经知道了很多；我们理解了针对民权法的那些冲动性抗议的缘由以及它们昙花一现的原因。这些发现以及其他很多发现都代表了社会科学对法律法规的澄清和改善所能做出的潜在贡献。

到目前为止，无论是法院还是国家或联邦的立法机关都很欢迎来自社会科学的证据。虽然关于人类的成功行为我们还知之甚少，但是需要的话手头还是帮得上忙的。但至今我们仍在合作的方向上仅仅开了一个小头。有一个案例，涉及最高法院的决议，可能有助于阐释当前的状况。

首先我们应该指出，在准备一个简要的案例说明及其辩护被呈送至最高法院前，需要耗费大量的技能和金钱。一个独立的个体是无能为力的；只有当他有了训练有素的律师的支撑且他的案子被一个慈善机构或个人赞助的时候，他才可以寻求救济和帮助。经验证明，那些专注于民权议题的律师和机构才可以达到最好的结果。[11]

我们下面要报告的这个案例代表了近年来由专业机构承担的旨在废除歧视性实践的案例之一。它对我们的目的而言非常重要，因为几个中心论点、大部分证据是来自群际关系的社会科学研究。这些论题都超越了"隔离但平等"的设置实际上并不能实现平等的常规论调。

> 简报的关键在于证明，强迫的隔离政策，即使提供的是平等的设施，其本质上也是歧视性的，因此一样违背了宪法精神。诉讼原告是亨德森先生，他是一名黑人，因为南方铁路公司一家餐车拒绝为其服务而发起。[12]
>
> 随后，铁路公司修订了政策，使每辆餐车十三张餐桌中有一张是专门预留给黑人并且与其他白人餐桌用隔墙分隔开。跨州商业委员会认为这一规定已经满足了跨州商业法。区法院也支持这一决议。但现

在的简报将这一决议上诉至最高法院。

它清楚地表明,这不是在争取种族间的强制混合。人们没必要必须在黑人出现的地方吃饭,如果不愿意的话。私人偏见是个人事务。但强制隔离就不一样了,它同时否定了黑人和白人顾客的自由选择权利。

简报提出,隔离政策意图灌输也实际上灌输了黑人的种族劣等性。任何人都明白,强制隔离就是一种劣等的标志。在这一点上,很多权威机构的声音被多次引用,其中就包括有关黑人遭受此类可识别的污名的研究。

简报的论点同样反驳了普莱西案决议所依据的假设,其证据显示,衣食住行方面的隔离设施都会将黑人标记为一种低等的社会种姓。

论点声明,隔离也有损于公共利益。其影响不仅局限于黑人。相关的社会心理学研究也已说明了这一点。[13] 研究征求了在种族关系领域有所建树的849名社会科学家关于强制隔离的观点,其中517名做出了答复。在这些答复中间,90%的人相信,即使提供的设施是平等的,这一政策也对被隔离群体仍有不利影响;2%的人相信,没有不利影响;剩下的8%没有回答或保持中立。当被问到隔离政策对实施隔离的主导群体有什么影响时,83%的人相信是有害的。其中包括对隔离群体有可能反叛或失控的担忧和焦虑,认为自己道貌岸然的自我感受,以及被迫生活在一个充斥着虚假口号和自我欺骗的世界中的无奈和荒凉。

简报也引用了由隔离等歧视形式带来的紧张所引发的身心疾病等权威精神诊断报告。

简报进一步提出,强制隔离造成的彼此不信任和不重视同样损害了国家福利。实验和非正式观点都一致认为种族间的正常接触有助于降低偏见。很多国家并没有一条肤色的三八线,这说明种族偏见既不是直觉性的也不是遗传性的,而很有可能是被隔离政策等人为障碍所构建的。

因此,简报超越了国内层面,指出,如果最高法院继续推行隔离政策的话,美国将在国际平台上失去它的有利位置。

法院最终做出有利于原告的判决,使得餐车中的隔离成为跨州交通运输的非法行为。我们无法确切地说清这些来自社会科学研究的论点究竟在法院决议中占据了多少比重。重要的是,社会科学的调查数据在解决这一问题上至关重要。

总结

强制性立法将成为对抗歧视的一件尖利武器。有太多的法院决议废除了先前确立的歧视性规定。但法律条款对削弱个人偏见只起到间接的作用。它无法胁迫思维或心智，无法将主观上的包容种植在每个人心底。实际上它说的是："你的态度和偏见是你自己的事，但你不能表现得太过明显而威胁到同为美国公民的各类人群的生存和生活状态或他们平和的心境。"法律的意图只是控制不包容的外部表达。但心理学告诉我们，外部行为实际上也会对内在思维和感受产生影响。正因如此，我们仍然将立法行动列为降低偏见的方式之一，不仅仅指公共偏见，还有私人偏见也是如此。

近年来取得的一些进展让我们相信，族群关系领域的社会科学研究将在未来塑造公共立法政策上起到越来越大的作用，有助于间接降低群际紧张。

注释和参考文献

[1] President's Committee on Civil Rights (C. E. Wilson, Chairman). *To secure these rights*. Washington: U. S. Government Printing Office, 1947.

[2] 更全面的解释参见 *Report on civil rights legislation in the States*, Chicago: American Council on Race Relations, March 1949, 4, No. 3; J. H. Burma, Race relations and anti-discriminatory legislation, *American Journal of Sociology*, 1951, 56, 416-423。尤其有价值的是 W. Maslow & J. B. Robison, Civil rights legislation and the fight for equality, 1862-1952, *University of Chicago Law Review*, 1953, 20, 363-413。

[3] 对三种法律类型的更加全面的讨论参见 W. Maslow, The law and race relations, *The Annals of the American Academy of Political and Social Science*, 1946, 244, 75-81。

[4] 公共意见调查中大部分人对公平就业实施委员会持支持态度。结果总结于 Maslow and Robison, *Op. cit.*, 396。

[5] *Business Week*, February 25, 1950, 114-117. 其他关于公平就业实施委员会的评价都是积极的。参见 M. Ross, *All Manner of Men*, New York: Harcourt, Brace, 1948。

[6] G. Saenger. T*he Social Psychology of Prejudice: Achieving Intercultural Understanding and Cooperation in a Democracy.* New York: Harper, 1953, Chapter 15.

[7] G. Myrdal. *An American Dilemma.* New York: Harper, Vol. 1, 60 ff.

[8] *Ibid.*, 17.

[9] W. Maslow & J. B. Robison. *Op. cit.*, 365.

[10] T. I. Emerson. Segregation and the law. *The Nation*, 1950, 170, 269-271.

[11] 运用法律手段捍卫少数群体权利的代表性机构有：全美有色人种协进会（National Association for the Advancement of Colored People）、美国公民自由协会（American Civil Liberties Union）、（美国犹太人大会）法律与社会行动委员会［Comomission for Law and Social Action (of the American Jewish Congress)］。

[12] 亨德森诉美国州际商务委员会和南方铁路公司案（*Henderson vs. The United States of America, Interstate Commerce Commission and Southern Railway Company*）。案例描述改编自 T. S. Kendler, Contributions of the psychologist to constitutional law, *American Psychologist*, 1950, 5, 505-510。

[13] 报告自 M. Deutscher and I. Chein, The psychological effects of enforced segregation: a survey of social science opinion, *Journal of Psychology*, 1948, 26, 259-287。

第30章
规划项目的评估

下面我们就来看看关于偏见和歧视成因的研究是如何被运用到补救规划项目当中的。

上一章讨论的法律补救建立在某些科学发现的基础之上。我们罗列了几个方面的科学发现。逻辑大致呈现如下：

在有关偏见的社会文化根源的研究中（第14章），美国社会存在着多种多样的恶化因素，例如易流动性，有时会将某个少数群体突然置于工业地位之上，结果造成了相对密度的迅速增加，以及原住民的"威胁"感知。一旦由于限制性条款、隔离式学校或其他歧视性实践，少数群体被当作瘟疫隔离了起来，就会出现沟通障碍，随之而来的还有猜疑、怨恨和紧张。能够降低偏见的接触（第16章）不复存在。邻居不像邻居，反而相互戒备。

因此之所以进行民权立法，其原因在于它能够使社会文化结构朝着改善"平等地位接触"机会、追求利益共赢的方向而改变。例如，最高法院废除了限制性条款使得黑人能够自由分散地居住在社区中，从而避免了被别人感知为"威胁"的扎堆现象。同样的道理，所有反歧视立法都有助于消融隔离强加的障碍，释放"平等地位接触"的力量，从而降低偏见和紧张。

还有另外一些社会科学研究与法律补救问题密切相关。就拿人们为何会遵守反歧视法规的问题来说，在这一点上我们关于偏见引起的心理冲突（第20章）、关于从众现象（第17章）和关于人们如何处理内疚的方式（第23章）等讨论就派上了用场。这些社会科学发现使得我们能够预见，反歧视立法即使在一开始会遭到少量的抗议，但原则上必将获得大部分美国公民的接纳和遵守。

偏见的本质

因此，社会科学告诉我们，只要我们想要降低社会的偏见，撤销隔离设施（无论通过立法还是其他手段）都是高度科学且首选的有效方式。这一点无须多加阐述。

但法律补救只是多种改善族群关系和偏见性态度的渠道之一。以下清单列出了其他方法，这些方法还可以被广泛延伸：

- 正式教育
- 接触、熟识规划项目（contact and acquaintance program）
- 群体再训练（retraining）
- 大众传媒
- 劝诫（exhortation）
- 个体治疗

我们并没有把广泛的历史和经济变迁包括进来，尽管它们非常重要，但对于任何一个规划项目的目标来说它们都太过宏大而宽泛，或者它们可以通过立法行动来实现。例如，在经济领域，我们曾谈到，工资改革会提高少数群体的生活水平，从而提高他们的自尊，降低心理防御性，同时有助于营造社区里"平等地位接触"的氛围。

我们的清单涵盖了当今美国致力于改善群际关系的各个机构所用到的多种补救规划项目，特别是一些私人组织，它们每年为这些规划项目投入数百万美元。这些机构越来越依靠社会科学的研究作为行动的指引。

社会科学可以在两个方面有所助益。首先，它可以梳理出从原因到结果的完整因果链条。基于偏见的心理学和社会学分析，可以成功预测哪一种规划项目的运行最有可能获得成功或失败流产。其次，它能够以事后追溯的方式评估规划项目的成效。

下面我们就来考量社会科学对于规划项目的评估所提供的帮助。[1]

研究方法

态度改变的测量方法是最近才取得的进展。越是深入运用，问题的复杂性就越呈现出来。[2] 下面这个例子反映了其中的一些困难：

1950年全美有色人种护士毕业生联合会结束了42年的独立运作

而解散了，因为黑人护士终于在美国护士协会的大部分地方分会寻得了一席之地。这是态度改变最终导致隔离消除的一个成功例子。

但靠的是什么呢？是靠某些黑人和白人护士的改革运动吗？还是公平就业立法的必然趋势所致？还是最高法院的决议起了一定的作用？抑或是友邻亲善的宣传手段？还是所有这些因素以及其他未知因素的混合结果？

某个或某些原因产生了效应，但很难清晰地分辨出确切的因果链条。

评估型研究有三个最基本的条件：首先必须有一个可识别的、待评估的规划项目（一次课程、一项法律、一部电影、一种新的群际接触方式等），即**自变量**（independent variable）。其次必须有一些可测量的变化指标，如实验前后的态度量表、访谈或社区紧张度指标（如群际冲突报案的次数），这些标尺被称作**因变量**（dependent variable）。最后是控制组的设置。当自变量开始起作用的时候，我们想要证明测量到的变化就是自变量的结果，这时，因为控制组在诸如年龄、智力、地位等方面匹配，但没有暴露在自变量的影响之下，同控制组的对比就能让我们较为肯定地得出结论。而如果控制组（因为某些神秘的原因）展示出了相同的改变，我们就**不能**得出结论说自变量产生了效果，而是应当怀疑存在某些其他未考虑在内的因素。

研究者常常难以意识到控制组的必要性。在一项关于18个跨文化教育规划项目的评估型研究中，只有4个规划项目采用了控制组。[3]而且必须承认，控制并不总是有效。假设有两组学生参与了研究，其中一组接受了教育，另一组充当控制组。学校周边充斥着流言蜚语。其中一组接受的信息会通过各种非正式的沟通传递给另一组。此时，实验组对控制组造成了污染。

我们可以用下面这个框架来总结一项好的评估型研究设计：

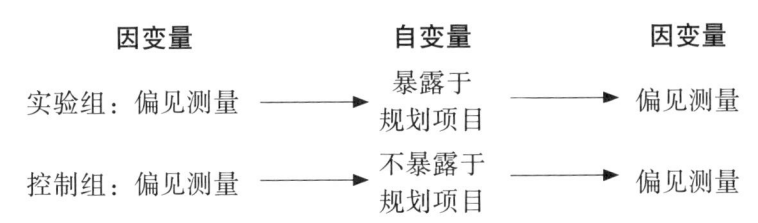

因变量	自变量	因变量
实验组：偏见测量 →	暴露于规划项目 →	偏见测量
控制组：偏见测量 →	不暴露于规划项目 →	偏见测量

涉及项目效果的评估时出现了一个问题。在项目结束时立即进行评估

通常是最容易的（通过测验、访谈等）。但如果我们测到了即时效果，那它的持续影响有多久呢？如果我们没测到即时效果，那会不会存在"睡眠者效应"（sleeper effects）、需要过一两个月甚至几年才能慢慢显示出它的影响？也许最理想的是先测一个即时效果，一年以后再测一次。

评估型研究的很多困难都是老生常谈了。它很难保证自变量无污染；很难寻找合适的因变量指标；结果不够确切，因为所有的未知因素都会造成干扰。一个复杂社区中日常生活的喧嚣和骚乱同实验室的精确是没法比的。

尽管有这么多困难，但还是有很多评估型研究声称反映了某个项目对特定人群产生的效果。[4]一位审查过很多这类研究的作者绝望地评论道：

> 结果总是各执一词，令人困惑。有时报告说偏见在减少，或至少相反的观点在减少；有时又报告说没有变化。有时报告说只在某一方面的偏见有所降低，在另一方面的偏见没有变化；有时报告说只有一类学生身上产生了效果；有时又报告说是另一类。[5]

事实上，情况尽管很复杂，但还没有这位作者所认为的那么无望。

》 正式教育项目

研究者试图搞清楚广为人知的跨文化教育项目——"春野计划"（Springfield Plan）的实际效果如何。[6]该计划（即自变量）是一个较为广泛且灵活的变量，包含了很多不同种类的针对公立学校学生不同年级的教育课程。[7]

研究者在马萨诸塞州一所实施了春野计划的私立大学教书，因此有机会研究那些成长于该计划之下的一大批大一入学新生。他也同样能够获取到更大一批并非成长于该计划之下的新生的样本——或者更准确地说，是没有接受那么多跨文化训练的学生。后者构成了控制组。

研究者采用鲍格达斯社会距离量表作为因变量的测量。新生被试（总共764名）需要在量表上标出哪些族群是他们不愿承认与之同属一个国家、不愿与之同住一个街区、不愿与之通婚等等。

结果如表 30-1 所示。

表 30-1　　　　　　　鲍格达斯社会距离量表均分

教育	N	均值	标准差	均标准差
春野计划之下	237	64.76	26.21	1.70
非春野计划之下	527	67.60	24.39	1.06

注：均分越高，偏见程度越高。

我们注意到该设计并没有引入**前测**和**后测**，因此无法说明学生在加入计划之前偏见程度都在同一个水平。如果因为某些原因，加入春野计划的学生来自一些与众不同的社会群体，或者比其他学生在成长的过程中更少浸淫于偏见的环境，那么最终的比较结果就不能被当作春野计划是否成功的标志。但是，我们没有理由假设两个样本中的学生从一开始在任何方面存在系统性的差别。

作者发现，最终结果支持春野计划的实施。成长于该计划之下的学生比其他学生表现出更近的社会距离。从统计学上来讲，两组学生之间存在临界比为 2.00 的差别。尽管这个差别程度有可能是随机作用的结果，但是概率很小。而且，作者指出，春野计划下的学生只有一部分在校时间接受跨文化的训练，因为计划开始的时间是在学期中。因此，最大的效应只能在未来的学生中间才可能达到。

关于该研究一项有趣的见闻是，春野计划下的犹太学生反而比计划外的犹太学生展示出更多的不包容性，而新教徒和天主教徒的趋势和预测中的一致。对于这一现象，可能的解释为，犹太年轻人对于少数群体太过于敏感，整个小学和中学阶段心中都充满了怨恨。

这里我们不可能报告对所有教育项目的评估，它们种类过于繁多了。有些项目像春野计划，是综合性的，涵括很多种类的教学手段。而有些评估型研究只涉及项目在特定有限方面的影响。劳埃德·库克（Lloyd cook）将后者分为六大类[8]：(1) 信息途径，通过讲座和教科书灌输知识；(2) 替代性经历途径，通过电影、喜剧、小说等设施让学生对外群成员产生认同；(3) 社区研究-行动途径，运用田野走访、调查、社会机构工作或社区项目进行教育；(4) 通过展览、节日、露天表演的途径引导对少数群体民俗和旧世界文化遗产的同情式理解；(5) 小群体过程，利用群体动力学的多重原则，包括讨论、社会剧、群体再训练等手段；(6) 个体治疗式的访谈和咨询。

我们现在还说不清楚哪些路径能够取得最好的回报。尽管有三分之二的实验得到了我们想要的结果，效果不佳的几乎寥寥，但是我们依然不能确切知道哪种方法是最成功的。正如库克所说，现有证据倾向于那些间接的途径。所谓的间接指的是那些并非专门为了研究少数群体而设计的、也并非只聚焦于偏见现象的项目。当学生们全身心沉浸于社区项目、参与到真实的情境中时，他们貌似收获得最多。正如威廉·詹姆斯指出，对一个领域的**经验性熟悉**要强于对一个领域的**知识性了解**。

信息途径

上述结论对信息途径构成了质疑。人们总是认为，在头脑中种下正确的观念就能够产生正确的行为。很多学校大楼上依然悬挂着苏格拉底的名言：**知识就是美德**。但如今，人们发现，学生们学习的意愿和容易程度，取决于他们的态度。灌输的信息像流沙一样，除非有了态度做黏合剂，否则不会产生什么牢固的效果。事实本身是非人性化的，而态度则是人性化的。纯粹的事实性灌输大概有三分之一的概率会泡汤，它们很快被遗忘，或被扭曲以合理化既有的态度，或被封闭在思维的一个角落里不会对行为产生丝毫的影响。

一些同时测量了信念和态度的研究揭示了这种知识同行为之间的鸿沟。跨文化知识性教育能在不必过多改变态度的情况下矫正一些错误观念（本书第411页）。例如，儿童也许学到了黑人的历史，却没学到宽容。

不过，也有相反的观点支持信息途径。学生们也许在短期内显示不出效果，也许曲解事实以迎合态度，但**长期**来看，准确的信息将会成为改善人类关系的一个锚定点。举个例子来说：缪尔达尔指出，不会再有任何为黑人在这个国家的地位而辩护的"种族"理论会受到智识上的尊敬了。人们并不是全然非理性的，因此，缺乏科学证据的种族劣等性理论就无法**渐渐**渗入人们的态度之中。

跨文化教育的基本前提是说，一个只了解自己文化的人不可能真正了解自己的文化。相信太阳只从自己群体内部升起、将外来者视为来自黑暗的他物，这样的孩子终其一生都是缺乏视野的。他永远都无法真正看清美国人的生活——一种人们为了满足自身需求而发明的生活模式。没有接受过跨文化信息教育的孩子无法拥有自己独立的视角，他们大多数来自那些没机会学到客观的外群知识的家庭和社区。因此我们可以得出结论说，正确信息的传输并不会自动地改变偏见，但长期来看它是有帮助的。

但我们必须要问，科学性和事实性的指引会不会包含对少数群体**不利的信息**？的确，有些不良特质可能在某一群体比在另一些群体内程度更高，这是可以想象的（第6、7、9章）。这些信息不应被过滤掉。如果要尊重事实，就必须要尊重全部的事实——不能只看到我们想要的那部分。少数群体中的一些开明者也倾向于公开全部的科学性和事实性发现，因为他们明白，当人们知道了全部的事实时，大多数常见的刻板印象和指控会不攻自破。剩下的指控如果得到证实，那么对结果的合适理解——对少数群体的生活条件的理解——就会加深对问题的洞见并刺激改革。例如，**有些**受迫害群体的成员**可能偶尔**会产生自我防御的心理，这一事实不应被过滤，而应直面，以获得同情式的理解。

总结起来，我们承认，光有信息并不一定能够改变态度或行为。而且，根据目前研究，其效果也弱于其他途径。但同时，没有证据表明它有什么坏处。也许它的价值会有一个长时间的延迟，体现在能够将人们感受到的怀疑和不适划入刻板印象的范畴。与此同时，其他教育途径要想取得更大的效果则需要坚实的信息指导作为支撑。总之，我们应拒绝全然抛弃传统正式教育的理想和方法的不理性观点。事实可能不够，但依然无可替代。

直接或间接途径

将注意力直接投向群际关系时，出现了一个问题。例如，孩子们张口讨论"黑人问题"真的好吗？或者对于他们而言是否采用更为随意、隐蔽的方式涉及更为合适？有人认为，英语课堂或地理课堂为跨文化教育提供了一个比直接关注社会议题更好的语境。何必要锐化孩子心中的冲突感呢？对于他们来说，更好的方式是让他们学习人类群体之间的相似性，将某些必要的针对差异的调适视作理所当然的事情。

在这个问题上我们并不能非黑即白地做出决定。尽管一个孩子可以通过间接的方式学着视文化多样性为理所当然，但他同时也会困惑于可见的肤色差异、反复出现的犹太教节日和宗教多样性。除非他理解了这些事情，否则教育就是不完整的。一些直接的考量是必要的。而且年纪越大的孩子，直接途径的效果越显著，特别是通过自身的经验促使他们迎头直面这些议题的时候。

卡根在一项关于周研讨会三种模式的研究报告中说，直接的方法取得了最大的效应。[9]他给其中一组基督教学生教了《旧约》，对基督-犹太冲突或当今宗教问题只字不提。这种**间接的**方法仅仅强调了犹太人对《圣经》历史的积极贡献。他给第二组教了同样的主题但频繁提及偏见问题，并允许在课上发泄、讲述个人经验。这种**直接的方法**是最有效的。第三组采用了间接的方法但辅以涉及学生们个人经验和情绪发泄的私人会议。该组的方法叫作**焦点访谈**（focus interview）。所有学生都接受了前后测。最后报告说，间接方法并没有带来显著改变，直接方法产生了很明显的效果，而焦点访谈的方法同样也产生了积极影响。总的来看，他倾向于直接方法。需要重点指出的是，无论采取何种方法，一小撮极端反犹主义学生始终无动于衷。

有可能该研究中直接方法的优势来自群体组成。这些学生都是对宗教问题感兴趣的高中生。大多数人做好了直面族群议题的准备，也有改变态度的意愿。

因此，我们可以总结说，目前关于这个问题的证据还不够充分。要决定何种群体或在何种条件下最适合用直接或间接的方法也许只有等未来才能揭晓。

替代性经历途径

有证据显示，电影、小说、戏剧也是有效的，可能因为它们能够引起人们对少数群体成员的认同。也有研究显示，这类途径可能对于某些儿童来说比采用信息途径或项目途径更有效。如果这一发现在未来的研究中得到了进一步验证，我们就会面对一个有趣的解释。可能对于很多人来说，现实性的讨论由于冲击性太过于强烈而构成了日常生活的一种威胁。一种停留在想象层面的、温和的认同邀请可能是更有效的第一步。也许未来我们会让跨文化项目以小说、戏剧或电影作为开篇，渐进式地引入其他更为现实性的教育手段。

项目途径

剩下的大多数跨文化教育方法需要学生积极主动的参与。学生们可能需要走进少数群体聚居社区进行田野考察，需要和当地人一起参加民俗节日活动和社区规划项目。这样，他们就能与少数群体培养出一种熟识感，而不仅仅是知识性了解。大多数研究者青睐于这种参与式方法。它已被广泛用于学校和成人项目。

接触与熟识项目

各种参与式行动项目背后的假设都是，接触和熟识（acquaintance）能够创造友善。从第16章我们知道事情并不总是如此。一个层级式社会体制中的接触，或双方都是失去社会地位的群体之间的接触（贫穷的白人和贫穷的黑人），或彼此视为威胁的个体之间的接触，都是有害而非有益的。

但我们在此讨论的项目旨在以增进互相尊重的方式将来自不同群体的人们集合起来。做到这一点并不容易，因为其效果会遭到人为性（artificiality）的破坏。勒温指出，很多种族或社区关系委员会并不会真的投身到互相关心的常见项目中来。他们只是开个会讨论一下这个问题。由于缺乏一个明确的客观目标，这种"好意"的接触会导致挫折甚至诱发敌意的产生。[10]

要想发挥最大的作用，接触和熟识项目应给双方带来一种社会地位的平等感，应该被纳入一般目标的实现过程当中，避免人为性，如果有可能的话尽量争取到当地社区的支持。这种联结越是深刻、越是真诚，效果就越好。不同族群的成员肩并肩地完成一项任务会带来一点帮助，但如果这些成员都将自己看成**团队**的一分子，帮助就会更大。

我们再一次看到，在接触和熟识的最佳条件达到以前废除隔离制度是多么重要。人们应该都记得，甘地，在他对于印度的**最初**立场中就呼吁废除贱民制（untouch ability）。我们最好也把它当成美国项目的第一步。

接触和熟识项目可以采取多种形式。召开社区会议或成立小区委员会就是芝加哥等地比较成功的尝试。在这里，不同族群背景的邻居为了一个明显的目标——改善共同的居住地而聚集起来共同商议。在共同活动的过程中敌意被消解，包容心得到了滋养。

蕾切尔·杜波伊斯曾广泛引进一种特殊的增进熟识的技术。[11]正如我们在第16章看到的，这个规划项目将不同族群背景的人集合在一个"邻

偏见的本质

里节日活动"中。节日活动的带头人可以通过让一些成员讲述自己关于秋天、关于节日、关于儿时喜欢的食物的想法来开启一段讨论。这份口头陈述将引起其他参与者类似的乡愁记忆，很快，讨论就能在各个族群各个地域风俗习惯的对比中活跃起来。相似的记忆、彼此的友善和间或的幽默能够带来一种共通感（commonality）。群体风俗及其意义会显得更加相似。有人会唱起一首民谣或教其他人一段民间舞蹈，快乐的气氛就被调动起来。尽管这一技术本身不会引发持续的接触，但它是一种破冰行动，能够加速障碍性社区中成员互相熟识的过程。

尽管大部分接触和熟识项目未被评估，但从那些已经得到评估的项目中（第16章有提到一些），我们知道，凡是有助于维护平等地位关系、有助于更亲密熟识的措施，都很可能有助于增进包容。

这里，适合成年人的也同样适合孩子。我们曾引用过几位教育家的评论，说学校的跨文化教育如果能够促进孩子们和社区里不同族群之间的兼具目的性和现实性的接触的话将会更有效。这里我们可以引用一则针对一年级儿童的精心控制的实验来说明这个问题。

特拉格和亚洛将参与实验的费城小学生按照背景和智力匹配的方式分成三组。其中一组接受了社区里精心设计的14期跨文化关系培训，包括去黑人家里聚会等主动参与性活动。项目的全部中心就在于让孩子们看看各个职业、各个宗教、各个种族都在社区的多样生活中扮演了关键的角色。

第二组同样也参与了14期跨文化关系培训。但方式不同。它强调美国社会结构是金字塔层级式的，那些偏离的群体有些"有趣的习俗"，且存在即合理。尽管实验者并没有故意向这组学生灌输偏见的观念，但也不会纠正他们的刻板印象，他们可以自由地参考其他常见的有偏见的教科书（例如将荷兰小朋友或黑人小朋友描述成古怪离奇之人的书）。

第三组没有接受任何培训，只是花了同样的时间做手工。

在为期七周的实验前后，研究者利用标准化访谈等方法分别测量了孩子们的偏见程度。结果证明，平均看来，"文化多样性"组的孩子们表现出了刻板印象的减少和包容性的增加，"现状"组的孩子们表现出了刻板印象的增加和包容性的减少，而控制组没有明显的态度改变。

该实验的一个显著特点是，不同的教学风格使用了**同样的**老师，每个老师教一个文化多样性班级、一个现状班级。这样就不会因两位老师（一位"民主型"，一位"权威型"）的风格不同而产生不同的结果，而是完全是两种教学方式不同造成的。只要经过了合适的培训，任何一名老师都可以掌握这些教学风格。老师们从这种角色扮演项目中也获得了极大的启发，从而在日后的教学中更倾向于采用文化多元性的路径。[12]

这是所谓"行动研究"（action research）的一个极好的例子，指的是为了检验某特定项目的效果这一明确目的而设置的项目。其结果增强了我们对于跨文化教育能够强调文化多元性和社区内友好接触的信心，同时也指出了很多传统的现状式课程的弊端。最后，对于老师自身来说，无论是角色扮演，还是对两种观点的了解，都引起了态度改变。

群体再训练

现代社会科学最大胆的尝试，就是发明了角色扮演等技术来创造"强迫共情"（forced empathy）。我们刚刚提到的学校老师就进行了初步的尝试，但这些技术的使用包含在更广泛的一种叫作"再训练"（retraining）的运动当中——群体动力学的专长。据发现，很多人乐意聚集在一个承诺会帮助他们提高关系技能的项目当中。他们想要学习民主领导的技术。尽管不是专门为了摆脱偏见才加入再训练小组的，他们也会很快学到，阻碍他们作为老师、领班和主管人员的效率的，正是他们自身的态度和偏见。

不同于那些阅读宣传手册、聆听布道的人，那些注册参与了再训练项目的个体需全身心地投入进去。他需要扮演各种角色——雇主、学生、黑人仆人，通过这些"心理剧"来切身地体会他人的立场和位置。与此同时，他也对自身的动机、焦虑和投射有了更深的洞察。有时这类训练项目还辅以私人会谈，比如咨询师来帮助个体进一步做自我检视。随着视野的深入，他会对他人的感受和思想有了更深刻的理解。伴随着这种个人的卷入，他对于人类关系原则也会有更好的理解。[13]

对这类训练的评估显示，如果取得一定的社会支持，成效就会更大。例如，一项旨在增进社区关系的研究发现，在那些孤立于其他训练小组成员而独自生活在另一个地区的工人身上，项目效果略差。他们会被充满偏见的社会规范压得不堪重负。而与此同时，两人或两人以上一起参加再训练，给予彼此必要的社会支持，他们就能更高效地掌握新学到的洞见和技能。[14]

并非所有的再训练项目都是像此处描述的那样直接、有着高度的自我意识和自我批判性。项目的焦点也有可能更为客观，例如那些让人们参与社区自我调查的再训练项目。志愿者聚集起来研究当地的群体关系。设计研究、框定问题、实施访谈、计算"歧视指数"（住房、工作、教育方面）等切身经历都具有高度的启发性。随后的活动不管是在知识上，还是在社区技能、同理心方面都会产生更为显著的效果。[15]

另外一个外部聚焦型再训练的例子就是我们在第 20 章提到的"事件控制"。该活动的目标与其他任何群体再训练项目一样，都是打破某些个体身上的压抑和僵化，从而使他们更有效地追求公共目标。在该案例中，那些注册了训练的人愿意培养一项日常生活中的技能——抵消那些玷污我们沟通习惯的偏执性言论的技能。例如，当有人在公共场合发表了有关犹太人的恶毒言论从而引起周围很多路人的关注时，应该挺身而出对那个人说些什么？诚然很多场合下出于体面应当说一句"请保持安静"。但有些场合下默不作声就代表着默许，因此良知和公义心驱使我们必须发声。研究显示，带有明显诚意的冷静语调对于摇摆不定的旁观者来说最有效。但鼓起勇气发声本身就并非易事，更不要说斟酌言辞、控制声调了。因此，在专业指导下进行一些团体训练是必要的。[16]

大多数再训练项目会有明显的局限性。它们只是为了让本身怀有包容心的人摆脱阻挠他的一些桎梏，提供给他所需的技能和指导。显然群体再训练并不适用于那些抗拒这一方法和目标的人。但有了耐心和策略，出于其他目的而组成的群体或班级也可以很容易地接受这种群体动力学技术的指导。

此外，这些技术也可以部分使用而不必走完全程。例如，学校里的学生很容易喜欢上角色扮演的环节。[17]青少年可以通过扮演外群的同龄人而体会到歧视引发的生理上的不适和心理上的防御感。亚瑟兰曾运用类似的治疗技术改善了群体中严峻的种族冲突状况。[18]三到四个不同肤色的孩子聚集在一起玩布娃娃和过家家的游戏。该情境为萌芽中的冲突和敌意的投射创造了机会。随着游戏的进行，研究者发现，孩子们相互之间渐渐开始彼此调适，并培养出真诚的合作关系。

大众传媒

大众宣传作为控制偏见的手段，其有效性是值得怀疑的。整日被灯红酒绿的利益充塞视听的人们对于这些宣传说辞也往往视若无睹。而且有多大的概率人们会注意到夹在战争、阴谋、憎恶和犯罪新闻中间的一条温和的、关于手足情谊的宣传信息？更重要的是，倡导包容的宣传往往被人们有选择地感知。不想听的人自然能够轻易地充耳不闻。而那些想听的人则根本不需要听。但这种普遍的悲观意见不应该阻碍我们深入细致地探讨这个问题的脚步。毕竟，我们知道广告和电影已经深刻地塑造了我们国家的文化。同样的道理，它们也许可以用于文化的重塑当中？

这方面的研究尽管寥寥无几，但还是揭示了一些倾向性的规律。[19]

1. 虽然单个项目——例如一部电影——收效甚微，但几个相关的项目联手就能够显著产生更大的协同效应。经验丰富的宣传者早已熟练掌握了这一**金字塔式累进刺激**（pyramiding stimulation）的原则，他们都知道，单独一个项目是不够的，必须**成势**（campaign）。

2. 第二个倾向性规律就是**效应的特异性**（specificity of effect）。在1951年春天，波士顿一家电影院开始上映《愤怒之声》。电影结尾明确打出了道德口号：只有耐心和理解才能解决冲突，而不是暴力。观众被情节深深打动了，纷纷为口号鼓掌。不久之后在同一个项目当中，一则新闻片记叙了已故参议员塔夫特在族际关系问题上的僵化。他同样指出，冲突只能通过耐心和理解来解决而不是暴力。但这一次台下同样的观众却发出了一片嘘声。人们在一个语境下学到的东西无法迁移到另一个语境。有好几项研究都确认了这一点。观点可以改变，但改变却倾向于局限在一个狭窄的语境下而很少能够推而广之。

3. 第三个原则跟**态度衰退**（attitude regression）有关。一段时间以后，人们的观点又会滑回原来的立场，无法保持恒定。

4. 但这种衰退不是普遍的。霍夫兰及其同事在研究教化型电影的短期和长期效应时发现，尽管态度的衰退很常见，但有些人身上也会出现一种相反的趋向。[20]这里还存在着"睡眠者效应"。这种延迟的效应主要发生在那些一开始抗拒、后来慢慢接受的"死硬派"身上。睡眠者现象在那些受过良好教育的、其原初观点与其他受教育者观点相左的人身上尤其明显。霍夫兰总结道，这些个体实际上有着接受宣传信息的潜在倾向，但必须首先克服一些内心的抗拒才能显现出来。因此，倡导包容的宣传对于那些态度模棱两可的人可能会产生长期的影响，特别是如果这些人受过良好教育的话。

5. 宣传如果没有根深蒂固的抗拒，则会进行得更加有效。研究显示，那些保持中立观望态度的人比那些立场坚定的人更容易受到影响。这里我们可以回忆一下第 25 章提到的性格制约型偏执者手头的大量保护性机制。

6. 宣传**如果有一个清晰明确的领域**，则会进行得更加有效。极权主义地区的宣传垄断在毫无防备的民众面前构成了一张单调的弹幕，人们无法保持自己抗拒的力量。但如果条件允许的话，相反声音的宣传会让个体回到自己最初的判断起点之上，从而摆脱一面之词。这一原则告诉我们，倡导包容的宣传是非常有必要的——不仅仅因为它能产生积极效果，更是作为一种煽动的解毒剂而存在。

7. 宣传若能**减轻焦虑**，则会进行得更加有效。贝特尔海姆和贾诺维茨发现，直接攻击个体的安全感框架之根基的宣传往往会遭到抗拒[21]，而那些嵌入现有安全感系统的呼吁才更有力量。

8. 最后一条原则涉及那些有影响力的**象征符号**。在战时，一首凯特·史密斯（Kate Smith）的歌在广播上就能卖到数百万美元。埃莉诺·罗斯福、平·克劳斯贝都在民众中间享有无比的名望。他们对包容之心的呼吁将会赢得更多的观望者参与进来。

劝诫

我们并不了解布道、训诫、道德鼓舞的效果有几何。几个世纪以来，宗教首领一直在劝诫他们的追随者实践兄弟之爱，结果也收效甚微。但我们并不能确定，这种方法是徒劳的。如果没有这种持续的训诫，事态可能会愈演愈糟。

一个合理的猜测是，训诫也许有助于巩固已有的善意。其成就不应遭到轻视，因为如果没有宗教和道德上的信念强化，那些已经产生的善意便无法持久地为群际关系的改善做出贡献。但对于性格制约型偏执者或墙头草式无法抵御社会环境力量的从众者来说，激励性的劝告是无济于事的。

个体治疗

理论上讲，改变态度的最好手段就是个体治疗，因为正如我们所见，偏见往往深深嵌入个体的整个人格功能当中。带着满腹沮丧来寻求精神病医生或咨询师的人通常渴望改变，他更愿意重新安排自己对待生活的立场和取向。尽管患者不可能仅仅为了表达自己改变**族群态度**的愿望而寻求咨询，但这类态度在治疗过程中往往扮演非常显著的角色，并且可能会随着患者看待生活的其他固化方式而消融或重构。

尽管有关这一假设至今还没有决定性的实验验证，但大量的精神分析学家报告了自己的临床经验。[22] 这些经验非常有说服力，因为绝大多数患者把精神分析视为"犹太主义运动"，单就这一事实本身就一定会引起一些反犹主义偏见。治疗过程可能是下面这个样子的：

> 患者在精神分析的治疗过程中已进入了"负移情"（negative transference）阶段。他抱怨分析师的治疗过程带给他的痛苦，认为这一切都是因为分析师憎恶自己在社会上的优势和主导地位。有些案例中分析师本人是犹太人；但即使不是，患者也仍会将精神分析视为犹太主义运动。这种环境会激起他个人的反犹主义感受，并多半会冲着分析师爆发出来。随着治疗的推进，患者会对自身整个价值观模式产生更深的洞察，这种反犹主义情绪就会削减。确实，原则上我们应当相信，任何类型的偏见只要和神经症交叉在一起，神经症的治疗就能降低偏见。

精神分析只是治疗方式之一。任何涉及个人问题的旷日持久的深度访谈都有可能消除大部分敌意。通过直面、谈论这些感受，患者往往会获得一种新的洞见。而且如果治疗过程之中，患者发现了一种更为健康的、建设性的生活方式，那么偏见就会被消除。

> 一名研究者正在对一位女性关于少数群体的过往经历和相应态度展开深入访谈。起初没有任何的治疗意向。这期间患者讲述了她的反

犹主义感受。但通过回忆她同犹太人的所有过往经历以及她邻居的反犹主义情绪，她开始渐渐有了一些自我洞察。最后她说道："可怜的犹太人，我想我们大概是看不惯他们做任何事，不是吗？"如果她没有长时间（约3个小时）把注意力放在信念系统的特点之上，就不会追溯到偏见的源头，将其放回理性的位置上。

治疗和准治疗条件下这种信念转化的频率是未知的，有待更多的研究加以澄清。但即使该方法是所有方法当中最有效的——因为它的深度和与人格各部分之间的关联性——它所能服务的对象也只是人群中的很小一部分而已。

宣泄

经验显示，在某些情况下——特别是个体治疗和群体再训练过程中——内心感受的爆发是很常见的。当偏见的受害者打开了话匣子时，一个感到自己的观点正在遭受攻击或否定的人，可能需要将不良感受爆发出来加以清除。

宣泄（catharsis）就具有这种准治愈的效果。它会暂时地减轻个体的心理紧张并提供态度改变的契机。自行车也一样，气压降下来了，内胎才容易修好。宣泄和紧张之间的关系可以表达如下：

> 我生朋友的气了；
> 说了出去，气就消了。
> 我生敌人的气了；
> 我憋着，气越来越大。

并不是每一次敌意的表达都具有宣泄的效果。有时甚至相反。正如我们在第22章看到的，攻击性的表达并不是安全阀，而是一种习惯的形成——一个人表现出了越多，他的攻击性就会越膨胀。只有在某些特殊的条件下，那些一开始怒发冲冠的人才会愿意、也有能力理解对立的一方。

在一个东部城市发生了一些不愉快的族群冲突事件。群情愤慨的市民们对当地警局施压希望引进一期针对群体敌意的指导性课程，在这个过程中警察的阻止和掌控爆发了。

第30章 | 规划项目的评估

　　参加这一强制性课程的警察内心充满了怨气,因为课程的每一个环节都像是在考验他们的能力和公正性。这种不公平感和他们自身对于少数群体的偏见营造出一张紧张状态,让课程变得迟滞难行。不管提起任何关于黑人的客观事实,有些警察总会拿曾经有些恶毒的黑人咬了他的故事来回应。

　　课程的每一步都会遭遇刻板印象、腐蚀性的故事和敌意的表达。课程几乎没取得什么预想之中的结果,只是激起了连续不断的谩骂,有的直接对着老师,有的则是讨论过程中针对少数群体。班上总是充满了抱怨:"为什么所有人都在骂警察?""我们从没出过问题,为什么要上这个课?""犹太人就不能不多管闲事吗?他们非要从一堆灰尘里揪出一只死猫然后叫它'反犹主义'。""黑人领袖应该管管他手下的人,不要让他们跟警察对着干了。"

　　在这种自尊心受伤的情况下是不可能改变偏见的。认为自己遭到了攻击的人是听不进教诲的。

　　课程持续了八个小时。前六个小时充斥着这种发泄。指导者对此不做任何的反驳,尽可能同情地倾听着这些饱含敌意的怨言。渐渐地,事态发生了改变。一方面,人们对这些抱怨也越来越感到无聊。最后的态度是说:"好了,我们说的都是真的;现在我们想听听你对这些抱怨的对象有什么见解。"

　　此外,暴怒之下的言辞明显有些过于激愤,以至于冷静之后渐渐生出一些羞怯的情绪来。一口咬定"我们从没出过问题;这里根本没什么问题"的人很快就讲起了他最近遇到的几起冲突事件,承认自己作为一名警察也对此束手无策。一开始大声责骂犹太人的警察随后更正了自己的言论。在某种程度上,宣泄之所以产生了效果是因为这种非理性的肆意爆发刺痛了每个人的良知,也包括自己。

　　一旦紧张感得以减轻,这些警察就比较容易重新建构自己对整个情况的了解。即使是在表达敌意的过程中,他们也会在心里计划着日后更容易被社区接受的行为。有些警察可能在课程结束时会想:"好吧,我一定是气得昏了头。可恶!人人都有偏见,但我不想让我的地盘出乱子。我最好小心一点。我猜我会……"这里他就开始了在想象中建构一个计划以便未来能够更好地处理辖区内的问题。

　　这并不能证明宣泄背后发生了何种心理过程,但观察者对这一课程的印象是，在最后两个小时内，敌意耗尽的时候，课程才真正开始起效，而后获得的自我洞察也是非常深刻而宝贵的。[23]

宣泄本身并不带有治愈性。最好的说法是，宣泄有助于以一种更不带有紧张感的方式去看待当前的形势。有权发表意见的愤愤不平者更容易倾听对立的观点。如果他的话过于夸大而不公——确实常常如此——由此引发的羞耻感就会促使他调整自己的愤怒以获得更为平衡的立场。

但这并不是建议任何项目都以宣泄作为开始。宣泄会在一开始创造一种消极的氛围。如果有必要宣泄的话，必须是在不加特殊引导的自然流露的情况下进行。只有当人们感到自己正在遭受攻击的时候，宣泄才是必要的。此时，只有允许人们宣泄出心中的委屈和怒火，情况才有机会好转。运用耐心、技巧再加一点运气，小组领导就能够找到最合适的时间点将宣泄引导至建设性的轨道上来。

注释和参考文献

[1] 下面的某些讨论引用自 G. W. Allport, *The resolution of intergroup tensions*, New York: National Conference of Christians and Jews, 1953; L. A. Cook (Ed.), *College Programs in Intergroup Relations*, Chicago: American Council on Education, 1950; P. A. Sorokin (Ed.), *Forms and Techniques of Altruistic and Spiritual Growth*, Boston: Beacon Press, 1954, Ch. 24。

[2] 关于偏见性态度测量的技术性讨论，读者可参阅 Marie Jahoda, M. Deutsch, & S. W. Cook, *Research Methods in Social Relations: With Special Reference to Prejudice*, New York: Dryden Press, 1951; Susan Deri, Dorothy Dinnerstein, J. Harding, & A. D. Pepitone, Techniques for the diagnosis and measurement of intergroup attitudes and behavior, *Psychological Bulletin*, 1948, 45, 248-271。

[3] L. A. Cook (Ed.). *Op. cit.*

[4] 该类评估型研究的调查报告自 O. Klineberg, *Tensions affecting international understanding: A survey of research*, New York: Social Science Research Council, 1950, Bulletin 62, Chapter 4; R. M. Williams, Jr., *The reduction of intergroup tensions: a survey of research on problems of ethnic, racial, and religious group relations*, New York: Social Science Research Council, 1947, Bulletin 57; A. M. Rose, *Studies in the reduction of prejudice* (Mimeographed), Chicago: American Council on Race Relations, 1947。

[5] R. Bierstedt. Information and attitudes. In R. M. MacIver (Ed.), *The More Perfect Union*. New York: Macmillan, 1948, Appendix 5.

[6] Dorothy T. Spoerl. Some aspects of prejudice as affected by religion and education. *Journal of Social Psychology*, 1951, 33, 69-76.

[7] J. W. Wise. *The Springfield Plan*. New York: Viking, 1945.

[8] 参见前面的注释1。

[9] H. E. Kagan. *Changing the Attitudes of Christian toward Jew*. New York: Columbia Univ. Press, 1952.

[10] K. Levin. Research on minority problems. *Technology Review*, 1946, 48, 163-164, 182-190.

[11] Rachel D. DuBois. *Neighbors in Action*. New York: Harper, 1950.

[12] Helen G. Trager & Marian R. Yarrow. *They Learn What They Live*. New York: Harper, 1952.

[13] 对群体动力学的一个基本介绍见 S. Chase, *Roads to Agreement*, New York: Harper, 1951, Chapter 9。

[14] R. Lippitt. *Training in Community Relations*. New York: Harper, 1949.

[15] M. H. Wormser & C. Selltiz. *How to Conduct a Community Self-survey of Civil Rights*. New York: Association Press, 1951.

[16] A. F. Citron, I. Chein, & J. Harding. Anti-minority remarks: a problem for action research. *Journal of Abnormal and Social Psychology*, 1950, 45, 99-126.

[17] G. Shaftel & R. F. Shartel. Report on the use of "practice action level" in the Stanford University project for American ideals. *Sociatry*, 1948, 2, 243-253.

[18] Virginia M. Axline. Play therapy and race conflict in young children. *Journal of Abnormal and Social Psychology*, 1948, 43, 279-286.

[19] 研究的参考文献收录于以下专著：J. T. Klapper, *The Effects of Mass Media*, New York: Columbia University Bureau of Applied Social Research, 1950。

[20] C. I. Hovland, *et al. Experiments on Mass Communication*. Princeton: Princeton Univ. Press, 1949.

[21] B. Bettelheim & M. Janowitz. Relations to fascist propaganda: a pilot study. *Public Opinion Quarterly*, 1950, 14, 53-60.

[22] N. W. Ackerman & Marie Jaroda. *Anti-Semitism and Emotional Disorder*. New York: Harper, 1950. R. M. Lowenstein. *Christians and Jews: A Psychoanalytic Study*. New York: International Universities Press, 1950. E. Simmel (Ed.). *Anti-Semitism: A Social Disease*. New York: International Universities Press, 1948.

[23] 对这一案例更充分的再解释见 G. W. Allport, Catharsis and the reduction of prejudice, *Journal of Social Issues*, 1945, 1, 3-10。

第31章
不足与展望

> ……我们不能找借口说必须等到所有条件都成熟了以后再行动，因为我们很清楚，这是不可能的。我们也不能让事实顺其自然，把它们扔给政治家和市民们在实践中想办法。事实太过于复杂，它们无法言说。它们必须以实践为目的被有机地结合起来，即，以相关的价值为前提。这么做，没有人比我们更合适了。
>
> 冈纳·缪尔达尔

在之前两章，我们就增加包容性的问题举例说明了各式各样的补救工程。我们从偏见、歧视之原因的基本研究和科学评估两个方面对这些工程做了点评。我们的调查并非详尽，因为最近几年类似的项目层出不穷，科学界对于这些项目的兴趣也与日俱增。[1]

只是过去十年我们才意识到评估的紧迫性。这种紧迫性本身就值得探讨。对于项目负责人或董事会来说，将活动交付于公正的审判是需要勇气的。有时项目的发起来自生意人的捐赠，他们表示，自己投的钱，想知道结果几何、价值几何。这种态度反映了一种对客观性的重视，不再像很多慈善活动那样凭借不假思索的信仰和感情来行事。第29章已经谈到社会科学在法律领域开始扮演的角色；也许在私人领域，社会科学的这种作用会更受欢迎、更有成效。（这里顺便想说一下，社会科学的评估功能不仅在群际关系组织当中必不可少，而且与教育、社会工作、犯罪学、治疗等其他以改变态度为目的的领域相关联。[2]）

尽管这一趋势毫无疑问是社会和科学进步的标志，但某种程度上仍旧是搬起石头砸自己的脚。项目负责人也许会太过依赖于研究者，而研究者反过来却有可能无法实现他人的重托。族群关系的问题是个烫手的山芋。正如我们在前几章所看到的,根本不可能设计出一个将所有因素都考虑在内的评估型实验。这个问题盘根错节,不能将全部希望都寄托在科学研究的进展之上。正如缪尔达尔所说,我们不能"等到所有条件都成熟",也许永远都等不到。

但我们可以凭借基本的评估型研究取得一些进展并吸引更多人的关注。当我们遇到大量的时间和理论上的困难时,这种鼓舞必须始终铭记。

❯❯ 特殊的阻碍

致力于跨文化关系的工作者常常在社区里听到这样的声音:"我们这里没什么问题。"父母、老师、警察、官员、社区管理员们都没有意识到摩擦和敌意的暗流涌动,直到暴力事件的爆发。[3]

第20章曾谈到"否认的机制",即当冲突的威胁打破内心的平静时,人们倾向于不遗余力地捍卫自我。否认策略是对干扰性思想的快速响应。

这种否认有时并没有多牢固的根基,而仅仅是基于对现状的习惯和适应。人们太熟悉现存的这套种姓歧视制度了,以至于默认这些就是不可更改的常态并感到心满意足。我们曾提到过,一项研究发现,大多数美国白人相信美国黑人对现有的状况没什么不满意,而事实却恰恰相反。但就算承认无心的忽视和现状的惯性能够解释一部分否认,我们也必须明白,这背后有更深层次的机制在起作用。我们知道,那些深怀偏见的人不容易承认自己的偏见。由于缺乏个人的洞察力,他们无法对社区内的状况有一个客观的认知。即使是一个没有偏见的人也很可能对那些不公和紧张视而不见,因为一旦承认它们的存在,就会威胁到自己生活的主旨。

我们在广泛的教育体系之下会不断遇到这类阻碍。校长、老师和家长们常常反对引进跨文化的教育项目。即使在浸满偏见的社区里我们也不断能听到:"没什么问题!我们不都是美国人吗?""为什么要把这些观念灌输给小孩子们?"这种态度让我们想起很多家长、学校和教会都对性教育非常抗拒,原因是不希望孩子们过早地开始想这些禁忌问题(但实际上肯定早就以某种混乱的方式在他们的思想中盘桓了)。

除了冷漠和否认,还有另外一些阻碍。在二战之后的五年里,由私人赞助的美国种族关系委员会持续跟踪了补救性措施的努力和成效。它在最后一份报告中总结了曾遭遇到的主要障碍。[4]除了否认，它还提到了群体关系领域相互竞争的组织机构之间不相称的对立状态，提到了毫无根据地信任某些机构所提出的单因素、单技术的"万能"解决方案。特别地，它提到了对大众传媒和正式教育项目的过分重视。此外，它还强调了社会结构的重要性，例如，指出了南方传统的结构化体制似乎阻碍了任何想要做出改变的努力，同时还对整个国家都产生了沉重而侵蚀性的影响。

最后，报告指出，不管是出于忽视还是恶意，很多人倾向于把所有跟族群关系有关的民权支持者和工会成员都视为危险分子。麦卡锡主义就是一个盘旋在所有相关人员心头的幽灵。尽管受害者自身看得透肆意中伤背后的非理性，但普通民众看不清这一点。如何对抗这种非理性的过度范畴化是一个棘手的难题。东西方意识形态的现实冲突延伸开来将八竿子打不着的东西囊括了进来。第15章讨论过这个问题，但找到一个解决方案并不容易。

所有这些阻碍都可能留下深远的不良影响，反映了人们心中和社会体系下根深蒂固的非理性。没有人会认为改善群际关系是一项轻而易举的任务。

▶ 结构化的论证

美国种族关系委员会的报告似乎对单个项目的有效性持悲观态度。它强调了社会规范会像一扇铁窗一般对补救性措施产生掩蔽的效果。这项重要的发现值得更加仔细的研究。它几乎触及整个问题的心脏。

社会学家近年来指出，我们所有人都禁锢在一种或多种社会体制之下。尽管这些体制本身具有一定的可变性，但它们也不是无限灵活的。在每种体制当中不同群体之间又有一些不可避免的紧张，这些紧张有的是由经济对立、住房短缺或交通设施引起的，有的是由于冲突的传统而延续下来的。为了缓和这种紧张，社会给予某些群体优势的地位，而给予另外一些群体劣势的地位。风俗习惯补充并调整着有限特权、商品和名望的分配。既得利益是这一体制中的枢纽，特别是在那些抗拒任何改变的体制当中尤其如此。例如，小型的族群暴乱就可以被当作既有紧张的副产品而被容忍。警察局对帮派斗殴睁一只眼闭一只眼,认为这些是自然的常态,是"小孩打架"。当然,如果这种扰动太过严重,暴乱就需要或者改革者就要求立法来予以缓解。但这种缓解只足以维持一个别扭的平衡。如果缓解的力量太大就会毁了这套系统。

经济决定论者的观点也是类似的(第13、14章)。他们认为所有个体层面的解释都是无稽之谈。社会存在基本的结构,在这个结构当中,社会经济地位高的人无法容忍也不会容忍劳工、移民、黑人、奴仆与他们自己之间的平等。偏见仅仅是经济自我利益的一种合理化。除非剧烈的改革可以带来真正的工业化民主,否则,承载着所有偏见的社会基础将不会发生有效的改变。

我们都无法清楚地了解到底在多大程度上自己的行为受制于社会体制的特征。我们不应该把跨文化教育超脱地视为能够抵消掉整个环境的压力。人们看过一部倡导包容的电影过后会把它仅仅当成一个特殊的片段,不会让它有机会威胁到自己日常生活的根基。

该理论还认为,若要改变隔离制度、改变就业习惯或移民规定,就势必会引发一连串的反应,这些反应累加起来就会对整个结构产生破坏性的威胁。所有的风俗习惯都环环相扣。如果一开始的推动太强的话,力量就会累加并最终毁掉整个系统,毁掉我们安全感的来源。这是社会学家的结构性观点。第3章讨论过偏见的这种"群体规范"论。

心理学家也有结构性的论证。偏见并不像是眼中的沙子可以不必扰乱整个有机体的完整性就能轻而易举地剔除掉。相反,偏见往往深深嵌入在性格结构当中,只有当生活的整个内部经济被全面地翻修过后,偏见才有可能改变。只要态度对个体仍然有着功能上的重要意义,这种嵌入性就会存在。你无法在不改变整体的条件下改变其中的部分。况且,人格的重塑向来就并非易事。

但是心理学家又急忙补充道,并不是所有的态度都是根深蒂固、不可改变的。有以下三类态度可加以区别。

在第一类中,个体的态度一直牢牢系于自己的一手经验之上,同时也考虑到社会规范和习俗的要求而留有余地。他能够游刃有余地调整自己的态度以顺利适应于社会事实,与此同时也始终能够忠于自己的亲身经历。尽管有社会体制的束缚,他的态度也依旧是灵活而有弹性的。他清楚地意识到外群什么时候遭遇了不公的对待,尽可能地对他们好,尽管整个社会系统都在虎视眈眈地与他作对。不管他是一个温和的改革者还是一个激进的革命者，或根本没有改革的心思，他的态度都始终是自己的，不会过度依赖于外界的群体规范。

第二类态度我们曾讨论过，它们构成了一种自利（self-serving）而僵化、时而有些神经质的内部整合。现实主义是很罕见的，个体既不知道也不关心少数群体到底发生了什么、歧视性的风俗习惯长期来看到底会带来多么大的弊端。这些态度的功能性意义非常深重，除了性格结构的颠覆，没有什么能够撼动它们（第 25 章）。

第三类也是最常见的一类，我们发现，很多个体的族群态度缺乏内部整合性。它们并无定型、容易改变，大多与当下的情境有关。个体自己也比较模棱两可——或者更准确地说，是多价态的（multivalent）。由于缺少一个固定的态度结构，他可以顺从于环境的任何压力。正是在这一类人身上，倡导包容的呼吁才能够发挥实质性的作用。愉悦的经历、戏剧化的课堂、美利坚信条的激励都足以为友善的态度提供一个初始的结晶核。这种类型的人易受教育、大众传媒和奖赏性经历的影响，这些影响可以作为心智组织的焦点，个体不再像从前墙头草一般遵从于大众的偏见。

我们无从知道持每一类态度的人究竟有多少。持有严格的结构性观点的人会坚称以上所有态度都会比想象中更容易受到个人和社会系统的影响。

有研究者强调个人和社会系统之间的连锁依赖性。他们说，要想改变态度，必须同时涉及这两个系统，因为二者的结合才构成了态度所嵌入其中的结构化矩阵。[5] 纽科姆将其描述如下："当个体以相对稳定的参考框架去感知客体的时候，态度倾向于保持不变。"[6] 稳定的参考框架或许锚定在社会环境当中，例如，所有移民住在道路的一边，所有的美国本土居民住在道路的另一边；或许锚定在个人内心，例如，在所有陌生人面前我都有种受威胁感；又或许二者皆有。这种组合式的结构化观点认为，相关参考框架的转变必然导致态度的改变。

批评

不管是社会学的、心理学的，还是二者都有，结构化的观点都有很大的优势。它解释了为何零散的努力并没有效果，告诉我们这些问题无不嵌入社会生活的密集网络当中。它再次确认了"眼中沙"理论太过于简单。

然而，一不小心我们就容易滑向错误的心理学和错误的悲观主义。

"要改变个人态度之前必须首先改变社会结构",这是很不明智的说法。至少社会结构在某种程度上也是很多单个的人的态度的产物。但改变必须从什么地方着手开始才行。的确,根据结构化理论,改变可以开始于**任何地方**,因为任何系统都会在一定程度上受到任何一部分改变的影响。社会或心理系统是各方力量的平衡体,但它是不稳定的。正如缪尔达尔所说,"美利坚困境"就是一个不稳定的例子。我们对社会体系的所有官方定义都是要平等,但体系的很多非正式特点却处处显示出不平等。因此,在我们很多结构化的系统里面仍旧存在"无结构化"(unstructured)的状态。尽管你我的人格都是一个系统,但我们能说它是不可改变的吗?或能说整体的改变必须**先于**部分的改变吗?这太荒谬了。

假如美国拥有相对稳定的阶级体系,每个族群在其中有着自己先赋的位置,而偏见则作为一种伴生物而存在,即使在这样的条件下,美国体系中也一定会有一些因素能够带来持续的改变。例如,美国人似乎对态度的可变性有着极大的自信。广告商巨头们就是靠着这样的信念而屹立不倒的;我们同样对教育的力量深信不疑。我们的系统本身就排斥"你无法改变人类的天性"这样的理念。总的来说,它拒绝"血统可以说明一切"的陈词滥调。美国人的科学、哲学、社会政策都明显地朝"环境保护主义"(environmentalism)倾斜。尽管这一信念可能并不完全合理,但它的重点在于,信念本身极其重要。如果人人都期待教育、宣传、治疗可以发挥作用的话,变革也会比没有这种期待的时候更容易一些。如果说有什么东西可以造就改变,那么唯有我们的热忱。社会体制并非必然会阻挠变革,有时反而也是一种激励。

》 积极原则

我们并不是拒绝结构性的论证,而是指出它并不能为整体的悲观主义而辩解。它让我们注意到边界和局限所在,但并不是否认人类关系的新前景。

例如,提出这样的问题就是相当合理的:为了改变社会结构或人格结构,变革最好是从什么地方开始?前几章我们已经粗略地涉及这个问题,尽管离圆满解决还有一段距离。下列几项原则尤其重要:

1. 既然问题是多方面的,就不存在一个大一统的解决公式。最明智的做法是同时在很多阵线上开战。既然单个的战役成效甚微,那么很多从不同方向入手的小的战役叠加起来也许就会产生不可估量的效果。它们也许会给整个系统施加一个推动力,从而引起变革的加速,直到达到一个新的更加宜人的平衡。

2. 世界改良论(meliorism)可以作为指导。所有少数族群最终都将同化于一个族群血统的观点是太过遥远的乌托邦。的确,在一个同质化的社会中不存在少数族群问题,但那样的话,美国就会得不偿失。任何情况下,企图加速同化过程的人为尝试都注定会失败。我们只能通过学习如何与种族或文化的多样性长久共存的方式来改善群际关系。

3. 我们的努力有可能会带来一些动荡和不安,这应当是意料之中的。凡是系统的变革总会引起阵痛。因此一个经常暴露于跨文化教育项目、包容心倡导、角色扮演游戏之下的人可能会展现出更大的行为不一致性。但从态度改变的角度来说,这种"无结构化"的状态是一个必要的阶段。我们已经挤进去了一枚楔子。尽管个体会感到更加不适,但至少他有机会以一种更为包容的方式重塑自己的世界观。研究显示,那些意识到自我偏见并产生羞耻心的人很容易踏上消除偏见的归路。[7]

4. 有时会出现"反噬效应"(boomerang effect)。也许努力只是激起了对现有态度更强有力的捍卫,或无意中为民众的敌意提供了支持。[8]我们说这类证据是非常微弱的,但这种效应是不是暂时的,仍有待澄清。因为任何足以有效激起防御心理的策略同时也可能种下疑虑的种子。也有可能"反噬效应"主要出现在偏执者的心态中,在他们心中,任何类型的刺激都会被纳入一个僵化的系统。诚然,由于项目的展示不够恰当,公众始终无法理解某个项目的本意,这种危险始终存在。[9]但这种意义上的"反噬"只是由项目负责人的失职造成的,因此也是可以避免的。

5. 鉴于我们对大众传媒的了解,最好是不要期待这一途径单独能够起到显著的效果。恰巧处于"无结构化"状态、容易接受信息的人还是比较少的。而且基于现有的证据,将宣传重点放在具体议题(例如公平就业实践)而不是模糊、难以理解的价值观之上貌似更为有效。

6. 有关群体历史和特征以及偏见本质的科学信息的传授和传播是绝对有益的,但这并不像很多教育学家笃信的那样是万能的。信息的输出会带来三个良性的结果:(a)作为一种以真相应对偏见的努力,能够维持少数群体的自信;(b)用知识对态度进行整合,鼓舞并支持了那些心怀包容的人；(c) 削弱了偏执者的合理化倾向。例如，认为黑人有着生理劣势的信念就在科学事实的影响之下有所动摇；当今社会的种族主义教条也陷入了防御的境地。斯宾诺莎观察到，错误的观念会导致激情——因为它们太过混乱以至于无法用作适应现实的基础。相反，正确且恰当的观念能为准确评估生活问题铺平道路。尽管并非人人都能在第一时间接受正确的观念，但把它们传播出去也是好的。

7. 一般而言，行动总胜于仅仅传达信息。因此，项目都希望尽量让个体亲自参与进来，或者是一项社区调查，或者是一个节日活动。人**做了**什么，就**成为**什么。参与度和熟识度越高，相互之间的接触越具有现实性，结果就越好。

例如，通过参与社区里的工作，个体会意识到，自己的自尊或依恋状态并不会受到黑人邻居的威胁，而且当社会环境改善时，自己作为一个公民的安全感也会得到加强。尽管布道和劝诫可能是其中的一部分，但仅仅停留在口头水平帮助不大，最好是通过切身参与，用肌肉、骨骼、神经等具身性的力量来学习。

8. 我们常用的途径无法适用于那些性格结构已死性难改、将外群的排斥当成生活必要前提的偏执狂。但即使是面对最顽固的人，也还有最后一种手段——个体治疗。该手段成本昂贵，且必定会遭遇个体的抵抗；但至少在原则上我们不必对极端个案丧失希望，特别是那些正在接受治疗的年轻人。

9. 尽管没有相关研究证实，但似乎嘲弄和幽默会刺伤煽动者的自大和非理性感染力。笑声也是针对偏执狂的武器。改革者过分庄严、沉重的样子反而会显得笨拙和迟滞。

10. 至于社会项目（社会体系），我们一致认为抨击隔离和歧视制度比直接抨击偏见更为明智。因为即使个体自身降低或放弃了偏见的态度，他也依旧会遭遇到横在面前、难以逾越的社会规范。只有隔离制度废除了，情况才有利于实现共同目标下的平等地位接触。

11. 更精巧的做法是，利用社会变革最容易发生的脆弱地带来作为突破口。正如森格尔（Gerhart Saenger）所言："将火力集中在抵抗最少的战线上。"大体而言，住房和经济机会方面的进展是最容易达成的。幸运的是，这也是少数群体最为强烈的诉求。

12. 一般而言，符合民主信条的既成事实除了只在一开始会遭遇点骚动和质疑以外都能很容易被接受。将黑人引入公共职位的那些城市发现，事情很快就会归于风平浪静。类似地，合理有效的立法也容易被接受。官方政策一旦被接受，就树立了一个模范，并创造出新的习惯和条件有利于良好的境况维持下去。

管理者可以运用政府、企业、学校的行政命令为良性的变革开路，在这方面，他们比预想中的更有力量。1848年一名黑人申请去哈佛学院，引发了强烈的抗议。当时的校长爱德华·埃弗雷特回复说："如果这名男生通过了考试就会被录取，若有其他白人同学因此选择退学，那么学院获得的收入将被用于支付该男生的教育费用。"[10]不用说，没有人退学，反对的声音也迅速平息下来。学院既没有经济上的损失也没有声望上的损失，虽然一开始这两者都岌岌可危。清晰明断、不容找碴的行政命令只要与良知保持一致就会很快被人们所接纳。

13. 最后还不要忘了激进改革者的角色。正是这些自由主义者喧闹的诉求在很多进展中起到了决定性的作用。在第29章，我们看到立法运动有时以激进的私立组织为先锋。正是个体主义者约翰·布朗将黑人奴隶的困境戏剧化、小说家哈里特·比彻·斯托燃起良知的火焰，直到奴隶制被废除。个体也有可能会成为整个社会系统变革的决定性因素。

以上这些结论是来自研究和理论的一些积极原则，但它们并不能构成一副完备的蓝图——这未免太夸耀了。但它们是刚强的楔子，倘若辅以技巧和力量，将有望一举摧毁偏见和歧视的坚硬外壳。

跨文化教育的必要性

我们希望再一次把注意力集中到学校的角色上来。这么做部分是鉴于美国对教育事业的特殊信念，部分也是因为在学校里实施补救工程比在家庭内部更为容易一些。学校的学生是一群易受教化的受众，且数量众多；他们如同海绵一样吸收任何摆在面前的东西。尽管董事会、校长和老师们反对引入跨文化教育项目，但越来越多的地方还是将其列入课程当中。

正如我们在第五部分提到的，偏见或包容性的习得是一个微妙而复杂的过程。家庭毫无疑问比学校要重要得多。涉及对少数群体的态度，家庭的**氛围**和家长具体的教导有着同等的重要性，甚至前者往往更为重要。

第31章 | 不足与展望

期待学校老师能够抵消家庭氛围的不良影响未免太过于强人所难，但正如前几章的评估型研究所示，这样的努力可以取得很大的成效。学校和教会、法律一样能够为孩子树立一个比家庭更高的行为准则，从而培养他们的道德良知，即使家庭的偏见教育无法被完全克服也能因此而产生健康的冲突。

和在家里一样，学校里的氛围也非常重要。如果性别或种族的隔离制度广泛存在，如果权威主义和层级结构支配着整个体系，那么学生们也会情不自禁地习得"权力和地位乃人类关系中的决定性因素"这样的道理。相反，如果学校体系是民主的，如果老师和学生们彼此尊重，那么培养出来的学生都会有一个比较健康的自尊并尊重他人。就像在社会总体层面那样，教育系统的**结构**也会遮蔽甚至抵消某个具体的跨文化项目的成果。[11]

我们曾提到，需要全身心投入跨文化活动当中的教育项目会比单纯的口头传授和劝诫有效得多。尽管信息也具有同样的根本性，但融合在兴趣活动中的事实和经历将会起到立竿见影的效果。

除了上述几点，还有一个问题就是：青少年们应当参加何种具体的课程？跨文化教育的**内容**应当是怎样的？在此，尽管不能说证据已经完备，但我们依然给出针对跨群教育之重要性的如下几点建议：

1. **种族的意义**。各种各样的电影、幻灯片、宣传册都可以派上用场，现有的人类学事实越详细，学生们领悟得就会越好。他们必须了解种族的基因定义和社会定义之间的混淆。例如，尽管很多"有色"人种在种族血统上拥有的高加索白人成分和黑人一样多，但种姓制度所赋予的定义却抹杀了这种生物学事实。对种族主义各种形式的误解、种族主义者各种迷思背后的心理学机制，都应该随着学生的心智成长而阐述清楚。

2. **风俗习惯及其在各族群中的重要性**。传统的学校也会传授这一部分的内容，但是方法却很暧昧不明。现代的展览和节日活动会为学生们提供一个更为丰满的印象，同班上来自不同少数族群背景的同学之间相互讲述也能起到不错的效果。在语言和宗教方面给予同情式的解释和引导则尤其必要，特别是可以参照宗教节日的意义来协同进行。去特定社区拜访圣迹也能够提供一个具体的锚点。

3. **群体差异的本质**。上述两个方面的内容要想推而广之必须对人类群体差异有一个更为深刻而坚实的理解，这种理解的传授会比前两项内容稍微难一些。正是在这一环节，错误的刻板印象才真正被击败，同时被击败的还有"本质信念"（belief in essence）。有些差异完全是臆想，有些则呈交叠的正态分布曲线，有些遵循 J 形曲线分布（第 6 章），这些事实都可以简单地教给他们。孩子们一旦理解了群体差异的本质，他们就更不容易形成过于概化的范畴。或者，也可以将产生差异的生物、社会因素同时纳入讲授内容中来。

4. 小报思维（tabloid thinking）的本质。学生们可以在老师的引导下对自身过于简单的范畴进行批判性的反思，这种引导并非难事。他们可以意识到外来人 A 不同于外来人 B。老师们可以向学生展示习得过程中的语言优先性规则（本书第 288 页）是如何潜藏危险的，特别是像"黑鬼"（nigger）和"意佬"（wop）等贬损性绰号。语义学和基础心理学的简单课程对于学生来说既不会太无聊也不会太难。

5. 替罪羊机制。就连 7 岁小孩都能够理解罪感和攻击性的移置作用（本书第 329 页）。随着孩子们的成长，他们渐渐能够看清，这一原则与各个年龄的少数群体所遭受的迫害息息相关。称职的讲授可以教给孩子们学会关照自身的投射机制，从而避免在人际关系中寻找替罪羊。

6. 有些特质是受害的结果而非缘由。自我防御作为受迫害的结果并不难理解（第 9 章），尽管理解的过程比较复杂。形成类似于下列种种刻板印象是很危险的：所有犹太人都为了补偿他们的劣势而变得野心泛滥、富有攻击性；所有黑人都是阴鸷的小气鬼。但这方面的内容不必牵涉具体的少数族群就可以传授。它本质上是心理卫生学的内容。在开始的时候，年轻人可以通过想象体会到身处劣势的同龄人内心所产生的补偿心理，以此为起点，在班里展开对这种假设情况的讨论。角色扮演可以帮助他洞察自我防御机制的运作。低于 14 岁的青少年还可以在老师的引导下意识到自己的不安全感来源于自身缺乏一个坚固的基石——有时被期待像孩子一样行事，有时却被期待像个成人。当他想要做一个成人的时候，周围的一切却让他困惑于自己到底是属于成人世界还是儿童世界。老师可以指出，他的这种窘况就类似于很多少数群体所面临的永恒的不确定性。他们就像青少年一样，偶尔会坐立不安、紧张、自我防御，这些都会引发那些令人讨厌的行为。让年轻人了解做出自我防御行为的原因，远远好于让他固执地认为那些令人讨厌的特质内在于某些人本性之中。

7. **有关歧视和偏见的事实**。学生们不应对社会的污点避而不谈。他们应当知道,目前还远远没有达到美利坚信条所要求的平等。他们应当知道住房、教育和职业机会上的种种不平等,应当知道黑人或其他少数群体是怎么看待当下这个社会环境的,知道他们最深的怨恨是什么,知道什么让他们最伤心。在这个环节,可以利用电影、"抗议文学"作品,特别是年轻黑人的自传,例如理查德·赖特的《黑孩子》。

8. **多重忠诚**(multiple loyalties)**是可能的**。学校总是在培育爱国主义,但人们对效忠一词的理解往往太过狭窄。很少有人提到,忠于一个国家就要忠于这个国家内部的所有子群体(参见本书第 34 页图 3-1)。第 25 章曾指出,机构型的爱国者(institutional patriot)、极端爱国的民族主义者多半是一个彻头彻尾的偏执者。排斥性的忠诚——不管是忠于国家、学校、兄弟还是家庭——都是培植偏见的方法。我们应当教育孩子们看到,忠诚可以是多个同心圆,大圆套小圆,并不需要驱逐和对立(参见本书第 40 页图 3-2)。

》 关于理论的结语

歧视和偏见是不是社会结构或人格结构的事实?答案是,**两者都是**。更准确地说,**歧视**通常涉及共同的文化实践,因此与大环境下的社会体制密切关联,而**偏见**特指某种人格的态度结构。

尽管这一区分是有用的,我们仍然要认识到,这两种状态是同时出现的一体两面。我们要再次郑重强调,解决这一问题需要多管齐下。在第 13 章我们看到,**历史的、社会文化的、情境性的**分析,以及**社会化、人格动态、现象学的**分析都是有所帮助的,最后不要忘了同样重要的还有真实**群体差异**的分析。为了理解偏见及其环境,我们必须牢记以上所有层面的研究结果。做到这一点并非易事,但别无他法。

补救工程广义地看可分为两种类型:一种是着眼于社会结构的变迁(例如立法、住房改革、行政命令等),一种是强调人格结构的改变(例如跨文化教育、儿童训练、训诫等)。但在实践中这两类途径是相互交织的。因此,跨文化教育要取得成效,需要学校体系的变革,或大众传媒实践上的改善,以同时影响受众的态度和沟通系统的政策本身。尽管社会科学目前能够成功预测一些单点项目的效果,但我们还是建议最好采用多重途径。希望改善群际关系的人们也愿意投身到方方面面的活动当中。

本书的写作目的就是让读者确信，偏见问题是一个多面体。同时也希望提供一个能将这些面向组织起来的框架，以供读者将很多要点铭记在心。最后，我们还试图对每个主要因素展开深度分析，从而为未来的理论和补救性实践的进展奠定坚实的基础。

设想很大胆，但我们深知这些观点仍需日后加以指正和延伸。行为科学依旧处于襁褓之中。但尽管在门槛处磕磕绊绊，我们依然相信，未来必将有所进步。

》关于价值观的结语

我们应当如何解释，文明人类对偏见问题的担忧，以及对人类非理性行为的所有受害者的关心？（大量涌现的相关研究成果、理论和补救性实践就是这种关照的证据。）答案就隐藏在 20 世纪极权主义对民主价值观的威胁之中。西方世界天真地相信，源自犹太－基督教伦理、又经多个国家的政治信条之强化的民主意识形态，能渐渐自然而然地遍布全世界，这真是糊涂至极的错误。取而代之的是糟糕可怕的退行（retrogression）。人类的脆弱暴露无遗：失业、饥荒、不安全感和战争的余波。所有这些让人们急于投奔煽动者的羽翼之下寻求庇护，而后者竟毫无悔恨之心地将民主理想掷之于地、毁而不顾。

我们如今已意识到，民主使人背上了沉重的担子，甚至令人不堪重负。成熟的民主型个体必须拥有精微的美德和能力：理性思考因果联系的能力，恰当形成有关族群及其特质的区分性范畴的能力，赋予他人自由权利的意愿，以及建设性地运用自身自由权利的能力。所有这些品性都很难养成。人们很容易屈服于过度简化和教条主义，很容易否定民主社会内生的模糊性，很容易要求确定性，很容易"逃避自由"。

客观研究人类的非理性和不成熟行为能帮助我们免于陷落，这是民主信念的题中应有之义。无论是纳粹德国，还是其他极权主义体制，都不允许科学踏足于非理性心理学的康庄大道。公共舆论、精神分析、谣言、煽动、宣传和偏见的相关研究都是禁止的，除非在某种地缘政治的剥削利益的驱动之下秘密进行。然而，在世界上的自由国度，非理性的研究如雨后春笋般涌现，因为我们依然相信，那些造成退行、族群中心主义和憎恶的社会和人格力量一旦获得理解就必将得到控制。

一些人可能认为，非理性行为包括偏见是一件好事，甚至在西方文化中也有这类观点存在。我们已引用过一些。他们说，紧张是生活的真谛，要生存就要挣扎，要胜出就要去征服；自然是残酷的，人也是残酷的，对抗偏见就是向懦弱者献媚。这种观点有时也被称为达尔文主义，可以理解，但对于民主的价值观来说既不常见也不是道德上可以接受的。在民主的展望中，人类的各色群体都享有平等的正义和机会。正是民主的价值取向才支撑了如本书所描绘的对族群冲突和偏见之根源及其补救措施的探寻。科学家和芸芸众生一样，只能被自身价值所驱使。

价值观会在两个环节上渗透到科学语境当中。首先，价值观激励着科学家和他的学生们着手开启并持续他的研究。其次，价值观指导着研究的最后一步，将成果应用于那些他认为有望改善的社会政策。但价值观无法渗透也无法扭曲科学工作的以下几个基本阶段：(1) 它不会影响问题的识别和定义。第1章已清楚地表明，偏见是一个既存的心理事实，就像歧视是一个既存的社会事实一样。不管科学家本身对偏见和歧视是支持还是反对，都无法改变这一事实。偏见不是"自由主义知识分子"的杜撰，它是精神生活的一个面向，可以同其他方面一样加以客观地研究。(2) 价值观不会进入科学发现、实验、事实收集的过程中。（一旦这种情况发生，那么我们是可以检测到研究的偏差从而撤销或推翻这项研究。）(3) 价值观不会进入科学定律的推广过程。错误地解读自己的数据或做过多的概括和衍生对于一个科学家来讲并没有好处，否则就是否定了应当运用科学改善人类关系的终极价值。(4) 价值观不会进入结果和理论的沟通过程。如果没有清晰的、无偏的沟通，就没有实验的复制，也就没机会实现科学成果的累积，实现长远的终极价值。

总而言之，本书及其引用的研究都开启于作者的价值观，这种价值观是由每个拥有民主理想的人所共享的价值观；同样，撰写本书也是希望这些事实和理论能够对缓解群际紧张做出贡献。与此同时，这也是一部尽可能准确而客观的科学研究的成果。

我们还想谈一谈价值观问题的最后一个面向。尽管我们降低紧张、增进包容和友善的目标已经足够清晰，但我们对适用于少数族群和种族的大范围的良性政策还所知甚少。所有群体的混合能够作为有效的理想吗？我们是否应该尽力维持多样性和文化多元性？例如，美国印第安人是**应该**保持他们自身的生活方式，还是应该通过移民和通婚渐渐失去身份，熔化在美国大熔炉里？从欧洲、东方、墨西哥涌入的移民以及黑人又当何去何从？

支持同化（也是一种价值判断）的人会说，只要群体完全混融，偏见的任何可见或心理基础就不复存在了。特别是那些教育水平不够高的人，他们无法理解也看不到文化差异的价值，要求必须实现群体的同质化，而后才能放弃偏向性思维。对他们而言，团结就意味着人云亦云。

与此同时，支持文化多元主义的人会认为，让族群放弃自己独特而多彩的生活方式——近东的烹饪、意大利的歌剧、东方的圣人哲学、墨西哥的艺术以及美洲印第安人的部落文明——是一种巨大的损失（这是另外一种价值判断）。这些生活方式如果保存下来对整个民族都有好处和价值，可用于抵御被广告、快餐、电视所主导、迷醉的文化的单一化。但不止一个大的群体其文化的独特性依然得不到承认，例如美国黑人，这一事实阻碍了文化多元主义者实现他们想要的最佳结果。

那么，这场争议中到底持有怎样的价值观才是最合适的？这个问题似乎遥远而不现实，因为终极解决方案似乎并非人力所能控制。但在某些情况下，我们当下做的每一个决定都是重要的，例如联邦政府关于美国印第安人的政策。官方态度最近似乎经历了从倡导文化多元主义到支持同化的转变。这种态度有着举足轻重的意义，因为它指导着日复一日的政策实施，时时牵动着着无数人的生死。

虽然我们无法奢望解决这一问题，但可以给出合理的民主指导方针。对于希望同化的人，面前已没有任何人为的障碍；而对于希望保持族群完整的人，他们的努力需要我们的包容和感激。一旦这种包容的政策得以实施，那么意大利人、墨西哥人、犹太人以及其他有色人种中的一部分人口将毫无疑问熔化在美国的大熔炉中；而剩下的那部分，至少在可以预见的未来，将会始终保持独立的身份。民主的理想就是要让个人的人格能够不受任何人为的强迫或阻碍而自由发展，只要这种发展不会危及别人的合理权利和安全。这样，至少需要很长一段时间，国家才能达到"多元一体"（unity in diversity）的理想目标。而遥远的将来到底意味着什么，我们仍然无法预见。

总体上看，美国依然是选择同或不同之权利的坚定捍卫者。摆在我们面前的问题是，通向包容的尝试是否要继续，或者像世界很多地方一样爆发一场毁灭性的大退行。人类关系的民主理想是否可行，全世界都在拭目以待。公民能否学会不以同胞为代价，却能和谐共处地追求自己的福祉和成长？对于人类大家庭而言，这还是个未解之谜，但我们将始终怀抱肯定的希望。

注释和参考文献

[1] 关于行动项目的补充解释，读者可参阅 G. Saenger, *The Social Psychology of Prejudice: Achieving Intercultural Understanding and Cooperation in a Democracy*, New York: Harper, 1953, Chapters 11-16。

[2] 在这些领域近年来评估型研究的代表有：H. W. Riecken, *The Volunteer Workcamp: A Psychological Evaluation*, Cambridge: Addison-Wesley, 1952; E. Powers & Helen Witmer, *An Experiment in the Prevention of Delinquency*, New York: Columbia Univ. Press, 1952; L. G. Wispe, Evaluating section teaching methods in the introductory course, *Journal of Educational Research*, 1951, 45, 161-186。

[3] 在一项涉及很多社区的调查中，有研究者报告说否定是最常见的情况。G. Watson. *Action for Unity*. New York: Harper, 1947.

[4] *The Role of the American Council on Race Relations*. Chicago: American Council on Race Relations, Report, 1950, 5, 1-4.

[5] 参照 T. R. Vallance, Methodology in propaganda research, *Psychological Bulletin*, 1951, 48, 32-61。

[6] T. M. Newcomb. *Social Psychology*. New York: Dryden Press, 1950, 233.

[7] 参照 G. W. Allport & B. M. Kramer, Some roots of prejudice, *Journal of Psychology*, 1946, 22, 9-39。

[8] C. I. Hovland, *et al. Experiments in Mass Communication*. Princeton: Princeton Univ. Press, 1949, 46-50.

[9] E. Cooper & Marie Jahoda. The evasion of propaganda: how Prejudiced people respond to anti-prejudice propaganda. *Journal of Psychology*, 1947, 23, 15-25.

[10] 引自 P. R. Frothingham, *Edward Everett, Orator and Statesman*, Boston: Houghton Mifflin, 1925, 299。

[11] T. Brameld. *Minority Problems in the Public Schools*. New York: Harper, 1946.

主题索引

页码为英文原书页码,即本书边码,见于正文侧边。"prejudice"(偏见)缩写为"p."。

Accentuation in perception 感知强调, 166 f.

Acquaintance 熟人/熟识
 and p. 和偏见, 264-267, 485
 and tolerance 和包容, 226, 488-491

Action research 行动研究, 490 f.

Acts of the Apostles 《使徒行传》, 444, 453 f

Adaptation, 适应, 301

Adolescent traits, 青少年特质, 159

Aesthetic values, 审美价值, 439 f.

Age differences, 年龄差异, 33, 45

Agencies 机构, 278, 461, 478

Aggression 攻击/攻击性
 catharsis 宣泄, 496-499
 cultural forms 文化形式, 358, 360-363
 drainage of 的疏导, 357-359
 free-floating 自由流动, 357-359
 nature of 的本质, 354-357
 normal 正常的, 359 f.
 social regulation 社会调节, 234-236
 verbal 言语的, 58-65

Agitators, 见 Demagogue 煽动者

Alpha Test α测验/智力测验, 101

Ambivalence toward parents, 对父母的矛盾情绪, 397 f.

American 美国的/美利坚的/美国人的
 character 性格, 92 f., 97, 99, 103, 116 f.
 Council on Race Relations 种族关系委员会, 503 f.
 creed 信条, 79, 329-332
 Dilemma 困境, 329-332, 506
 Indian, prejudice against 对印第安人的偏见, 4
 Protective Association 保护协会, 246 f

Americans 美国人
 Prejudice against 对~的偏见, 26
 second-generation 二代, 245
 stereotypes of 对~的刻板印象, 118, 203

Anger 愤怒, 见 Aggression 攻击/攻击性, Hatred 憎恶

Anomie 失范, 225, 415

Anthropology 人类学, 4, 94, 110-112

Anthropomorphism 拟人论, 170, 177

Anti-Catholicism 反天主教, 7, 232 f., 237, 246 f., 373, 416

Anti-feminism 反女性主义, 33 f

Anti-intellectualism 反智主义, 58
Anti-labor 反劳工, 417
Antilocution 毁谤, 14, 49-51, 55, 57 f
Anti-Nazi Germans 反纳粹德国人, 427 f.
Anti-Negro 反黑人, 11, 13, 51, 53, 56 f., 61
   conflicted 相互冲突的, 326-334
   intensity 强度, 77
   of Jews 犹太人的, 154
   rumors 谣言, 65
   sex accusations 性指控, 373-377
   and social mobility 和社会流动性, 224
Anti-Semitism 反犹主义
   and aggression 和攻击/攻击性, 362
   belief and attitude 信念和态度, 13
   blaming 责备, 384
   and catharsis 和宣泄, 496-499
   and Catholicism 和天主教, 448
   child training 儿童训练, 300
   as city-hatred 作为城市憎恶, 212, 251
   conflicted 相互冲突的, 327-329
   and demagogue 和煽动, 415 f.
   extent 程度, 74-80, 410
   and frustration 和挫折, 347
   generalized 广义的, 69, 73
   in Germany （纳粹）德国的, 210 f.
   and group differences 和群体差异, 88
   and institutionalism 和制度主义, 404-406
   intensity 强度, 49-51, 77, 223
   and job satisfaction 和工作满意度, 345
   as label 作为标签, 187
   and nationalism 和民族主义, 404-407
   and Negro 和黑人, 154
   as opiate 和鸦片, 343
   propaganda 宣传, 410-413, 419
   psychoanalytic study 精神分析研究, 300
   proper names 合适的名字, 5 f., 180 f.
   rationalizations 合理化, 336
   religions 宗教, 446-448
   rumor 谣言, 65
   scale 量表, 70, 451
   scapegoats 替罪羊, 247-253
   sex accusations 性指控, 373 f.
   and social mobility 和社会流动性, 223
   stereotypes 刻板印象, 49-51, 142
   theories of 的理论, 127, 247-253
   and therapy 和治疗, 495 f.
Anxiety 焦虑, 367-371, 494
Approaches, multiple 多重路径, 514
Armenian 亚美尼亚人, 37 f.
Army Research Branch 陆军研究所, 144, 146, 277
Aryanism 雅利安主义, 44, 246
Assimilation 同化, 238-240, 261, 517 f.
Atmosphere 氛围, 213, 298-300, 395 f., 511
Attitude 态度, 13 f., 505 f.
   vs. belief 与观念, 21, 268, 433
   group differences in 的群体差异, 92 f.
   regression 衰退, 494
   scales 量表, 70 f., 481
   toward parents 对父母的, 426-428

主题索引

Attributes 属性, 176
Auschwitz 奥斯维辛, 15, 57, 288 f.
Authoritarian personality 权威主义人格, 225, 395-408
Autistic 我向性, 167-169, 273
Aversion, sensory 感官厌恶, 136-138
Avoidance 回避, 14

Basic personality 基本人格, 114
Belief 信念, 13, 21, 268, 433
 in essence 本质, 174, 195, 405
Bifurcation 分叉/划分, 336, 426
Bigotry 偏执, 见 Prejudice 偏见
Bigots in reverse 反向的偏执者, 429
Black as symbol 黑色作为象征, 135, 182, 302
Black Codes "黑人守则", 462
Blind man 盲人, 179
Block Committee 小区委员会, 489
Blood as symbol 血统作为象征, 55, 66, 110, 433
Bogardus Social Distance Scale 鲍格达斯社会距离量表, 68 f., 153, 450, 483 f.
Book of Proverbs《箴言》, 455
Boomerang effect 反噬效应, 508
Boston Herald《波士顿先驱报》, 184 f.
Botanist 植物学家, 36
Broad Street riot 宽街暴乱, 228
Bureau of Applied Social Research 应用社会研究所, 200
Business Week《商业周刊》, 466

California investigations 加州研究, 68-73, 395, 436, 451
Cambridge City Council（马萨诸塞州）剑桥市委员会, 187
Caste 种姓, 10, 320 f., 476
Castration fear 阉割恐惧, 248, 373
Categorical differential 范畴性差别, 95, 102 f.
Category 范畴
 comprehensive 综合型, 402 f.
 differentiated 差异化, 172 f., 175 f., 398, 426
 formation 形成, 17, 20-25
 irrational 非理性, 22
 isolated 孤立型, 402 f.
 monopolistic 垄断性, 8 f., 172 f., 175 f., 503
 narrow 偏狭型, 402 f.
 nature of 的本质, 170-173, 176
 prelogical 前逻辑的, 308
 rational vs. irrational 理性与非理性, 27
 stereotype 刻板印象, 191
 and visibility 和可见性, 138 f.
 and words 和词语 178 f.
Catharsis 宣泄, 496-499
Catholicism 天主教, 231-233, 445 f.
 另见 Anti-Catholicism 反天主教
Causation 因果关系, 见 Theories 理论
Change 改变, 见 Evaluation 评估, Programs rules for, 项目规则 507-510
Character-conditioned 性格制约型/受性格制约, 395-408

>> 489

Character-structure 性格结构, 215, 455 f., 505

Child 儿童
  aggression 的攻击/攻击性, 361
  conformity of 的遵从, 292-294
  training 训练, 114, 298-300, 395 f.

Children 儿童
  and in-group 和内群体, 29-32
  and p. 和偏见, 10
  projection in 的投射, 383
  stereotypes 刻板印象, 45 f., 198, 309
  and strangers 和陌生人, 130 f.

Chinese 中国的/中国人
  culture 文化, 31, 290 f.
  label 标签, 179
  prejudice against 对~的偏见, 56

Christian Nationalists 基督教民族主义者, 410-413

Christ-killer 杀基督者, 248

Church and p. 教会和偏见, 见 Religion 宗教

City-hatred 城市憎恶, 212, 251

Civil rights laws 民权法, 462-465

Civil War 美国内战/南北战争, 208

Clannishness 小团体（主义）, 121, 124, 148 f., 193

Class 阶级, 80, 152 f., 210, 320-324

Clowning 插科打诨, 147 f.

Coconut Grove Fire 椰子林大火, 257

Cognition 认知, 165-176, 217, 438

Committee on Racial Equality 种族平等委员会, 429

Common enemy 共同敌人, 41 f., 354

Common objectives 共同目标, 276-278

Communication 沟通, 19, 226 f.

Communism 共产主义
  as label 作为标签, 183-186
  realistic conflict 现实冲突, 256
  as scapegoat 作为替罪羊, 253-257
  selective perception 选择性感知, 335

Community pattern 社区模式, 见 Group Norm 群体规范

Community survey 社区调查, 491

Comparative cultures 比较文化, 90-94

Compensation 补偿, 见 Victimization 受害创伤

Competition 竞争, 229 f.

Complementary projection 互补式投射, 382, 390 f., 422

Compromise 妥协, 337 f., 379

Compulsive conformity 绝对遵从, 288 f.

Concepts 概念, 见 Category 范畴

Conditioning 条件作用, 313-315

Conflict 冲突
  compromise 妥协, 337 f.
  how handled 如何应付, 334-339
  inner 内心, 326-339
  parental 父母的, 294-296
  realistic 现实, 231-233, 339, 445 f.
  resolution of 的解决, 338
  unresolved 未解决的, 397

Conformity 遵从, 12, 16
  vs. functional significance 和功能性意义, 285 f.

 J-curve J形曲线, 96-98
 neurotic 神经质的, 288 f.
 psychology of 的心理学, 291-294
 rebellion 反叛, 294-296
 tolerance 包容, 429
Congress of the U.S.A. 美国国会, 51, 63, 185, 432, 462 f.
Conscience 良知, 471-473
Conservatism 保守主义, 72, 237, 431
Constrictedness 缩窄, 403
Contact 接触, **另见** Acquaintance 熟人/熟识
 analysis 分析, 94, 117
 casual 偶然性的, 227, 263 f.
 in combat 战争中的, 277 f.
 equal status 平等地位, 263-267, 276 f., 280 f., 479
 good will 善意, 278 f.
 occupational 职业上的, 274-276
 and p. 和偏见, 261-287
 personality differences 人格差异, 279 f.
 residential 居住性的, 268-274
 situational 情境性的, 214
 types 类型, 262-279
Control group 控制组, 481 f.
Conventionality 惯常性, 397-400
Convicts 罪犯, 8, 87
Correlation 相关, 68-74, 80
Cultural pluralism 文化多元主义, 104, 238-240, 517 f.
Cultural relativity 文化相对性, 115 f.
Culture 文化

 aggressive 攻击性的, 358
 defined 定义的, 285
 ethnocentric pivots 族群中心主义内核, 289-291
 -free tests 无涉的测验, 91 f.
 Universals in 的普遍性, 115 f.

Darwinism 达尔文主义, 107 f.
Dating 约会, 18
Defining attribute 定义属性, 171, 176
Definition of p. 偏见的定义, 6-9
Democratic party 民主党, 36 f.
Democratic personality 民主型人格, 425-441
Democracy 民主
 and Catholicism 和天主教, 445 f.
 resilience of 的弹性, 417
 values of 的价值观, 515-518
Demagogue 煽动者
 anti-communist 反共, 257
 appeals 呼吁, 410-418
 followers 追随者, 418 f.
 and law 和法律, 468 f.
 paranoid 偏执症, 421-423
 personality of 的人格, 419-421
 program of 的计划, 414 f.
Demographic variations 人口统计学变异, 79 f.
Denial 否认, 145 f., 334, 379, 502
Density 密度, 214, 227-229, 272
Detroit riot 底特律暴乱, 64, 261
Deviants 越轨者, 179 f., 183

偏见的本质

Diaspora 游离失所的犹太人, 120
Dichotomization 二分, 400
Differentiated categories 差异化范畴, 172 f., 175 f., 309 f., 398, 426
Direct 直接/直接的
 method of education 教育方法, 487 f.
 projection 投射, 382, 387-389
Directed thinking 指向性思维, 167-169
Discipline "管教", 406
Discrimination 歧视
 in advertising 广告中的, 54 f.
 costs of 的代价, 66
 definition 定义, 14 f., 51
 in education 教育中的, 54
 facts 事实, 513
 forms of 的形式, 51-57
 group norm 群体规范, 235
 indices 指标, 492
 official 官方的, 331
 vs. p. 与偏见, 14, 469-473, 514
 rank order 等级次序, 467
Displacement 移置, 343, 346, 348 f., 350, 359
Doll play 玩偶游戏, 302 f.
"Don't know" responses "不知道"回答, 402
Drainage 疏导, 357-359
Draw-a-man Test 画人测验, 92, 113

Early life 早期生活, 见 Young child 幼儿/儿童/孩子

Economic factors 经济因素, 209-211, 370 f., 439, 504
Education 教育
 and attitudes 和态度, 433
 intercultural 跨文化, 434
 of parents 父母的, 434
 and p. 和偏见, 79 f.
 programs of 的项目, 483-488
 and tolerance 和包容, 432-434
Ego-alienation 自我异化, 403 f.
Ego defenses 自我防御, 143, 158, 336, 415, 513
Empathic ability 共情能力, 434-436
English traits 英国人的特质, 103, 118
Epithets 绰号, 304-307
Equal status contact 平等地位接触, 264-267, 276 f., 280 f., 479
Ethnic differences 族群差异, 见 Group differences 群体差异
Ethnocentric culture 族群中心主义文化, 116, 289-291
Ethnocentrism 族群中心主义
 in adolescence 青少年中的, 310
 normal 平常的, 17-20
 and religion 和宗教, 444-456
 scale 量表, 70 f.
Ethnoid segments 族群类部, 239
Evaluation 评估
 acquaintance 熟识, 488-491
 demand for 的紧迫性, 501 f.
 educational programs 教育项目, 483-488

exhortation 劝诫, 495
group retraining 群体再训练, 491-493
individual therapy 个体治疗, 495 f.
legislation 立法, 461-477
mass media 大众传媒, 493-495
need for 的需求, 479-481
research approach 研究方法, 481-483
Springfield Plan 春野计划, 483 f.
Exclusionist philosophy 排斥主义哲学, 365, 441
Ex-convicts 前科犯, 8, 87
Exhortation 劝诫, 495
Existentialism 存在主义, 368
Expectation 期待, 131, 142
Experimental method 实验方法, 110 f.
Exploitation 剥削, 209 f., 233 f., 257
Expressions of p. 偏见的表达, 49-65
Extent of p. 偏见的程度, 74-80
Extermination 铲除, 15
Extropunitive 外责型/外责性, 160 f. 349, 383 f., 404

Fair Educational Practices 公平教育实践, 465
Fair Employment Practices 公平就业实践, 37, 56, 274-276, 462, 465-467, 470 f., 481, 508
Fait accompli 既成事实, 275 f., 471, 510
Familiarity 亲密/熟悉, 29, 42, 44
Family 家庭
  atmosphere 氛围, 426-428
  conflict in 冲突, 344 f.
  as group 作为群体, 42
  membership 成员, 30-32
  primacy of 的首要性, 296
Fascism 法西斯主义, 416 f.
Fear 恐惧, 300 f., 367-371
Feelings of "but" "感觉如此但实际上", 402
Filibuster 冗长辩论程序, 463
Films 电影, 200, 488, 493 f.
Focused interview 焦点访谈, 487
Folkways and law 民俗和法律, 469-473
Freedom 自由
  of speech 言论的, 58, 468
  of worship 崇尚的, 231-233
Friends of Democracy 民主之友, 416 f., 461
Fringe of conservative values 保守价值观的边缘, 122 f., 156, 252
Frustration 挫折
  objective 客观存在的, 345
  perceived 感知到的, 345
  sources of 的来源, 343-347
  susceptibility 易感性, 348, 403
  tolerance 的容忍度, 114, 347 f., 403, 427
Frustration-aggression theory 挫折—攻击理论, 215, 244 f., 343-352, 356
Functional significance 功能性意义, 12, 318, 505

Generalization 概化, 见Category-formation 范畴形成

>> 493

Genocide 种族灭绝, 15
Gestalt 格式塔, 401
Gesture 手势, 114 f.
Ghetto 犹太人聚集区, 10
Good neighbors 好邻居, 442
Goodwill agencies 善意机构, 461
Golden Age legend 黄金时代传说, 236
Gradualism 渐进主义, 430, 507
Greed, and p. 贪婪和偏见, 370
Greeks 希腊人, 11 f., 115, 316
Gregariousness 群居性, 17-20
"Mr. Greenberg" 格林伯格先生, 5, 333
Group differences 群体差异
　　adaptation to 的适应, 301
　　and category 和范畴, 172
　　education in 教育, 486, 512
　　gestures 手势, 114 f.
　　interpretation of 的解释, 103 f.
　　Jewish 犹太人, 119-125
　　methods of study 研究方法, 88-94
　　moral 道德品质上的, 125
　　overlapping 交叠, 99-102
　　in p. 偏见的, 85-88, 450
　　racial 种族的, 110-113
　　statistics 统计方法, 90 f.
　　tests 测验, 91 f.
　　types of 的类型, 95-104
Group fallacy 群体谬误, 336
Group libel laws 群体诽谤法, 467-469
Group-norm theory 群体规范理论, 39-41, 85-88, 208, 212, 235 f., 290, 324, 504-507

Group retraining 群体再训练, 491-493
Guilt 愧疚/内疚, 327-332, 377-380

Hamlet《哈姆雷特》, 379
Harlem riot 哈莱姆暴乱, 60, 64, 155 f.
Harvard College 哈佛学院, 510
Hatred 憎恶, 25 f., 48, 363-365, 410-413, 447 f.
Heterogeneity 异质性, 221 f.
Hindu 印度, 10, 39
Historical approach 历史学路径, 208-211, 246 f., 514
Homosexuality 同性恋, 374 f.
Hostility 敌意, 17, 125
Housing 住房, 228, 238, 265-274, 322
Humanity as in-group 人类作为内群, 43
Humor 幽默, 148, 437, 509

Identification 认同, 29, 150-152, 199, 293, 361
Ideology 意识形态, 93, 398
Images 印象, 见 Stereotypes 刻板印象
Immigration 移民, 34 f., 244 f., 346
Impression of universality 统一的印象, 335
Incident control 事件控制, 331, 492
Inconsistency in p. 偏见的不一致性, 326-328, 337 f.
Indirect education 间接教育, 487 f.
Interiority feelings 自卑感, 371 f.
Informational approach 信息途径, 485-488, 508
In-group 内群

主题索引

aggression against 针对~的攻击性, 152 f.
    classified 分类, 32, 48
    children's conceptions 儿童的观念, 45
    cohesion 凝聚力, 239
    defined 定义的, 31
    denial 否认, 145 f.
    identification 认同, 29-31
    vs. out-group 与外群, 41-43, 48
    perception of 对~的感知, 36
    potency of 的力度, 43
    vs. reference group 与参照群, 37 f.
    shifting nature 易变性, 34-37
    solidarity 联结, 148 f., 333
    superiority 优越性, 290 f.
    and survival 和生存, 46
Inkblots 墨迹, 385-387
Inner check 内心核查, 332-334
Integration 整合, 338 f.
Intelligence 智力, 99 f., 432 f.
Intensity of p. 偏见的强度, 77
Insecurity 不安全感, 344, 367-371, 406 f.
Instinct vs. capacity 本能与能力, 356 f., 359
Institutionalism 制度主义, 404-406
Intercultural education 跨文化教育, 434, 482-491, 503, 510-513
Intermarriage 通婚, 23, 375-377, 412, 428
Interstate commerce 跨州商业, 475
Intolerance for ambiguity 对模糊性的不容忍, 400-403
Intropunitive 内责型/自责性, 160 f., 349, 437 f.

Irish 爱尔兰人, 180 f.
Irrational categories 非理性范畴, 12, 22
Islam 伊斯兰教, 446
Isolationism 孤立主义, 416
Italian 意大利人, 24, 180 f., 202
Ives-Quinn Law 《艾弗斯-奎因法》466

Japanese 日本人, 13, 118, 230
J-curve J形曲线, 95-97, 118, 125, 172
Jealousy 嫉妒, 382 f.
Jew 犹太人
    ambition of 的野心, 123, 157
    apostasy of youth 青少年叛教, 259 f.
    Christ-killer 杀基督者, 196
    and city-hatred 城市憎恶, 212, 251
    clannishness 小团体主义, 121, 124, 193
    defining attribute 定义属性, 171 f.
    definition of group 群体的定义, 119
    education 教育, 104
    family life 家庭生活, 123
    ghetto system 聚居区体制, 10
    intelligence 智力, 99, 123
    living inkblots 活生生的墨迹, 385-387
    occupation 工作/职业, 229
    p. in 犹太人的偏见, 155, 484
    p. against 针对犹太人的偏见, 见 Anti-Semitism 反犹主义
    money-minded 财迷心窍, 124
    as race 作为种族, 109, 120
    scale of p. 偏见量表, 70
    as scapegoats 作为替罪羊, 247-253, 258

    self-hate 自我厌憎, 81, 151 f.
    stereotypes of 对~刻板印象, 22, 142, 191-196, 199 f., 264, 387, 390 f., 513
    tolerance in 的包容度, 124
    traits of 的特质, 119-125
    urban 城市, 121 f.
    visibility 可见性, 120, 132 f., 135, 140, 172
    Zionism 犹太复国主义, 251

Ku Klux Klan "三K党", 58, 234, 372, 462

Labels 标签, 12, 179, 181 f.
Language 语言, 178-187, 304-307
Law 法律, 264, 461-477
Learning 学习
    atmosphere 氛围, 298-300
    conditioning 条件作用, 313-315
    first stage 第一阶段, 307 f.
    labels 标签, 304-307, 312
    second stage 第二阶段, 309
    young child 幼儿/儿童/孩子, 29, 292-294
    Least effort 最小努力, 24, 173 f., 177, 365 f.
Legalism 守法主义, 399
Legislation 立法, 59, 461-477, 509 f.
Liberalism 自由主义, 12, 73, 156, 431 f.
Linguistic factors 语言因素, 304-317, 512
Little Black Sambo《小黑森巴》, 201
"Mr. Lockwood" 洛克伍德先生, 5

Love and hate 爱和憎, 364 f.
Love-p. 爱的偏见, 25 f., 48
Loyalties 忠诚, 30, 43-47, 236, 513
Lusk laws 卢斯科法, 255
Lynching 私刑, 15, 59-63, 290, 463

Macrodiacritic 多数可见, 132
Maine accent 缅因口音, 98
Malagasy 马达加斯加人, 187
Marginality 边缘性, 38
Marriage 婚姻, 23, 375-377, 412, 428
Marxism 马克思主义, 209 f., 233, 332
Mass media 大众传媒, 200-202, 493-495, 508
McCarthyism 麦卡锡主义, 503
Measurement 测量, 70 f., 74 f., 91 f., 194, 430, 450 f.
Melting pot 大熔炉, 518
Membership 身份, 28-32, 38, 294
Memory traces 记忆痕迹, 400-402
Merchant of Venice《威尼斯商人》, 201
Mesodiacritic 中度可见, 133
Method 方法
    control 控制, 408
    cross-sectional 横断, 395, 425
    group differences 群体差异, 88-95
    longitudinal 纵向, 395, 425
Microdiacritic 少数可见, 133
Militancy 好战性, 155 f., 510
Minorities 少数群体, 71, 78, 159, 244
Missionaries 传教士, 291
Mob 暴民, 见 Riot 暴乱

Moral factor 道德因素, 11 f.
Moralism 道德主义, 398-400
Mote-beam projection 已错-他过式投射, 382, 389 f.
Motion pictures 电影, 200, 488, 493 f.
Multiple causation 多重因果, 17, 207, 218, 391

Narcissism 纳粹主义, 27, 134, 198
National character 民族性/国民性
 American 美国的, 97, 99, 103, 116 f.
 Comparative study 比较研究, 92 f.
 English 英国人, 103, 118
 German 德国人, 117
 Greek 希腊人, 115
 Jewish 犹太人, 119-125
Nationalism 民族主义, 404-407, 416, 418
Navaho witchcraft 纳瓦霍巫术, 11 f.
Nazis 纳粹, 8, 288, 362-364, 373, 387, 399
Need for definiteness 对确定性的需求, 400-403
Negro 黑人, 另见 Anti-Negro 反黑人 Segregation 隔离
 apathy 冷漠, 303
 caste 种姓, 320 f., 325
 children 儿童, 302, 304
 college admission 大学录取, 510
 culture 文化, 38, 517
 intelligence 智力, 99
 odor 气味, 137 f.
 passing "放过", 145
 as projection screen 作为投射屏, 386
 race 种族, 109, 113
 sales personnel 销售人员, 276, 467
 self-esteem 自尊, 321
 sex 性, 157, 374, 376
 speech 言论, 148
 spelling 拼写, 183
 stereotypes of 对~的刻板印象, 21, 85 f., 190, 196-200, 203, 270 f., 513
 visibility 可见性, 131, 133, 139
Neighborhood festival 邻里节日, 489
Neurosis 神经症, 102, 158 f.
Newspapers 报纸, 201
Nonesuch groups 虚构群体, 68, 226
Normal curves 正态曲线, 95, 99-102
Nürnberg 纽伦堡, 57, 58, 262

Obsessive concern 强迫性关注, 144 f.
Occupations 职业, 122 f., 229, 274-276
Odor 气味, 137 f., 140 f.
Oliver Twist 《雾都孤儿》, 201
One World 同一个世界, 43 f.
Open-mindedness 思想开明, 20, 24
Order, need for 对秩序的需求, 404-406
Oriental Exclusion Act 《排斥东方人法案》, 346
Out-group 外群, 25, 41-43, 153 f., 363 f.
Overlapping traits 重叠特质, 118

Pandiacritic 全部可见, 132
Paranoia 偏执狂/偏执症, 300, 384, 421-423
Parental model 父母榜样, 30, 293, 398
Passing "放过", 145

Patriotism 爱国主义, 71 f., 404-406, 513
Perception 感知
   accentuation 强调, 166 f.
   ambiguity 模糊性, 403
   in-group 内群, 36
   interpretation 解释, 166 f., 176
   of Negroes 对黑人的, 270
   selective 选择性, 165, 176, 315-317, 335
   and tolerance 和包容, 438
Persona 角色形象, 397
Personal values 个人价值观, 25-27, 438-440
Personality 人格, 174 f., 209, 216, 395-408, 425-441
Phatic discourse 寒暄式话语, 287
Phenomenological analysis 现象学分析, 206 f., 216 f., 514
Philosophy of life 生活哲学, 440 f., 451-456
Philotimo "爱之荣誉"（最高美德）, 115
Physical attack 物理攻击, 15, 49, 57-63
Pinocchio 《木偶奇遇记》, 202
Plessy v. Ferguson 普莱西诉弗格森案, 463 f., 474
Praejudicium 先例, 5
Pregeneralized learning 前概化习得, 307 f.
Prejudgment 预判, 6, 9, 57
Prejudice 偏见
   approaches 路径, 207
   attitude and belief 态度和信念, 13 f., 21, 268, 433
   catharsis 宣泄, 496-499
   character-conditioned 性格制约型, 12, 396 f., 395-408
   in childhood 童年期的, 10, 297-310
   and cleanliness 和洁净感, 302
   community pattern 社区模式, 85-88, 236 f.
   compunction 愧疚, 326-329
   conformity 遵从, 12, 16, 285-296
   and contact 和接触, 261-281
   vs. conviction 与信仰, 430
   definition 定义, 6-9, 13 f.
   demographic variations 人口统计学变异, 79 f.
   vs. discrimination 与歧视, 14 f., 469-473, 514
   and education 和教育, 79 f., 432-434
   extent 程度, 49-65, 74-80
   and fear 和恐惧, 367-371
   and frustration 和挫折, 343-353
   functional 功能性的, 12, 395-408
   generalized 广义的, 68-74
   group differences 群体差异, 85-88
   group norm 群体规范, 39-41, 208, 212, 235 f., 290, 324, 504-507
   guilt 内疚, 377-380
   hate 憎恶, 25 f., 48, 363, 365, 410-413, 447 f.
   historical theories 历史学理论, 208-211
   ignorance 忽视, 226 f.
   inner conflict 内心冲突, 326-339
   and jealousy 和嫉妒, 383 f.

主题索引

levels of analysis 分析水平, 206-208
love 爱, 25 f., 48
  measurement 测量, 65, 见 Scales 量表, Social Distance 社会距离
  multiple causation 多重因果, 17, 207, 218, 391
  normal 平常的, 20-25, 27
  and personality 和人格, 174 f., 209, 216, 395-408, 425-441
  polite 礼貌的, 15
  progressive 渐进的, 14 f.
  psychodynamics 心理动力学, 352 f.
  reduction 降低, 507-510
  and religion 和宗教, 444-456
  salience 显著度, 50 f.
  and self-esteem 和自尊, 319 f., 371 f., 415
  shame for 因~而愧疚, 338
  and sexuality 和性, 372-377
  as sin 作为罪恶, 23
  status need 地位需求, 319 f.
  as trait 作为特质, 68-74
  types 类型, 89, 505 f.
  as value concept 作为价值观念, 9-12, 16, 515-518
Privatism 利己主义, 93
Principle of Cumulation 累积原则, 472
Programs 项目
  acquaintance 熟识, 488-491
  educational 教育, 483-488
  evaluation 评估, 479-499
  executive 行政, 510
  legislative 立法, 461-477

  mass media 大众传媒, 493-495
  obstacles to 障碍, 502-507
  rules for 规则, 507-510
  therapy 治疗, 495 f., 509
  types 类型, 514
  vicarious 替代性, 488
Projection 投射
  complementary 补充, 382, 390 f., 422
  defined 定义的, 380
  direct 直接, 382, 387-389
  externalization 外化, 404
  of guilt 内疚的, 377-380
  mote-beam 己错-他过, 382, 389 f.
  types 类型, 382
Propaganda 宣传, 410-413, 419, 493-495
Pogroms 大屠杀, 15
Police 警察, 497 f.
Positive principles 积极原则, 507-510
Proper names 合适的名字, 4-6, 180 f.
Prophets of Deceit《骗人的先知们》, 414
Power relation 权力关系, 214, 299, 439 f.
Pseudo-conservative 伪保守主义, 72
Psychoanalysis 精神分析, 352 f., 495 f.
Psychodynamics 心理动力学, 199 f., 352 f., 391 f.
Public opinion polls 民意调查, 74-76, 92
Punctuality 守时性, 96 f.
Pyramiding stimulation 金字塔式累进刺激, 493

Quakers 贵格会教徒, 63, 74, 98

Race 种族, 107-113, 511 f.

Racial awareness 种族意识, 113, 301-304
Racial libel laws 种族诽谤法, 59, 332
Racism of demagogue 煽动种族主义, 416
Radicalism 激进主义, 431 f.
Radio 广播, 201, 493-495, 508
Range of tolerable behavior 包容型行为的范围, 40
Rape 强奸, 376
Rare-zero differential 稀-无差别, 95, 98 f., 118, 172
Rationalization 合理化, 14, 25, 149, 169, 334-337
Reaction formation 反向形成, 399, 422
Realistic conflict 现实冲突, 8, 229-233, 256, 351, 370, 444-446
Rebellion 反叛, 61
　　against parents 对~父母, 294-296
　　of victims 受害者的, 147, 155
Reds "赤色分子", 184, 253-257, 416
Red Cross 红十字会, 55, 66
Reduction of p. 偏见的降低, 见 Evaluation 评估, Programs 项目
Refencing 修篱, 23, 176, 377
Reference group 参照群, 37-39, 118
Regional p. 地域性偏见, 79 f.
Rejection 拒斥, 49-65, 87
Religion 宗教
　　Catholicism 天主教, 444-446
　　differences in p. 偏见的差异, 79 f., 449-451, 484
　　divisive 分裂的, 446-449

institutional 制度化的/机构化的, 448, 451-456
interiorized 内化的, 451-456
of Jews 犹太人的, 119-121
realistic conflicts 现实冲突, 444-446
two types 两种类型, 440, 451-453
Remedies 补救, 见 Evaluation 评估, Programs 项目
Repression 压抑, 334 f., 384, 397
Residential contact 居住性接触, 268-274
Restrictive covenants 限制性条款/限制条件, 53, 268, 479
Revolution 革命, 415
Reward 奖赏, 29 f.
Riot 暴乱, 58-63
　　Broad Street 宽街, 228
　　Detroit 底特律, 64, 261
　　Harlem 哈莱姆, 155 f.
　　tolerated 容忍, 504
　　zootsuit 阻特装, 228
Role-playing 角色扮演, 490-493
Rumor 谣言, 58, 63-65

Sadism 施虐癖, 356
Sales personnel 销售人员, 276, 467
Salience 显著度, 51, 428
Scales 量表, 70 f., 91 f., 194, 430, 451, 另见 Social Distance 社会距离
Scapegoat 替罪羊
　　all-duty 全能的, 245 f.
　　choice of 的选择, 74

communist 共产主义者, 183-186
of demagogues 煽动者的, 412 f.
in *Leviticus* 《利未记》中的, 244
intercultural education 跨文化教育, 512
Jews as 犹太人作为, 247-253, 258
need for 需求, 355, 422
occasional 场合性的, 257 f.
theory 理论, 218, 349-352
"they" 他们（代词）, 26, 183
School programs 学校项目, 483-489, 510-513
Scots 苏格兰人, 23, 34
Segregation 隔离, 15, 51-57
in churches 教会中的, 448, 456
effects of 的效应, 268 f., 474-476
importance 重要性, 480, 504 f.
laws 法律, 463 f.
programs 项目, 509
purpose of 的目的, 464
Selective perception 选择性感知, 166 f., 176, 315-317, 355
Self-esteem 自尊, 319 f., 371 f., 415
Self-fulfilling prophecy 自证预言, 159
Self-hate 自厌（自我厌憎）, 37, 81, 150 f.
Self-insight 自我洞察, 436 f.
Self-survey 自我调查, 491 f.
Sensory aversion 感官厌恶, 136-138
Separation of groups 群体分离, 17-20
Sex 性
attraction 吸引, 375 f.
and demagogy 和煽动, 418
differences 差异, 361 f.

as in-group 作为内群, 33 f.
terms 词语, 183
Sexuality 性
and p. 和偏见, 372-377
as status 作为地位, 157
Shame 耻辱, 150-152
Simon Peter 彼得, 453 f.
Simplification, need for 对简化的需求, 21
Sin, and p. 罪恶和偏见, 23
Situational factor 情境因素, 213 f., 334, 338
Slavery 奴隶制, 11 f.
Sleeper effects 睡眠者效应, 494
Slyness of victims 受害者的精明, 150
Social change 社会变迁, 224
Social distance 社会距离, 38 f.
Social Distance Scale 社会距离量表, 68 f., 153, 450, 483 f.
Social entrance ticket 社会入场券, 286-288
Social intelligence 社会智力, 434-436
Social mobility 社会流动性, 214, 222-224, 345
Social science 社会科学
aid from 的帮助, 480 f.
in democracy 民主的, 515
false use 错误运用, 86
and law 和法律, 473-477
and values 和价值观, 515-518
Social travel technique 社会旅行技术, 265-267
Sociocultural factors 社会文化因素, 211-213, 221-240, 514
Solidarity of victims 受害者的团结, 149

Sound of Fury《狂怒之声》, 493
South Africa 南非, 237, 240, 433
South Carolina 南卡罗来纳, 36
Springfield Plan 春野计划, 483 f.
States Rights 州权, 227
Statue of Liberty 自由女神像, 35
Status 地位, 58, 157, 234, 319-323, 371 f.
Stereotypes 刻板印象
   anti-Catholic 反天主教, 232
   change in time 的变迁, 202
   in childhood 童年期的, 45 f., 198, 319
   contradictions in 中的矛盾, 194 f.
   defined 定义的, 191 f.
   Id 本我, 199
   of Italians 意大利人的, 24, 203
   of Jews 犹太人的, 22, 142, 191-196, 230-264, 513
   Jew and Gestapo 犹太人和盖世太保, 387, 390 f.
   Jew vs. Negro 犹太人与黑人, 199 f.
   of lawyer 对律师的, 192
   and mass media 和大众传媒, 200-202
   of Mexican 对墨西哥人的, 19
   national 国民的/民族的, 118, 205
   of Negro 对黑人的, 21, 85 f., 190, 196-200, 203, 270 f., 513
   and phenomenology 和现象学, 216 f.
   and p. 和偏见, 77 f., 204
   and simplification 和简化, 21
   of Swedes 对瑞典人的, 173
   and textbooks 和教科书, 202
Stimulus object 刺激客体, 125, 165, 206, 217

Strangeness 陌生性, 129-134, 300 f.
Stratification 分层, 10, 234, 324
Striving of victims 受害者的奋发图强, 156
Structural argument 结构化的论证, 39-41, 504-507, 511
Subsidization 辅助作用, 317 f., 323 f.
Suicide 自杀, 102
Super-ego stereotypes 超我刻板印象, 199
Supreme Court of U.S.A. 美国最高法院, 268, 330, 463 f., 469, 474-476, 479
Swiss children 瑞士儿童, 45
Symbol 符号/象征
   black 黑色, 135, 182, 302
   ethnocentric 族群中心主义, 447
   Golden Rule 黄金律, 186
   hated 憎恶的, 410-413
   phobia 恐惧症, 186 f., 254
   potent 有效力的, 179 f.
   Red "赤色分子", 184, 254
   of security 安全感的, 413
   syphilis 梅毒, 12, 187
   verbal 语言的, 12, 178-187
Sympathy 同情, 124, 154 f., 355, 438

Tabloid thinking 小报思维, 510
另见 Category 范畴
Temperament 气质, 318 f., 427
Tension barometer 紧张度晴雨表, 55, 65
Theoretical value 理论价值, 440
Theories of p. 偏见的理论
   anti-Semitism 反犹主义, 247-253
   character-structure 性格结构, 216 f.

主题索引

deserved reputation 罪有应得, 87 f., 104, 125, 217
exploitation 剥削, 209 f., 233
final word 结语, 514 f.
frustration 挫折, 215
group norm 群体规范, 39-41, 85-88, 208, 212, 235 f., 290, 324, 504-507
historical 历史学的, 208-211
interaction 互动, 217
psychodynamic 心理动力学, 352 f.
psychological 心理学的, 214-216
scapegoat 替罪羊, 215, 349-352
situational 情境性的, 213 f.
sociocultural 社会文化的, 211-213, 221-240, 514
theological 神学的, 127

Therapy 治疗, 495 f., 509
"They," as scapegoat "他们"（代词）作为替罪羊, 26, 183
Thinking 思维
  autistic 我向, 167-169
  cause-effect 因果, 169 f.
  directed 指向性, 167-169
  syncretism 融合式的, 308
Threat orientation 威胁定向, 270, 396, 407, 413
Tolerance 包容
  for ambiguity 对模糊性的, 400-403, 438
  character-conditioned 性格制约型, 429
  in children 儿童的, 426-428
  defined 定义的, 425

  and empathy 和共情, 434-436
  extent 程度, 74-78
  and humor 和幽默, 437
  and liberalism 和自由主义, 431 f.
  militant 好战型的, 429-431
  multiple causation 多重因果, 428
  pacifistic 和平型的, 429-431
  pattern of traits 特质模式, 439-441
  philosophy of life 生活哲学, 440 f.
  religion 宗教, 449
Totalitarianism 极权主义, 417, 494
Total rejection 完全拒斥, 309
Trait of p. 偏见的特质, 68-74
Traits of victims 受害者的特质, 141-160
Traumatic learning 创伤性习得, 313-315
Turks 土耳其人, 7, 39, 203
Two-valued judgments 二元价值判断, 174, 176, 400, 426

United Nations 联合国, 16, 126
Unity in diversity 多样性的统一, 518
Untouchable 无法触及的, 10

Values 价值（观）
  as categories 作为范畴, 24-27
  and the familiar 和熟悉感, 29
  final word 结语, 515-518
  and p. 和偏见, 9-12, 16, 317 f., 516
  and tolerance 和包容, 438-440
Vatican 梵蒂冈, 69
Verbal realism 言语实在性, 186 f., 306
Veterans 老兵, 76 f., 192 f., 455

Vicarious approach 替代性途径, 488, 513
Victimization 受害创伤
  aggression 攻击性, 152 f.
  clowning 插科打诨, 146 f., 162
  compensations 补偿, 160 f.
  cunning 狡诈, 150
  denial of membership 对身份的否认, 145 f.
  effects of 的效应, 475 f.
  ego defenses 自我防御, 143, 158
  in-group strength 内群力量, 148-150, 162
  militancy 好斗性, 155 f.
  neuroticism 神经质, 158 f.
  obsessive concern 强迫性关注, 144 f.
  self-hate 自厌（自我厌憎）, 37, 81, 150-152
  status 地位, 157 f.
  striving 努力, 156 f.
  sympathy 同情, 154
  traits 特质, 512 f.
  withdrawal 退缩, 146 f., 162
Violence 暴力, 15, 49
  conditions of 的条件, 57-63
  incitement to 刺激, 415, 423, 468
Visibility 可见性
  of Communists 共产主义者的, 253
  degrees of 的程度, 132-135
  and difference 和差异, 129-135, 138 f.
  of Jews 犹太人的, 120, 132 f., 135, 140, 172
  of Negro 黑人的, 131, 133, 139

War 战争, 42, 417
War of sexes 性别之战, 34
Weather 天气, 58
Well-deserved reputation 罪有应得, 87 f., 104, 125, 217
West Indian, stereotype of 对西印度群岛人的刻板印象, 198 f.
White supremacy 白人至上, 290
Witchcraft 巫术, 11, 222, 235, 256
Withdrawal, of victims 受害者的退缩, 146 f., 162
Women, p. against 针对女性的偏见, 33 f.
Words 词语, 见 Symbols 符号/象征
Writers's War Board 作家战争委员会, 200

Xenophobia 仇外, 222
  另见 Strangeness 陌生性

Young child 幼儿/儿童/孩子
  learning stages 学习阶段, 307-310
  racial awareness 种族意识, 301-304
  and status need 和地位需求, 323
  training 训练, 426-428
Youth 青年人, 18 f., 59

Zootsuit 阻特装, 71 f., 228

译后记

偏见问题在人类历史上由来已久。二战期间，纳粹对犹太人所犯下的惨绝人寰的累累恶行，如警钟长鸣，在战后的几十年里萦绕在全世界有良知和洞察力的学者们心头；二战后，意识形态冲突所引发的隔阂和仇视不断升温，因冷战而降到冰点的国际局势，无不一次次叩响人们紧绷的心弦；而美国作为一个移民国家，其内部的种族问题尤其突出，隔离和私刑带来的社会阵痛也不断引发政客和民众的反思与争锋。正是在这样的社会背景之下，戈登·奥尔波特的巨著《偏见的本质》应运而生，这部百科全书式的经典，为学界理解偏见乃至人类关系等重大问题，勾勒了最基本、最全面的理论框架。

本书每一部分都代表了偏见研究的一个领域。第一部分重点在于偏见的认知基础，以此切入；第二、第三部分侧重于偏见的群际感知；第四部分着眼于远端，探讨了影响偏见的社会文化因素；第五部分从近端个体发展的角度讨论偏见的获得；第六部分运用精神分析理论讨论了偏见的心理动力学面向；第七部分则进入作者的最终落脚点——人格的分析。至此，奥尔波特完成了对偏见的理论建构，以此为基础，最后一部分深入社会政策的应用层面，这对于当下的中国社会来说，也有一定的借鉴和指导意义。

奥尔波特以其深远的洞察力为偏见的社会心理学研究开辟出一块又一块肥沃的土壤，如社会认知过程的研究、有关动机的研究、社会文化过程的影响研究、接触假设的相关研究等。但受限于当时的学术思潮和时代背景，本书也有一些不足，为学界留下了批判性反思和进步的空间。首先，奥尔波特对偏见的定义——非理性的敌意——过于狭窄，导致全书缺失了很重要的、对另一种充满关爱的家长式偏见（典型的就是性别偏见）的关注，这同样是我们这个社会上广泛存在的、值得警惕的、微妙的控制和剥削形式，同时也使得本书并不能涵盖偏见造成体制不平等的广泛机制，以及偏见给受害者带来的一切复杂而微妙的影响。其次，用精神分析的理论解释偏见的无意识过程显得捉襟见肘，在这方面，奥尔波特并没有预见到内隐社会认知将在其中扮演的关键角色。最后，尽管奥尔波特勾勒了一个涵盖历史、社会、经济、人格等视角的理论框架，但其最终落脚点仍然是群体中的个人，仍然侧重于个体水平分析，甚至夸大了人格这一因素；而此后几十年，随着社会认同和体制合理化等理论的提出，学者们渐渐意识到，群体过程、体制和意识形态也在很大程度上影响着人们的态度。这些批判性的反思和发展，在五十年以后的一部致敬性文集[1]中都有系统的盘点和梳理。

尽管如此，本书仍然是当之无愧的集大成之作。能够负责它的翻译工作是我莫大的荣幸。这对于我来说也是一个不小的挑战。我一直认为，翻译是一项神圣而任重道远的工作，尤其是面对奥尔波特这样的大家，于是深怀谦卑、不敢怠慢。其间，我查阅学习了很多资料，夯实了自己的英语文法基础，推敲了每个学科专业术语的译法，不求复原，但求能够将奥尔波特高屋建瓴、广博而又举重若轻、亲切朴实的文风传达一二。接近尾声时，我深刻地体会到，翻译如同一场越野长跑，一路上，既有发令枪响时一鼓作气的冲劲和抱负，也有令人窒息的枯燥、疲惫和倦怠，还有望见终点时的振奋。我渐渐明白，支撑自己走下去的，是恒久的耐心与毅力和作为一名学者兼译者的责任感。

感恩我的导师方文教授为我介绍了这份工作，他的信任、帮助和指导给予了我很大的支持和信心。此外，有些宗教领域的特殊译法，我曾请教过同门的张文杰师兄和曹金羽；林小燕师姐也帮我校读了部分章节；有关特殊语境下的英文用法，我曾请教过我的先生和表妹；有关专业术语的翻译方法也曾与几位心理学同仁讨论过。在此一并表示感谢。最后，非常感谢中国人民大学出版社的郦益老师，他的细致和耐心、负责和宽容让我能够毫无压力地完成这项工作。

限于译者的学识，本书仍不免存在错误或不妥之处，恳请各位读者不吝指正。

徐健吾
2020 年 6 月

---

[1] J. F. Dovidio, P. Glick, & A. Rudman (Eds.). (2005). *On the nature of prejudice: Fifty years after Allport.* Blackwell.

西方心理学大师经典译丛

001	自卑与超越	[奥] 阿尔弗雷德·阿德勒
002	我们时代的神经症人格	[美] 卡伦·霍妮
003	动机与人格（第三版）	[美] 亚伯拉罕·马斯洛
004	当事人中心治疗：实践、运用和理论	[美] 卡尔·罗杰斯 等
005	人的自我寻求	[美] 罗洛·梅
006	社会学习理论	[美] 阿尔伯特·班杜拉
007	精神病学的人际关系理论	[美] 哈里·沙利文
008	追求意义的意志	[奥] 维克多·弗兰克尔
009	心理物理学纲要	[德] 古斯塔夫·费希纳
010	教育心理学简编	[美] 爱德华·桑代克
011	寻找灵魂的现代人	[瑞士] 卡尔·荣格
012	理解人性	[奥] 阿尔弗雷德·阿德勒
013	动力心理学	[美] 罗伯特·伍德沃斯
014	性学三论与爱情心理学	[奥] 西格蒙德·弗洛伊德
015	人类的遗产："文明社会"的演化与未来	[美] 利昂·费斯汀格
016	挫折与攻击	[美] 约翰·多拉德 等
017	实现自我：神经症与人的成长	[美] 卡伦·霍妮
018	压力：评价与应对	[美] 理查德·拉扎勒斯 等
019	心理学与灵魂	[奥] 奥托·兰克
020	习得性无助	[美] 马丁·塞利格曼
021	思维风格	[美] 罗伯特·斯滕伯格
022	**偏见的本质**	**[美] 戈登·奥尔波特**
023	理智、疯狂与家庭	[英] R.D.莱因 等
024	整合与完满：埃里克森论老年	[美] 埃里克·埃里克森 等
025	目击者证词	[美] 伊丽莎白·洛夫特斯
026	超越自由与尊严	[美] B.F.斯金纳
027	科学与人类行为	[美] B.F.斯金纳
028	爱情关系	[美] 奥托·克恩伯格

* * * *

了解图书详细信息，请关注微信公号"心理书坊"

图书在版编目（CIP）数据

偏见的本质 /（美）戈登·奥尔波特
（Gordon W. Allport）著；徐健吾译. --北京：中国
人民大学出版社，2021.5
（西方心理学大师经典译丛）
ISBN 978-7-300-29171-0

Ⅰ.①偏… Ⅱ.①戈…②徐… Ⅲ.①人格心理学-研究 Ⅳ.①B848

中国版本图书馆CIP数据核字（2021）第055112号

西方心理学大师经典译丛
偏见的本质
［美］戈登·奥尔波特 著
徐健吾 译
Pianjian de Benzhi

出版发行	中国人民大学出版社		
社　　址	北京中关村大街31号	邮政编码	100080
电　　话	010-62511242（总编室）	010-62511770（质管部）	
	010-82501766（邮购部）	010-62514148（门市部）	
	010-62515195（发行公司）	010-62515275（盗版举报）	
网　　址	http://www.crup.com.cn		
经　　销	新华书店		
印　　刷	北京联兴盛业印刷股份有限公司		
规　　格	155 mm×230 mm　16开本	版　　次	2021年5月第1版
印　　张	32.75　插页2	印　　次	2023年3月第3次印刷
字　　数	497 000	定　　价	118.00元

版权所有　　　侵权必究　　　印装差错　　　负责调换